数据结构与智能算法

张海军　马江虹　张正 ◎ 编著

清華大學出版社
北　京

内容简介

“数据结构”作为计算机专业的核心课程之一，是本科后续课程的基础。随着人工智能技术的发展，算法的实现越来越依赖基础的数据结构。本书是初步探索数据结构与人工智能链接之作。本书力求既覆盖知识基础，又链接先进的人工智能技术，为低年级本科生在学习计算机基础之初就种下一颗人工智能的种子，以快速适应当前的人工智能时代。

本书秉承“尊重经典，夯实基础；数智步进，链接前沿；自主强化，广达融通”之宗旨，内容深入浅出，讲解图文并茂，适合普通高等院校计算机和相关专业的本科生及研究生使用。

图书在版编目（CIP）数据

数据结构与智能算法 / 张海军，马江虹，张正编著. --北京：清华大学出版社，2025.3.
ISBN 978-7-302-68438-1

Ⅰ. TP311.12；TP18

中国国家版本馆 CIP 数据核字第 20257FA517 号

责任编辑：郭　赛
封面设计：杨玉兰
责任校对：刘惠林
责任印制：刘海龙

出版发行：清华大学出版社
网　　址：https://www.tup.com.cn，https://www.wqxuetang.com
地　　址：北京清华大学学研大厦 A 座　　**邮　　编**：100084
社 总 机：010-83470000　　**邮　　购**：010-83470235
投稿与读者服务：010-62776969，c-service@tup.tsinghua.edu.cn
质量反馈：010-62772015，zhiliang@tup.tsinghua.edu.cn
课件下载：https://www.tup.com.cn，010-83470236
印 装 者：河北盛世彩捷印刷有限公司
经　　销：全国新华书店
开　　本：185mm×260mm　　**印　　张**：20.75　　**字　　数**：518 千字
版　　次：2025 年 3 月第 1 版　　**印　　次**：2025 年 3 月第1 次印刷
定　　价：59.90 元

产品编号：107735-01

前言

“数据结构”被公认为计算机专业的“顶天立地”课程之一。学好这门课程将为后续课程的学习奠定坚实的基础，并对未来从事计算机行业工作时高效利用计算资源大有裨益。“数据结构”作为计算机相关专业的核心基础课程之一，伴随着计算机编程技术的发展而快速发展，其知识体系已相对完备。

然而，在当前大数据驱动的人工智能（AI）时代，尤其是通用人工智能时代，低年级本科生中经常出现“消化不了”和“吃不饱”两极分化的现象，并有持续加剧之势。基于此，本书的初衷是既覆盖知识基础（面向“消化不了”的学生群体），又链接最新的人工智能技术（面向“吃不饱”的学生群体）。同时考虑到不能僭越后续如“数据挖掘”“机器学习”“深度学习”等人工智能相关课程的内容，本书力图浅尝辄止，为低年级的本科生种下一颗人工智能的种子。实际上，在许多后期的研究和工作中，经常会发现某些先进的人工智能算法思想仍然与数据结构的基本思想一致，甚至直接借鉴而完成这些人工智能算法的设计。因此，为了加强数据结构和人工智能的联系，本书初步探索如何链接二者。

实现二者的链接，存在两种基本思路：一是每种数据结构的实现都使用相关的人工智能算法举例，但是，这样的内容会相对晦涩难懂，这是因为初学者的前期基础薄弱和教材篇幅有限；二是每种数据结构仅以某些人工智能相关算法为例，不过多纠结实现细节，算法的思想与数据结构相关即可。本书基本采用后者视角，目的是使学生了解某些经典数据结构是大有用处的，在最先进的人工智能技术中有其身影，也为后续的人工智能相关课程奠定基础。

本书是在笔者经过三年的谨慎思考后，与合作者、学生（包括高年级本科生、硕士生和博士生）和其他高校相关任课教师一起讨论后着手组稿、成书的。实际上，一些经典的数据结构讲解及相关习题在互联网上都有更详细的解答，作为计算机相关专业的学生，自行学习并非难事，但是，教材的系统性和连贯性有助于读者理解其进化与应用思想。因此，本书的编写仍然遵循经典的数据结构知识脉络。全书共 10 章，第 1 章为绪论，介绍数据结构和算法的相关基础概念，普及数据结构和人工智能的发展史；第 2～5 章为线性结构，包括线性表、栈与队列、串、数组与广义表的相关概念和实现过程，以及它们在智能算法中的应用举例；第 6、7 章为代表性的非线性结构，即树和图，重点阐述其相关概念和各种算法的实现，并穿插智能算法的应用举例；第 8、9 章为查找和排序，介绍各种查找和排序算法的实现过程，并分别关联智能算法的应用；第 10 章为文件与外部排序，介绍文件和外部排序的概念及其算法实现。本书理论与实践并重，各章之后附有习题和相关的前沿技术科普，并简述部分科学家的生平事迹，旨在培养学生的科学家精神。

本书由张海军、马江虹和张正共同编写，由张海军统编全稿。其中，张海军作为本书发起人，负责全书大纲和基本内容的设计，并负责第 1～5 章的编写；马江虹负责第 6、7 章的编写；

张正负责第 8～10 章的编写。同时，有多名学生参与协助本书的整理，诚挚感谢黄哲、于新蕊、孙慧玥、蔡恭灿、王润哲、张纯鑫、焦小倩、周海洋、林照楠、杨德照、李春阳、周奇凤、刘康喆、黄雨锐、温骏伟、樊红雨、魏佳明、何汶珏、林翰、陈松岭、吴清鹏等同学；感谢周栋梁和施鉴洋在本书编写前期提出的宝贵建议。这里，还要特别感谢黄虎杰教授、郑宏珍教授和叶允明教授，他们的指导和提供的课件资源为本书的编写提供了必要基础。清华大学出版社编辑为本书的出版提供了诸多帮助和条件，在此一并表示衷心的感谢。本书的出版得到了广东省高等教育教学研究和改革项目（编号：粤教高函〔2024〕9 号）、广东省普通高校创新团队项目（自然）（编号：2022KCXTD038）、广东省自然科学基金杰出青年项目（编号：2021B1515020088）、深圳市教育科学“十四五”规划 2023 年度课题人工智能专项项目（编号：rgzn23001）、哈尔滨工业大学研究生教育教学改革研究项目（编号：23HX019）等的资助，在此表示衷心的感谢。

由于能力有限，加之本书是初步探索数据结构与智能算法链接之作，书中逻辑、技术整理、撰写难免有所疏漏，可能存在错误和不足之处，敬请广大读者批评斧正。衷心希望读者与作者共同探讨数据结构与人工智能的协同发展，共同促进“数据结构”课程教学的与时俱进及融合创新。

最后，本书秉承“尊重经典，夯实基础；数智步进，链接前沿；自主强化，广达融通”之宗旨，希望读者在学习计算机基础之初就种下一颗人工智能的种子，快速适应人工智能时代。

张海军

于哈尔滨工业大学（深圳）校园

2025 年 3 月

目录 CONTENTS

Chapter 1

第1章 绪论

"数据结构"是计算机专业的核心课程之一,也是其他非计算机专业且与信息处理相关学科的主要选修课程之一。在计算机科学中,"数据结构"是一门综合性的专业基础课程,为计算机硬件、操作系统、编译原理、计算机网络、数据库系统及其他系统程序和大型应用程序等奠定了重要的理论和实践基础。当然,在当前"云、智、大、物、移"(云计算、人工智能、大数据、物联网、移动互联网)的时代,这些主流技术推动着"数据结构"不断向前发展,如多维图像数据结构、分布式计算结构等;同时,也包括面向各个专门领域中特殊问题的数据结构的研究和发展。

1.1 数据结构及其相关概念

在深入理解数据结构研究体系和各个知识点之前,本节首先分析数据结构的主要讨论范围,然后给出贯穿全书的定义和有关术语,最后重点阐述抽象数据类型的表示和实现,以及各个概念之间的区别和联系。

1.1.1 数据结构讨论范围

信息在计算机内是用数据表示的。计算机科学主要研究信息的表示和信息的处理。从客观事物的物理状态到计算机内数据,要经历现实世界、信息世界、数据世界和计算机世界四种状态的转换。因此,用计算机解决实际问题的实质可以用图 1-1 表示。由于计算机不能直接处理现实世界中的具体问题,所以,人们必须首先对现实世界中的具体问题进行分析、抽象,形成信息世界的概念模型,通常称为概念模型设计;然后组织为某数据管理系统支持的数据模型,即数据世界的数学模型,称为逻辑模型结构设计;最后,在计算机上实现数据模型的存储结构和存取方法,即计算机世界的物理模型,以最终模拟现实世界的问题。

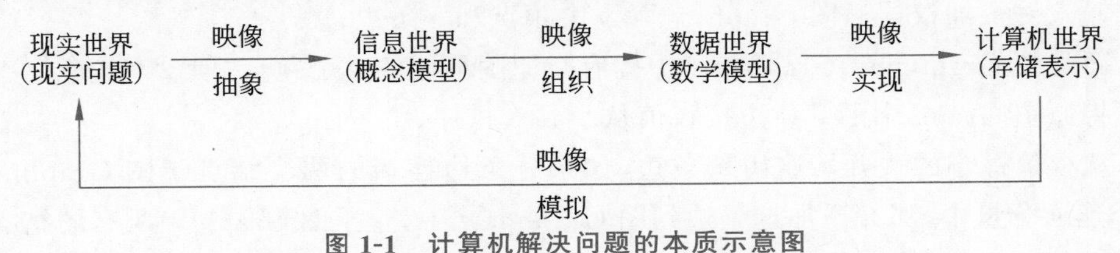

图 1-1 计算机解决问题的本质示意图

具体地,用计算机解决一个实际的现实问题,一般需要经过以下 3 个步骤:

(1) 分析问题,从具体的问题中抽象出合适的数学模型;

(2) 设计相应的算法,以解决对应的数学模型;

(3) 编写相应的程序,运行、测试以及调试程序,直到得出正确的输出结果。

从给定的具体问题中抽象数学模型的重要过程是分析问题,旨在从中提取可操作的对象,然后厘清这些对象之间的关系，最后用数学语言加以描述。有些问题可以直接转换为数值问题，用数学方程直接表达。但是，很多实际问题是无法用数学方程直接表示的。这些非数值计算问题必须从数据本身入手，分析其特有的结构和属性，以得到解决问题的方法。

【例 1-1】 煤气管道的铺设问题

在城市的各小区之间铺设煤气管道，假设共有 4 个小区，如图 1-2 所示，由于地理环境等因素使各条管线所需的投资不同，如何使投资成本最低？

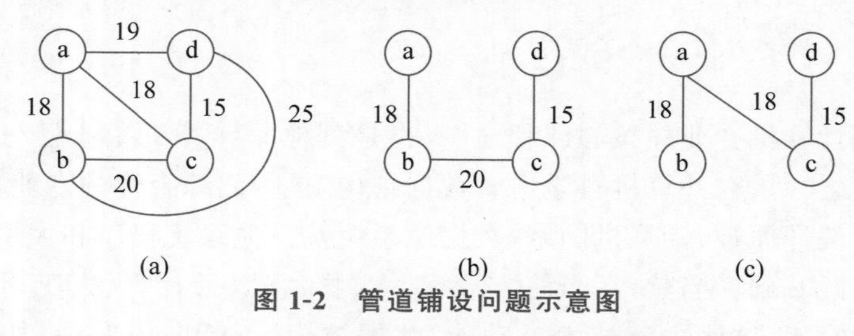

图 1-2 管道铺设问题示意图

在数据结构中，这是一个最小生成树问题。可以把每个小区视为一个结点，在两个小区之间连一条边，边上的权重代表在这两个小区之间铺设管道所需的费用，这样就得到了一个无向图，如图 1-2(a)所示。然后，我们需要在这张图的所有边中挑出一些边，使得当图中只包含这些边时，各个小区之间都能互相到达，并且这些边上的权重之和最小。找到这些边就要用到最小生成树算法。

经典的最小生成树算法是 Prim 算法和 Kruskal 算法。

Prim 算法的步骤如下：

(1) 输入一个加权连通图，其中顶点集合为 V，边集合为 E。

(2) 初始化 Vnew ＝ {x}，其中 x 为集合 V 中的任一结点(起始点)，Enew ＝ {}，为空。

(3) 重复下列操作，直到 Vnew ＝ V：

a. 在集合 E 中选取权值最小的边＜u, v＞，其中 u 为集合 Vnew 中的元素，而 v 不在 Vnew 集合中，并且 v∈V(如果存在多条满足前述条件即具有相同权值的边，则可任意选取其中之一)；

b. 将 v 加入集合 Vnew，将＜u, v＞边加入集合 Enew。

(4) 使用集合 Vnew 和 Enew 来描述所得到的最小生成树。

Kruskal 算法的步骤如下：

(1) 输入一个加权连通图 Graph，包含 v 个顶点和 e 条边。

(2) 新建图 Graphnew，Graphnew 中拥有与原图相同的 e 个顶点，但没有边。

(3) 将原图 Graph 中的 e 条边按权值从小到大排序。

(4) 从权值最小的边开始遍历每条边，如果这条边连接的两个结点于图 Graphnew 中不在同一个连通分量中，那么添加这条边到图 Graphnew 中，直至图 Graph 中所有的结点都在同一个连通分量中。

当前，大家对上述算法可能尚难以理解，在本书讲述图的章节中，还会再次深入讲解上述两个算法。现在大家只需要了解至少存在两种算法，可以从一个连通图中挑出一些边，这些边能够连接图中的所有顶点，并且这些边的权重之和是最小的。

【例 1-2】 求 n 个整数中的最大值问题

举一个日常生活中的简单例子，例如，考试出成绩了，需要找到得分最高的那个人，怎么寻找呢？这就是求 n 个整数中的最大值问题。我们需要依次查看这 n 个数，记录当前找到的最大值，然后每向后查找一个数，就将这个数与当前找到的最大值做比较。如果小于当前最大值，就继续往后查找；如果大于当前最大值，就将当前最大值更新为现在找到的这个数，然后继续往后查找。直到查找完所有的数，此时，我们就得到了 n 个整数中的最大值。

【例 1-3】 交叉路口的红绿灯管理问题

通常，在十字交叉路口只需要设置红、绿两色的交通灯便可保持正常的交通秩序，而在多岔路口需要设置多种颜色的交通灯才能既使车辆相互之间不碰撞，又能达到车辆的最大流通。假设有一个如图 1-3 所示的五岔路口，其中 C 和 E 为单行路，在路口有不同的可行通路，其中有的可以同时通行，如 A→B 和 E→C，有的不能同时通行，如 E→B 和 A→D。那么，在路口应如何设置交通灯进行车辆的管理？

这其实是图的染色问题，设置交通灯的问题等价于对图顶点染色的问题，即要求对图上的每个顶点染一种颜色，并且要求有线相连的两个顶点不能用同一种颜色。

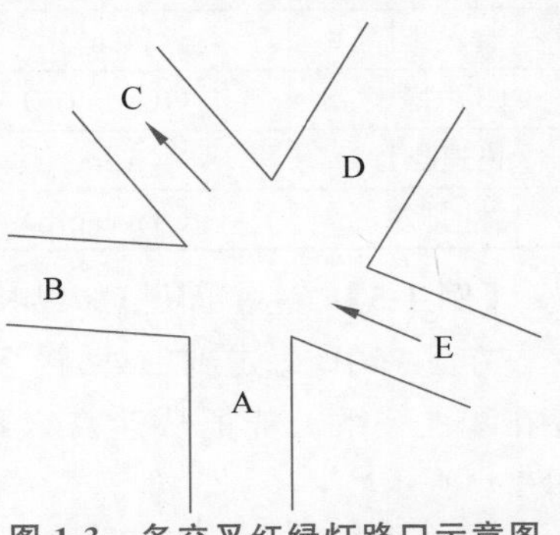

图 1-3 多交叉红绿灯路口示意图

首先，我们需要考虑有多少条可行的路线，考虑 5 个路口组成一出一进的路线，则有 $A_5^2=20$ 种方案，因为 E 只有入口，所以除去以 E 为出口、ABD 为入口的方案共 3 种，因为 C 只有出口，所以除去以 C 为入口、ABD 为出口的方案共 3 种，最后去掉一种以 C 为入口、以 E 为出口的方案，故共有 20－3－3－1＝13 条可行路线。

我们将得到的 13 条路线分别用不同的圆圈表示，交叉路线则用圆圈之间的连线表示。如果两个圆圈之间有连线，则说明这两条路线是矛盾的，然后计算每个顶点的度(有多少条边与这个顶点相连)；接着将顶点的度数进行排序，依次对度数最大的顶点进行涂色；最后的涂色颜色数目，就是我们需要设定的交通灯的颜色数目。

上述例子中的问题都需要构建具体的数学模型，再设计算法，最后编写程序得以解决。而这些数学模型正是数据结构要讨论的问题。那么，在实践中，我们经常会遇到哪些经典的数学模型呢？其实，数学模型一般分为两类：**线性模型和非线性模型**。

【例 1-4】 学籍管理问题(表结构)

已知某年级学生情况(如表 1-1 所示)，要求分班按入学成绩排列顺序。

表 1-1 入学成绩表示例

学号	姓名	性别	出生日期	籍贯	入学成绩	所在班级
00201	杨润生	男	82/06/01	广州	561	00 计算机 2
00102	石磊	男	83/12121	汕头	512	00 计算机 1
00202	李梅	女	83/02/23	阳江	532	00 计算机 2
00301	马耀先	男	82/07/12	广州	509	00 计算机 3

在此类文档管理的数学模型中，**计算机处理的对象之间通常存在着一种最简单的线性关系，该数学模型称为线性模型**。

这个问题需要我们对表中的每条记录进行排序，排序的依据是“入学成绩”这一栏。首先需要设置合适的数据结构来存储学生的学号、姓名、性别、出生日期、籍贯、入学成绩、所在班级；然后需要将其存入数据库中，再对数据库中的数据依照“入学成绩”进行排序。排序问题是数据结构中的经典问题，表 1-2 总结了 6 种经典的排序算法，包括时间复杂度、空间复杂度、排序方式、稳定性等，这些算法在本书之后的内容中都会一一介绍，读者现在只需要有一个大致的了解即可。

表 1-2 经典排序算法

排序算法	平均时间复杂度	最好情况	最坏情况	空间复杂度	稳定性
冒泡排序	$O(n^2)$	$O(n)$	$O(n^2)$	$O(1)$	稳定
选择排序	$O(n^2)$	$O(n^2)$	$O(n^2)$	$O(1)$	不稳定
插入排序	$O(n^2)$	$O(n)$	$O(n^2)$	$O(1)$	稳定
归并排序	$O(n \log n)$	$O(n \log n)$	$O(n \log n)$	$O(n)$	稳定
快速排序	$O(n \log n)$	$O(n \log n)$	$O(n^2)$	$O(\log n)$	不稳定
堆排序	$O(n \log n)$	$O(n \log n)$	$O(n \log n)$	$O(1)$	不稳定

【例 1-5】 迷宫问题(树结构)

在迷宫中，每走到一处，接下来可走的通路都有三条。计算机处理的这类对象之间通常不存在线性关系。若把从迷宫入口到出口的所有可能的通路都画出来，则可得一棵“树”(如图 1-4 所示)。

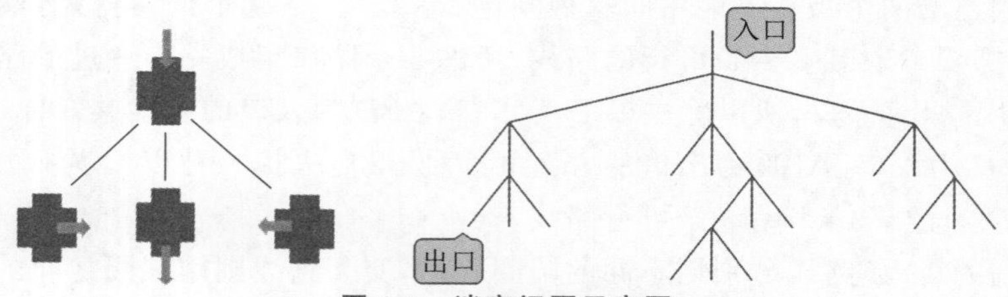

图 1-4 迷宫问题示意图

在迷宫问题中，我们需要处理树结构。树结构是数据结构中的一种重要结构，它是由 $n(n>0)$ 个有限结点组成的一个具有层次关系的集合，把它叫作“树”是因为它看起来像一棵倒挂的树，也就是说，它是根朝上而叶朝下的。树结构具有以下特点：

(1) 每个结点都只有有限个子结点或无子结点；

(2) 没有父结点的结点称为根结点；

(3) 每个非根结点有且只有一个父结点；

(4) 除了根结点外，每个子结点可以分为多个不相交的子树；

(5) 树里面没有环路(cycle)。

树结构可以分为无序树和有序树。对于无序树而言，树中任意结点的子结点之间没有顺序关系；对于有序树而言，树中任意结点的子结点之间有顺序关系。在本书后续讲解树结构的章节中，将会对树的不同种类和操作树结构的算法进行详细分析。

【例 1-6】 教学计划编排问题(图结构)

如何表示课程之间的先修关系呢？

在这个问题中，我们需要面对的是图结构，图的数据结构包含一个有限的集合作为结点集合，以及一个无序对(对应无向图)或有序对(对应有向图)的集合作为边的集合。图的数据结构还可能包含和每条边相关联的数值，表示花费、容量、长度等。

在这个例子中(如图 1-5 所示)，每门课相当于一个结点。如果课程 A 必须在课程 B 之前修读，那么就从课程 A 结点画一条指向课程 B 结点的有向边。当画完所有课程结点之间的有向边之后，我们就得到了一张有向无环图。通过对这张图进行拓扑排序，就可以编排出合适的教学计划,使得学生在修读任何一门课程之前,都可以确保已经修读了该课程的所有先修课程。所谓拓扑排序,就是求出这些结点的一个序列,使得对任意结点 v,只有当 v 的所有源点都出现后,v 才能出现,一个点是 v 的源点,当且仅当存在一条从该点指向 v 的有向边。在本书讲述图的章节中,会对图结构及图的拓扑排序进行详细的介绍。

编号	课程名称	先修课
C_1	高等数学	无
C_2	计算机导论	无
C_3	离散数学	C_1
C_4	程序设计	C_1, C_2
C_5	数据结构	C_3, C_4
C_6	计算机原理	C_2, C_4
C_7	数据库原理	C_4, C_5, C_6

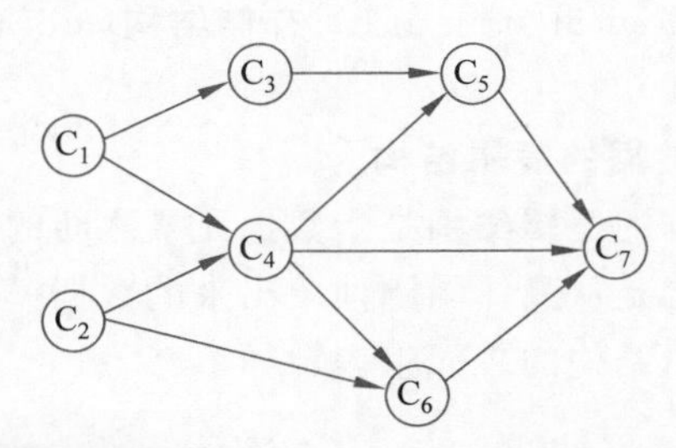

图 1-5 教学计划编排问题示意图

总体上,计算机可求解的问题一般分为**数值问题**和**非数值问题**。数值问题可以通过数学方程直接进行描述和求解;而非数值问题由于无法直接通过简洁的数学方程描述,因此需要通过"数据结构"这门课程所讨论的方法进行建模和求解。具体地,数据结构所讨论的问题主要包括:

(1) **数据的逻辑结构,即数据元素之间的逻辑关系,是具体关系的抽象;**

(2) **数据的存储结构,也称为物理结构,即数据元素及其关系在计算机内存中的表示;**

(3) **数据的运算,即对数据施加的操作,定义在数据的逻辑结构上的抽象的操作。**

概括地,"数据结构"是一门讨论"描述现实世界实体的数学模型(非数值计算)及其上的操作在计算机中如何表示和实现"的学科。所以,在本学科中,我们主要研究:在解决问题时可能遇到的典型的逻辑结构,即**数据的逻辑结构**;逻辑结构的存储映像,即**如何存储实现**;建立在数据逻辑结构和存储映像之上的**基本运算**,即**操作**。

1.1.2 定义和术语

在明确了数据结构讨论的范围之后,接下来给出相关的定义和术语。值得注意的是,某些定义到目前为止也没有固定统一,但是殊途同归,我们只要理解其本质即可。

随着计算机和互联网的发展,人类已经进入数据智能时代。那么什么是"数据"?**数据**(data)是用来描述客观事物的数值、字符,以及一切可以输入计算机并由计算机程序处理的符号的集合。其中,**数值数据**包括整数、实数等;**非数值数据**包括图形、图像、声音、文字等。例如,某图书馆所有藏书的数据就是该图书馆所有藏书记录的集合。

人们通常把**数据元素**(data element)作为构成数据的基本单位,在计算机程序中通常作为一个整体进行考虑和处理。例如,某图书馆中的某本书的记录就可以被视作一个数据元素。**结点**是数据元素在计算机内的位串表示。

一般地,一个数据元素由若干数据项组成。**数据项**(data item)是构成数据元素的不可分割的最小单位。例如,某图书馆中每个数据元素(每本书的记录)是由藏书号、标题、作者和出版日期等数据项组成的。**域**或**字段**是数据元素中数据项在计算机内的表示。

数据对象(data object)是指具有相同性质的数据元素的集合。一般地,数据可以包含多个数据对象,它是数据的一个子集。在"数据结构"课程中讨论的数据通常是指数据对象,即具有相同性质。**信息表**是数据对象在计算机内的表示。

结构(structure)即关系,是组成整体的各部分之间的搭配和安排。**数据结构**(data structure)是指数据元素彼此之间抽象的相互关系,解决数据的存储和组织的方式不涉及数据元素的具体内容,而是数据元素及其相互间关系的数学描述。实际中,我们可以把数据结构看成相互之间存在一定关系的数据元素的集合。按视角的不同,数据结构通常包括三方面:**逻辑结构**(logical structure)、**存储结构**(storage structure)及建立在二者之上的**基本运算**(操作,operation)。

1. 数据的逻辑结构

数据的**逻辑结构**是指数据元素之间的抽象关系,数据元素之间逻辑关系的整体。数据的逻辑结构是从具体问题抽象出来的数据模型。数据的逻辑结构可以形式化地用一个二元组表示。逻辑结构的二元组表示如下:

```
Data_Structure = (D , R)
```

其中,D 是数据元素的有限集,R 是 D 上二元关系的有限集。即

$$D = \{d_i \mid 1 \leqslant i \leqslant n,\ n \geqslant 0\},\ R = \{r_j \mid 1 \leqslant j \leqslant m,\ m \geqslant 0\},$$

其中,d_i 表示集合 D 中的第 i 个数据元素,n 为 D 中数据元素的个数。换句话说,数据元素的集合 D 是由有限个 d_i 组成的。当 $n=0$ 时,D 是一个空集,此时该数据结构也就无结构可言,有时认为其具有任意结构。r_j 表示集合 R 中的第 j 个关系,m 为 R 中关系的个数。当 $m=0$ 时,R 是一个空集,表明集合 D 中的元素不存在任何关系,它们之间是相互独立的。当然,我们在学习数据结构时应该主要关注有结构的、彼此之间有关系的数据是如何组织的。

如表 1-3 所示,每篇论文的信息(编号、作者、标题、出版期刊、卷、期、页码、发表年份)都是一个数据元素。也就是说,数据元素的集合 D 包括表中的每篇论文,而 d_i 则表示表中的第 i 篇论文的信息。另外,通常 DOI(Digital Object Identifier,数字对象标识符)号是具有唯一性的,即不会重复。因此,我们在抽取数据集合时,可以用 DOI 号来代表每篇论文的信息(编号、作者、标题、出版期刊、卷、期、页码、发表年份)。R 代表 D 上二元关系的集合,这个二元关系表示表 1-3 中(数据元素的集合 D 中)的两两元素之间的关系,例如,10.1109/TNN.2011.2161999 和 10.1109/TⅡ.2016.2605629 这两个数据元素之间的关系就是一个二元关系,10.1109/TⅡ.2016.2605629 和 10.1109/TNNLS.2018.2797060 也是如此。也就是说,集合 R 中有多个二元关系。

r_j 表示集合 R 中的第 j 个二元关系,且每个关系 r 可以用**序偶**(ordered pair)表示为 $<x, y>$ $(x, y \in D)$,表示元素 x 和 y 之间是相邻的,即 x 在 y 之前,y 在 x 之后,x 称为该序偶的第一元素,y 称为该序偶的第二元素,也称 x 为 y 的**直接前驱**元素(predecessor),y 为 x 的**直接后继**元素(successor)。为了简便,后文中的直接前驱元素和直接后继元素分别简称为前驱元素和后继元素。若某个元素没有前驱元素,则称该元素为**开始元素**(first element);若某个元素没有后继元素,则称该元素为**终端元素**(terminal element)。简言之,对于开始元素来说,没有前驱元素结点;对于终端元素来说,没有后继元素结点。

对于对称序偶,可用圆括号代替尖括号,即 (x, y) $(x, y \in D)$,表示数据元素 x 和 y 之间的关系是对称的、无向的,没有前后之分。在用图形表示数据的逻辑结构关系时,对称序偶用不带箭头的连线表示。

根据上面所描述二元组的表示方法,论文表(如表 1-3 所示)的逻辑结构二元组如下所示:

表 1-3 论文信息表

DOI	作 者	标 题	出版期刊	卷	期	页码	发表年份
10. 1109/TNN. 2011.2161999	H Zhang, G Liu, TWS Chow, W Liu	Textual and Visual Content-based Anti-phishing: A Bayesian Approach	IEEE Transactions on Neural Networks	22	10	1532-1546	2011
10. 1109/TⅡ. 2016.2605629	H Zhang, X Cao, JKL Ho, TWS Chow	Object-level Video Advertising: An Optimization framework	IEEE Transactions on Industrial Informatics	13	2	520-531	2017
10.1109/TNNLS. 2018.2797060	H Zhang, S Wang, X Xu, TWS Chow, QMJ Wu	Tree2Vector: Learning a Vectorial Representation for Tree-structured Data	IEEE Transactions on Neural Networks and Learning Systems	29	11	5304-5318	2018
10. 1109/TCE. 2022.3190384	L Dong, H Zhang, K Yang, D Zhou, J Shi, J Ma	Crowd Counting by Using Top-k Relations: A Mixed Ground-Truth CNN Framework	IEEE Transactions on Consumer Electronics	68	3	307-316	2022
10. 1109/TMM. 2022.3146010	H Yan, H Zhang, L Liu, D Zhou, XF Xu, Z Zhang, S Yan	Toward Intelligent Design: An AI-based Fashion Designer Using Generative Adversarial Networks Aided by Sketch and Rendering Generators	IEEE Transactions on Multimedia	25	—	2323-2338	2023

```
Paper_Structure = (D,R)
D = {10.1109/TNN.2011.2161999, 10.1109/TII.2016.2605629, 10.1109/TNNLS.2018.2797060, 10.1109/TCE.2022.3190384, 10.1109/TMM.2022.3146010}
R = {r}
r = {<10.1109/TNN.2011.2161999, 10.1109/TII.2016.2605629>, <10.1109/TII.2016.2605629, 10.1109/TNNLS.2018.2797060>, <10.1109/TNNLS.2018.2797060, 10.1109/TCE.2022.3190384>, <10.1109/TCE.2022.3190384, 10.1109/TMM.2022.3146010>}
```

我们从 D 上二元关系的集合 R 中可以知道它们的关系是有向关系，具体关系如 r 中的所示：在<10.1109/TNN.2011.2161999，10.1109/TⅡ.2016.2605629>序偶中，10.1109/TNN.2011.2161999 为第一个数据元素，10.1109/TⅡ.2016.2605629 为第二个数据元素，其他以此类推。不难看出元素之间是两两相邻的关系，最终它们形成的结构就是一个线性结构，如图 1-6 所示。

图 1-6 论文表逻辑结构的图形表示

现在来看另一个例子，根据逻辑结构给出其二元组表示法。图 1-7 所示为一个矩阵，其包含的元素如图所示。

其对应的逻辑结构二元组表示如下：

```
Matrix_Structure = {D,R}
D = {2,6, 3 ,1 ,8 ,12 , 7 ,4 ,5 ,10 ,9 ,11}
R = {r1,r2} (r1 表示行关系,r2 表示列关系)
r1= {<2,6>,<6,3>,<3,1>,<8,12>,<12,7>,<7,14>,<5,10>,<10,9>,<9,11>}(行关系)
r2= {<2,8>,<8,5>,<6,12>,<12,10>,<3,7>,<7,9>,<1,4>,<4,11>}(列关系)
```

D 表示数据元素的集合，D 对应的花括号中的就是数据元素；而 R 表示 D 上二元关系的集合，也就是在二元关系的集合 R 中有 r_1 和 r_2 两种二元关系，其中 r_1 代表行关系，r_2 代表列关系。

在实际应用过程中，当给出二元组这种抽象的表示方法之后，我们应该做到能够根据这种抽象的二元组表示法中给出的信息画出相应的逻辑结构图，这样就可以通过二元组对应的逻辑结构图更加直观地判断出其具体属于哪种数据结构。

【例 1-7】 二元组表示如下：

```
S1 = (D,R)
D = {a,b,c,d,e,f,g,h,i,j}
R = {r}
r = { <a,b>,<a,c>,<a,d>,<b,e>,<c,f>,<c,g>,<d,h>,<d,i>,<d,j> }
```

从给出的二元关系的序偶中可以看出这是一个有向关系，那么其二元组关系对应的逻辑结构如图 1-8 所示，此二元组表示一个树结构。

$$\begin{bmatrix} 2 & 6 & 3 & 1 \\ 8 & 12 & 7 & 4 \\ 5 & 10 & 9 & 11 \end{bmatrix}$$

图 1-7 矩阵的逻辑结构

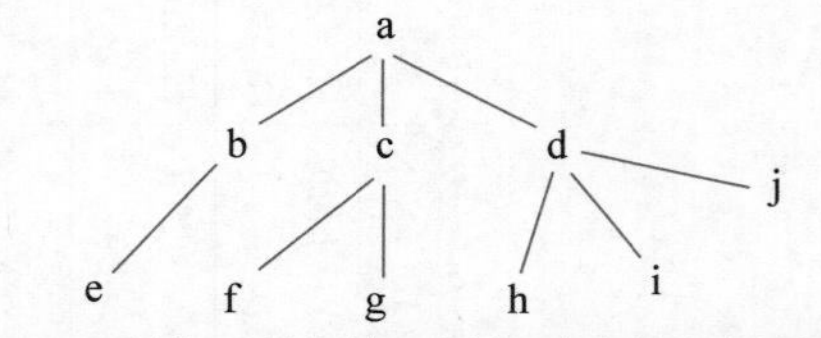

图 1-8 【例 1-7】中的二元组对应的逻辑结构图

【例 1-8】 二元组表示如下：

```
S2 = (D,R)
D = {a,b,c,d,e}
R = {r}
r = { (a,b), (a,c), (b,c), (c,d), (c,e), (d,e) }
```

从它的二元组序偶(a,b)可以看出这是一个无向关系，那么其二元组对应的逻辑结构图表示如图 1-9 所示，此二元组表示一个无向图结构。

【例 1-9】 二元组表示如下：

```
S3 = (D,R)
D = {48,25,64,57,82,36,75}
R = {r1 , r2}
r1 = {<48,25>,<48,64>,<64,57>,<64,82>,<25,36>,<82,75>}
r2 = {<25,36>,<36,48>,<48,57>,<57,64>,<64,57>,<75,82>}
```

从 $R=\{r_1,r_2\}$ 来看，在二元关系的集合 R 中有 r_1、r_2 两个关系。那么，根据二元组的表示，这两个二元关系对应的逻辑结构图如图 1-10 所示，r_1 关系如蓝色箭头所示，r_2 关系如红色箭头所示，其表示一个复杂的有向图结构。

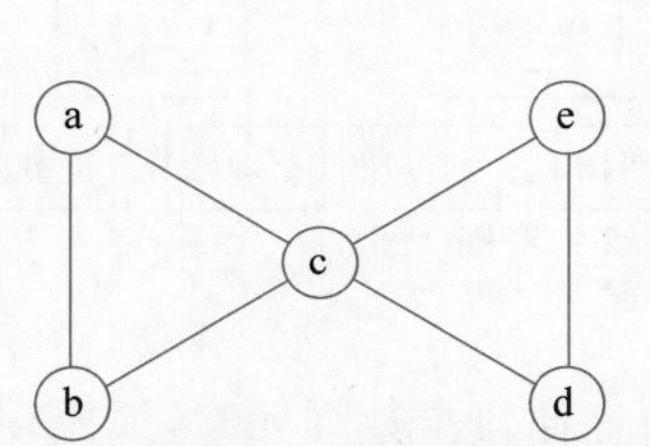

图 1-9 【例 1-8】中的二元组对应的逻辑结构图

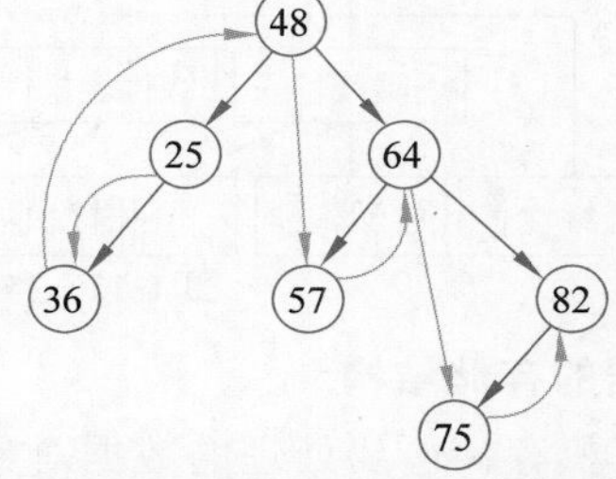

图 1-10 【例 1-9】中的二元组对应的逻辑结构图

数据结构从逻辑上分为以下四类(四种基本的逻辑结构，如图 1-11 所示)。

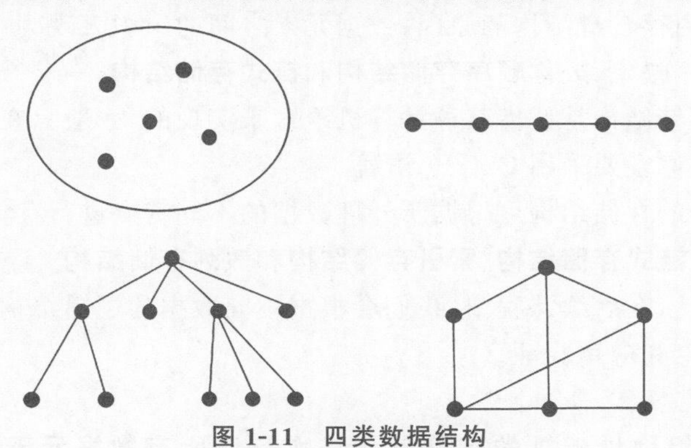

图 1-11 四类数据结构

(1) 集合：数据元素之间就是“属于同一个集合”、相互独立的关系。

(2) 线性结构：数据元素之间存在着一对一的线性关系。开始结点和终端结点都是唯一的。除了开始结点和终端结点以外，其余结点都有且仅有一个前驱结点，有且仅有一个后继结点。

(3) 树结构：数据元素之间存在着一对多的层次关系。开始结点唯一，终端结点不唯一，开始结点指根结点，终端结点指最下层的结点。除终端结点以外，每个结点有一个或多个后继结点，除开始结点外(根结点没有前驱结点)，每个结点有且仅有一个前驱结点。

(4) 图结构：数据元素之间存在着多对多的任意关系。没有开始结点和终端结点，所有结点都可能有多个前驱结点和多个后继结点，也就是说形成了一个多对多的图形结构，结点之间是相互连接的。

对应地，根据数据的逻辑结构，数据结构的类型可分为以下两种。

(1) 线性结构：除第一个元素和最后一个元素之外，其他元素都有且仅有一个直接前驱，有且仅有一个直接后继。典型的线性结构包括线性表(list)、栈(stack)、队列(queue)、串(string)、数组(array)和广义表(generalized table)。

(2) 非线性结构：其逻辑特征是一个结点可能有多个直接前驱和直接后继。典型的非线性结构包括树(tree)、图(graph)和集合(set)。

清楚起见，数据逻辑结构的层次组织关系可以用图 1-12 表示。图中展示的这些数据结构的类型将在后续各章进行详细的讨论和学习。

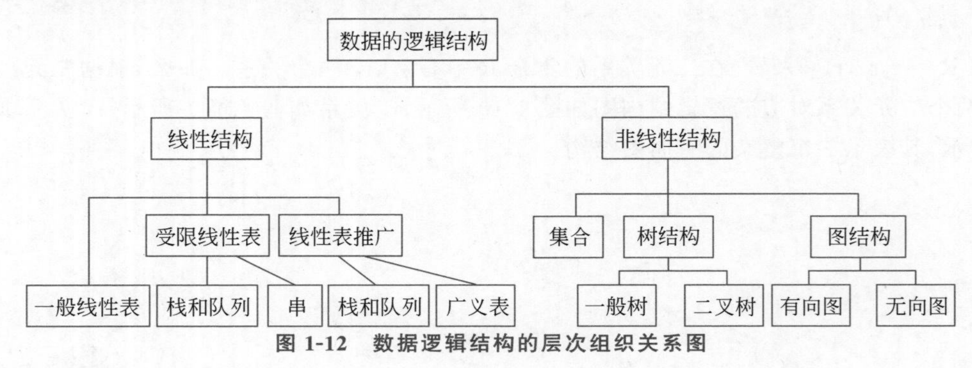

图 1-12　数据逻辑结构的层次组织关系图

2. 数据的存储结构

当计算机存储所要处理的数据对象时，通常要求既要存储每个数据元素，又要存储数据元素之间的逻辑关系，以方便计算机进行精确处理。数据的**存储结构**是数据结构在计算机中的表示或映象，是数据逻辑结构在计算机中的存储方式，又称物理结构，是数据结构在计算机内存的组织形式。由于内存自身结构的原因，数据元素之间的组织表现为相邻存放或离散存放，分为顺序映象和非顺序映象，或称**顺序存储结构**和**链式存储结构**。

通常地，数据的存储结构是凭借某种计算机语言来实现的，一般只在某高级语言上讨论存储结构的实现，这里我们主要采用 C/C++ 语言。

在实际应用，数据的存储结构可根据所处理数据的不同特点进行存储实现，主要的存储结构包括**顺序存储结构**、**链式存储结构**、**索引存储结构**和**散列存储结构**。下面分别介绍这些存储结构的主要方法。当然，在后续课程中，我们会根据不同数据的逻辑结构特征对各个存储结构进行进一步的细化讨论和应用验证。

1) 顺序存储结构

在计算机中用一组地址连续的存储单元依次存储所有数据元素，称为顺序存储结构(sequential storage structure)。也就是说，所有数据元素在存储器中占有一整块存储空间，且逻辑上相邻的元素在存储位置上也是相邻的。把逻辑上相邻的结点存储在物理位置上相邻的存储单元中，结点之间的逻辑关系由存储单元的邻接关系来隐含体现，即顺序存储结构将数据的逻辑结构直接映射到存储结构中。简言之，顺序存储结构借助数据元素之间的相对位置来表示元素之间的逻辑结构。

顺序存储结构的主要优点是节省存储空间，存储效率高，存储密度大，因为分配给数据的存储单元全用来存放数据元素(这里不考虑C/C++语言中数组需要指定大小的情况),数据元素之间的逻辑关系没有占用额外的存储空间。采用这种方法时,可实现对数据元素的随机存取,即每个数据元素对应一个逻辑序号,由该序号可以直接计算出元素的存储地址。但是,顺序存储结构的主要缺点是不便于修改,对元素进行插入、删除运算时可能要移动一系列的数据元素。顺序存储结构通常是借助计算机程序设计语言(如C/C++)的数组或结构体数组描述实现的。

例如,对应表1-3的论文列表,可以采用C/C++语言中的结构体数组存储,设计对应的结构体数组Paper并初始化的过程如下:

```
struct Paper                                //定义一个结构体 Paper
{
    string DOI;                             //DOI 号
    string name;                            //作者
    string title;                           //标题
     string journal;                        //期刊
     int volume;                            //卷
     int issue;                             //期
     string page;                           //页码
     int year;                              //年份
};
```

2) 链式存储结构

链式存储结构(linked storage structure)是数据在计算机中的一种离散存储方式。**在链式存储结构中,每个数据元素用一个内存结点存储,每个结点地址是单独分配的,所有的结点地址不一定是连续的。**链式存储结构中,每个结点用信息域存储数据元素,并附加一个指针域,用来存放相邻结点的存储地址,以辅助表示元素之间的逻辑关系。也就是说,链式存储结构是通过指针域将所有结点连接起来的,用指针来体现数据元素之间的逻辑关系。利用这种结构,各个数据元素的存储单元不再要求是连续的,即可以把逻辑上相邻的两个元素存放在物理上不相邻的存储单元中,还可以在线性编址的存储器中表示非线性关系的结点。

链式存储结构的主要优点是其能充分利用内存"碎片",同时对数据元素进行修改比较方便,因为在对数据元素进行插入或删除操作时不需要移动结点,只要改变结点中指针域的值即可。逻辑上相邻的数据元素在物理上不一定相邻,可用于存储线性表、树、图等多种逻辑结构,应用广泛。相比顺序存储结构,链式存储结构的缺点是,由于链式存储结点中除包含保存数据元素的自身信息的信息域外,还有表示数据元素之间的链接信息的指针域,因此链式存储结构比顺序存储结构的存储密度低,存储空间的利用率也较低。另外,由于逻辑上相邻的数据元素在存储空间上不一定相邻,所以不能对元素进行随机存取。

例如,对应表1-3的论文列表,可以采用C/C++语言中的链表存储,设计存放每个元素的结点类型PaperType如下:

```
class PaperType {
private:
    PaperType<T> *next;                           //指向后继结点的指针
public:
    T data;                                       //数据域
    PaperType (const T &data, PaperType<T> *next = 0);      //构造函数
    void insertAfter(PaperType<T> *p);            //在本结点之后插入一个同类结点 p
    PaperType<T> *deleteAfter();                  //删除本结点的后继结点,并返回其地址
```

```
    PaperType<T> *nextNode();                    //获取后继结点的地址
    const PaperType<T> *nextNode() const;        //获取后继结点的地址
};
```

3）索引存储结构

索引存储结构(index storage structure)**是采用附加的索引表的方式存储结点信息的一种存储方式**。索引表由若干索引项组成。索引存储方式中索引项的一般形式为(关键字、地址)。其中,关键字是能够唯一标识一个结点的数据项。索引存储方式还可以细分为以下两类。

(1) 稠密索引：这种方式中,每个结点在索引表中都有一个索引项,其中索引项的地址指示结点所在的存储位置。

(2) 稀疏索引：这种方式中,一组结点在索引表中只对应一个索引项,其中索引项的地址指示一组结点的起始存储位置。

为了方便查找,整体是无序的,因此其优点在于这是对顺序查找的一种改进,查找效率高;但索引块之间有序,因此需要额外的空间存储索引表。

4）散列存储结构

散列(或哈希)存储结构(hashed storage structure)**是根据结点的关键字直接计算出该结点的存储地址的一种存储方式**。选取某个函数,数据元素根据函数计算存储位置,因此查找基于数据本身即可找到,效率非常高;但根据函数计算的存储位置可能存在多个数据元素存储在同一位置的情况,容易引起地址冲突,且存取随机,不便于顺序查找。

在实际应用中,往往需要根据具体的数据结构来决定采用哪种存储方式。同一逻辑结构采用不同的存储方法,可以得到不同的存储结构。而且这四种基本存储方法既可以单独使用,也可以组合起来对数据结构进行存储描述。

3. 数据运算

数据运算指对数据实施的操作。施加在数据上的运算包括运算的定义和实现。运算的定义是针对逻辑结构的,指出运算的功能;运算的实现是针对存储结构的,指出运算的具体操作步骤。

1.1.3 抽象数据类型

在数据结构诸多概念中,**数据类型**和**抽象数据类型**是两个容易混淆的概念。这里分别介绍两个概念的具体含义,以作区分。

1. 数据类型

C++ 为程序员提供了种类丰富的内置数据类型和用户自定义的数据类型。表 1-4 列出了七种基本的 C++ 数据类型。

表 1-4 七种基本的 C++ 数据类型

类　　型	关　键　字	类　　型	关　键　字
布尔型	bool	双浮点型	double
字符型	char	无类型	void
整型	int	宽字符型	wchar_t
浮点型	float		

(注：其中,wchar_t 的实际空间和 short int 一样)

一些基本类型可以用一个或者多个类型修饰符进行修饰,例如 signed、unsigned、short、

long。因与本书关系不大，故不再赘述。

2. 抽象数据类型

从众多事物中舍弃个别的、非本质的属性，抽出共同的、本质性的特征的过程称为**抽象**，它是形成概念的重要手段，其目的是使问题的复杂度降低。例如，软件系统是由数据结构、操作过程和控制机能三者组成的，软件设计就是对三者的抽象过程，即数据抽象、过程抽象和控制抽象。

抽象数据类型(abstract data type，ADT)指的是用户进行软件系统设计时从拟解决问题的数学模型中抽象出来的逻辑数据结构和其上的操作(运算)。简言之，抽象数据类型是一个数学模型和在该模型上定义的操作的集合。抽象数据类型中的数据对象和数据运算的声明与数据对象的表示和数据运算的实现相互分离。也就是说，使用 ADT 的用户可以只关心它的逻辑特征，不需要了解它的存储方式；定义 ADT 的用户同样不必关心它如何存储；不考虑计算机的具体存储结构和运算的具体实现算法。这样，抽象数据类型可以使我们更容易描述现实世界。例如，用线性表描述学生成绩表，用树或图描述遗传关系等。

通过抽象数据类型，用户不再局限于目前处理器中已经定义并实现的数据类型(固有数据类型)，还包括用户在设计软件系统时自己定义的数据类型。在近代程序设计方法学中，软件系统的框架建立在数据之上，而不是操作之上。在构成软件系统的每个相对独立的模块上，可以定义一组数据和施于这些数据上的一组操作，即抽象数据类型。**抽象数据类型的主要特点包括：**

(1) **降低了软件设计的复杂性。**

(2) **提高了程序的可读性和可维护性。**

(3) **程序的正确性容易保证。**

以下内容以线性表 LIST=(D,R)为例，定义了线性表的数学模型和在该模型上定义的操作的集合。

$$\text{LIST}=(D,R)$$
$$D=\{a_i \mid a_i\in \text{ElementSet}, i=1,2,\cdots,n, n\geqslant 0\}$$
$$R=\{H\}$$
$$H=\{\langle a_{i-1},a_i\rangle \mid a_{i-1},a_i\in D, i=2,3,\cdots,n\}$$

设 L 的型为 LIST 线性表实例，e 的型为 ElementType 的元素实例，i 为位置变量。所有操作描述为

① ListInsert(L,i,e)
② ListDelete(L,i,e)
③ LocateElem(L,e, compare())
④ GetElem(L,i,e)
⑤ PriorElem(L, cur_e, pre_e)；PriorList(L,p,q)
⑥ NextElem(L, cur_e, $next_e$)；NextList(L,p,q)
⑦ ClearList(L)
⑧ ListFirst(L)；ListEnd(L)

抽象数据类型的形式描述为三元组表示 ADT =（ D,S,P ），其中，D 是数据对象；S 是 D 上的关系集；P 是 D 的基本操作集。抽象数据类型的基本描述格式如下：

```
ADT 抽象数据类型名
{ 数据对象:数据对象的声明
  数据关系:数据关系的声明
  基本操作:基本操作的声明
}
```

抽象数据类型的规格描述具有如下特点。

(1) 完整性：反映所定义的抽象数据类型的全部特征。

(2) 统一性：前后协调,不自相矛盾。

(3) 通用性：适用于尽量广泛的对象。

(4) 不依赖性：不依赖程序设计语言。

规格描述语法和语义两方面。

(1) 语法：给出操作的名称、I/O 参数的数目和类型。

(2) 语义：由一组等式组成,定义各种操作的功能及相互之间的关系。

下面以栈为例说明其规格描述、语法和语义的表示和实现。

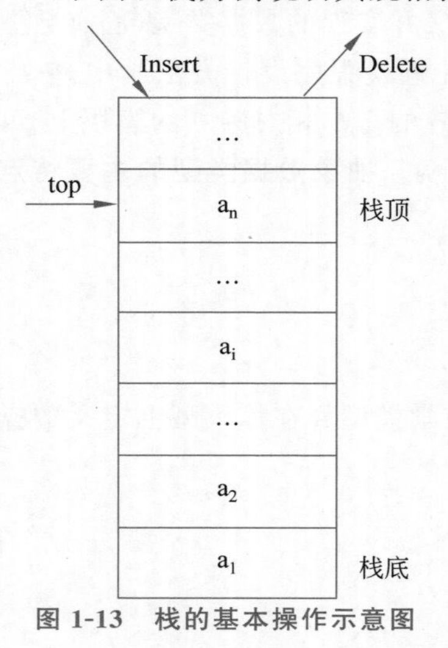

图 1-13　栈的基本操作示意图

【定义】　栈是一个后进先出(LIFO)的线性表,所有插入、删除操作在表的一端(栈顶)进行(如图 1-13 所示,在本书后续讲解栈与队列的章节中,将会对栈进行详细阐述)。

栈的规格描述为

typeStack[ElementType]

NewStack()→Stack

ADT 的语法将给出操作的名称,I/O 参数的数目和类型。下面以栈为例：

Push(ElementType, Stack)→Stack

Pop(Stack)→Stack ∪{UNDEFINED}

Top(Stack)→ElementType ∪{UNDEFINED}

Empty(Stack)→Boolean

ADT 的语义将定义各种操作的功能及相互之间的关系。

declarestk：Stack, elm:ElementType

Pop(NewStack)＝NewStack

Pop(Push(elm, stk))＝stk

Top(NewStack)＝UNDEFINED

Top(Push(elm, stk))＝elm

Empty(NewStack)＝TRUE

Empty(Push(elm, stk)) ＝FALSE

抽象数据类型的实现是根据拟解决问题的逻辑结构定义的实现(存储结构)和所定义的操作的实现,要符合三个原则：①符合规格描述的定义；②有尽可能好的通用性；③尽可能独立于程序的其他部分。抽象数据类型的实现是通过某高级语言编写的程序进行抽象描述,并凭借高级语言中已实现的固有数据类型来实现的。一个抽象数据类型可能有多种实现方式。抽象数据类型的实现主要包括两个步骤,即**数据抽象**和**数据封装**。数据抽象指用 ADT 描述程序处理的数据对象时强调的是其本质的特征、其所能完成的功能以及它们和外部用户的接口(外部使用它们的方法)。数据封装是指将数据对象的外部特征和其内部实现细节分离,并且对外部用户隐藏其内部实现细节。

3. 数据结构、数据类型和ADT之间的关系

为了更好地区分数据结构、数据类型和抽象数据类型的概念，下面总结三者之间的相互关系。首先，从各自的含义出发：

(1) 数据类型是一组值的集合。

(2) 数据结构是数据元素之间的抽象关系。

(3) 抽象数据类型是一个数学模型及在该模型上定义的操作集的总称。

三者之间的关系可以总结如下。

(1) 数据类型是根据数据结构分类的，同类型的数据元素的数据结构相同。数据类型主要和程序设计语言相关。数据类型可分为两类：原子类型和结构类型。一方面，在程序设计语言中，每个数据都属于某种数据类型。类型明显或隐含地规定了数据的取值范围、存储方式以及允许进行的运算。可以认为，数据类型是在程序设计中已经实现了的数据结构；另一方面，在程序设计过程中，当需要引入某种新的数据结构时，总是借助编程语言所提供的数据类型来描述数据的存储结构。

(2) 数据结构则是抽象数据类型中数学模型的表示。

(3) 抽象数据类型是程序设计语言中数据类型概念的进一步推广和抽象。同一数学模型上定义不同的操作集代表不同的ADT。对每个数据结构而言，必定存在与它密切相关的一组操作。若操作的种类和数目不同，即使逻辑结构相同，数据结构能起的作用也不同。

1.2 算法及其分析

本节首先讨论算法和数据结构的关系，然后给出算法的定义和描述方法，最后详细讨论算法分析方法。

1.2.1 算法和数据结构关系

大量的数据结构教程中都将数据结构的知识和算法联系起来讲述，这导致很多初学者认为讲数据结构就是在讲算法，这样的理解是不准确的。下面分别从解决问题角度、实现角度和学科角度三方面来描述算法和数据结构之间的关系。

1. 从解决问题角度

一般来说，对确定的问题选择一种好的结构，加上设计一种好的算法，需要解决两个问题：数据结构(问题的数学模型)和算法(处理问题的策略)。也就是说，在处理问题时，需要先进行问题分析，厘清数据元素之间的逻辑关系，然后进行存储实现，最后通过算法进行解决。用不同的方式进行数据存储会占用不同大小的存储空间，同时，用算法处理数据时，处理的过程也会有所不同。因此，存储数据的方式选择也主要是为了能够配合算法以解决问题。算法和数据结构往往是密不可分的。离开了算法，数据结构就显得没有意义；相反，没有了数据结构，算法就缺少了实现的条件。良好的数据结构思想就是一种高效的算法，但是数据结构不等于算法。

2. 从实现角度

算法要高效实现，需要为其配合一种好的数据结构。从算法输入/输出角度考虑，算法要对数据进行处理，不可避免地要对数据进行组织。需要处理的信息越复杂，处理过程就越复杂，那么，良好的数据组织就越显得重要，也就体现了数据结构选取的重要性。一般地，算法可以脱离计算机语言存在，如果将算法用某种具体的语言实现，如 C、Python 等，就变成了我们常说的“程序”。从用高级语言实现角度，数据结构最终都是能写成类的，包含自有的成员属性和方法。而算法往往就只有方法。

3. 从学科角度

除了“数据结构”这门课程会涉及算法，后面还会单独学习“算法导论”等课程，进一步强化算法的知识。也就是说，算法本身就可以作为独立的学科存在。但是，从计算机解决问题角度出发，我们首先需要分析问题、提取数据、厘清其逻辑关系并将其高效存储，其次对存储的数据进行处理，最终得出问题的答案。数据结构主要针对数据的不同逻辑结构，确定最优的物理结构来存储数据；而算法从表面意思来理解，即解决问题的方法，目的是高效率地处理和分析数据。因此，在解决问题的过程中，数据结构要配合算法选择最优的存储结构来存储数据，而算法亦要结合数据存储的特点，用最优的策略来分析并处理数据，以高效地解决问题。可以说，数据结构为算法提供服务，算法作用在特定的数据结构上进行操作。在本门课程中，为了更深刻地理解采用不同数据结构解决问题的特点，我们匹配了相应的算法进行问题求解。这里的算法可以理解为数据结构概念中建立在逻辑结构和存储结构二者之上的操作（运算）实现方法。

1.2.2 算法定义

编写程序是为了使用计算机帮助用户解决各种各样的问题，解决任何问题都需要有一定的方法和步骤。算法（algorithm）是对特定问题求解过程的一种描述，是为解决一个或一类问题所采用的指令（规则）的有限序列，其中每条指令表示一个或多个操作。换言之，算法是在有限步骤内求解某一问题所使用的一组定义明确的规则。通俗地说，算法就是计算机解题的具体步骤和过程。在这个过程中，无论是形成解题思路还是编写程序，都是在实施某种算法。具体地，解题思路是推理实现的算法，编写程序是操作实现的算法。

菜谱记录了做出各色各样美味菜品的方法步骤。例如，制作锅包肉的菜谱，会把制作锅包肉所必需的原料及用量都标注清楚，并且把烹制的过程、每步需要的时间等都详细记录下来。任何人只要完全按照菜谱的方法和制作步骤去做，就一定能烹制出美味的锅包肉。而“算法”就是能让程序员编写出可靠、高效的计算机程序的“菜谱”（图 1-14）。

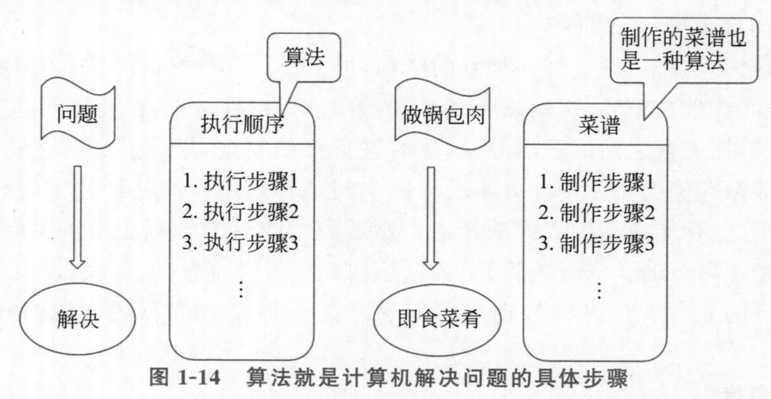

图 1-14 算法就是计算机解决问题的具体步骤

编程是为了让计算机解决特定的问题，编程之前首先需要明确计算机解决该问题的具体步骤，这个处理步骤就是编写该程序所需要的“算法”。解决一个问题可以用不同的方法和步骤，因此针对同一问题的算法也有多种(图 1-15)。

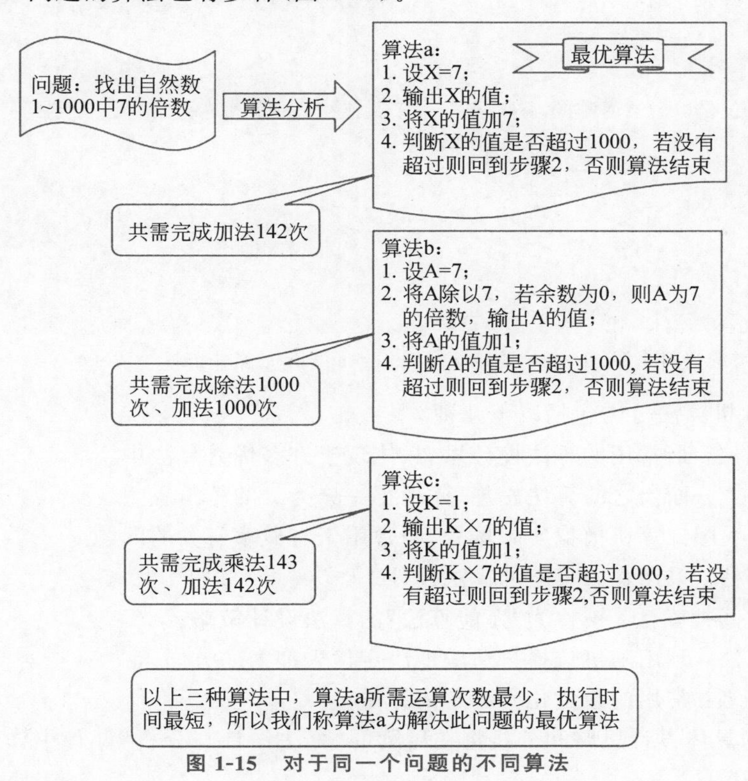

图 1-15 对于同一个问题的不同算法

而编写程序就是通过某一种程序设计语言(如 C 语言)对算法的具体实现。算法独立于任何程序设计语言,同一算法可以用不同的程序设计语言来实现(图 1-16)。

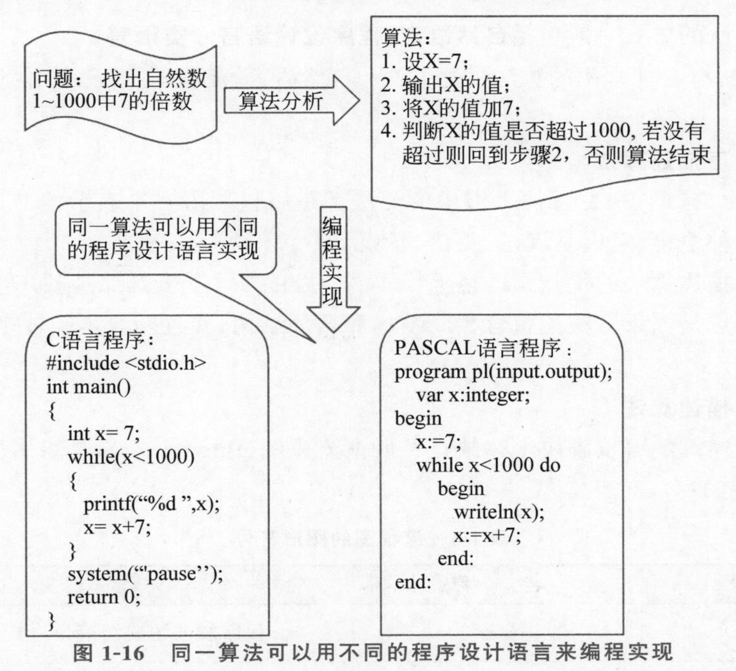

图 1-16 同一算法可以用不同的程序设计语言来编程实现

C 语言程序如下：

```
#include <stdio.h>
int main()
{
    int x=7;
    while(x<1000)
    {
        printf("%d\n",x);
        x=x+7;
    }
    system("pause");
    return 0;
}
```

（部分内容参考的资料来源：https://www.weixueyuan.net/a/17.html）

常见的计算机算法分类包括以下几种。

（1）递归算法：最常用的算法设计思想，体现于许多优秀算法中。

（2）分治法：分而治之的算法思想，体现了一分为二的哲学思想。

（3）模拟法：用计算机模拟实际场景，经常用于与概率有关的问题。

（4）贪心算法：采用贪心策略的算法设计。

（5）状态空间搜索法：被称为“万能算法”的算法设计策略。

（6）随机算法：利用随机选择自适应地决定优先搜索的方向。

（7）动态规划：常用的最优化问题解决方法。

这些算法的具体设计思路和分析将在后续的“算法设计与分析”课程中详细讨论，这里只做概念性的叙述。

1.2.3 算法描述

描述一个算法的方式一般包括**自然语言**、**程序设计语言**和**类语言**。

在C语言中，有5种常用的算法描述方法：自然语言、流程图、N-S图、伪代码和程序设计语言。

1. 用自然语言描述算法

1.1节中给出的【例1-1】至【例1-3】中的算法都是用自然语言来表示的。自然语言就是我们日常使用的各种语言，可以是汉语、英语、日语等。

用自然语言描述算法的优点是通俗易懂，当算法中的操作步骤都是顺序执行时会比较直观、容易理解；缺点是如果算法中包含判断结构和循环结构，并且操作步骤较多，就显得不那么直观清晰了。

2. 用流程图描述算法

用流程图描述算法可以解决上述缺点。所谓流程图（flow chart），是指用规定的图形符号来描述算法（见表1-5）。

表1-5 流程图的图形符号

图形符号	名　称	含　义
（圆角矩形）	起止框	程序的开始或结束
（矩形）	处理框	数据的各种处理和运算操作

续表

图形符号	名　称	含　义
（平行四边形）	输入/输出框	数据的输入和输出
（菱形）	条件判断框	根据条件的不同，选择不同的操作
（圆圈）	连接点	转向流程图的他处或从他处转入
（箭头）	流向线	程序的执行方向

结构化程序设计方法中规定的 3 种基本程序流程结构（顺序结构、选择结构和循环结构）都可以用流程图明晰地表达出来（见图 1-17）。

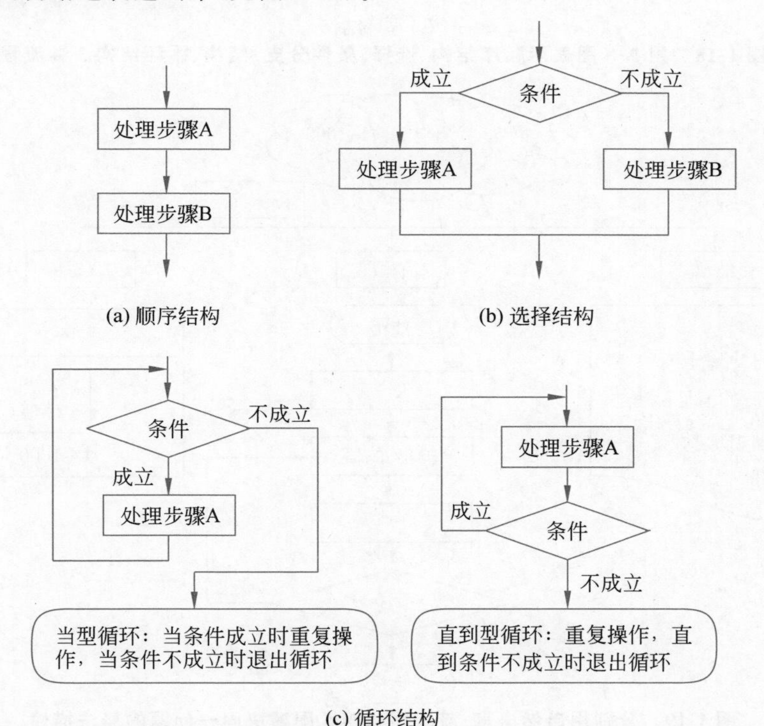

图 1-17　用流程图表示顺序结构、选择（条件分支）结构、循环结构 3 种流程

3. 用 N-S 图描述算法

虽然用流程图描述的算法条理清晰、通俗易懂，但在描述大型的复杂算法时，流程图的流向线较多，容易影响对算法的阅读和理解。因此，有两位美国学者提出了一种完全去掉流程方向线的图形描述方法，称为 N-S 图（两人名字的首字母组合）。

N-S 图使用矩形框来表达各种处理步骤和 3 种基本结构（见图 1-18），全部算法都写在一个矩形框中。

为了便于对比，图 1-19 展示了分别用自然语言、流程图和 N-S 图解决同一问题的算法描述。

4. 用伪代码描述算法

伪代码是用在更简洁的自然语言算法描述中，用程序设计语言的流程控制结构来表示处理步骤的执行流程和方式，用自然语言和各种符号来表示所进行的各种处理及涉及的数据（见图 1-20），它是介于程序代码和自然语言之间的一种算法描述方法。这样描述的算法书写比较

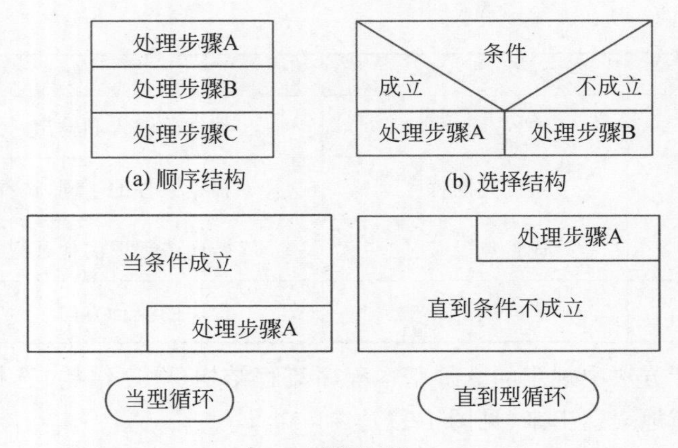

图 1-18 用 N-S 图表示顺序结构、选择(条件分支)结构、循环结构 3 种流程

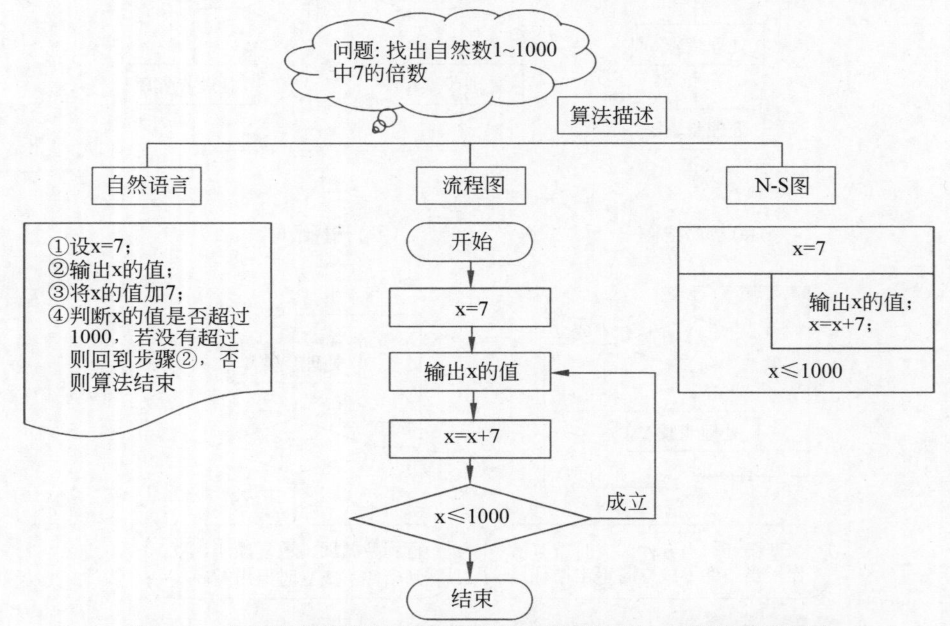

图 1-19 分别用自然语言、流程图和 N-S 图解决同一问题的算法描述

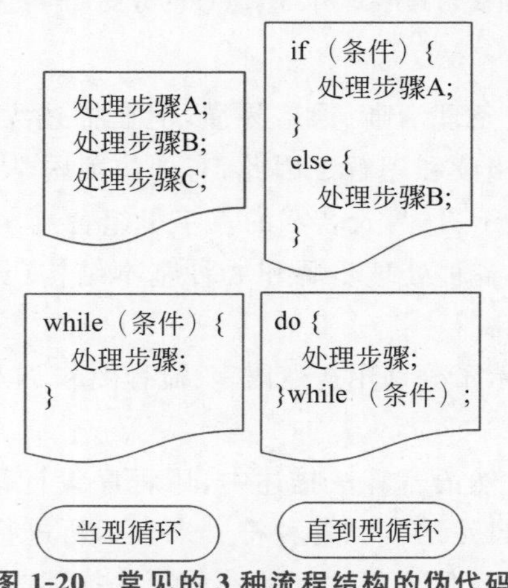

图 1-20 常见的 3 种流程结构的伪代码

紧凑、自由，也比较容易理解(尤其是在表达选择结构和循环结构时)，同时也更有利于算法的编程实现(转换为程序)。

5. 用程序设计语言描述算法

算法最终均要通过程序设计语言描述出来(编程实现)，并在计算机上执行。程序设计语言也是算法的最终描述形式(见图 1-21)。无论用何种方法描述算法，都是为了将其更方便地转换为计算机程序。

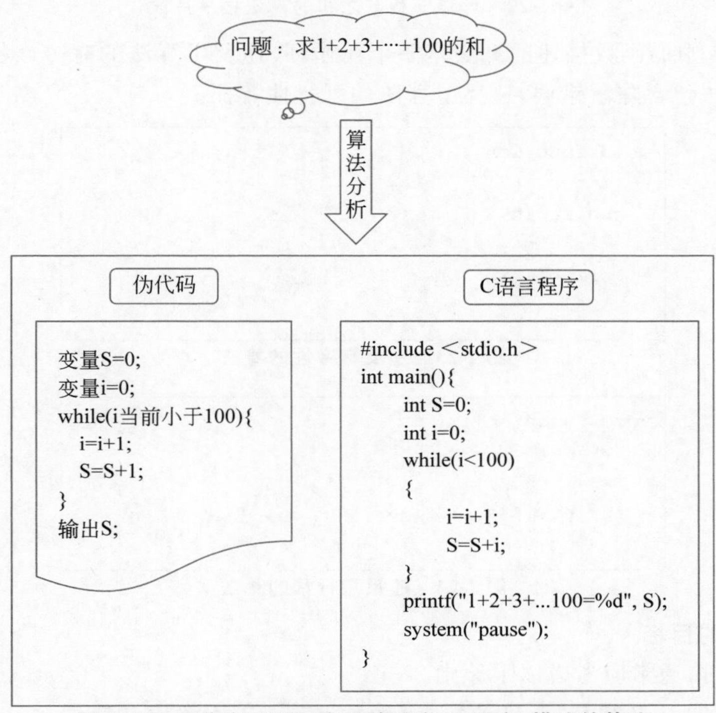

图 1-21 用伪代码和程序设计语言(C 语言)描述的算法

1.2.4 算法分析

本节首先给出算法的基本特征，然后确定算法设计的原则和目标，最后重点从时间复杂度和空间复杂度两方面讨论算法效率分析与评估方法。

1. 算法的基本特征

一般地，算法包括以下 5 个基本特征。

(1) **有穷性**：算法中的操作步骤为有限个，且每个步骤都能在有限时间内完成。

(2) **确定性**：组成算法的操作必须清晰，无二义性。

(3) **可行性**：算法中的所有操作都必须足够基本，都可以通过已经实现的基本操作运算有限次实现。

(4) **输入**：输入作为算法加工对象的量值，通常体现为算法中的一组变量。某些算法的字面上可以没有输入，实际上已被嵌入算法之中。

(5) **输出**：输出是一组与输入有确定关系的量值，是算法进行信息加工后得到的结果，这种确定关系即为算法的功能。

例如，图 1-22 为计算 a 和 b 的和的算法程序片段。该算法具有输入、输出：输入为 a 和 b，输出为a、b以及变量sum。该算法具有确定性：算法的每一步都确切、无歧义地定义。该算法具有有穷性：算法的操作步骤有限。该算法具有可行性：算法的每条语句都能精确地执行。

```
void function(int a, int b) {
   int sum = a + b;
   printf("%d %d %d", a, b, sum);
}
```

图 1-22　计算 a 和 b 之和的算法程序片段

再如，图1-23中的函数描述的算法是一个死循环，违反了算法的有穷性特征。图1-24中的函数描述的算法包含除零错误，违反了算法的可行性特征。

```
void function() {
   int n = 2;
   while (n % 2 == 0)
     n = n + 2;
   printf("%d", n);
}
```

图 1-23　违反有穷性的算法

```
void function() {
   y = 0;
   x = 5 / y;
   printf("%d, %d", x, y);
}
```

图 1-24　违反可行性的算法

2. 算法设计的目标

在设计算法时，通常应考虑以下原则。

（1）**正确性**：算法必须是“正确的”。正确性要求：①不含语法错误；②对于几组输入数据能得到满足要求的结果；③对精心选择苛刻并带有刁难的数据能得到满足要求的结果；④对于一切合法的输入均能得到满足要求的结果。

（2）**可读性**：应有很好的“可读性”，在算法正确的前提下，算法的可读性是摆在第一位的。

（3）**健壮性**：指算法应对非法输入的数据做出恰当反应或进行相应处理，一般情况下，应向调用它的函数返回一个表示错误或错误性质的值。

（4）**算法的效率**：应考虑所设计的算法具有“高效率与低存储量”。

3. 算法效率分析与评估

影响算法执行的因素包含以下三点：①算法实现后所消耗的时间；②算法实现后所占存储空间的大小；③算法是否易读、易移植等其他问题。在评估一个算法时，我们需要考虑算法的执行效率、占用空间的大小以及代码是否易读的问题。

评价算法效率的方法有两种：事后统计和事前分析。事后统计指将算法实现后测算其时间和空间开销。该方法测算的时间和空间开销是准确的实测值，但编写程序实现算法将花费较多的时间和精力，且所得实验结果依赖计算机的软硬件等环境因素。因此，在事后统计前，我们可以做事前分析。事前分析是对算法所消耗资源进行估算的方法，目的是估算算法的时间和空间开销。

算法分析(algorithm analysis)是对算法所需要的计算机资源-时间和空间进行估算，即时间复杂度(time complexity)和空间复杂度(space complexity)。

1）时间复杂度

算法的时间复杂度是一个函数，它定性描述该算法的运行时间，是一个代表算法输入值的字符串的长度的函数。

和算法执行时间相关的因素有以下 5 点：①算法选用的策略；②问题的规模；③编写程序的语言；④编译程序产生的机器代码的质量；⑤计算机执行指令的速度。其中③～⑤点是和计算机硬件和软件相关的，因此不考虑。我们主要考虑算法的设计策略和问题的规模。

为了计算时间复杂度，我们通常会估计算法的操作单元数量，每个单元执行的时间都是相同的。因此，总运行时间和算法的操作单元数量最多相差一个常量系数。

如图 1-25 所示，算法的执行时间是基本（操作）语句重复执行的次数，它是问题规模的一个函数。我们把这个函数的渐进阶称为该**算法的时间复杂度**。问题规模即输入量的多少，基本语句即执行次数与整个算法的执行次数成正比的操作指令。

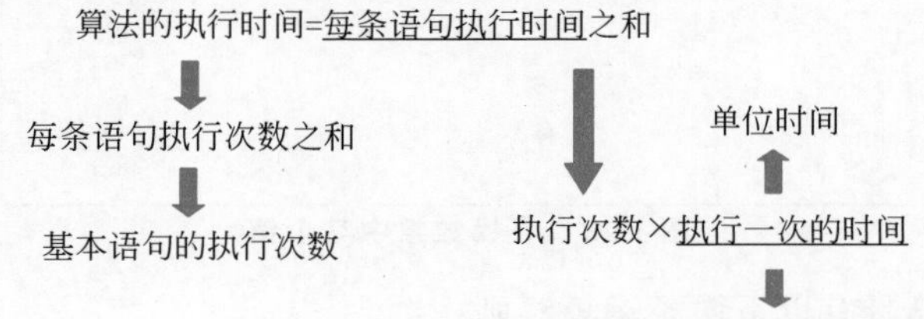

图 1-25　算法的执行时间估算

形式化地，算法中基本操作重复执行的次数是问题规模 n 的某个函数 f(n)，则算法的时间度量记作

$$T(n) = O(f(n))$$

它表示随问题规模 n 的增大，算法执行时间的增长率和 f(n)的增长率相同。

图 1-26 所示是一个二重循环的算法例子。在该算法中，问题规模为 n，基本语句为

```
x++
```

```
for (i = 1; i <= n; i++)
   for (j = 1; j <= n; j++)
      x++;
```

图 1-26　二重循环举例

时间复杂度常用“O”表述，不包括这个函数的低阶项和首项系数。使用这种方式时，时间复杂度可称为是渐近的，亦即考查输入值趋近无穷时的情况。例如，如果一个算法对于任何大小为 n 的输入，它至多需要 $5n^3+3n$ 的运行时间，那么它的渐进时间复杂度是 $O(n^3)$。

定理 1：若 $A(n)=a_m n^m+a_{m-1}n^{m-1}+\cdots+a_1 n+a_0$ 是一个 m 次多项式，则 $A(n)=O(n^m)$。

图 1-27 所示是矩阵乘法的算法，在该算法中，问题规模为 n，基本语句为

```
c[i][j] += a[i][k] * b[k][j]
```

在算法分析的过程中，在问题规模相同的情况下，我们还需要分析最好情况、最坏情况、平均情况下的时间复杂度。

在图 1-28 中，最好情况下，数组 a 的第 1 个值就是 k，因此最好情况下的时间复杂度为 O(1)；最坏情况下，数组 a 中没有 k，因此最坏情况下的时间复杂度为 O(n)；平均情况下，k 出现

在数组 a 中的位置均匀分布，期望为$\frac{n}{2}$，因此平均时间复杂度也是 O(n)。

```
for (i = 1; i <= n; i++)
   for (j = 1; j <= n; j++) {
     c[i][j] = 0;
     for (k = 1; k <= n; k++)
        c[i][j] += a[i][k] * b[k][j];
   }
```

图 1-27　矩阵乘法举例

```
int find(int a[], int n, int k) {
   int i;
   for (i = 1; i <= n; i++)
     if (a[i] == k)
        break;
   return i;
}
```

图 1-28　寻找数组中某个值

时间复杂度的运算具有以下两条运算法则：

设 $T_1(n)=O(f(n))$，$T_2(n)=O(g(n))$，则

加法法则：$T_1(n)+T_2(n)=O(\max(f(n),g(n)))$；

乘法法则：$T_1(n)\cdot T_2(n)=O(f(n)\cdot g(n))$。

若存在正的常数 c 和函数 f(n)，使得对任何 $n\gg 2$ 都有

$$T(n)\leqslant c\cdot f(n)$$

则认为在 n 足够大之后，f(n)给出了 T(n)增长速度的一个渐进上界，记为

$$T(n) = O(f(n))$$

“O”具有如下性质：

(1) 对于任一常数 $c>0$，有 $O(f(n)) = O(c\cdot f(n))$；换句话说，在“O”的意义下，函数各项正的常系数可以忽略并等同 1；

(2) 对于任意常数 $a>b>0$，有 $O(n^a+n^b) = O(n^a)$；多项式中的低次项均可忽略，只需保留最高次项。

上述性质体现了对函数总体渐进增长趋势的关注和刻画。图 1-29 量化显示了常见时间复杂度下的程序运行时间 $T(n) = O(f(n))$ 随 n 的变化而变化。

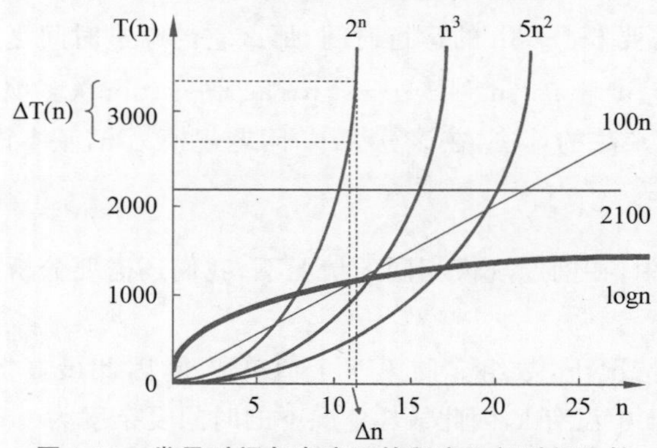

图 1-29　常见时间复杂度下的程序运行时间比较

另外，除了"O"，时间复杂度还可以用"Ω"和"Θ"表示。其中，"Ω"是对算法的复杂度最好情况做出估计。与"O"相反，"Ω"是对算法执行效率的乐观估计，对于规模为 n 的任意输入，算法的运行时间都不低于 Ω(f(n))；"Θ"是对算法复杂度的准确估计。对于规模为 n 的任何输入，算法的运行时间 T(n)都与 Θ(f(n))同阶。几种时间复杂度的记号对比如图 1-30 所示。

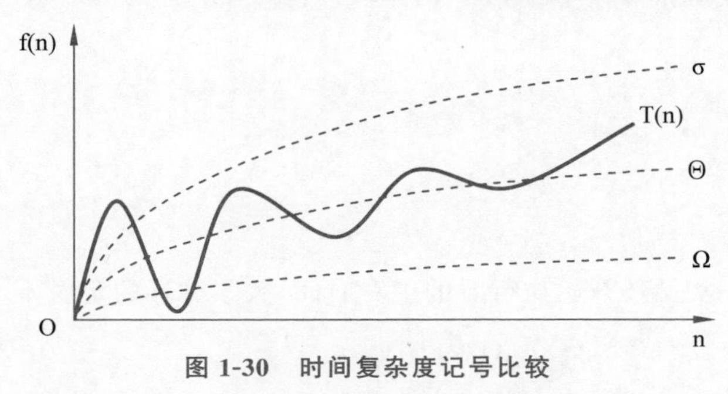

图 1-30 时间复杂度记号比较

根据上述时间复杂度的定义和性质，下面简要概述常见的程序语句运行时间的分析方法。设 T $\widehat{(x)}$为取变量或常量 x 之值所消耗时间；T(.V)为取变量 V 之地址所消耗的时间；T(=)为赋值所消耗的时间；T(θ)为执行基本运算 θ 所消耗的时间；T(call/return)为执行函数调用和返回所消耗的时间；T(par)为将参数 par 传给函数所消耗的时间。那么，对于如下程序语句，则有：

(1) 表达式和赋值语句。

```
exp::=常数|变量|F-name(e1,e2,…,em) | (expθexp)
T(v=exp) = T(.v)+T(=)+T(exp)
T(exp θ exp) = T(exp)+T(θ)+T(exp)
T(F-name(e1,e2,…,em))=T(call/return)+mT(par)+T(F-body)
```

例如，T(c=a+b)=T(.c)+T(=)+T $\widehat{(a)}$+T(+)+T $\widehat{(b)}$。

上述时间复杂度通常均取 O(1)。

(2) 语句序列。

```
T(s1,s2,…,sk) = max{T(s1),T(s2),…,T(sk))
```

(3) 条件语句。

```
T( if (B) s1 else s2)=T(B)+T(else)+max{T(s1),T(s2)}
```

通常取 T(B)+T(else) = O(1)。

```
T(if(B) s )=O(1)+T(s)
```

(4) switch 语句。

设语句 s 为

```
switch(E) {
    case E1: S1;
    …
    case Ek: Sk;
    default : Sm}
```

则 $T(s) = T(E) + \sum_{i=1}^{k} T(E_i) + \max\{T(s_1), \cdots, T(s_k), T(s_m)\}$。

(5) for 语句。

```
T( for(i=1;i<=n;i++) s )
=Σ(T(s)+T(i=1)+T(i<=n)+T(i++)+T(for))
```

其中,T(i=1)+T(i<=n)+T(i++)+T(for)为 O(1)。

(6) while 语句。

```
while(B) s
```

例如

```
i=0;while(B) { s ; i++}
```

设 RT_0 表示某一次循环开始执行时的绝对时间,关于循环的定时不变式 RT 为

```
RT=RT0+(i+1)(T(B)+T(while)+i(T(s)+T(j))
```

其中,T(while)代表测试循环终止条件所用时间。T(j)代表跳回循环头所用时间。

可简化成

```
T(j)=T(while);
T(while(B)s)=RT-RT0=(i+1)T(B)+iT(s)+(2i+1)T(while)
```

(7) 函数调用。

非递归调用:Σ被调用子函数运行时间。

递归调用:求解递归方程。

(8) goto 语句。

goto 语句允许把控制无条件转移到同一函数内被标记的语句。goto 语句破坏了程序结构。在任何编程语言中,一般对 goto 语句限制使用,因为它使得程序的控制流难以跟踪,使程序难以理解和难以修改。对有条件的 goto 转移可忽略不计。

下面列举常见的时间复杂度分析的例子。

在图 1-31 中,$f(n)=1$;$T_1(n)=O(f(n))=O(1)$。

```
int s = 0;
```

图 1-31 常量阶的时间复杂度举例

在图 1-32 中,$f(n)=3n+1$;$T_2(n)=O(f(n))=O(n)$。

```
for (i = 1; i <= n; i++) {
    ++x;
    s += x;
}
```

图 1-32 线性阶的时间复杂度举例

在图 1-33 中,$f(n)=3n^2+2n+1$;$T_3(n)=O(f(n))=O(n^2)$。再如我们常见的冒泡排序算法,图 1-34 描述了算法时间复杂度的基本分析过程。

另外,在图 1-29 中,矩阵乘法是一个立方阶的时间复杂度,即 $f(n)=2n^3+3n^2+2n+1$;$T_4(n)=O(f(n))=O(n^3)$。

2) 空间复杂度

算法的空间复杂度是指算法在执行过程中的存储量需求。一个算法的存储量需求除了存

```
for (i = 1; i <= n; ++i)
    for (j = 1; j <= n; ++j) {
        ++x;
        s += x;
    }
```

图 1-33 平方阶的时间复杂度举例

```
Void BUBBLE(A)
int A[n];
{ int I,j,temp;
   for(i=0;i<n-1;i++)
      for(j=n−1;j>=i+1;j--)
         if(A[j−1]>A[j]) {
            temp=A[j−1];   O(1)
            A[j-1]=A[j];   O(1)  } O(1) } O(1) } O((n−i−1) × 1) = (n−i−1) } O(∑_{i=0}^{n−2}(n−i−1)) ≤ O(n(n−1)/2) = O(n²)
            A[j]=temp;     O(1)
         }
}
```

图 1-34 冒泡排序算法的时间复杂度分析过程

放算法本身所有的指令、常数变量和输入数据外,还包括对数据进行操作的工作单元和存储实现计算所需信息的辅助空间。算法的存储量需求与输入的规模、表示方式、算法采用的数据结构、算法的设计以及输入数据的性质有关。在算法执行的不同时刻,其空间需求可能是不同的。和时间复杂度表示类似,空间复杂度通常也使用"O"渐进地表示,如 O(n)、O(nlogn)、O(n^{α})、O(2^{n})等,其中 n 用来表示输入的长度,该值可以影响算法的空间复杂度。空间复杂度的分析过程这里不再赘述。

1.3 程序设计基础

各种数据结构和算法的实现最终都是由计算机程序来展现的。因为数据结构学科是理论和编程实践并重的学科,所以本节首先讨论程序和数据结构的关系,然后简要回顾一些程序设计的基础知识,最后概述整个软件构造的过程,以体现"数据结构"课程的重要性和必要性。

1.3.1 程序和数据结构关系

给定一个待求解问题,我们需要找到解决问题的算法,并最终编写实现算法的程序。1976年,美国著名计算机科学家、Pascal 语言发明者 Niklaus Wirth 出版了一本书,名为《算法+数据结构=程序设计》,并指出:程序设计指编制出用计算机处理问题的指令;算法是指处理问题的策略;数据结构是指给出的待求解问题的数据模型。也就是说,程序设计的实质是对确定的问题选择一种好的数据结构,并设计一种好的算法。这里需要解决两个核心问题,即数据结构(问题的数学模型)和算法(处理问题的策略)。从这个角度讲,数据结构是解决数据表示问题,即如何将数据存储在计算机中;算法是为了解决数据处理问题,即处理数据,进而求解问题。那么,可以看出数据结构问题起源于程序设计。数据结构和程序设计的关系可以用图 1-35 表示。

在实际应用中，也有一些常用的程序设计方法是基于数据结构的。例如，至今广泛应用的软件工程中的设计方法之一：Jackson 设计方法。该方法是由 M.A.Jackson 在 1975 年提出的。该方法通过研究问题环境，从输入、输出数据结构入手，形成程序结构（骨架），再用初等操作定义要完成的任务，并分配初等操作。这一方法对输入、输出数据结构明确的中小型系统非常有效，如商业应用中的文件表格处理。同时，该方法也可与其他方法结合，用于模块的详细设计。另外，Jackson 设计方法面向数据结构设计，并提供了 Jackson 结构图工具，可以在分析阶段使用 Jackson 图描述要处理的复杂数据的逻辑结构，以更清楚地了解需求。

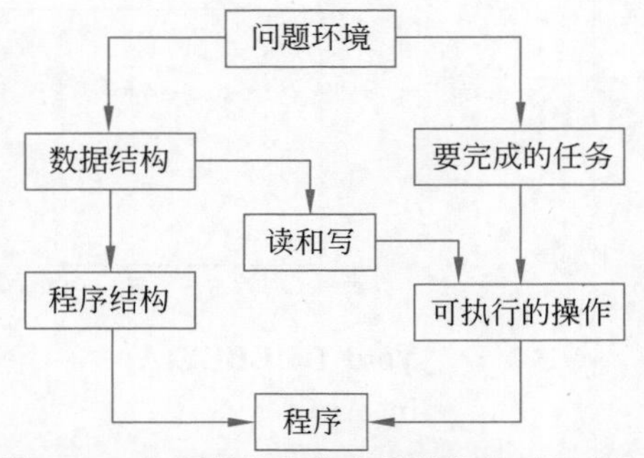

图 1-35　数据结构与程序设计的关系示意图

数据结构随着程序设计的发展而在不断发展。例如，在程序设计的无结构阶段，只是在简单数据上做复杂运算；在程序设计的结构化阶段，出现了“数据结构＋算法＝程序”，即开始强调数据模型在程序设计中的地位和重要性；在程序设计的面向对象阶段，“对象＋行为＝程序”，即将数据结构和算法封装在程序设计中。当然，数据结构的发展并未终结。

1.3.2　静态存储和动态存储

程序中的变量的存储方式可以分为静态存储方式和动态存储方式。静态存储方式指在程序运行期间分配固定的存储空间。动态存储方式指在程序运行期间根据按需分配原则进行动态的存储空间分配。图 1-36 描述了内存的组织方式。

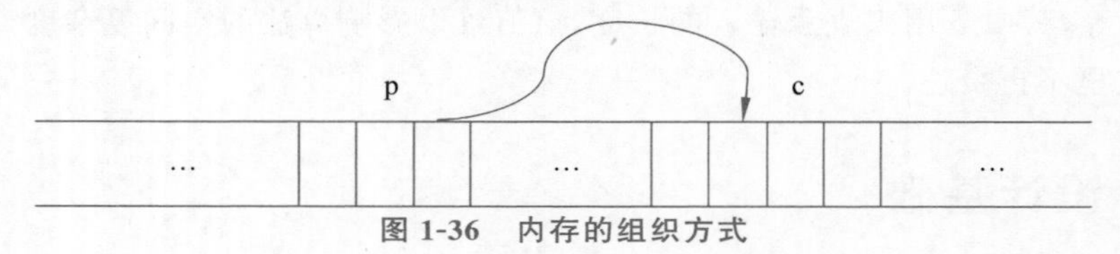

图 1-36　内存的组织方式

机器的存储器通常由连续编号（或编址）的存储单元序列组成，这些存储单元可以以单个或相连成组的方式操纵。通常情况下，一字节可表示一个字符，一对相连的存储单元可表示一个短整数，而四个相邻的字节则构成一个长整数。单个或相连成组的内存单元都有对应的地址。如图 1-36 所示，静态存储方式对应 c，是分配的固定的存储空间；动态存储方式对应 p，它指向存储空间的地址，由于指针本身就是一个变量，再加上它所存放的也是变量，所以指针的存储空间不能确定，在程序运行期间按需分配。

数组是静态存储方式的一个例子。一维数组是一个线性表，它被存放在一片连续的内存单元中。数组是根据数组的下标进行访问的，多维数组在内存中是按照一维数组存储的，只是在逻辑上是多维的。

指针是动态存储方式的一个例子。在程序运行过程中，只分配一个指针大小的内存，并可把它的值指向某个有效的内存空间，C++ 中使用 new 和 delete 来分配和释放内存。

1.3.3　结构体类型

在程序设计时，最重要的步骤之一就是选择表示数据的方法。在许多情况下，简单变量甚至是数组还不足以表示一个事物的属性。为此,C语言提供了结构体变量以提高表示数据的能力。

结构体是一些值的集合,这些值称为成员变量,把一些基本类型的数据组合在一起可以形成一个新的复杂数据类型。结构体中的每个成员可以是不同类型的变量。

结构体的定义如下所示,struct为结构体关键字,tag为结构体的标志,member-list为结构体成员列表,其必须列出其所有成员;variable-list为此结构体声明的变量。例如:

```
struct tag { member-list } variable-list ;
```

在一般情况下,至少要出现tag、member-list、variable-list中的2个,如图1-37和图1-38所示。

```
struct
{
   int a;
   char b;
   double c;
} s1;
```

图1-37 结构体的定义举例(1)

```
struct SIMPLE
{
   int a;
   char b;
   double c;
};
```

图1-38 结构体的定义举例(2)

1.3.4 输入/输出

任何程序都需要与用户进行沟通,这就要求程序具有输入/输出的功能。输入指程序从用户处获取数据,输出指程序向用户显示或打印数据。程序中负责与用户沟通的部分称为用户界面,它是程序设计的一个重要组成部分。设计用户界面时要遵循的一个主要原则是"用户友好性",即要让用户在与计算机程序交互时感到非常简单、方便和不易犯错。

1.3.5 引用类型参数

在C++中,引用类型参数是通过在参数名前加上"&"实现的,"引用"两个字可以理解为别名,即形参是实参的别名,形参和实参在内存中实际上是同一块区域,C++中的引用从原理上来说就是C语言中的指针,但是,C++语言为了实现运算符的重载,对C语言指针功能进行了进一步封装,也就形成了引用,运算符重载已经超出了本书的范围,读者只需要知道它是引用机制形成的原因即可。引用有时会比指针难以理解,当难以理解时,读者可以将引用看成指针,就会一目了然。

引用类型参数的好处非常大,当参数不是简单的基本数据类型,而是复合数据类型时,使用引用类型参数可以避免传参过程中的复制开销,因为复制的不是实参,而是实参的"别名",实参不管有多大都没有关系,内存中始终只有一份实参;同时,使用引用类型参数,实参的值可以在函数中得到修改,这既是一种方便,也是一个陷阱,建议读者在不需要修改实参的值且又需要使用引用类型参数时,有意识地将引用类型参数设为const。在C++中,可以通过在函数形参前加上const实现,以降低潜在错误的可能性。

1.3.6 流程控制(分支、循环等)

任何一门程序设计语言都有流程控制,数据结构与算法也离不开流程控制,基本的流程控制分为分支和循环两部分,下面依次介绍。

对于分支,可以直观地理解为走路时的拐弯,即从一条路走到另一条路上,程序设计中一般使用 if-else 和 switch 结构来实现分支。

典型的 if-else 结构如下:

```
if (condition){
  do something;
}
else{
  do some other thing;
}
```

如果满足 if 中的条件,程序会做一些事情;如果不满足条件,程序就会做另一些事情。

典型的 switch 结构如下:

```
switch(variable){
  case A:
     do something;
     break;
  case B:
     do something;
     break;
  case C:
     do something;
     break;
  …
  default:
     do something;
     break;
}
```

对于 switch 中的变量,如果语句 A 成立,那么此时就处于情况 A,程序会做一些事情,然后退出 switch 语句;如果语句 B 成立,那么此时就处于情况 B,程序会做另一些事情,然后退出 switch 语句;以此类推,如果所有条件都不满足,程序也会做一些对应的事情,然后退出 switch 语句。注意,不同的条件应该是互斥的。

对于循环,可以直观地理解为走路时的转圈,即从起点出发,绕了一圈,又回到起点。程序设计中一般使用 for 循环和 while 循环。

典型的 for 循环结构如下:

```
for (initial situation; condition; change)
{
  do something;
}
```

首先判断初始情况(initial situation)下条件(condition)是否成立,如果成立,则运行花括号中的代码,然后运行 change 来改变初始情况;如果不成立,则退出 for 循环,以此类推,只要有一次条件(condition)不成立,就退出 for 循环。

典型的 while 循环结构如下:

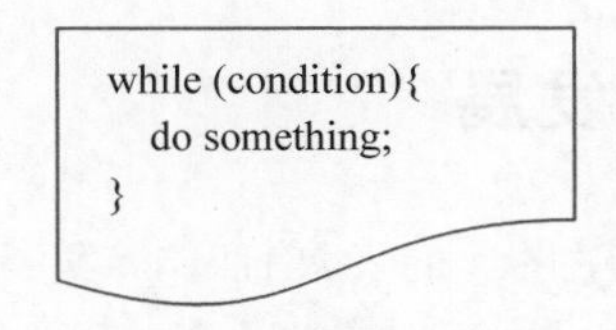

```
while (condition){
  do something;
}
```

首先判断 while 后面的条件是否成立,如果成立,则运行花括号中的代码;如果不成立,则退出 while 循环,以此类推。

1.3.7 递归

递归算法在计算机科学中是指一种通过重复将问题分解为同类的子问题而解决问题的方法。递归作为一种算法在程序设计语言中被广泛应用。一个过程或函数在其定义或说明中有直接或间接调用自身的一种方法,它通常把一个大型复杂的问题层层转换为一个与原问题相似的规模较小的问题来求解,递归策略只需少量的程序就可描述出解题过程所需要的多次重复计算,大大地减少了程序的代码量。递归的能力在于用有限的语句来定义对象的无限集合。一般来说,递归需要有边界条件、递归前进段和递归返回段。当边界条件不满足时,递归前进;当边界条件满足时,递归返回。

递归算法一般用于解决以下三类问题。

(1) 数据的定义是按递归定义的,如 Fibonacci 函数。

(2) 问题解法按递归算法实现。这类问题虽然本身没有明显的递归结构,但用递归求解比迭代求解更简单,如汉诺塔问题。

(3) 数据的结构形式是按递归定义的。如二叉树、广义表等,由于结构本身固有的递归特性,它们的操作可递归地描述。

递归的缺点如下。

递归算法解题相对常用的算法(如普通循环等)运行效率较低。因此,应该尽量避免使用递归,除非没有更好的算法或者某种特定情况下递归更为适合时。在递归调用的过程中,系统为每一层的返回点、局部量等开辟了栈来存储。递归次数过多容易造成栈溢出等。

1.3.8 软件构造

软件构造是指通过编码、验证、单元测试、集成测试和调试的组合,详细地创建可工作、有意义的软件。“程序=数据结构+算法”,而“软件=程序+数据+文档”。软件是三者的总和:能成功执行的程序,加上能使程序正常运行所需要的数据,再加上描述软件开发过程及其管理软件的使用及其操作的有关文档。

软件的生存周期分为三个阶段。从开发者角度,三个阶段分别为定义软件、开发软件和维护软件。定义软件阶段,开发者需要用明确的语言描述软件需要解决的问题,还需要从经济、技术、法律等方面进行可行性分析。同时对软件进行需求分析。开发软件阶段,需要对软件进行设计确定解决方案,用编程语言实现软件并进行软件测试以达到制定要求。维护软件阶段,开发者需要交付软件到客户机器；维护软件，对需求变更做出响应；以及最后停止对软件维护，让软件退役。

软件的开发过程还分为瀑布式开发、增量开发和敏捷开发等。读者可以在后续的“软件工程”课程中对软件构造内容做进一步了解。

1.4 数据结构的历史与发展

如前所述，数据结构是随着程序设计的发展而不断发展的，其主要发展历程如图 1-39 所示。1954 年，FORTRAN 语言被提出，并作为世界上第一个被正式推广使用的高级语言于 1956 年开始正式使用。1958 年，由欧美计算机学家合力组成的联席大会所开发的算法语言 ALGOL 被创立，它也是在计算机发展史上首批清晰定义的高级语言之一。但是，FORTRAN、ALGOL 等语言以程序为中心，是为解决数值问题而设计的。如今，FORTRAN 仍然是数值计算领域使用的主要语言。以程序为中心的最初观点强调程序的建立，用于在简单的数据结构上进行复杂的运算，这种观点恰好也适用于解决数据计算问题。1959—1960 年，J. McCarthy 设计了一种表处理语言——LISP 系统；1962 年，D. Farber 等又设计了串处理语言 SONBOL 系统，他们将数据的结构形式分别表示成表结构和树结构。而这些语言就是以数据为中心，为解决非数值问题而设计的。人们开始把数据结构作为解决问题的基础，而程序则是对数据结构进行操作加工，如在数据库中对数据进行查询和修改。这种思想适用于解决诸如航空订票系统等非数值问题，因为此类问题需要复杂的数据结构来描述系统的动态。可以说，程序设计以数据为中心的观点极大地推动了“数据结构”作为独立学科的出现和发展。

1968 年，Donald E. Knuth 出版了《程序设计艺术》第一卷《基本算法》，开创了数据结构的最初思想体系，系统地阐述了数据的逻辑结构、存储结构及其操作。1970 年年初，美国的一些大学开始把“数据结构”作为一门独立的课程编入教学计划。但是，最初的“数据结构”课程内容几乎与图论，特别是树和表的理论相同；后来，不断把网络、集合代数论、格、关系等内容扩充进来，逐渐形成了被称为“离散结构”的某些内容。但是，数据必须是由计算机来处理的。因此，在做数据分析处理时，不仅要考虑数据的数学性质，最终还要考虑如何将数据存储于计算机，即数据的存储结构问题，这就要求进一步扩展数据结构的内容。例如，随着数据库的发展，文件管理的内容也加入“数据结构”课程中。1976 年，PASCAL 语言发明者 Niklaus Wirth 出版了一本书，名为《算法＋数据结构＝程序设计》，阐述了算法、数据结构和程序设计之间的关系。随着算法在计算机领域的快速发展和应用，算法与数据结构之间的关系日趋密切，许多课程为了更好地理解数据结构，开始将算法分析与设计的部分内容引入“数据结构”课程之中。步入 21 世纪，随着计算机软硬件、互联网、移动互联网等的快速发展，各类复杂数据不断累积，各种计算机应用算法、程序、语言不断涌现。尤其是 2012 年以后，大数据环境下的人工智能算法得到跃升式发展，“数据智能”概念已经开始拓展到计算机及其应用的诸多方面，人工智能算法已经成为数据结构新的服务对象，其为理解复杂的数据结构提供了新的土壤，将数据结构赋予智能算法并衍生数据智能也成为一种趋势，这也正是本书编写的初衷。值得注意的是，“数据智能”基本包括三方面：数据表征、数据结构和智能算法。本书不强调数据的特征表示，也就是不考虑数据对象内容的表达与转换，仅从数据的逻辑结构和存储结构出发讨论数据结构及其智能化应用算法。

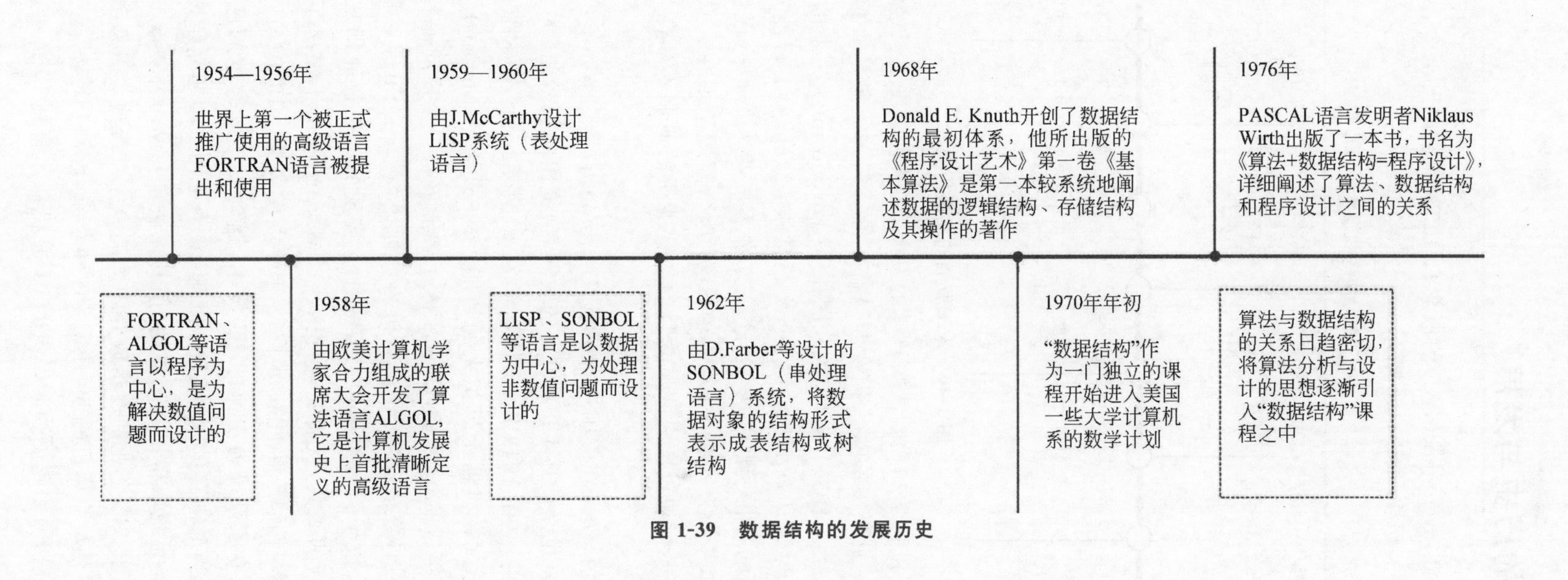

图 1-39　数据结构的发展历史

1.5 人工智能的历史与发展

人工智能(artificial intelligence,AI)的概念自1956年被提出至今,经历了两个低谷期和快速发展期,其主要发展历史如图1-40所示。

图1-40 人工智能的发展历史

随着20世纪计算机科学和大脑认知科学的发展,在某种程度上已经将人类思维的哲学争论转变为向科学探索。此转变在很大程度上得益于计算机与人脑的直接类比。在此背景下,人工智能学科应运而生。1950年,阿兰·图灵(Alan Turing)发表的"计算机器与智能"(*Computing Machinery and Intelligence*)一文通常被认为是人工智能兴起的标志。在此文章中,图灵提出了著名的"图灵测试"方案,这个方案不仅给人类智能提供了一个可操作的定义,而且通过"模拟游戏"的方式将"机器能否思考"这个问题呈现在大众面前。之后,作为人工智能的核心目标之一,以通过图灵测试为目的的智能机的研制不断向传统的智能概念提出挑战。

1956年夏季,一批科学家在美国达特茅斯(Dartmouth)学院举办了一次研讨会,会议上同意使用由J. McCarthy(也是前述LISP语言的发明者)提出的新术语"人工智能",标志着人工智能学科的诞生。其实,早在1949年,美国数学家J. McCarthy在普林斯顿大学数学系撰写博士论文时,就决定尝试在机器上模拟人的智能。1956年,J. McCarthy首次提出人工智能(AI)这一概念。1959年,J. McCarthy开发了人工智能界第一个广泛流行的语言——LISP语言,并于1960年将其设计发表在《美国计算机协会通讯》上。LISP是一种函数式的符号处理语言,其程序由一些函数子程序组成,J. McCarthy实现的人工智能即从几个基本函数出发,通过一定的方法构成新的函数,从而实现目标。J. McCarthy由于提出了人工智能的概念,并使之成为一个重要的学科领域,因此获得了1971年度图灵奖。1970—1980年,人工智能经历了第一个冬天,当时以专家系统为主流的AI技术,遇到了难以逾越的瓶颈,如有限的计算资源(自然语言处理由于当时内存的限制,只能处理20个单词)、问题复杂度规模受限、常识推理难以完成等。虽然专家系统取得了初步成功,但其无法自我学习并更新知识库和算法,并需要高昂的维护成本,以至于很多企业都逐步放弃陈旧的专家系统或者升级到新的信息处理方式。同时,20世纪80年代个人计算机崛起,IBM PC和苹果计算机快速占领整个计算机市场,其CPU频率和速度稳步提升,超越了当时昂贵的LISP机器。直到1987年,专用LISP机器硬件销售市场严重崩溃，人工智能领域再一次进入寒冬。人们认识到专家系统不是人工智能的正确途径，使用人类设定的规则进行编程这种自上而下的方法是错误的。人工智能技术应该拥有自我学习感知能力，从下而上才能实现真正的智能。这种观点虽然超前，但促进了后续机器学习和人工神经网络技术的兴起和壮大。1988年，美国科学家朱迪亚·皮尔(Judea Pearl)(2011年图灵奖得主)提出了贝叶斯网络算法，将概率统计方法引入人工智能的推理过程，对后来人工智能的发展起到了重大影响。同年，IBM的沃森(Watson)研究中心将概率统计方法引入人工智能的自然语言处理中，Candide项目基于200多万条语句实现了英语和法语之间的自动翻译。同时，英国科学家Rollo Carpenter开发了Jabberwacky聊天程序，尝试更好地通过图灵测试，这个程序的衍生版cleverbot沿用至今。1989年，AT&T贝尔实验室的Yann LeCun(2018年图灵奖获得者)及其团队使用卷积神经网络技术，实现了人工智能识别手写的邮政编码数字图像。1992年，时任苹果公司副总裁的华人李开复(Kai-Fu Lee)使用统计学方法设计开发了具有连续语音识别能力的助理程序Casper，这也是后来苹果Siri最早的原型。Casper可以实时识别语音命令并执行计算机办公操作。随后，学术界和工业界不断推动统计机器学习和人工神经网络的发展，并取得了丰硕的成果。

值得一提的是，早在1943年，美国心理学家麦卡洛克(W.McCulloch)和数学家皮茨(W. Pitts)就提出了人工神经网络的概念，比世界上最早的通用计算机的出现还早了3年。2006年以前，虽然人工智能领域出现了许多新的概念和模型，但是实际人工智能进展却始终不尽如人意。直到2006年，加拿大多伦多大学的杰弗里·辛顿(Geoffrey Hinton)(2018年图灵奖获得者)在*Science*杂志发表了一篇题为"一种深度置信网络的快速学习算法"的论文，首次提出了深度学习的概念。2011年，"认知计算"革命性代表IBM Watson的出现标志着人工智能应用时代的到来。实际上，最早IBM Watson只是IBM研究院的一个研究课题，课题组从2006年开始研究自然语言处理，包括提高机器的推理能力。2011年，IBM Watson参加了美国知识问答电视竞赛Jeopardy，并战胜了人类选手。这次比赛堪称人工智能史上重大的里程碑事件。2012年，谷歌大脑(Google Brain)团队成员Jeff Dean和Andrew Ng(吴恩达)等通过深度学习技术，成功让16000台计算机学习1000万张图片后，在YouTube视频中"认出"了猫。同时，Geoffrey Hinton带领两个学生利用卷积神经网络(CNN)参加了名为"ImageNet大规模视觉识别挑战"的比赛，比赛的其中一项是让机器辨认每张图像中的狗是什么类型，从而对100多种狗进行分类。在比赛中，Geoffrey Hinton团队以16%的错误率获胜(这个错误率甚至低于人眼识别的错误率18%)，并且远低于2011年25%的获胜成绩。这两大事件让大众见识了深度学习的威力和潜力。从此，深度学习一炮而红。另一个让大众知晓深度学习的事件是2016年3月AlphaGo战胜世界最强围棋棋手。谷歌旗下DeepMind团队开发的AlphaGo和韩国著名棋手李世石进行了一场围棋人机大战，最终以4比1的总比分获胜。2017年10月，AlphaGo Zero发布，它在三天内自学了三种不同的棋类游戏，包括国际象棋、围棋和日本将棋，而且无须人工干预，完成了零基础自我对弈。2021年是"元宇宙"的元年，这个对现实世界进行虚拟化、数字化的过程必将给人工智能提供大量的新应用场景，对后续人工智能的发展具有重要的推动扩展作用。2022年底，ChatGPT等大语言模型(LLM)和工具横空出世，突破了大众对通用人工智能的认知，"数据+算力+模型"三元组的重要性日益突显，各大研究机构和企业均投入大量精力用于大模型的研发，借助大模型基座，人类开启了通向通用人工智能之路。

当前，人工智能领域方向主要包括专家系统、多智能体系统、进化计算、模糊逻辑、机器学习、知识表示、推荐系统、自然语言处理、计算机视觉、大语言模型等。佩德罗·多明戈斯(Pedro Domingos)曾总结了人工智能的五大学术流派，包括符号、进化学派、类比学派、贝叶斯学派和连接机制。符号学派主要讲求逻辑和哲学，代表性技术有规则与决策树；进化学派主要源于进化生物学，代表性技术有基因编程；类比学派依据心理学，代表性算法为支持向量机；贝叶斯学派主要研究数据的统计性质，代表性算法有朴素贝叶斯算法和马尔可夫算法；连接机制主要受到神经科学启发，代表性方向是神经网络。虽然人工智能技术呈现百花齐放的态势，新方法和新技术不断涌现，但各个技术均有各自适用的应用场景，读者还需根据拟解决的问题性质选择或改造这些方法，以达到切实解决问题的目的。

1.6 智能算法应用

本节将介绍数据结构的一个简单的智能应用例子。具体地，我们介绍数组这个数据结构在朴素贝叶斯算法中的应用。

朴素贝叶斯法(Naïve Bayes)是机器学习的经典算法，是基于贝叶斯定理与特征条件独立假设的分类方法。先通过已给定的训练集，以特征词之间独立作为前提假设，学习从输入到输出的联合概率分布，再基于学习到的模型，输入 X 求出使得后验概率最大的输出 Y。

设有样本数据集 $D=\{d_1,d_2,\cdots,d_n\}$，对应样本数据的特征属性集为 $X=\{x_1,x_2,\cdots,x_d\}$，类变量为 $Y=\{y_1,y_2,\cdots,y_m\}$，即 D 分为 y_m 类别。其中，$x_1,x_2,\cdots,x_d$ 相互独立且随机，则 Y 的先验概率 $P_{prior}=P(Y)$，Y 的后验概率 $P_{post}=P(Y|X)$，由朴素贝叶斯算法可得，后验概率可以由先验概率、条件概率计算出，即

$$P(Y|X)=\frac{P(Y)P(X|Y)}{P(X)}$$

朴素贝叶斯基于各特征之间相互独立，在给定类别为 y 的情况下，上式可以进一步表示为

$$P(X \mid Y=y)=\prod_{i=1}^{d}P(x_i \mid Y=y)$$

由以上两式计算出的后验概率为

$$P_{post}=P(X \mid Y)=\frac{P(Y)\prod_{i=1}^{d}P(x_i \mid Y)}{P(X)}$$

由于 P(X)的大小是固定不变的，因此在比较后验概率时，只比较上式的分子部分即可，因此可以得到一个样本数据属于类别 y_i 的朴素贝叶斯计算，即

$$P(y_i \mid x_1,x_2,\cdots,x_d)=\frac{P(y_i)\prod_{j=1}^{d}P(x_j \mid y_i)}{\prod_{j=1}^{d}P(x_j)} \tag{1-1}$$

下面举一个具体的关于朴素贝叶斯算法的应用例子。

新一年的九月，哈工大附属高中开学了。教务处将给这批新高一的 200 名学生开设几种不同的体育课，分别是足球、篮球和乒乓球。学生可以从三种体育课中挑选一种。在入学之初，学校发布了一份问卷调查来了解学生体育方面的基本情况。教务处打算根据过去 3 年 500 名学生的选课记录和问卷调查历史以估计每种体育课应该设置的容量。其中，问卷调查

内容主要为以下四点：性别、身高、肺活量、是否喜欢运动。这个任务交给了学校技术部的小王。

小王拿到数据后，决定使用朴素贝叶斯算法来估计每门体育课的容量。过去3年500名学生对应的数据就是训练集生成条件概率的分布。其中，数据集D总共有500个，类变量Y={足球，篮球，乒乓球}，样本的数据特征集为$X=\{x_{性别},x_{身高},x_{肺活量},x_{运动喜好}\}$，总共有四维特征。小王决定对数据的特征进行处理，将身高和肺活量根据某个阈值分为高和低。例如男生身高175cm以上为高，175cm以下为矮。之后，小王通过处理后的数据构建条件概率分布，得到以下概率分布：

$$P(x_{性别}=男),\ P(x_{性别}=男)$$
$$P(x_{身高}=高),\ P(x_{身高}=高)$$
$$P(x_{肺活量}=高),\ P(x_{肺活量}=高)$$
$$P(x_{运动喜好}=喜欢),P(x_{运动喜好}=不喜欢)$$

同时，小王也计算出了先验概率：

$$P\ (y=足球),P\ (y=篮球),\ P\ (y=足球)$$

还有一系列条件概率，例如

$$P(x_{性别}\mid y=足球),P(x_{肺活量}\mid y=篮球)$$

通过训练数据构建完成概率分布，小王打算预测每个学生的选课倾向。第一个学生的输入特征为

$$X=\{x_{性别}=男,x_{身高}=矮,x_{肺活量}=高,x_{运动喜好}=喜欢\}$$

根据式(1-1)，他选足球课的概率为

$$P\ (y=足球\mid\ x_{性别}=男,x_{身高}=\ 矮,x_{肺活量}=高,x_{运动喜好}=喜欢)=$$
$$\frac{P(y=足球)\ P(x_{性别}=男\ \mid y=足球)P(x_{身高}=矮\mid y=足球)\ P(x_{肺活量}=高\mid y=足球)P(x_{运动喜好}=喜欢\mid y=足球)}{P(x_{性别}=男)P(x_{身高}=矮)P(x_{肺活量}=高)P(x_{运动喜好}=喜欢)}$$

同理，也可以计算这位同学选篮球课和排球课的概率。在计算完成之后，选取概率最高的课程为这位同学预期选择的课程。

以下部分为上述算法的伪代码实现，其中用到了数组这个最基础的数据结构。

首先是关于每个数据的特征描述，使用结构体：

```
struct Student
{
    int gender;                                           //0为女性,1为男性
    int height;                                           //0为矮,1为高
    int lung_capacity;                                    //0为肺活量低,1为肺活量高
    int sports;                                           //0为不喜欢运动,1为喜欢运动
}
```

训练数据定义为

```
struct Student train_data[500];
```

预测的正式数据定义为

```
struct Student data[200];
```

训练模块需要用数组存储样本出现的个数和概率。定义一维矩阵int[3] cnt_y表示过去

三年三种体育课选的人数之和。定义二维矩阵 int[4][2] cnt_x 表示特征出现的次数，其中，cnt_x[i][j]表示过去 500 个学生中特征 x_i 值为 j 出现的次数，即 cnt(x_i=j)。例如可以定义 x_1 表示身高特征，则 cnt_x[1][0]表示身高矮的学生总数，cnt_x[1][1]表示身高高的学生总数。定义三维矩阵 cnt_xy[4][2][3]，其中 cnt_xy[i][j][k]定义为 cnt(x_i=j,y=k)。模块还将定义 p_x、p_y、p_xy 分别对应 P(X)、P(Y)、P(X|Y)。

训练伪代码如下：

```
train():
    train_data <-- load_data()                              //载入训练 500 人数据
    def cnt_x, cnt_y, cnt_xy, p_x, p_y, p_xy                //定义变量
    i <-- 0
    while i < 500 then
        do_cnt(train_data[i], cnt_x, cnt_y, cnt_xy)         //进行个数统计累加
        i <-- i + 1
    p_x, p_y, p_xy <-- caculate(cnt_x, cnt_y, cnt_xy)       //利用累加的个数统计概率
    save()                                                  //将概率保持到本地硬盘
```

预测模块部分需要用户定义 int[3] class_y 来保存三个体育课预测结果的上课容量。

预测伪代码如下：

```
predict():
    p_x, p_y, p_xy <-- load()        //加载训练得到的概率
    data <-- load_data()             //加载预测学生数据
    i <-- 0
    while i < 200 then
        class_y <-- do_bayes(data[i], p_x, p_y, p_xy)
                                     //通过朴素贝叶斯算法计算学生 i 最有可能选的体育课
        i <-- i + 1
```

以上就是基于数组实现朴素贝叶斯算法的一个完整应用例子。不过，作者猜测在大多数情景下，教务系统选课设置课程容量应该会基于一些更加简单的准则，这里就不得而知了。

本章小结

在本章中，我们首先介绍了数据结构的概念以及常用的数据结构，如表结构、树结构、图结构；然后通过几个典型的例子阐述了如何运用数据结构的知识去解决现实世界中的问题；接着，我们分析了算法和数据结构的关系，只有两者搭配得当，才能更好地解决问题，同时，我们对算法这一概念进行了简单的定义，给出了描述算法、分析算法的常用方式，并增加了一些程序设计的内容；最后，通过对数据结构和人工智能的历史进行回顾，我们了解了这两门古老而又重要的学科的发展历程，两者相互促进，相得益彰。

习题

1. 两数之和

给定一个整数数组 nums 和一个整数目标值 target，请你在该数组中找出和为目标值 target 的那两个整数，并返回它们的数组下标。

链接：https://leetcode.cn/problems/two-sum/solution/liang-shu-zhi-he-by-leetcode-solution/

来源：力扣(LeetCode)

2. 回文数

给你一个整数 x，如果 x 是一个回文整数，则返回 true，否则返回 false。

回文数是指正序（从左向右）和倒序（从右向左）读都一样的整数。

例如，121 是回文，而 123 不是。

链接：https://leetcode.cn/problems/palindrome-number/solution/hui-wen-shu-by-leetcode-solution/

来源：力扣（LeetCode）。

与前沿技术链接

随着 5G、云计算、人工智能、物联网、大数据等数据信息技术的迅速发展，全球数据流量呈现几何级增长的态势。《中国大数据白皮书（2020）》显示，2020 年全球产生的数据量将达到 47ZB，到 2035 年将达到 2142 ZB；中国生产的数据量将达到全球数据量的五分之一。

大数据的智能分析成为新一代信息技术融合应用的结点，比起坐拥庞大的数据信息，能够掌握对含有意义的数据进行融合和智能化处理的技术是很重要的。

数据有以下六大特征。

(1) 数据本身是对一个事实的描述，代表某件事物的客观描述，即用“数字符合”代表事物。

(2) 数据分结构化数据、半结构化数据和非结构化数据。结构化数据是指可以使用关系数据库表示和存储，表现为二维形式的数据。一般特点是：数据以行为单位，一行数据表示一个实体的信息，每行数据的属性是相同的。半结构化数据是结构化数据的一种形式，它并不符合关系数据库或其他数据表的形式关联起来的数据模型结构，但包含相关标记，用来分隔语义元素以及对记录和字段进行分层，因此，它也称为自描述的结构。半结构化数据属于同一类实体，可以有不同的属性，即使它们被组合在一起，这些属性的顺序也不重要。常见的半结构化数据有 XML 和 JSON。非结构化数据就是指没有固定结构的数据，各种文档、图片、视频、音频等都属于非结构化数据。

(3) 数据生产需要成本投入，需要投入硬件、软件、人工成本；如果要购买，则需要支付一定的费用。

(4) 数据具有互补性。单个的数据价值并不大，只有数据规模达到一定的程度，而且多个维度具有较好的及时性时，数据才有用，规模维度、及时性等对其作用的发挥会产生很大的影响。

(5) 数据具有无限性。数据具有可复制、可共享、无限增长和供给的品质。数据资产不需要折旧、摊销，它会越用越多。数据资产本身是无限增长的，它每年都在增值，而不是被消耗。

(6) 数据资产成为数字经济时代的关键生产要素。农业时代的关键生产要素是土地、劳动力，工业时代的关键生产要素是资本、技术。数字经济时代的核心生产要素是数据，数据是国家和企业的核心资产，也是未来取之不尽的新石油。

科学家精神

在人工智能或者说深度学习研究领域，有“三驾马车”和“四大金刚”之说。

三大马车是指杰弗里·辛顿（Geoffrey Hinton）、杨立昆（Yann LeCun）和约书亚·本吉奥（Joshua Bengio），四大金刚指这三个人再加上吴恩达（Andrew Ng）。

杰弗里·辛顿是其中的长者，人称“深度学习”之父、AI 教父，是他将神经网络带到研究与应用的热潮，将“深度学习”从边缘课题变成了谷歌等互联网巨头仰赖的核心技术，使人工智能发展到今天这般炙手可热的地步。现年69岁的他头发渐白，行事低调，颇有几分“扫地僧”的风范。2013年，他进入谷歌开始进行AI研究，一起工作的年轻一辈几乎都不认识这位奠基人，辛顿曾开玩笑说：“他们看我的眼神就像看一个老年痴呆患者。”

实际上，我们听说过的几乎每个关于人工智能技术的进步都是由30年前的一篇阐述多层神经网络的训练方法的论文演变而来的，它为人工智能最近十年的发展奠定了基础，这篇研究论文就是出自杰弗里·辛顿之手。多伦多人工智能研究所 Vector Institute 的联合创始人乔丹·雅各布评价说：“我们30年后再往回看，杰弗里就是人工智能(我们认为深度学习就是人工智能)领域的爱因斯坦。”

杰弗里·辛顿生于英国，后移居加拿大，早在1960年，杰弗里·辛顿还在读高中时就有一个朋友告诉他，人脑的工作原理就像全息图一样，创建一个3D全息图，需要大量地记录入射光被物体多次反射的结果，然后将这些信息存储到一个庞大的数据库中。大脑存储信息的方式居然与全息图如此类似，大脑并非将记忆存储在一个特定的地方，而是在整个神经网络里传播。这是杰弗里第一次真正认识到大脑是如何工作的，对他来说，这是人生的关键引导，也是他成功的起点。

为了对神经网络刨根问底，杰弗里·辛顿进阶求学期间，在剑桥大学以及爱丁堡大学继续他的神经网络研究。在剑桥大学的心理学专业的本科学习中，杰弗里·辛顿发现，科学家并没有真正理解大脑，人类大脑有数十亿个神经细胞，它们之间通过神经突触相互影响，形成极其复杂的相互联系，然而科学家并不能解释这些具体的影响和联系，神经到底是如何进行学习以及计算的，对于杰弗里，这正是他所关心的核心问题。

其实，最早的神经网络概念诞生于1960年，理论上神经网络可以解决大量不同的问题，但是没人知道如何训练它们，所以这些神经网络在应用领域毫无作用，大多数人看过这本书后就完全放弃了神经网络的研究，当然，除了杰弗里·辛顿。20世纪80年代早期，他就参与了一个关于使用计算机的软硬件模拟大脑的研究，该研究是早期的AI技术研究分支，也就是我们现在所说的“深度学习”。

在辛顿和他的同事开始这项研究时，计算机的运行速度还不够快，不足以处理有关神经网络的庞大数据，因此他们取得的成就是有限的。当时AI普遍的研究方向也与他们相反，都在试图寻找捷径，直接模拟出行为，而不是试图通过模仿大脑的运作来实现。

不过功夫不负有心人，在他的努力之下还是取得了一定进展。杰弗里·辛顿改进了神经网络,而这是一个比较接近大脑真实工作的方式。神经网络本质上就像一个运行在多层面上的软件,他和他的伙伴建立了一层层互相连接的人工神经元模型以模仿大脑的行为、处理视觉和语言等复杂问题。这些人工神经网络可以收集信息,也可以对其做出反应,它们能对事物的外形和声音做出解释,对语言的理解也在进步,它们可以自行学习与工作,而不需要人为提示或者参与控制,这些正是与传统的学习机器的区别。

1986年,杰弗里·辛顿联合同事大卫·鲁姆哈特(David Rumelhart)和罗纳德·威廉姆斯(Ronald Williams)发表了一篇突破性的论文,详细介绍了一种叫作“反向传播”(back propagation)的技术。通过推导人工神经网络的计算方式,反向传播可以纠正很多深度学习模型在训练时产生的计算错误。

然而,提出反向传播算法之后,杰弗里·辛顿并没有迎来事业的蓬勃发展,1980年年底,第二波人工神经网络热潮带来大量投资,然而因为1987年全球金融危机和个人计算机的发展,人工智能不再是资本关注的焦点。同时,当时的计算机硬件无法满足神经网络需要的计算量,也没有那么多可供分析的数据,杰弗里·辛顿的理论始终无法得到充分实践。1990年中,神经网络研究一度被打入冷宫,辛顿的团队在难以获得赞助的情况下挣扎。其间,加拿大高级研究所(CIFAR)资助了辛顿的团队。

2004年,学术界对他们的研究仍兴趣不大,而这时距离他们首次提出“反向传播”算法已经过了近20年。但也就在这一年,靠着少量的来自CIFAR以及Yann LeCun和Bengio的资金支持,杰弗里·辛顿创立了神经计算和自适应感知(Neural Computation and Adaptive Perception,NCAP)项目,该项目邀请了来自计算机科学、生物、电子工程、神经科学、物理学和心理学等领域的专家参与,当时应该算是一个创举,因为此前科学家和工程师各自为政,很少交叉合作。

2011年,NCAP研究成员同时也是斯坦福大学的副教授吴恩达在Google创立并领导了Google Brain项目。2012年,计算机硬件的性能大幅提高,计算资源也越来越多,他的理论终于能在实践中充分发展。

2013年,在吴恩达的牵头下,杰弗里·辛顿与其他多伦多大学的研究人员加盟了Google,Google正在用神经网络来帮助识别Android手机上的语音命令和Google+网络上标记的图像,加盟原因之一就是能借力谷歌的优势资源把深度学习研究做进一步的推进。AI和深度学习开始风靡全球,微软、IBM、谷歌、Facebook等许多网络科技巨头都为之着迷。近三四年时间,尽管深度学习大放异彩,杰弗里·辛顿却始终保持着谦卑的态度,他曾批评目前很多计算机学科的学术会议都充斥着关于深度学习的论文,这些会议只是着眼于微小的改进,而不是深刻思考为何有些问题无法用深度学习算法来解决,或者用什么新的算法能够解决这些难题。

外界很难理解这个观点,因为人们看到的是一个又一个被捧上天的成绩,但人工智能最新进展的科学含量少于工程含量,多是修修补补,虽然我们已经知道如何更好地提升深度学习系统,但仍不了解这些系统的运作方式,也不知道它们是否有可能变得像人脑一样强大。

意识到当下深度学习算法的局限和年代性,杰弗里·辛顿已经开始了全新的探索,试图构建一套新的人工神经网络——Capsule Network(胶囊网络)。他说过一句话:“如果你想目睹下一个划时代的发现——一个用更灵活的智能奠定机器基础的技术,你应该看看那些从20世纪80年代开始的反向传播研究,以及那些对尚未成功的理念坚持不懈的聪慧之人。”他相信,克服人工智能局限性的关键在于搭建“一个连接计算机科学和生物学的桥梁”。从这个角度看,反向传播是受生物学启发的计算机学突破,杰弗里·辛顿也正在尝试效仿这个模式。胶囊网络的论文一经发表就被认为是 AI 领域研究的全新转折点，当下的深度学习算法，不管是递归神经网络（RNN）还是卷积神经网络（CNN），都是将不同层（layer）的神经元（neuron）的计算结果进行传递，相互刺激之后产生最终结果。

人类的大脑因此具有更强的泛化能力，可以学习数据背后的规律。人类新皮层的真实神经元不仅是水平分布成层的，还有垂直排列的，不仅有纵向传递，还有横向传递。杰弗里·辛顿认为，这些垂直结构的作用，如在人类视觉系统中，可以确保我们在视角变化时保持识别物体的能力。因此，他正在搭建的"胶囊网络"人工视觉体系以验证这个理论，只是目前还没有成功。"它现在还不算成功，但这只是暂时的。"杰弗里·辛顿对新的研究方向很有信心。因为，他研究反向传播深度学习时也遇到过同样的情况，直到 30 年后才成功。

经过三十多年的跌宕起伏，深度学习已成为当前学术界炙手可热的课题。如今，杰弗里·辛顿和他的深度学习小团队，包括纽约大学的 Yann LeCun 教授、蒙特利尔大学的 Yoshua Bengio 教授在人工智能领域已大有名气。杰弗里·辛顿说："我们不再是极端另类分子了，我们现在可是炙手可热的核心技术呢！我们希望把 AI 带到一个美妙的新领域，一个还没有人或者程序到达的境界。"

杰弗里·辛顿创办的 NCAP 每年会举办多次研讨会，在研讨会上，杰弗里·辛顿喜欢静静地站在讲台附近，大多数情况下，他只是聆听，偶尔会提出一两个问题，鼓励各界智囊团发问并及时探讨。

冷静、谦逊与公平，这大概就是 AI 教父让人折服的风范。

上述内容引自搜狐网《AI 教父杰弗里·辛顿》：https://www.sohu.com/a/207038687_99970711。

Chapter 2 第2章 线性表

如第1章绪论所述，给定某一数据结构，我们首先从其抽象数据类型（ADT，即从数学模型抽象出来的逻辑结构及定义在其上的操作组成）定义入手；然后探讨其ADT的具体实现（存储结构）；为了理解这些数据结构的适用场合和实际用处，最后给出一些应用举例。一般地，大致的知识点结构如图2-1所示。线性结构作为数据结构中最为简单和常见的一类结构，主要包括线性表、栈、队列、串、多维数组和广义表。本章将从线性结构中最简单和最常用的线性表开始介绍。

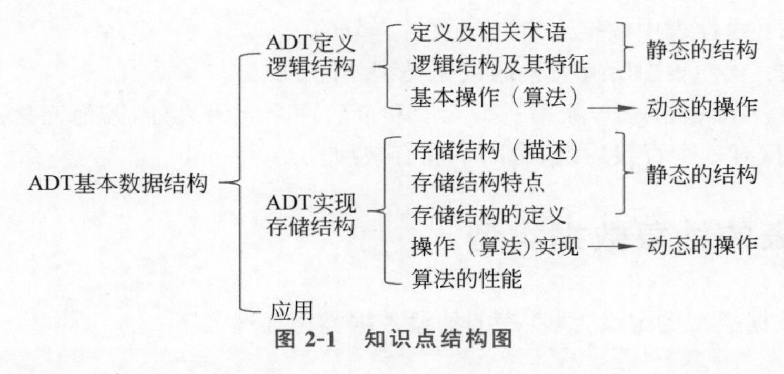

图2-1 知识点结构图

2.1 线性表的逻辑结构

线性表作为线性结构的典型代表，本节首先给出其定义，然后描述其具有的基本逻辑特征。

2.1.1 线性表的定义

线性表(linear list)是由n ($n \geqslant 0$)个相同类型的元素组成的有序集合，记为($a_1, a_2, a_3, \cdots, a_{i-1}, a_i, a_{i+1}, \cdots, a_n$)。n代表线性表中元素的个数，称为**线性表的长度**；当$n=0$时为空表，即表中不包含任何元素，记为()。a_i($1 \leqslant i \leqslant n$)为线性表中的元素，类型定义为ElementType；下标i表示该元素在线性表中的位置或序号；a_1为第一个元素，又称为表头元素，a_n为最后一个元素，又称为表尾元素。

线性表中的元素关系是线性的，对于$\cdots, a_{i-1}, a_i, a_{i+1}, \cdots$($1<i<n$)，称元素$a_{i-1}$为$a_i$的**直接前驱**，$a_{i+1}$为$a_i$的**直接后继**；$a_1$无直接前驱，$a_n$无直接后继。线性表的数学模型用二元组表示为

```
LIST=(D,R)
```

其中：

```
D={aᵢ|aᵢ∈ElementSet, i=1,2,…,n, n≥0, aᵢ 为 ElementType, ElementSet 为 aᵢ 组成的集合}
R={H}
H={< aᵢ₋₁, aᵢ >| aᵢ₋₁, aᵢ∈D, i=2,…,n, aᵢ₋₁和 aᵢ相邻有序}
```

上述数学模型对应的逻辑结构图形表示如图 2-2 所示。

图 2-2 线性表逻辑结构图形表示

举个例子：搜索引擎给出的结果是不是线性表？是的，如搜索"数据结构"，搜索引擎给出的结果为"线性表""树""图"等一系列网页链接，且搜索结果按照一定的顺序有序排列。如果点击"线性表"，会延伸阅读到"数组""栈""队列"等内容；点击"树"，又能阅读到"二叉树""查找树""堆"等内容，这样的排列就不再是线性表了，因为每个元素(链接)不只存在一个后继。

2.1.2 线性表的逻辑特征

明确了线性表的定义之后，为清楚起见，下面总结线性表的基本逻辑特征。具体地，其具有以下基本特征。

(1) **有限性**：线性表中数据元素的个数是有穷的。

(2) **相同性**：线性表中所有元素的数据类型相同。

(3) **相继性**：在线性表中，除第一个元素和最后一个元素之外，其他元素都有且仅有一个直接前驱，有且仅有一个直接后继，中间不能有缺项。

2.2 线性表的抽象数据类型

根据抽象数据类型的定义，线性表的抽象数据类型描述如下：

```
ADT List
{
    数据对象:D = {aᵢ | aᵢ∈ElemSet, i=1, 2, …, n, n≥0}
    数据关系:R = {<aᵢ₋₁, aᵢ>|aᵢ₋₁, aᵢ∈D, i=2, 3, …, n}
    基本操作:
        InitList( &L )
        操作结果:构造一个空的线性表 L。
        DestroyList( &L )
        初始条件:线性表 L 已存在。
        操作结果:销毁线性表 L。
        ClearList( &L )
        初始条件:线性表 L 已存在。
        操作结果:将线性表 L 重置为空表。
        ListEmpty( L )
        初始条件:线性表 L 已存在。
        操作结果:若线性表 L 为空表,则返回 TRUE,否则返回 FALSE。
        ListLength( L )
        初始条件:线性表 L 已存在。
        操作结果:返回线性表 L 的元素个数。
        GetElem( L, i, &e )
        初始条件:线性表 L 已存在且 1≤i≤ListLength(L)。
        操作结果:用参数 e 返回线性表 L 中第 i 个元素的值。
        LocateElem( L, e )
        初始条件:线性表已存在。
        操作结果:返回线性表 L 中第一个与参数 e 相同的数据元素的位置。若这样的元素不存在,
```

```
则返回 0。
        InsertElem( &L, i, e )
        初始条件:线性表 L 已存在且 1≤i≤ListLength(L)+1。
        操作结果:在线性表 L 中第 i 个元素之前插入新的数据元素 e,L 的长度加 1。
        DeleteElem( &L, i, &e )
        初始条件:线性表 L 已存在且 1≤i≤ListLength(L)。
        操作结果:删除线性表 L 中第 i 个位置上的数据元素,并用参数 e 返回其元素值,原来第 i+
1 个到第 n 个元素依次向前移动一个位置,线性表 L 的长度减 1。
}ADT List
```

线性表实现并封装好后,我们可以直接调用并建立线性表的实例存储数据,即作为存储数据的容器;另外,可以根据定义的基本操作(运算)来实现更复杂的操作。线性表的基本操作是与用户求解问题相关的,上面列出的基本操作是线性表最常用的操作,在实际应用中可以根据问题常用或少用的操作做增加和删减。

【例 2-1】 设有线性表 L。利用线性表的基本操作设计函数 Deleval(List &L, ElementType d),其功能为删除 L 中所有值为 d 的元素。

```
void Deleval(List &L, ElementType d) {
    L_len = ListLength(L);                    //线性表 L 的长度
    for (i=1; i<=L ;i++) {
        GetElem(L,i,e);                       //取 L 中第 i 个数据元素赋给 e
        if(compare(e,d,Equal))
            DeleteElem(L,i,e);                //若 e 与 d 相等,则删除 L 中第 i 个数据元素
    }
}
```

【例 2-2】 设有集合 A、B,分别由线性表 LA、LB 表示,即线性表中的数据元素为集合中的成员。利用线性表的基本操作设计函数 union(List LA, List LB, List &LC),其功能为用线性表 LC 表示集合 A、B 的并集。

```
void union(List LA, List LB, List &LC) {
    InitList(LC);
    LA_len = ListLength(LA);
    LB_len = ListLength(LB);
    for (i=1; i<=LA_len; i++) {
        GetElem(LA, i, e);
        ListInsert(LC,i,e);                        //将 LA 的每个数据元素依次插入 LC 末尾
    }
    LC_len = ListLength(LC);
    for(i=1;i<=LB_len; i++){
        GetElem(LB,i,e)                            //将 LB 中第 i 个数据元素赋给 e
        if(!LocateElem(LA,e)) {
            ListInsert(LC, LC_len, e);
                    //若 LA 中不存在和 e 相同的数据元素,则将其插入 LC
            LC_len++;                              //LC 长度加 1
        }
    }
}
```

2.3 线性表的顺序存储实现

已经定义了线性表的抽象数据类型,接下来我们需要思考如何在计算机中存储线性表,以及如何在计算机中实现线性表的基本操作(算法)及其他复杂操作。本节讨论线性表最基本和

最简单的存储实现方法——顺序表,以及定义在其上的基本操作,并给出一些实际应用中的例子。

2.3.1 顺序表

为了存储线性表,至少需要保存两类信息:①线性表中的数据元素;②线性表中数据的顺序关系。保存这些信息有多种方法。其中,最直接的就是用一组连续的内存单元依次存放线性表的数据元素,即线性表的**顺序存储结构**。用顺序结构存储的线性表称为**顺序表**,即把线性表的元素按照逻辑顺序依次存放在内存的连续单元内;再用一个整型量表示最后一个元素所在单元的下标,即顺序表的表长。根据上述定义,线性表逻辑结构与物理存储结构的映射关系如图 2-3 所示。

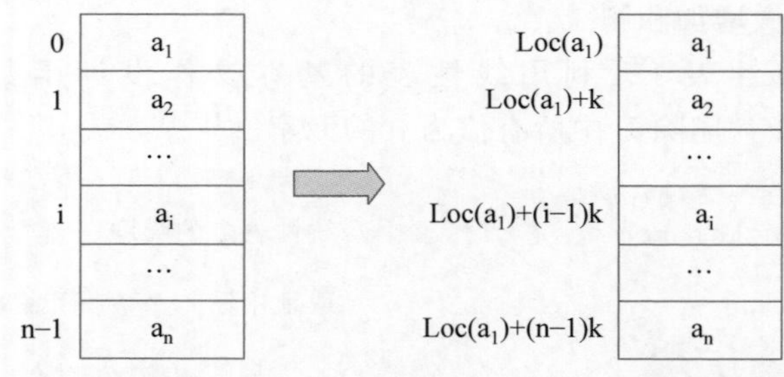

图 2-3 线性表逻辑结构与物理存储结构的映射关系(Loc(a_1)表示元素 a_1 所在内存单元的物理地址)

顺序表存储结构的特点:①元素之间逻辑上的相继关系,用物理上的相邻关系来表示(用物理上的连续性刻画逻辑上的相继性);②是一种**随机访问存取结构**,也就是可以随机存取表中的任意元素,其存储位置可由一个简单直观的公式来表示;③由于顺序表中任一个存储结点的位置都可以通过计算得到,所以对顺序表中的任何一个数据元素的访问都可以在相同的时间内实现。

2.3.2 顺序表基本运算的实现

在计算机中,我们可以利用 C/C++ 语言中的一维数组来实现线性表的顺序存储结构。数组的类型由线性表中的数据元素的性质决定,数组大小应该大于或等于线性表的长度。需要注意的是,数组可以存放线性表,但数组不是线性表。

数组大小 MaxSize 一般定义为一个整型常量,线性表的元素个数必须小于或等于 MaxSize。在声明线性表的顺序存储类型时,定义数组 elem 来存储线性表中的所有元素,同时定义整型变量 length 来表示线性表的实际长度,用结构体 SqList 表示如下:

```
#define MaxSize 100                          //定义线性表的最大长度
#define ElemType int                         //定义线性表的元素类型
typedef struct
{
    ElemType elem[MaxSize];                  //顺序表的元素
    int length;                              //顺序表的当前长度
}SqList;                                     //顺序表的类型定义
```

清楚起见,线性表的数组实现可以用图 2-4 表示。

下面给出顺序表基本运算的实现方法。

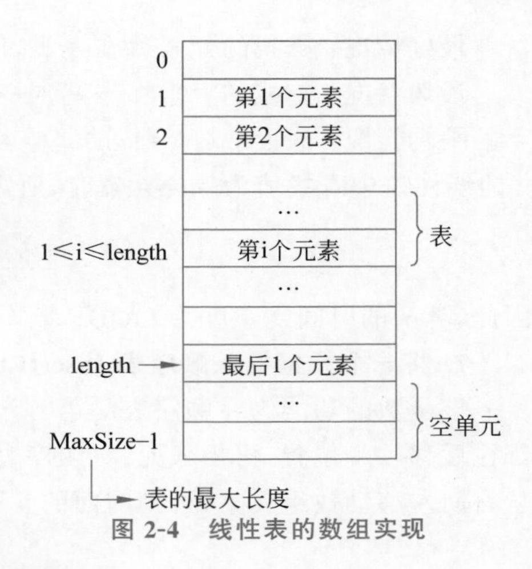

图 2-4　线性表的数组实现

1. 初始化顺序表 InitList(&L)

该函数的功能是构造一个空表，只需将顺序表长度设为 0，实现如下：

```
void InitList(SqList &L){
    L.length = 0;
}
```

算法的时间复杂度为 O(1)。

2. 清空顺序表 ClearList(&L)

该函数的功能是清空顺序表的元素，只需将顺序表长度设为 0，实现如下：

```
void ClearList(SqList &L){
    L.length=0;
}
```

算法的时间复杂度为 O(1)。

3. 判断顺序表是否为空表 ListEmpty(L)

只需判断顺序表长度是否为 0，实现如下：

```
bool ListEmpty(SqList L){
    return L.length==0;
}
```

算法的时间复杂度为 O(1)。

4. 求顺序表的长度 ListLength(L)

返回 length 域的值即可，实现如下：

```
int ListLength(SqList L){
    return L.length;
}
```

算法的时间复杂度为 O(1)。

5. 求顺序表某个位置的元素值 GetElem(L，i，&e)

利用数组下标可直接获取顺序表第 i 个元素的值，实现如下：

```
bool GetElem(SqList L,int i, ElemType &e){
    if(i<1||i>L.length) return false;          //位置不合法
    e=L.elem[i];
    return true;
}
```

算法的时间复杂度为 O(1)。

6. 求某个元素在顺序表中的位置 LocateElem(L，e)

需要遍历顺序表中的元素，若找到目标元素，则返回数组下标，否则返回 0，实现如下：

```
int LocateElem(SqList L,ElemType e){
    for(int i=1;i<=L.length;i++){
        if(e==L.elem[i]) return i;
    }
    return 0;
}
```

最好情况：查找的元素就在表头，仅需比较一次，时间复杂度为 O(1)。

最坏情况：查找的元素在表尾(或不存在)，需要比较 n 次，时间复杂度为 O(n)。

平均情况：假设 $p_i(p_i=1/n)$是查找的元素在第 $i(1\leqslant i\leqslant n)$个位置上的概率，则在长度为 n 的线性表中查找值为 e 的元素时，所需比较的平均次数为

$$\sum_{i=1}^{n} p_i \times i=\sum_{i=1}^{n} \frac{1}{n} \times i=\frac{1}{n} \frac{n(n+1)}{2}=\frac{n+1}{2}$$

因此，算法的时间复杂度为 O(n)。

7. 将一个元素插入顺序表 InsertElem(&L, i, e)

该函数的功能为在顺序表的第 i 个位置插入新元素 e，需要将数组第 i 个及其之后的元素都往后移一个位置，再插入元素(顺序表的插入元素操作如图 2-5 所示)。需要注意的是，需要从右向左移动数组元素，否则前面的元素会覆盖后面的元素，造成数据丢失。

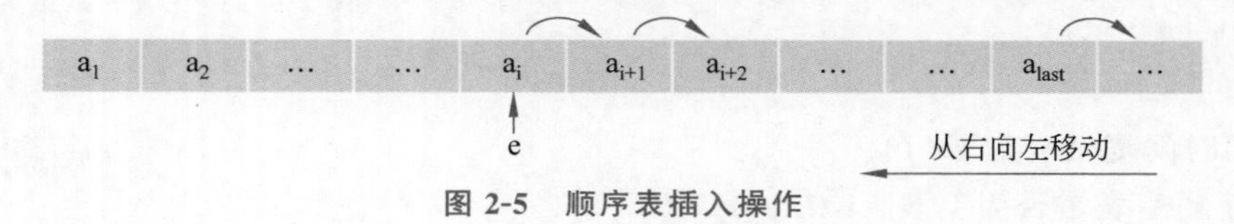

图 2-5 顺序表插入操作

实现如下：

```
bool InsertElem(SqList &L,int i,ElemType e){
    if(i<1||i>L.length+1) {
    //允许在 1~n 的位置插入,也允许在 n+1(表尾后)位置插入
        printf("插入位置不正确!\n");
        return false;
    }
    if(L.length==MaxSize) {
        printf("数组空间已满!\n");
        return false;
    }
    for(int j=L.length;j>=i;j--) {              //将插入位置之后的元素向后移动一个位置
        L.elem[j+1]=L.elem[j];
    }
    L.elem[i]=e;
    L.length++;
    return true;
}
```

最好情况：在表尾插入(i=n+1)，不需要后移元素，时间复杂度为 O(1)。

最坏情况：在表头插入(i=1)，n 个元素都需要后移，时间复杂度为 O(n)。

平均情况：假设 $p_i(p_i=1/(n+1))$是在第 i 个位置上插入一个结点的概率，则在长度为 n 的线性表中插入一个结点时，所需移动结点的平均次数为

$$\sum_{i=1}^{n+1} p_i(n-i+1)=\sum_{i=1}^{n+1} \frac{1}{n+1}(n-i+1)=\frac{1}{n+1}\sum_{i=1}^{n+1}(n-i+1)=\frac{1}{n+1} \frac{n(n+1)}{2}=\frac{n}{2}$$

因此，算法的时间复杂度为 O(n)。

8. 删除顺序表中的某个元素 DeleteElem(&L, i, &e)

该函数的功能为删除顺序表的第 i 个元素，删除方法为将数组第 i+1 个及之后的元素都往前移动一个位置(顺序表的删除元素操作如图 2-6 所示)。需要注意的是，需要从左向右移动元素，否则后面的元素会覆盖前面的元素，造成数据丢失。

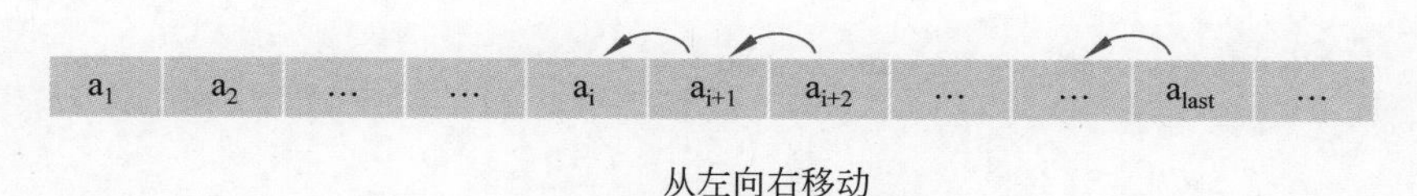

图 2-6　顺序表删除操作

实现如下：

```
bool DeleteElem(SqList &L,int i,ElemType &e) {
    if(L.length==0) {
        printf("当前线性表为空!\n");
        return false;
    }
    if(i<1||i>L.length) {
        printf("删除位置不正确!\n");
        return false;
    }
    for(int j=i+1;j<L.length;j++) {          //将删除位置之后的元素向前移动一个位置
        L.elem[j-1]=L.elem[j];
    }
    L.length--;
    return true;
}
```

最好情况：删除表尾元素(i=n+1)，不需要后移元素，时间复杂度为 O(1)。

最坏情况：删除表头元素(i=1)，n−1 个元素都需要前移，时间复杂度为 O(n)。

平均情况：假设 $p_i(p_i=1/n)$是删除第 i 个元素的概率，则在长度为 n 的线性表中删除一个结点时，所需移动结点的平均次数为

$$\sum_{i=1}^{n} p_i(n-i)=\sum_{i=1}^{n}\frac{1}{n}(n-i)=\frac{1}{n}\sum_{i=1}^{n}(n-i)=\frac{1}{n}\frac{n(n-1)}{2}=\frac{n-1}{2}$$

因此，算法的时间复杂度为 O(n)。

2.3.3　顺序表的基础应用

【例 2-3】　有两个顺序表 LA 和 LB，其元素类型 ElemType 为整型，两个顺序表的元素都按升序排列，创建新顺序表 LC，设计一个算法，将两个顺序表合并到顺序表 LC 中，使 LC 的元素也按升序排列。

基本思路：用两个指针分别指向 LA 和 LB 的第一个元素，比较两个指针所指元素大小，将较小的元素存入 LC，并将对应指针向前移动一个单元，继续进行比较，直到某个指针到达顺序表末尾，最后将另一个顺序表剩下的元素依次存入 LC。代码如下：

```
void Merge(SqList &LA, SqList &LB, SqList &LC)
{
    InitList(LC);                               //初始化顺序表 LC
    int pointerA = 1;                           //LA 工作指针
    int pointerB = 1;                           //LB 工作指针
    int len_C = 0;                              //LC 长度,也表示插入位置
    while (pointerA <= LA.length && pointerB <= LB.length){
    //终止条件为至少有一个表全部插入 LC
        int elem_A = LA.elem[pointerA];
        int elem_B = LB.elem[pointerB];
        //按照大小顺序依次插入 LC
        if (elem_A <= elem_B) {
```

```
                InsertElem(LC, ++len_C, elem_A);
                pointerA++;
            }
            else {
                InsertElem(LC,++len_C,elem_B);
                pointerB++;
            }
        }
        while (pointerA<=LA.length){                //若 LA 还没完全插入 LC,则依次插入
            InsertElem(LC,++len_C,LA.elem[pointerA++]);
        }
        while (pointerB<=LB.length){                //若 LB 还没完全插入 LB,则依次插入
            InsertElem(LC,++len_C,LB.elem[pointerB++]);
        }
    }
```

该算法的时间复杂度为 O(LA. length+LB. length)。

【例 2-4】 给定顺序表 L,其元素类型 ElemType 为整型,设计算法,在不创建新数组的条件下,使 L 中所有的奇数排列在偶数前面。

基本思路:用指针 i 指向顺序表的第一个元素,从左到右扫描,当所指元素为偶数时停止扫描,用指针 j 指向顺序表的最后一个元素,从右向左扫描,当所指元素为奇数时停止扫描。两个指针都停止后交换指针所指元素,再继续扫描,直到两个指针相遇。

```
void move(SqList &L) {
    int i=1;
    int j=L.length;
    while (i<j)
    {
        while (i<=L.length&&L.elem[i]%2==1)
        {
            i++;                                    //指针 i 指向奇数时向右移动
        }
        while (j>=1&&L.elem[j]%2==0)
        {
            j++;                                    //指针 j 指向偶数时向左移动
        }
        if(i<j) {
            int temp=L.elem[i];
            L.elem[i]=L.elem[j];
            L.elem[j]=temp;                         //如果指针 i<j,则交换两指针所指元素
        }
    }
}
```

该算法的时间复杂度为 O(L.length)。

2.3.4 顺序表的智能应用

K-means 算法是可用顺序表实现的一种经典聚类算法,用于将一组数据点分成 K 个不同的簇,使得同一簇内的数据点相似度较高,而不同簇之间的相似度较低,该算法的目标是最小化数据点与其所属簇的中心点之间的距离平方和。想象一下,你有一堆彩色的糖果,你想将它们按颜色分成 K 组,K-means 算法就是帮助你完成这个任务的工具。

K-means 算法的具体步骤如下。

(1) 初始化：选择 K 个初始中心点，可以是随机选择或者通过其他启发式方法选择。这些中心点可以是数据集中的实际数据点，也可以是随机生成的点。

(2) 分配步骤：将每个数据点分配到与其最近的中心点所在的簇。距离通常使用欧几里得距离计算。

(3) 更新步骤：对于每个簇，计算该簇中所有数据点的均值，作为新的中心点。

(4) 重复步骤(2)和步骤(3)，直到满足收敛条件。收敛条件可以是达到最大迭代次数或中心点的变化小于某个阈值。

(5) 输出结果：每个数据点被分配到一个簇中，可以根据簇的标识来进行进一步的分析或可视化。

算法具体实现如下：

```
//定义一个点的结构体
typedef struct {
    double x;
    double y;
} Point;

//定义一个顺序表结构体存储所有点
typedef struct {
    Point points[MaxSize];                          //存储点的数组
    int size;                                       //当前顺序表中的点的数量
} PointList;

//向顺序表中添加一个点
void add(PointList list, Point p) {
    if (list.size < MaxSize) {
        list.points[list.size++] = p;
    }
}

//计算两个点之间的欧几里得距离
double distance(Point p1, Point p2) {
    double dx = p1.x - p2.x;
    double dy = p1.y - p2.y;
    return sqrt(dx * dx + dy * dy);
}

//执行 K-means 算法
void kMeans(PointList list, int k) {
    //创建 k 个中心点数组
    Point * centroids = (Point * )malloc(k * sizeof(Point));
    //随机选择 k 个点作为初始中心点
    for (int i = 0; i < k; i++) {
        centroids[i] = list.points[rand() % list.size];
    }

    //创建 k 个簇,用于存储每个点属于的簇
    int * clusters = (int * )malloc(list.size * sizeof(int));

    //迭代更新簇和中心点直到收敛
    int converged = 0;
    while (!converged) {
        converged = 1;
```

```
        //将每个点分配到最近的中心点所在的簇
        for (int i = 0; i < list.size; i++) {
            double minDist = distance(list.points[i], centroids[0]);
            int minIndex = 0;
            for (int j = 1; j < k; j++) {
                double dist = distance(list.points[i], centroids[j]);
                if (dist < minDist) {
                    minDist = dist;
                    minIndex = j;
                }
            }
            if (clusters[i] != minIndex) {
                clusters[i] = minIndex;
                converged = 0;
            }
        }

        //重新计算每个簇的中心点
        for (int i = 0; i < k; i++) {
            double sumX = 0;
            double sumY = 0;
            int count = 0;
            for (int j = 0; j < list.size; j++) {
                if (clusters[j] == i) {
                    sumX += list.points[j].x;
                    sumY += list.points[j].y;
                    count++;
                }
            }
            centroids[i].x = sumX / count;
            centroids[i].y = sumY / count;
        }
    }

    //输出每个点所属的簇
    for (int i = 0; i < list.size; i++) {
        printf("Point (%f, %f) belongs to Cluster %d\n", list.points[i].x, list.
points[i].y, clusters[i]);
    }
    free(centroids);
    free(clusters);
}
```

通过使用顺序表的数据结构，可以方便地添加和访问点的数据，以及根据索引进行遍历和更新。顺序表的线性存储结构使得点的访问和更新更加高效，同时适用于 K-means 算法中的迭代和更新操作。

2.4 线性表的链式存储实现

除了数组实现线性表的顺序存储外，指针和游标也可以实现线性表的存储。线性表的存储结构包括三种方式：连续的存储空间（数组），也称为静态存储；非连续的存储空间——

指针[①](链表),也称为动态存储;游标[②](连续存储空间+动态管理思想),也称为静态链表。本节将分别介绍后两种线性表的存储实现。

2.4.1　线性链表

一个线性表由若干**结点**组成,每个结点均含有两个域:存放元素的**信息域**和存放其后继结点的**指针域**,这样就形成了一个**单向链接式存储结构**,简称**线性链表**或**单链表**。

链表的存取从**头指针**开始进行,头指针用于存放线性链表中第一个结点的存储地址,单链表可由头指针唯一确定。在线性表的链式存储中,通常每个链表带有一个**头结点**,头结点是线性链表第一数据结点前面的一个附加结点。链表的最后一个元素没有后继节点,其指针域为**空指针**,通常用 NULL 表示,空指针不指向任何节点。

带头结点的链表有以下优势。

(1) 第一个数据结点被放置在头结点之后,因此对链表进行插入、删除等操作时无须对第一个位置做特殊处理。

(2) 无论链表是否为空,其头指针都指向头结点的非空指针(空表中头结点的指针域为空),因此空表和非空表的处理得到了统一。

例如,对于线性表(a_1,a_2,a_3,a_4),其存储结构如图 2-7 所示。

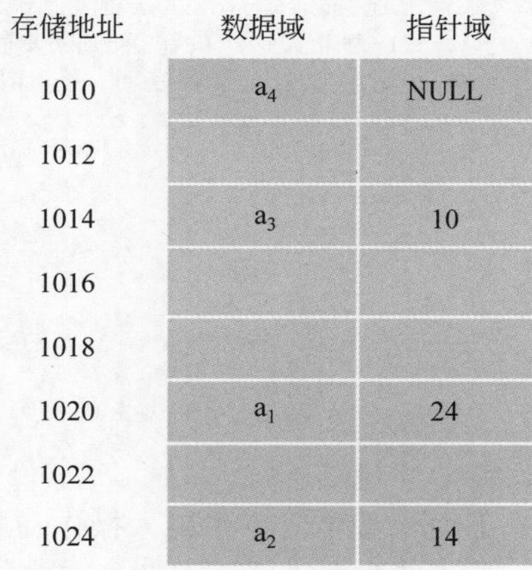

图 2-7　线性表的物理存储结构

用头指针 header 指示第一个结点的存储位置 1020,得到线性表的逻辑结构如图 2-8 所示。

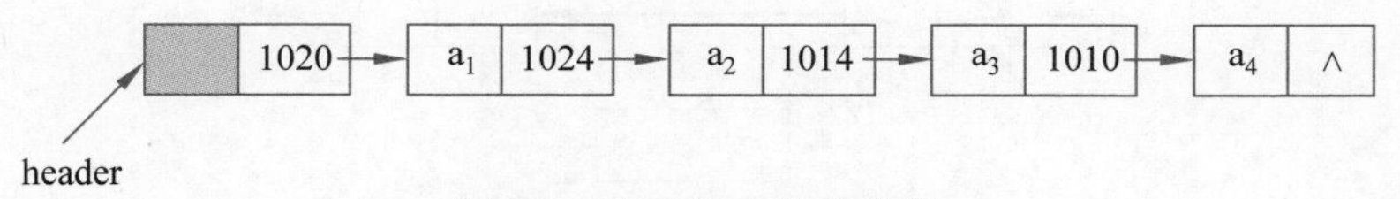

图 2-8　带头结点的单链表

由上述可见,线性表的逻辑次序和物理次序可以不相同。线性链表中元素之间的逻辑关系用指针表示,因此需要额外空间存储元素之间的关系;同时线性链表是**非随机访问存取结构**,只支持**顺序访问**。

在单链表中,我们用 ListNode 表示每个结点的类型,ListNode 类型的声明如下:

```
typedef struct node{
    ElemType data;                                    //数据域
    struct node * next;                               //指针域
} ListNode, * LinkList;
```

由于单链表的非随机访问存取结构,任何两个元素的存储位置在逻辑上都没有直接的联系,只支持顺序访问,因此在求取单链表长度或者查找第 i 个元素时只能从头指针出发寻找。下面给出 ListLength 函数和 GetElem 函数在单链表中的实现。

① 指针:地址量,其值为另一存储空间的地址。

② 游标:整型量,其值为数组的下标,用来表示指定元素的"地址"或"位置"。

```
int ListLength(LinkList L) {
    //L为带头结点的单链表的头指针
    int len=0;
    ListNode * p=L->next;
    while (p){
        p=p->next;
        len++;
    }
    return len;
}

bool GetElem(LinkList L, int i, ElemType &e) {
    //L为带头结点的单链表的头指针
    //当第i个元素存在时,将其值赋给e,并返回true,否则返回false
    ListNode * p=L->next;                    //p指向链表的第一个结点
    int j=1;                                 //计数,初始值为1
    while (p&&j<i){                          //查找第i个结点
        p=p->next;
        j++;
    }
    if(!p||j>i-1) return false;              //i小于1或大于表长,查找失败
    e=p->data;                               //p所指的结点为第i个结点
    return true;
}
```

下面来看单链表中插入操作和删除操作的实现方法。

假设我们需要在p结点之后插入数据元素x,那么首先需要新建一个数据域为x的结点s,接着需要将结点s的指针域指向结点p的后继结点,再修改结点p的指针域,使其指向结点x,插入过程如图2-9所示。

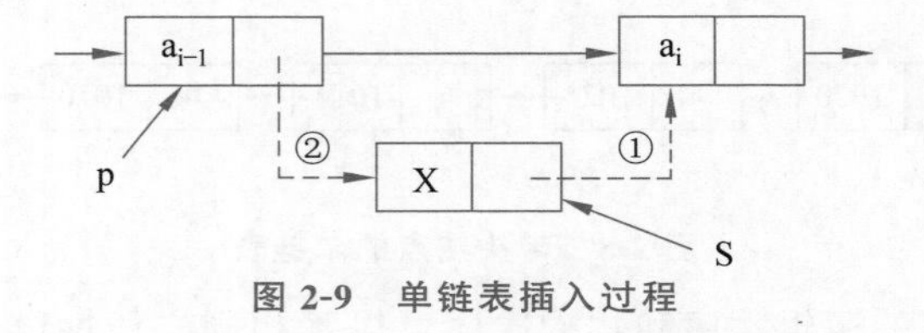

图 2-9 单链表插入过程

用代码描述为

```
s->next = p->next; p->next=s;
```

下面给出InsertElem()函数的完整实现方法。

```
bool InsertElem(LinkList L, int i, ElemType e) {
    //L为带头结点的单链表的头指针
    ListNode * p=L;
    int j=0;
    while (p&&j<i-1){
        p=p->next;
        j++;
    }
    if(!p||j>i-1) return false;              //i小于1或大于表长,插入位置非法
    ListNode * s=(ListNode * )malloc(sizeof(ListNode));   //新建插入结点
    s->data=e;
    s->next=p->next;                         //插入步骤1
    p->next=s;                               //插入步骤2
```

```
    return true;
}
```

再来看删除操作。假设我们需要删除结点 p 的后继结点 q,只需要将结点 p 的指针域修改为结点 q 的后继结点即可,注意要释放结点 q 的内存空间。删除过程如图 2-10 所示。

用代码描述为

```
p->next=p->next->next;
```

下面给出 DeleteElem()函数的完整实现方法。

```
bool DeleteElem(LinkList L, int i, ElemType &e) {
    //L为带头结点的单链表的头指针
    ListNode * p=L;                                 //用p指向待删除结点的前驱结点
    int j=0;
    while (p&&j<i-1){
        p=p->next;
        j++;
    }
    if(!p||j>i-1) return false;                     //i小于1或大于表长,删除位置非法
    ListNode * q=p->next;                           //q指向待删除结点
    p->next=q->next;                                //进行删除操作
    e=q->data;
    free(q);                                        //释放删除结点空间
    return true;
}
```

接下来我们讨论建立单链表的过程。根据插入结点顺序的不同,有头插法(如图 2-11 所示)和尾插法(如图 2-12 所示)两种建立单链表的方法。

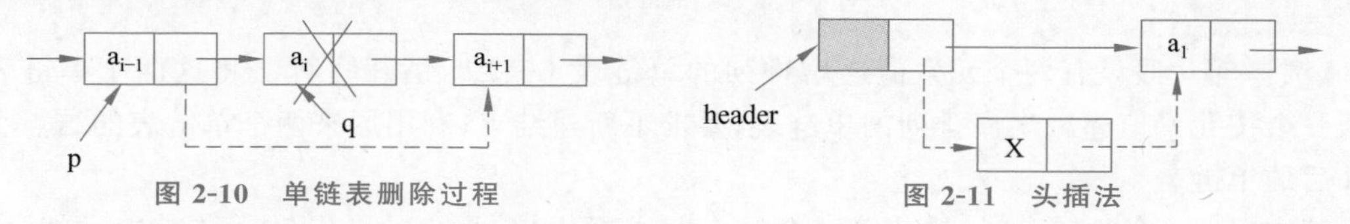

图 2-10 单链表删除过程　　图 2-11 头插法

1) 头插法

头插法在每次建立一个新的结点后,将其插入表头,若有头结点,则将其插入头结点之后。算法如下:

```
void CreatList(LinkList L,ElemType a[],int n) {
    L=(ListNode *)malloc(sizeof(ListNode));                 //创建头结点
    L->next=NULL;                                           //初始为空链表
    for(int i=0;i<n;i++) {
        ListNode * s=(ListNode *)malloc(sizeof(ListNode));  //创建新结点
        s->data-a[i];
        s->next=L->next;
        L->next=s;                                          //将新结点插入头结点之后
    }
}
```

2) 尾插法

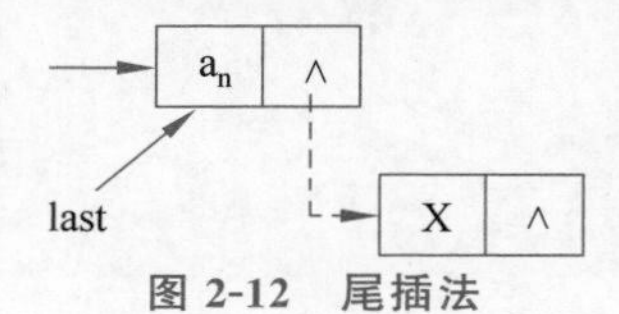

图 2-12 尾插法

尾插法在每次建立一个新的结点后,将其插入表尾,需要维护一个指针变量来指示链表的尾结点,并在每次插入后将插入结点

作为新的尾结点。算法如下：

```
void CreatList(LinkList L,ElemType a[],int n) {
    L=(ListNode*)malloc(sizeof(ListNode));
    L->next=NULL;
    ListNode* last=L;                             //last 为表尾指针
    for(int i=0;i<n;i++) {
        ListNode* s=(ListNode*)malloc(sizeof(ListNode));
        s->data=a[i];
        last->next=s;
        last=s;                                   //last 指向新插入的结点即当前表尾结点
    }
    last->next=NULL;                              //尾结点指针置为空
}
```

最后介绍销毁单链表的方法，需要逐一释放每个节点的内存空间。具体过程为让指针pre、p指向两个相邻的结点(初始时pre指向头结点，p指向首结点)，释放pre的内存空间，再移动pre和p至其后继结点，直至p为空，最后释放pre。

DestroyList()函数的实现如下：

```
void DestroyList(LinkList L) {
    ListNode* pre=L;                              //pre 指向当前结点的前驱结点
    ListNode* p=L->next;
    while (p){
        free(pre);                                //释放前驱结点空间
        pre=p;
        p=p->next;                                //指针向后移动一位
    }
    free(pre);                                    //释放最后一个结点的空间
}
```

【例2-5】 假设有两个元素值递增排列的单链表La、Lb，请编写算法将这两个单链表归并为一个按元素值递减次序排列的单链表，要求不新建结点，利用原来两个单链表的结点存放归并后的单链表。

基本思路：合并链表时，均从第一个结点起进行比较，将小的结点链入链表中，同时后移指针。问题要求链表按元素值递减次序排列，故采用头插法建立链表。比较结束后，采用头插法将剩下的结点依次插入新链表中。

算法实现：

```
void MergeList(LinkList &La,LinkList &Lb) {
    //合并两个递增有序链表(带头结点),并使合并后的链表递减排列
    ListNode *pa=La->next, *pb=Lb->next;   //链表 La 和 Lb 的工作指针,最初指向链表
                                             的第一个数据结点
    ListNode *r;
    La->next = NULL;                     //La 作为结果链表的头指针,先将结果链表初始化为空
    while(pa&&pb){                             //当两个链表均不为空时,循环
        if(pa->data<=pb->data){
            r=pa->next;                        //r 暂存 pa 的后继结点指针
            pa->next=La->next;
            La->next=pa;                       //将 pa 结点链于结果表中,同时逆置(头插法)
            pa=r;                              //恢复 pa 为当前待比较结点
        }else{
            r=pb->next;                        //r 暂存 pb 的后继结点指针
            pb->next=La—>next;
```

```
            La->next=pb;                        //将 pb 结点链于结果表中,同时逆置(头插法)
            pb=r;                               //恢复 pb 为当前待比较结点
        }
    }
    while(pa){                                  //处理非空链表
        r=pa->next;                             //依次插入 La 中(头插法)
        pa->next = La->next;
        La->next = pa;
        pa=r;
    }
    while(pb){                                  //处理非空链表
        r=pb->next;
        pb->next = La->next;
        La->next = pb;
        pb=r;
    }
    free(Lb);
}
```

【例 2-6】 给定一个带头结点的单链表 L,编写算法,反转 L,要求辅助空间的复杂度为 O(1)。

思路 1：从第一数据结点开始,依次采用头插法将结点插入头结点之后,直到最后一个结点为止。

算法实现：

```
void ReverseList_1(LinkList &L)
{
    ListNode *p, *r;                            //p 为工作指针,r 为 p 的后继
    p=L->next;                                  //从第一个元素结点开始
    L->next=NULL;                               //先将头结点 L 的 next 域置为 NULL
    while(p!=NULL)                              //依次将元素结点摘下
    {
        r=p->next;                              //暂存 p 的后继
        p->next=L->next;                        //将原来头结点之后的结点插入 p 结点之后
        L->next=p;                              //将 p 结点插入头结点之后
        p=r;
    }
}
```

思路 2：从第一数据结点开始遍历链表,维护三个指针变量,p 指向当前结点,pre 指向当前结点的前驱结点,r 指向当前结点的后继结点,每次将 p 指向 pre 进行指针反转操作。

算法实现：

```
void ReverseList_2(LinkList &L)
{
    ListNode *pre, *p=L->next, *r=p->next;
    p->next=NULL;                               //第一个结点反转后为最后一个结点
    while(r!=NULL){                             //若 r 为空,则说明 p 为最后一个结点
        pre=p;                                  //依次遍历
        p=r;
        r=r->next;
        p->next=pre;                            //指针反转
    }
    L->next=p;                                  //将头结点指向最后一个结点
}
```

链表相对于顺序表有很多优点。链表的插入和删除操作更容易实现,插入时向系统申请

一个结点的存储空间，删除时释放结点的存储空间，只需要更改结点的连接顺序，不需要移动元素。链表是一种动态存储结构，在建立空表时，不需要考虑存储空间，可根据需要任意增加或减少结点数，不存在空闲内存。由于结点之间是用指针连接的，所以对线性链表进行合并或分离操作都比较方便，只要改变指针的指向即可。

但链表也存在一些缺点。相对顺序表而言，对线性链表中的任一结点进行操作复杂，只能实现顺序存取。单链表结点中只有一个指向其后继的指针，若要访问某个结点的前驱结点（删除、插入操作时），只能从头开始遍历，时间复杂度为 O(n)。若要查找链表中的第 i 个元素，只能从头开始遍历。

2.4.2 静态链表

我们也可以用一维数组来表示线性链表，这种链表称为静态链表。静态链表的诞生是由于早期的程序设计语言（如 FORTRAN 语言）尚无指针的概念，为了实现动态管理的思想，所以产生了静态链表，其类型声明如下：

```
#define MaxSize 1000                                    //链表的最大长度
typedef struct{
    ElemType data;
    int next;
}ListNode,StaticList[MaxSize];
```

在静态链表中，数组的一个分量表示一个结点，用游标代替指针指示结点在数组中的位置。游标仍为整型量，其值为数组的下标。类似指针链表，游标实现的线性表仍设表头结点。表头结点指示静态链表中第一个元素的位置，即其数组下标，初始时表头结点的游标值为－1，当某个结点的游标值为－1 时，说明它是线性表的最后一个结点。静态链表的存储结构如图 2-13 所示。

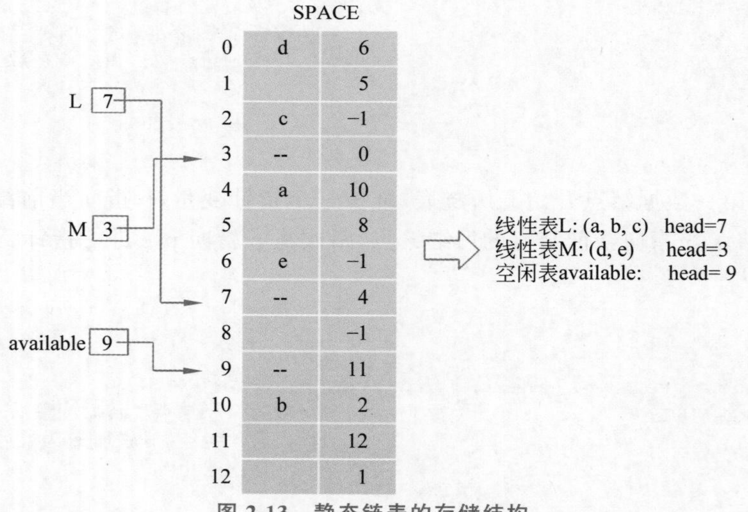

图 2-13 静态链表的存储结构

静态链表需要预先分配一个较大的空间，数组大小一旦确定，线性表的存储容量就不可改变，因此可能造成存储容量不足或浪费；但在做插入和删除操作时不需要移动元素，仅需要修改游标，故仍具有链式存储结构的主要优点。下面给出静态链表基本操作的实现方法。

```
//初始化
void InitSList(StaticList &space){
//将数组空间的各个单元串起来形成链表备用空间,space[0]代表备用空间头结点
    for(int i=0; i<MaxSize-1; ++i)
    {
        //备用区每个空间的游标指向下一个空间
        space[i].next = i+1;
    }
    //备用区的最后一个空间,后无可用空间,游标为 0
    space[MaxSize-1].next = 0;
}

bool InsertElem(StaticList &space, int head, int i, ElemType e) {
    //space 指向静态链表的数组空间;head 为链表头结点游标
    int p=head;
    int j=0;
    while (p!=-1&&j<i-1){
        p=space[p].next;
        j++;
    }
    if(p==-1||j>i-1) return false;
    if(space[0].next==0) return false;          //备用区无可用空间,插入失败
    int a=space[0].next;                        //待插入元素游标
    space[0].next=space[a].next;                //更新备用空间
    space[a].data=e;
    space[a].next=space[p].next;                //新插入结点指向 p 的原后继结点
    space[p].next=a;                            //p 指向新插入结点
    return true;
}
bool DeleteElem(StaticList &space, int head, int i, ElemType e) {
    int p=head;
    int j=0;
    while (p!=-1&&j<i-1)
    {
        p=space[p].next;
        j++;
    }
    if(p==-1||j>i-1) return false;
    int q=space[p].next;
    space[p].next=space[q].next;                //删除结点 q
    space[q].next=space[0].next;                //更新备用区空间
    space[0].next=q;
    return true;
}
```

2.4.3 循环链表

循环链表是线性表的另一种链式存储结构,它的特点是将线性链表的最后一个结点的指针指向链表的第一个结点,整个链表形成一个环。因此,从表中任一结点出发均可找到表中的其他结点。循环链表的结构如图 2-14 所示。

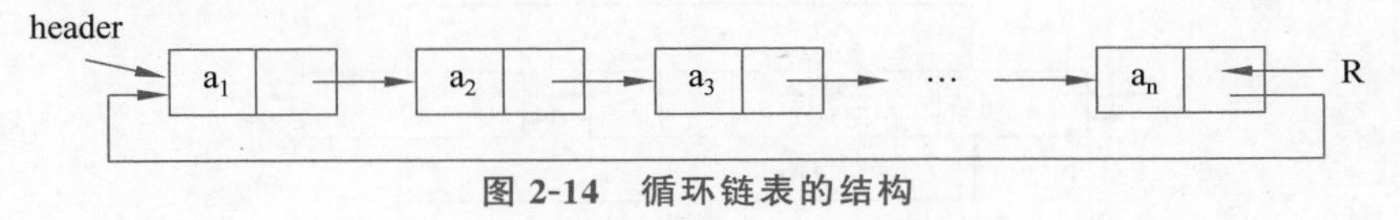

图 2-14 循环链表的结构

循环链表的操作和线性链表基本一致，区别仅在于对于表尾结点的判断条件。若给出链表尾指针 r 和头指针 h，对于单链表 r->next==NULL，而对于循环链表 r->next==h。由于尾指针可直接找到头指针，因此保存循环链表的是尾指针而不是头指针，可让很多操作简化，如合并两个链表时，直接让一个链表的尾指针指向另一个链表的表头即可。

2.4.4 双向链表

在单向链表中，每个结点保存其直接后继结点的位置，若要查找某结点的直接前驱，则需要从表头结点出发依次查找，其时间复杂度为 O(n)。为了克服这一缺点，我们可使用双向链表。在双向链表中，每个结点有两个指针域，一个指向直接后继元素结点，另一个指向直接前驱元素结点。其类型声明如下：

```
typedef struct node{
    ElemType data;
    struct node * prior;
    struct node * next;
}DListNode, * DLinkList;
```

双向链表的插入与删除操作与单向链表有较大不同，单向链表只需要修改一个指针域的信息，而双向链表需要修改两个指针域的信息。

下面来看双向链表的插入操作。假设在双向链表中指针 p 所指结点前插入一个新的结点，其指针域变化如图 2-15 所示。

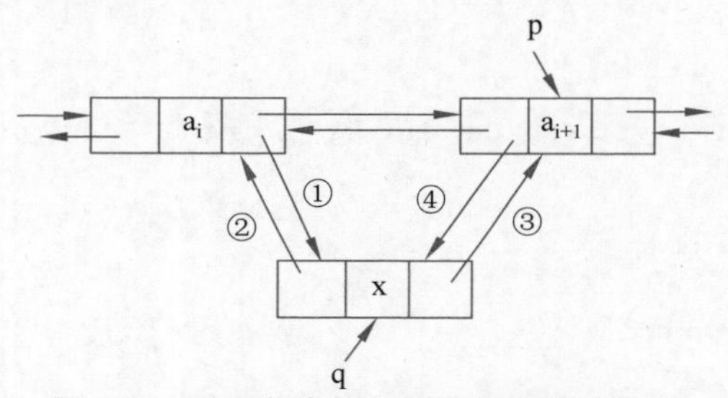

图 2-15 双向链表插入操作的指针域变化

可以看出，双向链表插入操作过程中，共修改了四处指针域，算法实现如下：

```
void InsertElem(DLinkList &L, DListNode p, ElemType x)
{
    DListNode * q=(DListNode * )malloc(sizeof(DListNode));
    q->data=x;
    p->prior->next = q;                    //步骤 1
    q->prior = p->prior;                   //步骤 2
    q->next = p ;                          //步骤 3
    p->proir = q ;                         //步骤 4
}
```

再来看删除操作，若要删除指针 p 所指的结点，需要修改的指针域如图 2-16 所示。

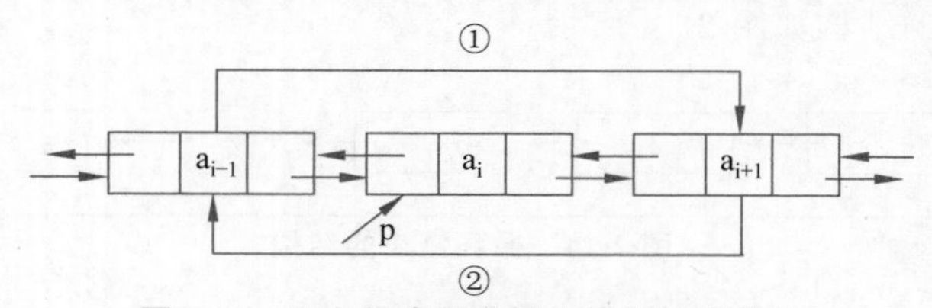

图 2-16 双向链表删除操作的指针域变化

```
void DeleteElem(DLinkList &L,DListNode p)
{
    p->prior->next = p->next;
    p->next->prior = p->prior;
    free(p);
}
```

双向链表也可以有循环表,双向循环链表的结构与双向链表结构相同,只是将表头元素的空 prior 域指向表尾,同时将表尾的空 next 域指向表头结点,从而形成向前和向后的两个环形链表,使链表的操作变得更加灵活。双向循环链表的结构如图 2-17 所示。对于双向循环链表中任意一个结点,给出指向它的指针 p,很显然:

```
p->prior->next = p->next->prior =p
```

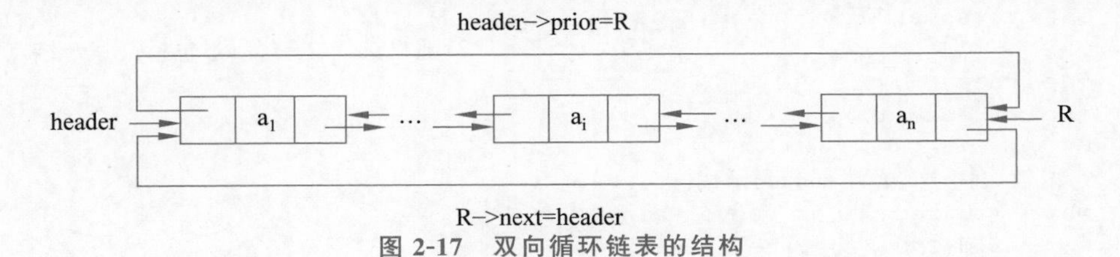

图 2-17　双向循环链表的结构

2.4.5　链表的智能应用

遗传算法(genetic algorithm)是一种基于生物进化原理的优化算法,常用于解决复杂的优化问题。它模拟了自然界中的遗传、交叉和变异等过程:从任一初始种群出发,通过随机选择、交叉和变异操作,可以产生一群更适合环境的个体,使群体进化到搜索空间中越来越好的区域,逐步搜索出最优解。遗传算法可应用于多个领域,如组合优化问题、函数优化问题、机器学习中的特征选择和参数优化问题、调度问题等。遗传算法的基本步骤如下。

(1) 初始化种群:随机生成一组初始个体(解)作为种群。

(2) 适应度评估:计算每个个体的适应度,即解的优劣程度。

(3) 选择:根据适应度选择一部分个体作为父代,用于繁殖下一代。

(4) 交叉(crossover):随机选择两个父代个体,通过交叉操作生成子代个体。

(5) 变异(mutation):对子代个体进行变异操作,引入新的基因信息。

(6) 更新种群:用新生成的子代替换原来的父代,形成新的种群。

(7) 重复进行步骤(2)～(6),直到满足停止条件(如达到最大迭代次数或找到满意的解)。

在遗传算法中,链表可以用于表示基因组(genome)或解的结构。每个链表结点表示基因序列中的一个基因,结点中存储着染色体中的基因信息。链表的插入、删除和修改操作可以对基因组进行交叉和变异操作。通过链表的组织和排列顺序,可以表示解空间中的不同解。

下面给出一个例子,用静态链表来表示基因组,并进行遗传算法中的交叉和变异操作。

```
//静态链表结点的结构定义
typedef struct {
    int data;                                   //基因信息
    int next;                                   //下一个结点的索引
} ListNode;

//初始化种群
```

```
void initializePopulation(ListNode population[][MAX_GENES]) {
    srand(time(NULL));
    for (int i = 0; i < POPULATION_SIZE; i++) {
        for (int j = 0; j < MAX_GENES; j++) {
            population[i][j].data = rand() % 10;
                                        //随机生成基因信息(假设基因值范围为 0~9)
            population[i][j].next = j + 1;     //设置链表的下一个结点索引
        }
        population[i][MAX_GENES - 1].next = -1;//链表最后一个结点的下一个结点索引为
                                                 -1,表示链表结束
    }
}

//交叉操作,将两个父代链表交叉,生成子代链表
void crossover(ListNode parent1[], ListNode parent2[], ListNode child[]) {
    int crossoverPoint = rand() % (MAX_GENES - 1) + 1;
                                        //随机选择交叉点(不包括第一个结点)
    int index = 0;
    int current = 0;

    //复制父代 1 的前半部分到子代
    while (current != crossoverPoint) {
        child[index] = parent1[current];
        index++;
        current = parent1[current].next;
    }

    //复制父代 2 中未出现在子代中的基因到子代
    current = 0;
    while (index < MAX_GENES) {
        int gene = parent2[current].data;
        //检查该基因是否已存在于子代中
        int exists = 0;
        for (int i = 0; i < index; i++) {
            if (child[i].data == gene) {
                exists = 1;
                break;
            }
        }
        if (!exists) {
            child[index].data = gene;
            child[index].next = index + 1;
            index++;
        }
        current = parent2[current].next;
    }
    child[MAX_GENES - 1].next = -1;       //子代链表的最后一个结点的下一个结点索引为-1
}

//变异操作,随机选择一个结点进行变异
void mutation(ListNode individual[]) {
    int mutationPoint = rand() % MAX_GENES;    //随机选择变异点
    int newValue = rand() % 10;
                                        //随机生成新的基因值(假设基因值范围为 0~9)
    individual[mutationPoint].data = newValue;
}
```

2.5　实际中存储结构的选择

在实际操作中，我们应该如何选取线性表的存储结构呢？主要基于对以下三方面的考虑。

（1）基于对存储的考虑。当线性表的长度或存储规模难以估计时，不宜采用顺序表。链表不用事先估计存储规模，链表的存储密度较低，显然链式存储结构的存储密度是小于 1 的。

（2）基于对运算的考虑。在顺序表中按序号访问的时间复杂度为 O(1)，而链表中按序号访问的时间复杂度为 O(n)。所以，如果经常做的运算是按序号访问数据元素，显然顺序表优于链表；在顺序表中做插入、删除操作时，平均移动表中一半的元素，当数据元素的信息量较大且较长时，这一点是不应忽视的；在链表中做插入、删除操作时，虽然也要找到插入位置，但操作主要是比较操作，从这个角度考虑，后者优于前者。

（3）基于对环境的考虑。顺序表容易实现，任何高级语言中都有数组类型；链表的操作是基于指针的，相对来讲，前者较为简单，这也是用户考虑的一个因素。

总之，两种存储结构各有优劣，选择哪一种由实际问题的主要因素决定。通常，较稳定的线性表选择顺序存储，而频繁做插入、删除操作的线性表（动态性较强）宜选择链式存储。

本章小结

在本章中，我们学习了线性表的两种存储结构——顺序存储结构和链式存储结构。在计算机中，顺序存储结构一般由数组实现，而链式存储结构一般由指针实现。通过学习两种存储结构下线性表基本操作的实现，我们了解到在不同的存储结构下，线性表的同一操作的算法是不同的：在顺序存储结构下，线性表的插入、删除操作通过移动元素实现；在链式存储结构下，线性表的插入、删除操作通过修改指针实现。对于某一实际问题，我们要学会如何选择合适的存储结构，如何在某种存储结构下实现对数据对象的操作。

习题

1. 从存储分配方式、时间性能、空间性能等方面简述线性表的顺序存储与链式存储的区别。

2. 简述单链表中头结点与头指针的区别。

3. 顺序表中第一个元素的存储地址是 200，每个元素的长度为 2，则第 10 个元素的地址是（　　）。

A. 200　　B. 218　　C. 210　　D. 220

4. 在 n 个结点的顺序表中，算法的时间复杂度是 O(n) 的操作是（　　）。

A. 访问第 i 个结点的直接前驱（$2\leqslant i\leqslant n$）　B. 查找值为 x 的结点
C. 删除顺序表的最后一个结点　D. 将 n 个结点从小到大排序

5. 在 n 个结点的单链表中，算法的时间复杂度是 O(1) 的操作是（　　）。

A. 删除值为 x 的结点　B. 访问结点 p 的直接前驱结点
C. 给定链表头指针，在表尾插入新结点　D. 在结点 p 后插入结点 q

6. 若某线性表中最常用的操作是在最后一个元素之后插入一个元素和删除第一个元素，

则采用(　　)存储方式最节省运算时间。

A. 单链表　　B. 仅有头指针的单循环链表

C. 双链表　　D. 仅有尾指针的单循环链表

7. (1) 静态链表既有顺序存储的优点,又有动态链表的优点。所以,它存取表中第 i 个元素的时间与 i 无关。

(2) 静态链表中能容纳的元素个数的最大数在表定义时就确定了,以后不能增加。

(3) 静态链表与动态链表在元素的插入、删除上类似,不需要做元素的移动。

以上正确的是(　　)。

A. (2)　　B. (2)(3)　　C. (1)(3)　　D. (1)(2)(3)

8. 设线性表有 n 个元素,严格地说,以下操作中(　　)在顺序表上的实现效率要比链表上的高。

Ⅰ. 输出第 i(1≤i≤n)个元素值

Ⅱ. 在表头插入元素

Ⅲ. 删除某个结点 p

A. Ⅰ　　B. Ⅰ、Ⅲ　　C. Ⅰ、Ⅱ　　D. Ⅱ、Ⅲ

9. a. 对于一个不带头结点的单链表 L,判断其为空的条件为:________。

b. 若 L 带头结点,判断其为空的条件为:________。

c. 若 L 是带头结点的双向循环链表,判断其为空的条件为:________。

10. 在表长为 n 的顺序表中,在任何位置删除、插入一个元素的概率相同,则

a. 查找值等于 x 结点时,在查找成功的情况下,需平均比较________个结点。

b. 删除一个元素所需移动的平均个数为________。

c. 插入一个元素所需移动的平均个数为________。

11. 在一个单链表中,已知 q 所指结点是 p 所指结点的前驱结点,若在 q 和 p 之间插入 s 结点,则执行:________。

12. 在双向循环链表中,在 p 指针所指的结点后插入一个指针 q 所指向的新结点,修改指针的操作是:________。

13. 给定一个顺序表 L,设计算法,将顺序表的所有元素逆置,要求辅助空间复杂度为 O(1)。(王道考研 2.2.3 试题 二、04)

14. 给定一个顺序表 L,设计算法,删除顺序表中值不在给定值 s 与 t 之间(包含 s 和 t,要求 s<t)的所有元素,要求尽量减少元素移动次数。(王道考研 2.2.3 试题 二、04)

15. 给定一个递增排序的顺序表 L,设计算法,移除顺序表中所有重复值,例如 L={1,1,2,3,3,4},处理后 L′={1,2,3,4},要求辅助空间复杂度为 O(1)。(王道考研 2.2.3 试题 二、06)

16. 给定一个带头结点的非空单链表 L,设计算法,在 L 的第一个最小值结点后(最小值结点可能有多个)插入一个值为 val 的结点。

17. 给定两个单链表 L1、L2,设计算法,找出这两个链表的公共结点,并分析算法的时间复杂度。(王道考研 2.3.7 试题 二、08)

18. 给定一个单链表 L,设计算法,找出 L 的中间结点,如果有两个中间结点,则返回第二个中间结点。(力扣 876)

19. 给定两个带头结点的循环单链表 L1、L2,设计算法,将 L2 合并到 L1 之后,使合并后的链表仍为循环单链表。(王道考研 2.3.7 试题 二、18)

20. 给定一个带头结点的循环双向链表 L,设计算法,判断表中的数据结点是否对称。(王道考研 2.3.7 试题 二、17)

与前沿技术链接

当谈到机器学习时,我们可以将其想象成让计算机变得更聪明的一种方法。传统计算机程序是由程序员编写的一系列指令告诉计算机如何处理数据,然而机器学习不同,它让计算机从数据中学习,并根据数据中的模式和规律自动做出预测和决策,而无须显式编写指令。

机器学习的原理很简单:首先,我们需要给计算机提供一些数据,这些数据可以是图片、文字、数字等;然后,我们告诉计算机希望它学会什么,如识别图片中的猫;计算机会根据这些数据自动找到模式和规律,并建立一个可以用来预测或分类新数据的模型。

现实生活中,有很多问题可以通过机器学习来解决。例如,我们可以利用机器学习来构建个性化推荐系统,为用户提供他们可能感兴趣的电影、音乐或商品推荐。这是因为机器学习模型可以分析用户的历史喜好和行为,然后预测他们可能喜欢的内容。

另一个例子是图像识别。机器学习模型可以学会识别图像中的物体、人脸或文字。这在现实生活中有很多应用,如安全监控系统可以通过识别人脸来确认身份;自动驾驶汽车可以通过识别交通标志和行人来做出决策。

机器学习还可以用于自然语言处理,即让计算机理解和处理人类语言。通过机器学习,我们可以构建智能的语音助手,如 Siri 和 Alexa,它们可以理解我们说的话并做出相应的回应。

此外,机器学习还可以用于金融预测、医疗诊断、交通规划等领域。通过分析历史数据,机器学习模型可以预测股票价格、疾病发展趋势,甚至优化交通路线,帮助我们做出更好的决策。

总而言之,机器学习是一种让计算机从数据中学习和做出预测的方法,它可以解决很多现实生活中的问题,帮助我们更好地理解和利用数据。无论是个性化推荐、图像识别还是自然语言处理,机器学习都在不断地改变着我们的生活。但是,所有的机器学习都是以数据为基础的,而数据又离不开数据的逻辑结构和存储结构。因此,对应到数据结构,机器学习算法只是对数据的某种操作而已。

科学家精神

李飞飞(Feifei Li)是一位杰出的计算机科学家,专注于人工智能、机器学习和计算机视觉领域。她出生在中国,后来在美国开始了自己的职业生涯。在人工智能炙手可热的今天,人才辈出,高手云集,作为学术界的 AI 女神,李飞飞从一名不会英语的清洁工成长为斯坦福教授又加盟谷歌,不仅成功完成了人生逆袭,也谱写了一段非比寻常的励志故事。

1993 年,李飞飞跟随父母举家前往美国新泽西州帕西帕尼,因为家庭收入微薄,为了进入一所好大学,李飞飞只能依靠自己。她穿梭在华人街各大中国餐厅洗碗、端盘子、打扫卫生,学习和打工几乎占据了她的全部时间,最辛苦的时候,她一天只睡 4 小时。她明白,想要站稳脚跟,就需要牺牲和决心。

功夫不负有心人。在自己的不懈努力下,李飞飞最终获得了普林斯顿大学的录取通知以及全额奖学金。她于 1999 年获得普林斯顿大学电气工程硕士学位,之后在加州大学伯克利分校获得电气工程和计算机科学博士学位。在完成博士学位后,她加入了斯坦福大学计算机科学系,并于 2009 年成为斯坦福大学计算机科学教授。

李飞飞在计算机视觉领域取得了许多重要的成就。她的研究涵盖了图像识别、图像分类和目标检测等方面。她是ImageNet计划的发起人之一，该计划旨在建立一个大规模图像数据库，并推动图像识别技术的发展。ImageNet挑战赛是该计划的一部分，它促进了深度学习在计算机视觉中的应用，并为深度学习的崛起奠定了基础。2009年，ImageNet数据库就包含了1500万张标注好的照片。ImageNet数据库无论在质量还是数量上，在科学界都是空前的。最重要的是，李飞飞把ImageNet这个如此庞大的图片数据库免费开放。这就意味着，全球所有致力于计算机视觉识别的团队都能使用这个数据库来训练测试自己算法的准确率。

除了在研究方面的贡献，李飞飞还致力于推动人工智能的公平性和包容性。她认为人工智能技术应该服务于全球社会的利益，并且应该在设计和实施过程中考虑到不同文化和价值观的多样性。因在此领域的努力，她成为人工智能伦理和公平性的倡导者之一。

李飞飞的工作得到了广泛的认可和赞赏。她是许多学术组织和研究机构的成员，也是多个国际会议和期刊的编辑和顾问。她还荣获了许多重要奖项，包括麦克阿瑟天才奖(MacArthur Fellowship)和ACM杰出科学家奖。

从洗碗妹到全球人工智能领域凤毛麟角的顶尖女科学家，李飞飞获得的殊荣越来越多，责任与担当也越来越重。有人问李飞飞，你是如何克服路上这些困难的，她说："真正生命中的最关键问题是如何充分发挥一个人的潜力，既要担负生活的责任，又要对得起自己的梦想。"

来源：AI女神李飞飞老师：成为顶尖科学家的人生路 - 知乎(zhihu.com)

唐纳德·克努斯(Donald Knuth)是计算机科学领域的重要人物，被认为是计算机程序设计的先驱之一。他曾在1974年荣获图灵奖，是斯坦福大学计算机科学系的教授和荣誉退休教授。

克努斯以其深入的研究、创新的思想和著名的著作而闻名于世。他的主要贡献之一是《计算机程序设计艺术》(*The Art of Computer Programming*)，这是一本被广泛认为是计算机科学领域最经典、最权威的算法和数据结构教材。该书由多卷组成，详细介绍了计算机程序设计的基本原理、算法和数据结构。《计算机程序设计艺术》集结了克努斯对计算机科学的深入思考和对算法设计的独特见解，被誉为计算机科学史上的经典之作。

克努斯还开发了一些重要的计算机科学工具和系统。其中，最著名的是TeX排版系统，它是一种专为生成高质量文档而设计的排版系统。TeX在学术界广泛应用于科技论文、书籍和期刊的排版，被认为是最适合数学和科学领域的排版工具之一。此外，克努斯还开发了Metafont字体设计系统，用于生成可缩放的高质量字体。

此外，克努斯还有许多"小创造"。计算机科学技术中有两个最基本的概念算法和数据结构就是在他29岁时提出来的。1973年，他首创双向链表。在算法方面，有他和他的学生共同设计的诸如Knuth-Bendix算法和Knuth-Morris-Pratt算法，前者是为了考查数学公理及其推论是否"完全"而构造标准重写规则集(rewriting rule set)的算法，曾成功地解决了群论中的等式证明问题，是定理机器证明的一个范例。后者是在文本中查找字符串的简单而高效的算法。此外，克努斯还设计与实现过最早的随机数发生器(random number generator)。

来源：https://shidian.baike.com/wikiid/3627235627637802415

Chapter 3 第3章 栈与队列

栈和队列是两种重要的数据结构，是特殊的线性表。与第 2 章介绍的线性表相比，栈和队列的插入和删除操作是受限的。限定的操作使栈和队列区别于一般的线性表，拥有相当强大的功能和十分广泛的应用，在各种经典问题和软件系统中都有栈和队列的应用场景。本章分别介绍栈与队列的定义、表示方法和实现，以及一些应用的例子。

3.1 栈的定义

栈是一种操作受限的线性表，本节首先给出其定义，然后描述其基本逻辑特征，最后给出栈的抽象数据类型。

3.1.1 栈的定义和术语

栈(stack)是一种特殊的线性表，是对线性表的运算操作加以限制后形成的一种新的数据结构。栈被限定只能在表尾一端进行插入和删除操作。栈中允许插入和删除的一端称为栈顶(top)，栈的另一端称为栈底(bottom)。

对于栈 $S=(a_1, a_2, \cdots, a_n)$，$a_1$ 为栈底元素，a_n 为栈顶元素。栈 S 只能在栈顶一端进行进栈和出栈操作。栈的示意图如图 3-1 所示。

栈是一种“后进先出”(last in first out)的数据结构，简称 LIFO 结构。入栈时，依次把元素按 $a_1, a_2, \cdots, a_n$ 的顺序插入栈顶；元素出栈时，依次删除栈顶的元素，元素入栈和出栈的顺序相反，所以是“后进先出”。

日常生活中有很多例子符合“后进先出”的特点，如弹匣、一摞盘子等，如图 3-2 所示。

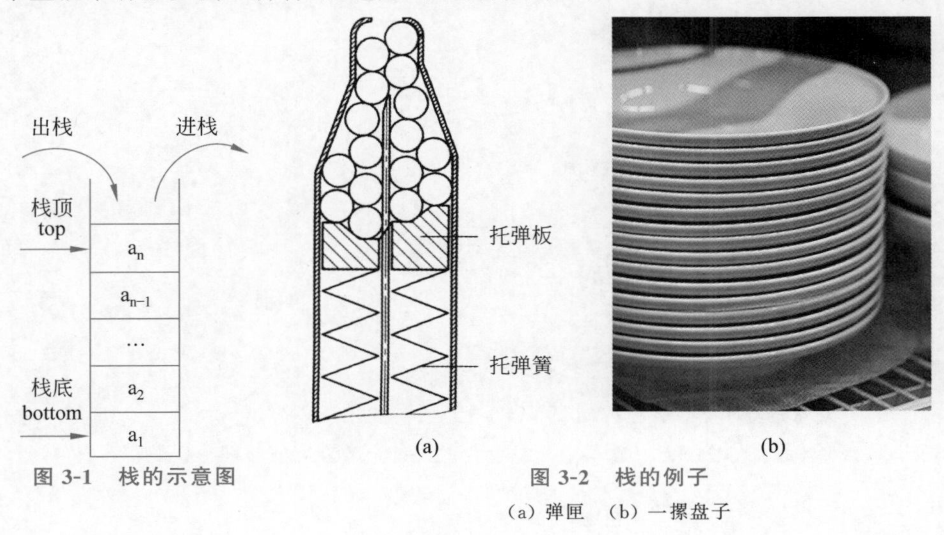

图 3-1 栈的示意图

图 3-2 栈的例子

(a) 弹匣 (b) 一摞盘子

3.1.2 栈的抽象数据类型

根据抽象数据类型的定义,栈的抽象数据类型描述如下:

```
ADT Stack {
    数据对象: D={ ai | ai∈ElemSet, i=1, 2, ..., n, n≥0 }
    数据关系: R1={ <ai-1, ai> | ai-1, ai∈D, i=2, ..., n }
    //约定 an 端为栈顶,a1 端为栈底
    基本操作: InitStack(&S)                          //初始化
            DestroyStack(&S)                        //销毁栈
            ClearStack(&S)                          //清空栈
            StackEmpty(S)                           //判栈空
            StackLength(S)                          //求栈长度
            GetTop(S, &e)                           //取栈顶元素
            Push(&S, e)                             //入栈
            Pop(&S, &e)                             //出栈
            StackTravers(S, visit())                //遍历栈
} ADT Stack
```

下面给出一道栈的例题,帮助读者更好地熟悉栈的基本操作。

【例 3-1】 利用栈实现编辑处理。

在输入缓冲区中接收用户输入的字符,然后逐行存入用户数据区。设定符号"#"为擦讫符,用来删除"#"前的字符,以使其无效;符号"@"为删行符,用来删除当前编辑行,以使当前行无效。

算法思路:程序执行时会不断读取字符,我们将读取到的字符保存进栈,以便于处理。如果是一般字符,则执行进栈操作;如果是擦讫符"#",则令栈顶元素出栈,实现删除当前字符的效果;如果是删行符"@",则清空栈中元素,实现删除当前行的效果。

算法的基本代码如下:

```
Void LineEdit() {
    STACK S;
    char c;
    MakeNull(S);
    c = getchar();
    while (c != '\n') {
        if (c == '#')
            Pop(S);
        else if (c == '@')
            MakeNull(S);
        else
            Push(c , S);
        c = getchar();
    }
    while (!StackEmpty(S)) {
        c = Pop(S);
        print(c);
    }

}
```

3.2　栈的存储与实现

定义了栈的抽象数据类型之后，接下来我们需要思考如何在计算机中存储栈，如何在计算机中实现栈的基本操作（算法）及其他高级操作。本节讨论栈的两种存储实现方法：顺序存储和链式存储，以及定义在其上的基本操作，并介绍多栈共享的存储与实现。

3.2.1　栈的顺序存储与实现

栈作为一种特殊的线性表，有顺序栈和链栈两种表示方法。

顺序栈是用一组地址连续的存储单元依次存放从栈底到栈顶的元素。用数组实现顺序栈的元素存储，并设置一个变量 top 记录栈顶元素的下标。栈非空时，栈底下标为 0，栈空时 top＝－1。

下面是顺序栈的类型定义以及部分基本操作的实现。

```
#define Maxsize 1000                                    //数组容量

typedef int DataType;
结构类型:
    typedef struct {
    DataType data[Maxsize];
    int top;                                            //栈顶元素下标
    } SqStack;
```

（1）初始化栈。

```
void InitStack(SeqStack *s) {
    s->top=-1;
}
```

（2）判栈空。

```
int StackEmpty(SeqStack *s) {
    return s->top==-1;
}
```

（3）判栈满。

```
int StackFull(SeqStack *s) {
    return s->top==StackSize-1;
}
```

（4）进栈操作：栈不满时，栈顶指针先加 1，再送值到栈顶元素（顺序栈进栈操作如图 3-3 所示）。

```
viod Push(SeqStack *s, DataType x) {
    if (StackFull(s)) Error("overflow");
    s->top++;
    s->data[s->top] = x;
}
```

（5）出栈操作：栈非空时，先取栈顶元素值，再将栈顶指针减 1。

```
DataType Pop(SeqStack *s) {
```

```
    if (Stackempty(s)) Error("underflow");
    return s->data[s->top--];              //先返回元素值,再栈顶指针减 1
}
```

变量 top 作为数组的下标指向栈顶元素,可以告诉我们当前的栈顶在哪里,进而判断是否栈空或者栈满。在进栈和出栈的过程中,用变量 top 来改变栈顶的位置,从而实现进栈、出栈的效果。在出栈和初始化时,也无须清除数组中的元素,直接改变栈顶 top 即可。读者可自行思考其他基本操作如何实现。

3.2.2 栈的链式存储与实现

链栈用指针形成的线性链表来实现栈的存储。考虑到链表首端实现元素的插入和删除比较方便,于是将链表的表头作为栈顶。实现的方式如图 3-4 所示,其操作与线性链表的表头插入和删除元素相同。一般选择带有头结点的链表,以便于判断链栈是否为空。

下面是链栈的类型定义。

```
typedef struct SNode {
    ElemType   data;                        //数据域
    struct Snode * next;                    //链域
}SNode, * LinkStack;
```

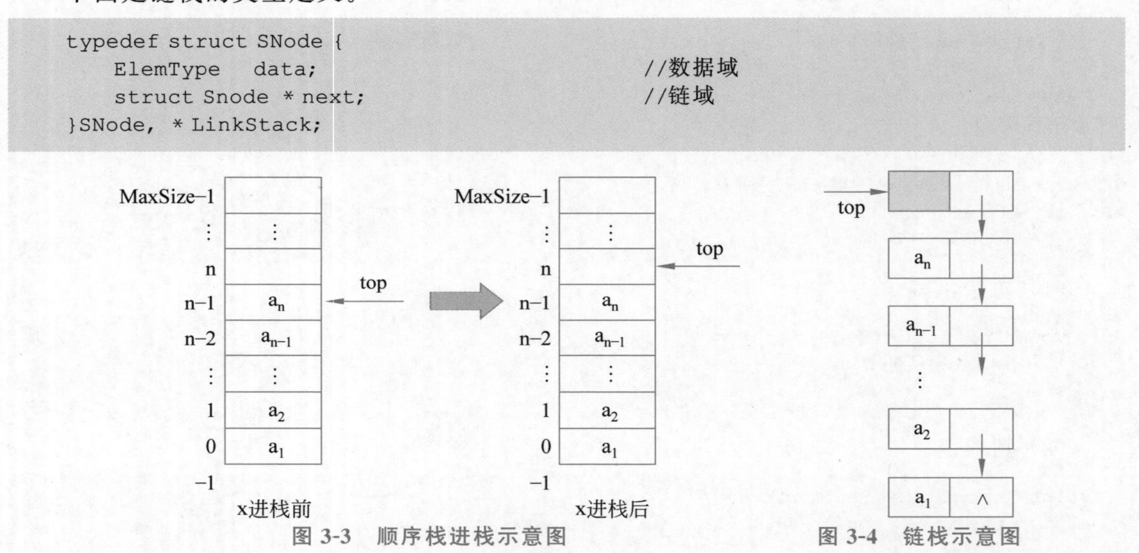

图 3-3 顺序栈进栈示意图　　　　图 3-4 链栈示意图

读者可自行思考链栈基本操作如何实现。

3.2.3 多栈共享的存储与实现

栈是一种动态结构,而数组是静态结构,在用数组实现顺序栈时会导致存储空间浪费。为了充分利用数组的空间,可以将多个栈顺序地映射到一个已知大小为 M 的存储空间 STACK[0,1,…,M−1]中。

我们先从简单的情况开始,首先讨论如何实现双栈共享。

通常来说,一个栈的栈底位置是不会变化的,而随着元素的入队和出队,栈顶的位置会动态变化。对于一段连续的存储空间 STACK[0,1,…,M−1],我们可以将栈 S_1 的栈底 bot[1]置于 STACK[0]端,将栈 S_2 的栈底 bot[2]置于 STACK[M−1]端。在元素入栈时,让栈顶指针 top[1]和 top[2]向数组中间移动。这样,当一个栈中的元素较少时,就会占用较少的存储空间,而另一个栈可以使用更多的存储空间。双栈共享的过程如图 3-5 所示。

假设有 n 个栈且 n>2,此时应该如何分配呢?我们先把 M 个存储空间均分给 n 个栈,每

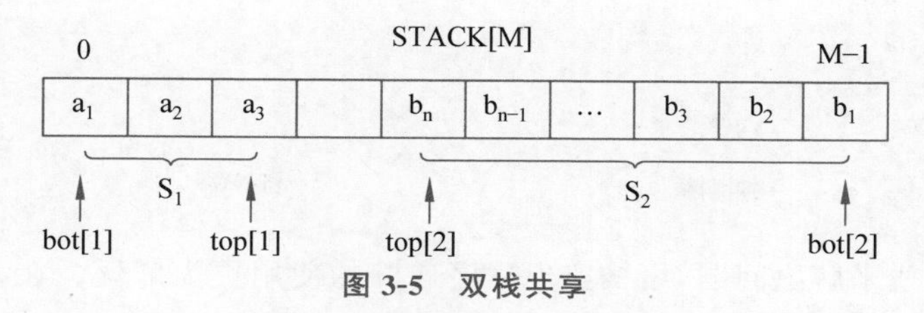

图 3-5 双栈共享

个栈获得 M/n 个存储空间。当其中某一个栈发生溢出时，我们可以手动移动其他的栈来为这个栈让出空间。如图 3-6 所示，为了防止栈 S_2 溢出，所以向右移动了栈 S_3。①

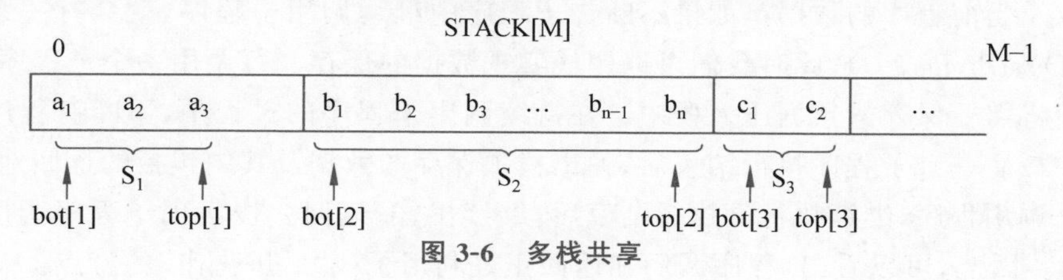

图 3-6 多栈共享

3.3 栈的应用

栈的应用相当广泛。计算机中实现递归过程时，需要用栈来存储信息。也有很多经典问题可以用栈来解决。本节首先介绍递归过程中栈的作用，随后介绍两个用栈解决的问题，最后给出几个用栈实现的智能算法的例子。

3.3.1 栈与递归过程

栈的后进先出特性在程序设计中非常有用。下面给出一个应用于匹配的例子。

【例 3-2】 括号匹配

一个表达式中包含"("和")"。设计算法，检验表达式中括号的合法性。

算法思路：对表达式从左到右扫描，遇到"("进栈，遇到")"退栈。当表达式扫描完毕后，若栈为空，则说明嵌套正确，括号匹配正确，否则说明括号匹配错误。

算法代码如下：

```
Boolean Correct(char ext[],int) {                    //数组 ext 用于存储表达式
    STACK S;
    int j=0;
    MakeNull(S);
    while ( ext[j] != '\0') {                        //表达式以'\0'结尾
        if (exp[j] == '(')                           //遇到"("进栈
            Push (ext[j], S);
    if ( ext[j] == ')')                              //遇到")"时退栈
            x=Top(S);
        if ( x == '(')
                Pop(S);
        else
            return FALSE;
    j++;
    }
```

① 参考自 CSDN 博主"honeylife"的文章"多个堆栈共享连续个存储空间"。

```
    if (!Empty(S))
        return FALSE;
    else
        return TRUE;
}
```

相比直接构造栈来解决问题，用栈实现程序递归的使用更为广泛。在程序调用和递归过程中，栈是必不可少的。下面介绍用栈实现程序调用和程序递归的原理。

当我们在一个程序中调用子程序时，需要记录当前程序的端点，保存子程序执行结束后返回的地址以及当前程序的数据。如果不断在子程序中继续调用子程序，就会有一系列需要保存的数据(Da,Db,Dc,…)，此时我们可以用栈实现数据的保存。每调用一个子程序时，就在调用子程序前将需要保存的数据压入栈中。在持续调用子程序的过程中，不断有程序的数据进栈保存。在最后一个子程序执行结束后，弹出栈顶保存的数据及其中包括的返回地址，即可返回到上一个调用程序，继续执行。执行结束后，继续出栈、返回。栈实现子程序调用的过程如图 3-7 所示。因此，可以看出，程序调用和返回正好利用了栈"后进先出"的特点。

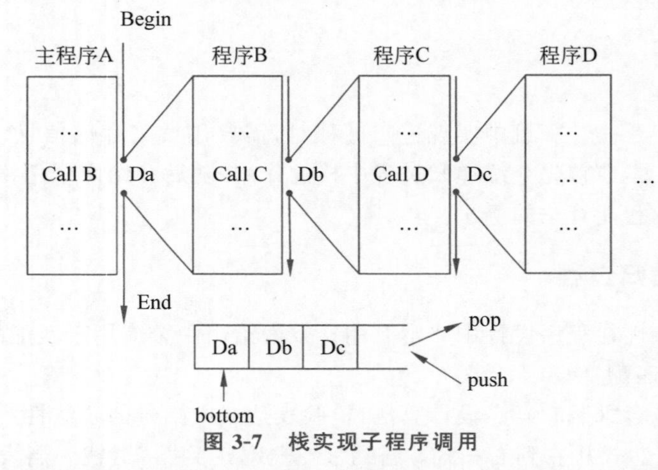

图 3-7 栈实现子程序调用

程序递归同理。递归函数是在函数体内不断调用自己的函数。在递归过程中，递归函数不断调用自己，不断将数据(Da_1,Da_2,…,Da_n)入栈保存。子程序执行结束后，出栈返回。

递归函数运行开始时，首先为递归调用建立一个工作栈，其结构包括值参、局部变量和返回地址；在每次执行递归调用之前，把递归函数的值参和局部变量的当前值以及调用后的返回地址压栈；每次递归调用结束后，将栈顶元素出栈，使相应的值参和局部变量恢复为调用前的值，然后转向返回地址指定的位置继续执行。栈实现程序递归的过程如图 3-8 所示。

递归广泛出现在程序设计中，如遍历某些特定数据结构，如广义表、二叉树等。还有一些经典的问题也可以递归求解，如八皇后问题、汉诺塔问题等。

下面以阶乘函数作为举例说明。阶乘的递归形式函数如下：

$$n! = \begin{cases} 1, & n=0 \text{ 或 } n=1 \\ n(n-1)! & n>1 \end{cases} \tag{3-1}$$

递归实现过程中，需要直接或间接调用自己。层层向下递归，返回次序相反。从 fact(n) 调用 fact(n−1)，直到 fact(1)，然后逐层返回调用结果。假设 n=4，即求解 4!，其求解过程如图 3-9 所示。

算法代码如下：

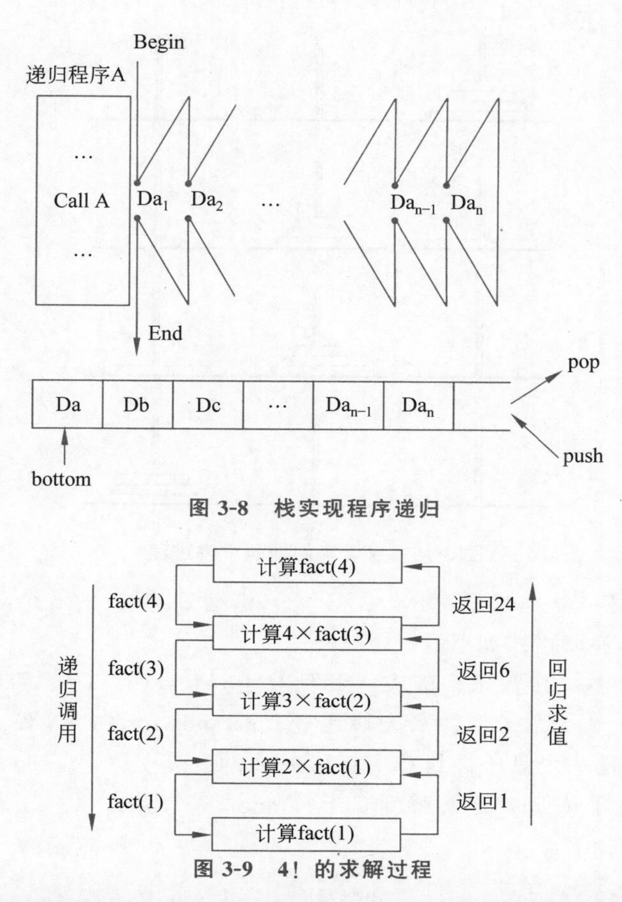

图 3-8　栈实现程序递归

图 3-9　4！的求解过程

```
long fact (int n) {
    if (n==0)
        return 1;
    else return n * fact(n-1);
}
```

【例 3-3】 汉诺塔问题。

汉诺塔问题是一个经典的问题。汉诺塔（Hanoi tower）又称河内塔，源于印度的一个古老传说。大梵天创造世界的时候做了三根金刚石柱子，在一根柱子上从下往上按照大小顺序摞着 64 片黄金圆盘。大梵天命令婆罗门把圆盘从下面开始按大小顺序重新摆放在另一根柱子上。并且规定，任何时候在小圆盘上都不能放大圆盘，且在三根柱子之间一次只能移动一个圆盘。问应该如何操作？（每次只能移动 1 个盘子，大盘子只能放在小盘子下面）①

算法思路：每座塔可以看作一个栈，圆盘就是栈中的元素。记三座塔分别为 A、B、C。当 n=1 时，可以直接将 A 上的圆盘转移到 C 上。当 n>1 时，无法直接转移，此时，我们就要利用递归的思想。先将上面的 n−1 个圆盘移到 B 上，再将底部剩下的一个圆盘移到 C 上，最后将 B 上的 n−1 个圆盘转移到 C 上。转移 n 个圆盘的问题就被转换成了转移 n−1 个圆盘的问题。因此，我们可以如此不断递归求解。汉诺塔求解过程如图 3-10 所示。

首先，我们需要编写两个函数以便于进行递归操作，一个是 Move(A,C)，将 A 上的一个

① 引用自 CSDN 博主“只羡鸳鸯不羡仙仙”的文章《汉诺塔问题详解》。

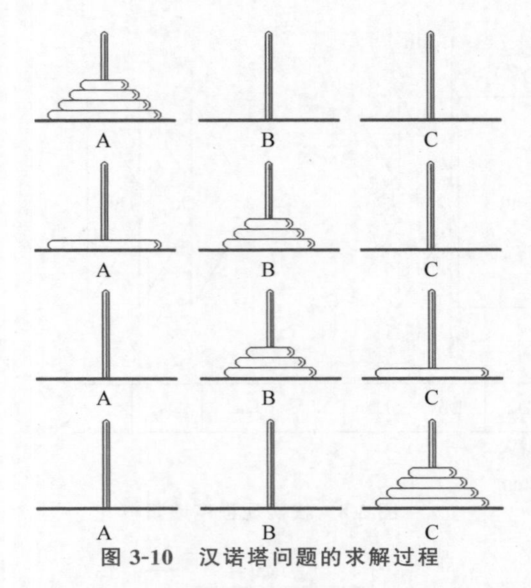

图 3-10 汉诺塔问题的求解过程

盘子直接移到 C 上;另一个是 Hanoi(n, A, B, C),借助 B,将 A 的 n 个盘子移到 C 上。对于要移动的圆盘数量 n,递归格式如下。

如果 n = 1,则将这一个盘子直接从 A 移到 C 上,Move(A, C)。否则,执行以下三步:

(1) 将 A 上的 n-1 个盘子借助 C 先移到 B 上;Hanoi(n-1, A, C, B);

(2) 把 A 上剩下的一个盘子移到 C 上;Move(A, C);

(3) 将 n-1 个盘子从 B 借助 A 移到 C 上;Hanoi(n-1, B, A, C)。

算法代码如下:

```
void Hanoi (int n, char A, char B, char C) {
    if (n == 1)
        Move(A, C);
    else {
        Hanoi(n-1, A, C, B);
        Move(A, C);
        Hanoi(n-1, B, A, C);
    }
}
```

3.3.2 迷宫问题

迷宫问题是一个经典的程序设计问题。一个迷宫可用如图 3-11 所示的矩阵[m,n]表示,其中 1 表示不能通过,0 表示可以通过。现有一只老鼠从左上角(1,1)进入迷宫,编写算法,求一条从右下角(m,n)出去的路径。

求解迷宫问题一般采用的是穷举法,即按某个方向不断前进探索。如果某个路径走不通,则原路返回,尝试新的方向,继续探索。直至将所有路径都探索完。由于有可能原路返回,故满足栈"后进先出"的性质,所以适合用栈来存储走过的路径进行求解。

首先,把迷宫用二维数组 maze[i][j] ($1 \leqslant i \leqslant m$, $1 \leqslant j \leqslant n$)的形式表示,入口 maze[1][1]=0;而老鼠所在的位置可用(i, j)表示。对于每个位置(i, j),周围有 8 个方向可以移动,分别记为 E,SE,S,SW,W,NW,N,NE,如图 3-12 所示。方向 v 从正东开始且顺时针分别记为 1~8。用二维数组 move 记下不同方向移动后横纵坐标的增量,move[v][1]表示朝方向 v 移动后 i

的增量，move[v][2]表示朝方向 v 移动后 j 的增量。

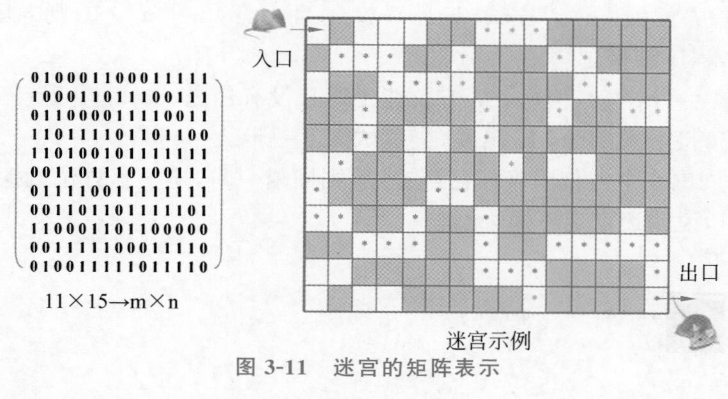

图 3-11　迷宫的矩阵表示

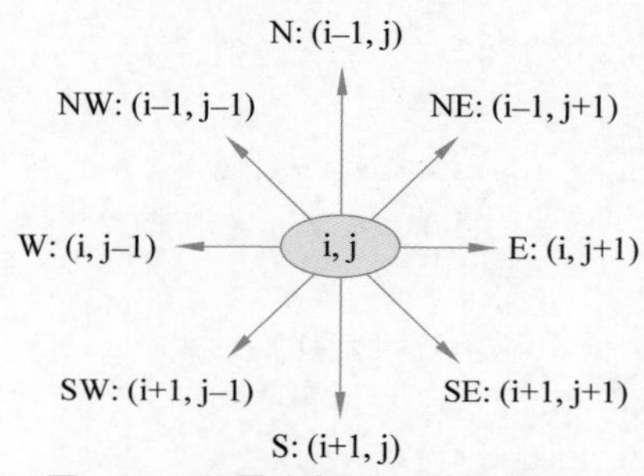

图 3-12　位置坐标(i,j)的 8 个方向

表 3-1　二维数组 move 的值

v	move[v][1]	move[v][2]	说　　明
1	0	1	E
2	1	1	SE
3	1	0	S
4	1	−1	SW
5	0	−1	W
6	−1	−1	NW
7	−1	0	N
8	−1	1	NE

如果(i, j)移动到(g, h)且方向为 v，那么位置坐标的变化为

$$
\begin{aligned}
g &= i + move[v][1] \\
h &= j + move[v][2]
\end{aligned}
\tag{3-2}
$$

为了避免时时监测边界状态，需要把二维数组 maze[1:m, 1:n]扩大到 maze[0:m+1, 0:n+1]，且令 0 行、0 列、m+1 行、n+1 列的值均为 1，这样边界可以直接被检测为走不通。

采用试探的方法求解路径，当到达某个位置且周围 8 个方向走不通时，便需要回退到上一个位置，换一个方向继续试探。将走过的路径都存入栈中，当到达一个新位置时，将(i,j,v)进栈；从某位置回退时弹出栈顶元素，也就是当前位置。在试探路径的过程中，已经经过的位置不必重复试探。因为如果试探了该位置后还没有到达出口，重复试探就没有意义。所以，每次寻找新位置时需检查该位置以前是否已经到达，可以设初值为 0 的矩阵 mark[][]，一旦到达位置(i, j)，就置 mark[i][j] = 1。具体算法思想如下。

(1) 老鼠在位置(1,1)进入迷宫,方位 v 按 1～8 的优先顺序进行试探。

(2) 试探下一方位(g, h)。若(g, h)=(m, n)且 maze[m][n]=0,则老鼠到达出口,输出栈中保存的路径,程序结束。

(3) 若(g, h) ≠(m, n),但(g, h)方位能走通且没有经过 mark[i][j]=0,则记下这一步,令 mark[i][j]=1,接下来从(g, h)出发,继续试探下一步。

(4) 若(i, j)周围 8 个方位阻塞或已经走过,则回退一步,换一个方位试探。若(i, j)=(1, 1),则回退到入口,说明迷宫走不通,无解。

算法代码如下:

```
Void GETMAZE (maze, mark, move, S) {
    (i, j, v) = (1,1,1);
    mark[1][1] = 1;
    s.top = 0;
    do {
        g = i+move[v][1];
        h = j+move[v][2];
        if ((g == m) && (h == n) && (maze[m][n] == 0)) {
            output( S );                          //到达出口
            return;
        }
        if ((maze[g][h] == 0) && mark[g][h] == 0)) {
            mark[g][h] = 1;
            PUSH(i, j, v, S);
            (i, j, v) = (g, h, 1);
        }
        else if (v < 8)
            v = v + 1;
        else {
            while ((s.v == 8) && (!Empty(S)))
                Pop(S);                           //退回
                if (s.top > 0)
                    (i, j, v++) = Top(S);
            };
        }
    } while ((s.top) && (v != 8));
    cout << "路径不存在!";
}
```

3.3.3 表达式求值

表达式是进行科学计算的基本工具。表达式可以是数学表达式,也可以是逻辑表达式。这里,以二元运算符的表达式为例。要研究限于二元运算符的表达式求值问题,需要先给出表达式的定义:

```
表达式 ::= (操作数) + (运算符) + (操作数)
操作数 ::= 简单变量|表达式
简单变量 ::= 标识符|无符号整数
```

上述表达式定义是由操作数和运算符组合而成的。运算符前面的操作数称为第一操作数;运算符前面的操作数称为第二操作数。简单变量可以是标识符或者无符号整数。

例:5+2×(3−5)

表达式遵循四则运算规则:先乘除后加减;从左到右;有括号先算括号内。根据运算符的不同位置,表达式有三种标识方法,分别是前缀表示法、中缀表示法和后缀表示法。

对于表达式 Exp=S_1 OP S_2,前缀表示法表示为 OP S_1 S_2,中缀表示法表示为 S_1 OP S_2,后缀表示法表示为 S_1 S_2 OP。

其中,前缀式也称为"波兰式",后缀式也称为"逆波兰式"。

例:Exp=a/(b−c)+d×e。

前缀式:+/a−bc×de。

中缀式:a/b−c+d×e。

后缀式:abc−/de×+。

可以看到,三种表示法都丢弃了括号,但是操作数之间的相对次序是不变的,即(a,b,c,d,e),但运算符之间的相对次序不同。中缀表示法的操作数和运算符的相对次序都没有改变,但丢失了括号,就导致表达式运算的次序无法确定。然而,前缀式和后缀式的运算次序是可以确定的。

前缀式中,连续出现的两个操作数和在它们之前相邻的一个运算符构成一个最小表达式;前缀式有唯一确定的运算顺序。

前缀式中,实际上把括号的信息隐含在表达式里了;且前缀式中,之所以运算符的次序改变了,实际上是因为前缀式唯一确定了运算的次序。以上面的例子(前缀式:+/a−bc×de)为例,它的运算规则是这样的:我们对其前缀式从左到右进行扫描;b 和 c 是连续出现的两个操作数,那么 b、c 之间和"−"组成一个最小表达式;"b−c"是一个表达式,可以看成一个操作数,那么 a 和它就是连续出现的两个操作数,而后紧靠它们前面的是运算符"/",又可以组成一个最小表达式 a/(b−c),此表达式前面是"+",没有连续相邻的操作数,则继续扫描;d 和 e 是连续出现的两个操作数,那么 d、e 之间和"×"组成一个最小表达式;这时,表达式"a/(b−c)"和表达式"d×e"是两个相邻的操作数,最后和前面的"+"组成最小表达式。所以,根据这样的运算规则,前缀式运算出来的结果和原来表达式的运算结果是相同的,所以前缀式唯一确定了运算顺序,我们可以根据前缀式来求值。但是,可以发现,前缀式从左到右扫描运算符出现的顺序和表达式的运算顺序是不同的。

后缀式中,运算符和在它之前相邻的两个连续操作数构成一个最小表达式,后缀式也有唯一确定的运算顺序。在分析后缀式时,一般先找运算符,再找运算符之前对应的操作数,且后缀式中运算符的出现顺序恰为在表达式中的运算顺序。因此,后缀式中每个运算符的运算次序要由它之后的一个运算符决定;优先级高的运算符要在优先级低的运算符前面。

相比于前缀式,在后缀式中,操作数在前,运算符在后。也就是说,遇到操作数要保留下来。而应该如何保留,我们自然而然就可以想到保留在栈里。以前面的例子(后缀式:abc−/de×+)为例,看看使用后缀式和栈能否求出值。

给定后缀式,从左到右扫描,遇到操作数,因为不知道如何运算,所以先保留,即把 a 先进栈,依次 b 也进栈,c 也进栈;此时,遇到"−",要做运算,c 是第二操作数(c 出栈),b 是第一操作数(b 出栈),把运算的结果仍然放进栈里,变成一个新的操作数,然后继续扫描;遇到"/",进行运算,b−c 是第二操作数,a 是第一操作数,同理"a/(b−c)"运算后将结果压入栈,继续扫描;遇到 d 压入栈,遇到 e 压入栈,遇到"×",进行运算,e 是第二操作数,d 是第一操作数,将"d×e"的运算结果压入栈,继续扫描;遇到"+",进行运算,"d×e"是第二操作数,"a/(b−c)"是第一操作数,将运算结果压入栈,继续扫描;遇到结束符,取出栈中的结果,表达式运算求值结束。

综上,我们可以看出使用后缀表达式可以很容易地求出表达式的值。那么,如何从原表达式得到其后缀表达式呢？由于后缀表达式中的运算符顺序是优先级从高到低的，每个运算符的运算次序要由它之后的一个运算符来定，那么我们就可以用栈来控制后缀式中运算符的顺序。实现算法时，可以设一个运算符栈。由于后缀式中操作数的相对顺序和表达式一致，如果当前读入的字符是操作数，就直接写入后缀式；如果当前读入的字符是运算符，就要考虑优先级问题。

如果当前运算符的优先级高于栈顶运算符，则可以进栈；否则要弹出栈顶运算符，并将其写入后缀式，然后将当前的运算符和新的栈顶运算符的优先级进行比较，继续执行出栈或进栈操作。

“(”隔离它前后的运算符，“)”对应为“(”的结束符。

算法求解过程如下。

(1) 设置两个栈：一个存储操作数，栈名为 OPND；另一个存储运算符，栈名为 OPTR。置操作数栈为空，表达式起始符“#”为运算符栈的栈底元素。

(2) 依次读入表达式中的每个字符，若是操作数，则进 OPND 栈；若是运算符，则和 OPTR 栈的栈顶运算符比较优先权后做相应操作，直到整个表达式操作完毕。

(3) 若栈顶运算符小于输入运算符，则输入运算符进栈。

(4) 若栈顶运算符等于输入运算符(只有栈顶是“(”、输入是“)”，或者栈顶是“#”、输入是“#)”两种情况)，则分别去除一对括号或结束。

(5) 若栈顶运算符大于输入运算符，则弹出栈顶运算符，从 OPND 栈中弹出两个操作数，与弹出运算符计算后存入 OPND 栈，继续。

读者可自行尝试写出算法的完整代码。

3.3.4 栈在智能算法中的应用

在深度学习中，通过将多个网络的层或模块堆叠在一起形成一个栈的结构，可以加深网络的深度，从而实现更复杂的特征提取和表示学习。下面是一些具体的应用。

(1) 栈式自编码器(stacked autoencoder，SAE)。这是一种无监督的深度学习模型，它由多个自编码器层组成，是多个自编码器的“栈化”结果，每个自编码器层都是一个非线性的映射函数，可以将输入数据压缩成一个低维的隐含表示，并尝试重构输入数据。栈式自编码器可以逐层训练，从而实现深度特征提取和降维。

(2) 栈式去噪自编码器(stacked denoising autoencoder，SDAE)。这是一种在栈式自编码器的基础上增加了噪声抑制能力的深度学习模型，它通过在输入数据中加入一些随机噪声，然后训练自编码器来去除噪声，从而提高模型的泛化能力和鲁棒性。

(3) 栈式卷积神经网络(stacked convolutional neural network，SCNN)。这是一种利用卷积层和池化层来提取图像特征的深度学习模型，它由多个卷积神经网络层组成，每个卷积神经网络层都是一个局部感受野的滤波器，可以将输入图像转换成一个特征图，并通过池化层来降低特征图的维度。栈式卷积神经网络可以逐层训练，从而实现深度图像识别和分类。

(4) 栈式注意力网络(stacked attention network，SAN)。这是一种结合了注意力机制和递归神经网络的深度学习模型，它可以用于处理多模态数据，如图像和文本。栈式注意力网络由多个注意力层组成，每个注意力层都是一个基于递归神经网络的查询-响应系统，可以根据输入的查询(如一个问题)动态地选择输入的响应(如一个图像中的区域)，并输出一个注意力权重向量。栈式注意力网络可以逐层训练，从而实现深度多模态理解和推理。

3.4 队列的定义

与栈类似,队列也是一种操作受限的线性表,本节首先给出其定义,然后描述其具有的基本逻辑特征,并给出队列的抽象数据类型。

3.4.1 队列的定义和术语

队列(queue)是一种特殊的线性表,是对线性表的运算操作加以限制后形成的一种新的数据结构。队列被限定只能在表的一端进行插入操作,而在表的另一端进行删除操作。队列中允许插入的一端称为队尾(rear);队列中允许删除的一端称为队头(front)。

队列是一种"先进先出"(first in first out)的数据结构,简称FIFO结构。类似我们生活中的排队,入队时,依次把元素插入队尾;出队时,依次删除队头的元素,元素入栈和出栈的顺序相同,所以是"后进先出"。队列的示意图如图3-13所示。

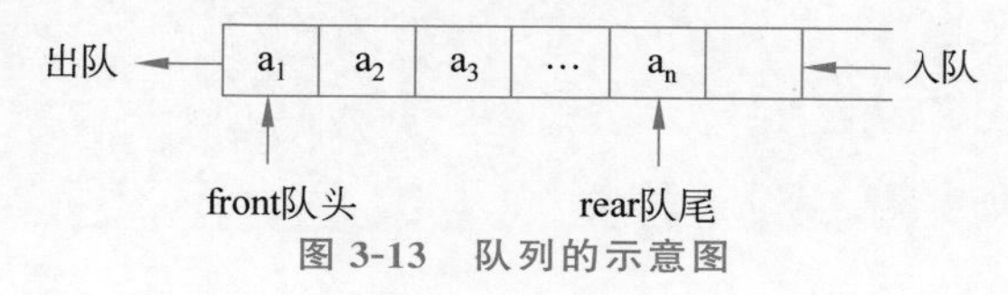

图3-13 队列的示意图

3.4.2 队列的抽象数据类型

根据抽象数据类型的定义,队列的抽象数据类型描述如下:

```
ADT Queue {
    数据对象:   D={ ai | ai∈ElemSet, i=1, 2, ..., n, n≥0 }
    数据关系:   R1={ <ai-1, ai> | ai-1, ai∈D, i=2, ..., n }
               //约定 an 端为队尾,a1 端为队头
    基本操作:   InitQueue(&Q)                  //初始化
               DestroyQueue(&Q)               //销毁队列
               ClearQueue(&Q)                 //清空队列
               QueueEmpty(Q)                  //判队列空
               QueueLength(Q)                 //求队列长度
               GetHead(Q, &e)                 //取队头元素
               EnQueue(&Q, e)                 //入队
               DeQueue(&Q, &e)                //出队
               QueueTravers(Q, visit())       //遍历队列
}
```

3.5 队列的存储与实现

在定义了队列的抽象数据类型之后,本节讨论队列的两种存储实现方法:链式存储和顺序存储,以及定义在其上的基本操作,并介绍一种特殊的顺序存储——循环队列。

3.5.1 队列的链式存储与实现

与栈类似,队列也有链式存储和顺序存储两种形式。

队列的链式存储用单链表来实现队列,同样需要添加一个头结点来判断队列是否为空。

队头 front 指针为链表的头结点指针，队尾 rear 即为链表尾指针。当头指针和尾指针都指向头结点时，队列为空。插入元素即在链表尾插入，删除元素即在表头删除。链队列的示意图如图 3-14 所示。

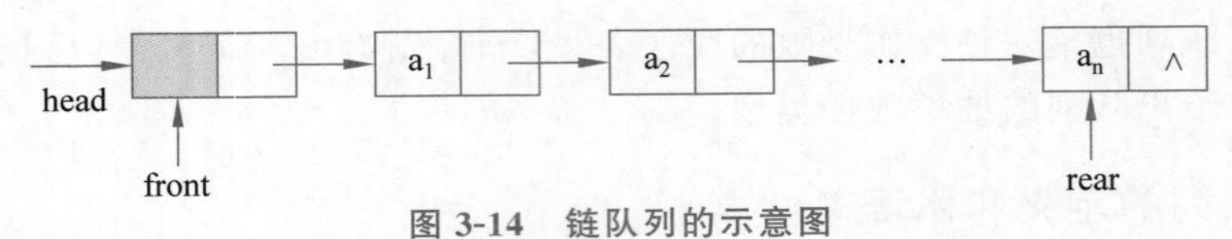

图 3-14 链队列的示意图

下面是链队列的类型定义以及部分基本操作的实现。

```
链队列结点实现：
typedef struct QNode {                              //结点类型
    QElemType    data;
    struct QNode * next;
} QNode, * QueuePtr;

链队列数据类型实现：
typedef struct {                                    //链队列类型
    QueuePtr   front;                               //队头指针
    QueuePtr   rear;                                //队尾指针
} LinkQueue;
```

（1）初始化队列。

```
Status InitQueue (LinkQueue &Q) {                   //构造一个空队列 Q
    Q.front = Q.rear = (QueuePtr) malloc(sizeof(QNode));
    if (!Q.front) exit (OVERFLOW);                  //存储分配失败
    Q.front->next = NULL;
    return OK;
}
```

（2）判队空。

```
int QueueEmpty (LinkQueue * Q) {
    if (Q.front == Q.rear)
    return TRUE;
else
    return FALSE;
}
```

（3）取队头元素。

```
int GetHead (LinkQueue * Q) {
    return s->top==StackSize-1;
}
```

（4）入队操作：插入元素 e 为新的队尾。

```
Status EnQueue (LinkQueue &Q, QElemType e) {
    p = (QueuePtr) malloc(sizeof(QNode));
    if (!p)   exit (OVERFLOW);                      //存储分配失败
        p->data = e;
        p->next = NULL;
        Q.rear->next = p;                           //原来尾结点的 next 域指向新的结点 e
        Q.rear = p;                                 //rear 移动到新的结点 p 上
    return OK;
}
```

（5）出队操作：若队列不空，则删除Q的队头元素并返回OK；否则返回ERROR。

```
Status DeQueue (LinkQueue &Q, QElemType &e) {
    if (Q.front == Q.rear)     return ERROR;
    p = Q.front->next;
    e = p->data;
    Q.front->next = p->next;
    if (Q.rear == p)  Q.rear = Q.front;
    free(p);
    return OK;
}
```

读者可以思考其他基本操作如何实现。

3.5.2　队列的顺序存储与实现

队列的顺序存储用一组地址连续的存储单元依次存放队列元素。用一个数组实现队列存储，变量front为队头元素的下标，变量rear为队尾元素的下一个元素的下标，当front＝rear时，队列为空。rear-front即为队列中的元素个数。

下面是顺序栈的类型定义。

```
#define MAXQSIZE 100                      //最大队列长度
typedef struct {
    QElemType *base;                      //初始化
    int front;                            //头指针,若队列不空,则指向队头元素
    int rear;                             //尾指针,若队列不空,则指向队尾元素的下一个位置
} SqQueue;
```

在初始化创建空队列时，队头front＝0，队尾rear＝0，新元素入队时插入队尾，队尾指针rear＋1；队头元素出队时，队头指针front＋1。在非空队列中，头指针指向队头元素，尾指针指向队尾元素的下一个位置。顺序队列入队出队操作示意图如图3-15所示。

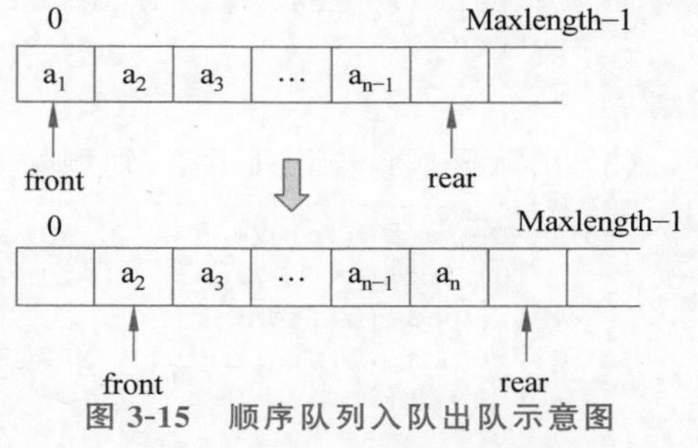

图3-15　顺序队列入队出队示意图

在不断进行入队和出队操作之后，数组尾端的空间被占满，无法再向队尾添加，但是数组首端在删除了一些元素后仍有空间，这种现象称为"假溢出"。

为了解决假溢出，更好地利用队列首端的空间，我们可以在每次队头元素出队后，将队列中剩余的元素集体前移一个位置，这样可以使得队头元素永远占据数组的第一个位置，以避免首端产生空闲位置，从而提高空间利用率。

也可以使用循环队列来避免假溢出。循环队列是一种首尾相连的特殊顺序队列。数组尾端存满之后，尾指针移动到数组首端，可以继续将元素插入队列。

我们规定，队尾指针rear始终指向队尾的下一个位置。可以观察到，在循环队列中，空状态和满状态都满足Q.front＝Q.rear（如图3-16所示）。那么，如何判别循环队列的满状态呢？

（1）设置一个标志来区分空队列和满队列，如设置一个变量count来记录当前队列中元素的个数。当Q.front＝Q.rear时，如果count＝0，则队列为空；如果count＝ MAXQSIZE，则队列为满。

（2）牺牲一个存储空间，不存储元素，当Q.rear ＝ Q.front时，队列为空；当队头指针在队尾指针的下一个位置时，即(Q.rear＋1) mod MAXQSIZE ＝ Q.front时队列为满（如图3-17所示）。

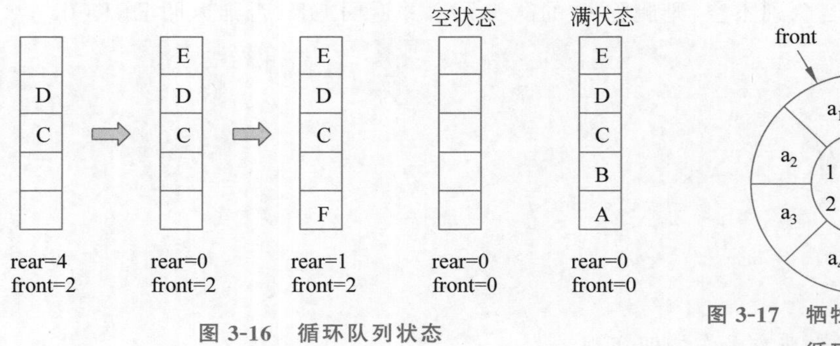

图 3-16 循环队列状态

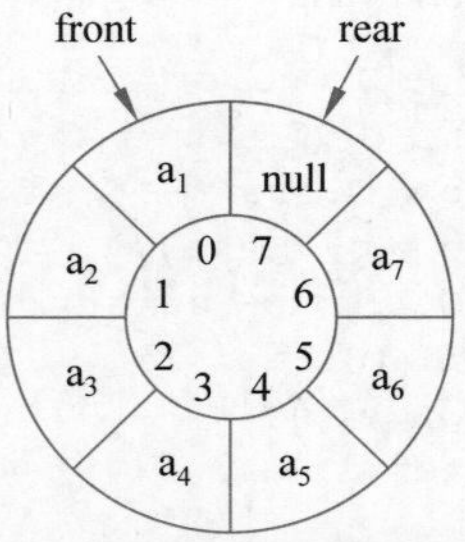

front rear
a1 null a7 a2 a6 a3 a4 a5
0 7 1 6 2 5 3 4

图 3-17 牺牲一个存储空间的循环队列满判断

下面是循环队列部分基本操作的实现。

(1) 初始化队列。

```
Status InitQueue (LinkQueue &Q) {                        //构造一个空队列 Q
    Q.base = (ElemType * ) malloc (MAXQSIZE * sizeof (ElemType));
    if (!Q.base) exit (OVERFLOW);                        //存储分配失败
    Q.front = Q.rear = 0;
return OK;
}
```

(2) 入队操作：插入元素 e 为新的队尾。

```
Status EnQueue (LinkQueue &Q, QElemType e) {
    if ((Q.rear+1) % MAXQSIZE == Q.front)
        return ERROR;                                    //队列满
    Q.base[Q.rear] = e;
    Q.rear = (Q.rear+1) % MAXQSIZE;
    return OK
}
```

(3) 出队操作：若队列不空，则删除 Q 的队头元素并返回 OK；否则返回 ERROR。

```
Status DeQueue (LinkQueue &Q, QElemType &e) {
    if (Q.front == Q.rear)   return ERROR;
    e = Q.base[Q.front];
    Q.front = (Q.front + 1) % MAXQSIZE;
    return OK;
}
```

(4) 求队列长度。

```
int QueueLength(SqQueue Q) {
    return (Q.rear - Q.front + MaxSize) % MaxSize;
}
```

3.6 队列的应用

队列也是一种应用相当广泛的数据结构。本节介绍两个由队列解决的问题，并给出一些用队列实现的智能算法例子。

3.6.1　约瑟夫出圈问题

据说著名犹太历史学家约瑟夫有一个故事：在罗马人占领乔塔帕特后，39 个犹太人与约瑟夫及他的朋友躲到一个洞中，39 个犹太人决定宁愿死也不要被敌人抓到，于是决定了一个自杀方式，41 个人排成一个圆圈，由第 1 个人开始报数，每报数到 3，该人就必须自杀，然后由下一个人重新报数，直到剩两人为止。然而约瑟夫和他的朋友并不想遵从。首先从一个人开始，越过 k－2 个人(因为第一个人已经被越过)，并杀掉第 k 个人。接着，再越过 k－1 个人，并杀掉第 k 个人。这个过程沿着圆圈一直进行，直到最终只剩下两个人，这两人就可以继续活着。问题是：给定了和，一开始要站在什么地方才能避免被处决？约瑟夫要他的朋友先假装遵从，他将朋友与自己安排在第 16 个与第 31 个位置，于是逃过了这场死亡游戏。①

约瑟夫出圈问题就是，n 个人围成一圈，从第 1 个开始报数，报到 m 的人出圈，剩下的人继续从 1 开始报数，直到所有的人都出圈为止。

思考围成一圈的数据结构，我们很容易想到使用之前学过的循环队列来实现。

算法思路如下：

先创建一个长度为 n 的循环队列，将所有元素都入队。从队头开始报数，设置一个计数变量 count，每次报数让该元素出队。报数过程中，每个元素都是当前队头。出队之后，队头元素就变为下一个元素，再由下一个元素进行报数。如果不是第 m 个，则在出队之后重新入队插入队尾。利用循环队列的数据结构，我们可以保证元素都是围成一个“圈”的。如果是第 m 个元素报数，在出队后就不必再入队，看作出圈。该元素出圈后，将计数变量 count 重新置 0。在不断报数的过程中，会有元素不断出圈，最后当循环队列长度为 1 时，就找到了最后一个元素。②

对于 A、B、C、D、E 五个人，n＝5，m＝2，出队过程如图 3-18 所示。箭头指向的元素是当前一轮的计数起点，红色的元素是第 m 个报数，也就是需要排除的元素。

请自己尝试写出算法代码。

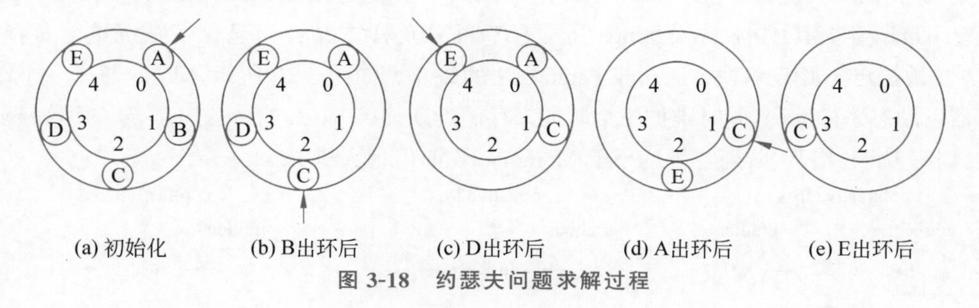

图 3-18　约瑟夫问题求解过程

3.6.2　舞伴问题

假设在周末舞会上，男士和女士进入舞厅时各自排成一队。跳舞开始时，依次从男队和女队的队头各出一人配成舞伴。若两队初始人数不相同，则较长的那一队中未配对者等待下一轮舞曲。现要求写算法模拟上述舞伴配对问题。

考虑到涉及排队行为，我们可以用两个队列实现，并且采用循环队列来避免假溢出。

算法思路如下：

---

① 摘自百度百科“约瑟夫问题”词条。

② 参考 CSDN 博主“Nothing_Wzy”博客“用循环队列求解约瑟夫环问题”。

先创建两个足够大的循环队列，分别表示男队和女队。首先将场上的男士和女士分别入队。在两个队列中分别依次执行出队操作进行男女配对，直到有一队为空，另一队可能有未配对者等待下一轮舞曲。当前舞曲结束后，已经配对的男士和女士分别从队尾入队。在下一轮舞曲来临时，重新从两队的队头执行出队操作进行舞伴配对。

请读者自行尝试写出算法代码。

3.6.3 队列在智能算法中的应用

队列是一种十分常见且有效的存储结构，在人工智能领域被广泛应用。例如，在自然语言处理中，队列可以用来存储词汇、句子或者文档，以便于进行分词、分析或者生成等操作。在计算机视觉中，队列可以用来存储图像或者视频帧，以便于进行特征提取、目标检测或者跟踪等操作。在机器学习中，队列可以用来存储数据样本或者模型参数，以便于进行训练、测试或者更新等操作。

在强化学习中，队列可以用来实现经验回放(ER)。经验回放是一种提高强化学习算法效率和稳定性的技术。ER 通过在每个时间步将当前的状态、动作、奖励和下一个状态存入队列中，然后在后续的时间步从队列中随机采样一批数据进行学习，从而实现对历史经验的利用和更新。ER 可以有效地解决强化学习中的样本相关性、非平稳性和高方差等问题，广泛应用于游戏、机器人、自动驾驶等任务。大数据的智能分析成为新一代信息技术融合应用的结点，比起坐拥庞大的数据信息，能够掌握对含有意义的数据进行融合和智能化处理的技术是很重要的。

在深度学习的对比学习训练过程中，对 Memory Bank 维持一个负样本队列能够缓解显存限制①。深度学习算法主要分为监督学习和无监督学习两大类，二者的区别在于，监督学习的数据是成对的输入/输出，而无监督学习只使用输入数据。对比学习是一种特殊的无监督学习方法，旨在通过最大化相关样本之间的相似性并最小化不相关样本之间的相似性来学习数据表示，通常使用一种高自由度、自定义的规则生成正负样本，在模型预训练中有着广泛的应用。在进行 hard(困难)负样本挖掘时，由于无监督环境下 hard 负样本不易找寻，而通过增加 batch size 或 Memory Bank(每训练一个 batch，存储其中的 embedding)引入更多 hard 负样本又会给显存带来沉重的负担，于是 MoCo 方法被提出②，用于解决 Memory Bank 方法的缺点。如图 3-19 所示，MoCo 通过一个动量更新编码器以动态采样编码，同时维护一个队列来存储近期训练 batch 的特征向量，新的训练 batch 入队，老的训练 batch 出队，队列容量远小于 Memory Bank 但远大于 batch size。

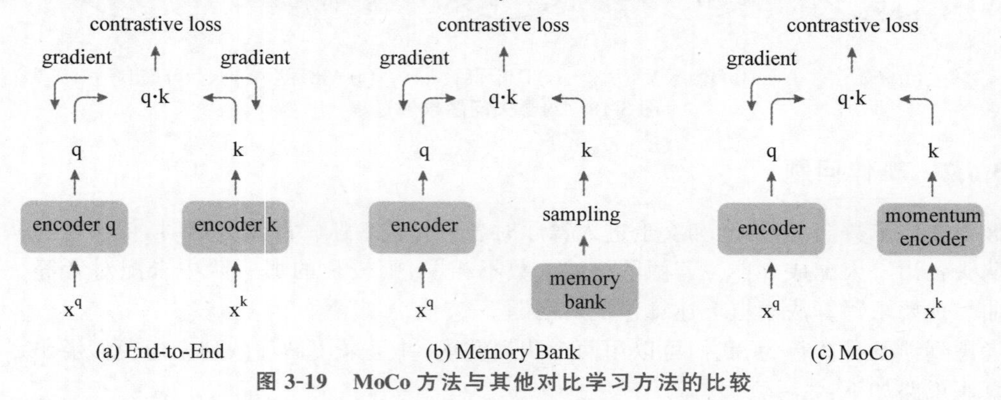

图 3-19 MoCo 方法与其他对比学习方法的比较

① https://blog.csdn.net/m0_52122378/article/details/123162425.

② He K, Fan H, Wu Y, et al. Momentum contrast for unsupervised visual representation learning[C]//Proceedings of the IEEE/CVF conference on computer vision and pattern recognition. 2020: 9729-9738.

本章小结

在本章中,首先介绍了栈的定义及其存储实现,并重点给出了栈的应用举例。接着,给出了队列的定义及其存储实现,并给出了一些队列应用的例子。栈和队列的应用较为广泛,读者可以在解决问题时多利用它们的特点,提高解决问题的实际能力。

习题①

1. 若让元素1,2,3,4,5依次进栈,则出栈次序不可能出现(　　)种情况。

A. 2,3,4,5,1　　B. 3,1,2,5,4　　C. 1,2,3,4,5　　D. 5,4,3,2,1

2. 一个栈的输入序列为1,2,…,n,输出序列的第一个元素是i,则第j个输出元素是(　　)。

A. i−j+1　　B. i−j−1　　C. j−i　　D. 不确定

3. 设链表不带头结点且所有操作均在表头进行,则下列最不适合作为链栈的是(　　)。

A. 只有表头结点指针,没有表尾指针的单向循环链表

B. 只有表尾结点指针,没有表头指针的单向循环链表

C. 只有表头结点指针,没有表尾指针的双向循环链表

D. 只有表尾结点指针,没有表头指针的双向循环链表

4. 采用共享栈的好处是(　　)。

A. 减少存取时间,降低发生上溢的可能

B. 节省存储空间,降低发生上溢的可能

C. 减少存取时间,降低发生下溢的可能

D. 节省存储空间,降低发生下溢的可能

5. 设有一个递归算法如下:

```
int fact (int n) {                                    //n大于或等于0
    if (n == 0)     return 1;
    else           return n+fact(n-1);
}
```

则计算fact(n)需要调用该函数的次数为(　　)。

A. n+2　　B. n+1　　C. n　　D. n−1

6. 利用栈求表达式的值时,设立一个操作数栈OPEN。假设OPEN只有两个存储单元,则在下列表达式中,不会发生溢出的是(　　)。

A. (A+B)/(C−D)　B. (A+B*C)−D　C. (A−B)*C−D　D. A−B/(C+D)

7. 为解决计算机主机与打印机之间速度不匹配的问题,通常设一个打印数据缓冲区。主机将要输出的数据依次写入该缓冲区,而打印机则依次从该缓冲区中取出数据。该缓冲区的逻辑结构应该是(　　)。

A. 线性表　　B. 栈　　C. 队列　　D. 树

---

① 参考自 严蔚敏《数据结构题集(C语言版)》。
CSDN博主"别掉头发了小李"的博客《数据结构C语言严蔚敏版(第二版)超详细笔记附带课后习题》。
CSDN博主"代码太难敲啊喂"的博客《〈数据结构〉第三章 栈和队列(习题)》。

8. 最不适合用作链式队列的链表是(　　)。

A. 只带队尾指针的循环单链表　　B. 只带队头指针的循环双链表

C. 只带队尾指针的循环双链表　　D. 只带队头指针的非循环双链表

9. 循环队列存储在数组 A[0..m]中，入队时的操作为(　　)。

A. rear＝rear＋1　　B. rear＝(rear＋1) mod (m－1)

C. rear＝(rear＋1) mod m　　D. rear＝(rear＋1) mod (m＋1)

10. 有最大容量为 n 的循环队列，队头指针为 front，队尾指针为 rear，则判断队空的条件为(　　)。

A. rear＝＝front　　B. rear＋1＝＝front

C. (rear＋1)％n＝＝front　　D. (rear－1)％n＝＝front

11. 栈和队列具有相同的(　　)。

A. 存储结构　　B. 逻辑结构　　C. 运算　　D. 抽象数据类型

12. 入口到出口之间有多条并列的火车轨道，均为水平方向。列车的行进方向均为从左至右，列车可驶入任意一条轨道，每条轨道可以容纳多列火车。现有编号为 1～9 的 9 列火车，驶入的次序依次是 7,5,1,4,9,2,3,6,8。若期望驶出的次序依次为 1～9，则 n 至少是(　　)。

A. 2　　B. 3　　C. 4　　D. 5

13. 若一个栈存储在数组 A[1..n]中，初始栈顶指针 top 设为 n＋1，则元素 x 进栈的正确操作是________，________。

14. 已知一个栈的入栈序列是 1,2,…,n，其输出序列为 $a_1,a_2,\cdots,a_n$，若 $a_1=n$，则 a_i 为________。

15. 已知循环队列的存储空间为数组 A[15]，front 指向队头元素的前以一个位置，rear 指向队尾元素，假设当前 front 和 rear 的值分别为 6 和 2，则该队列的长度为________。

16. 按照四则运算加、减、乘、除和幂运算优先关系的惯例，画出对下列算术表达式求值时操作数栈和运算符栈的变化过程：

$$A/B\times C+D-E\text{^}F$$

17. 试编写一个算法，识别依次读入的一个以“@”为结束符的字符序列是否为形如'ω_1&ω_2'模式的字符序列。其中 ω_1 和 ω_2 是两个字符串，其中都不含字符'&'，且 ω_2 是 ω_1 的逆序列。例如，'a＋b&b＋a'是属该模式的字符序列，而'c－d&c－d'不是。

18. 在数制转换中，我们常用除留余数法来进行计算。试编写一段算法，运用除留余数法，对输入的任意非负十进制整数，打印输出与其等值的八进制数。

19. 假设一个算术表达式中可以包含三种括号：圆括号“(”和“)”、方括号“[”和“]”和花括号“{”和“}”，且这三种括号可以按任意的次序嵌套使用(例如：…[…[…]…{…}…]…(…)…[…]…)。编写判别给定表达式中所含括号是否正确配对出现的算法(已知表达式已存入数据元素为字符的顺序表中)。

20. 试将下列递归过程修改为非递归过程。

```
void add(int &sum){
    int x;
    scanf(x);
    if (x == 0) sum == 0;
    else {test(sum); sum+=x;}
    printf(sum);
}
```

21. Ackerman 函数的定义如下：

$$\mathrm{akm}(m,n)=\begin{cases} n+1 & m=0 \\ \mathrm{akm}(m-1,1) & m\neq 0,n=0 \\ \mathrm{akm}(m-1,\mathrm{akm}(m,n-1)) & m\neq 0,n\neq 0 \end{cases}$$

请写出 Ackerman 函数的递归算法。

22. 多项式的结构如下：

$$P(x)=\sum_{i=n-1}^{0} a_i x^i \tag{3-3}$$

为了便于多项式代数运算，应如何选择合适的数据结构来表示多项式？请写出数据结构的伪码。

23. 请在第 22 题设计的数据结构的基础上，用伪码编写一段算法，实现两个多项式相加的功能。

与前沿技术链接

栈和队列在人工智能领域中的很多模型中有着重要的应用。

在深度学习中，栈可以用来实现递归神经网络(RNN)，这是一种能够处理序列数据的神经网络模型。RNN 通过在每个时间步将上一个时间步的隐藏状态压入栈中，然后在下一个时间步从栈中弹出并与当前输入相结合，从而实现了对序列数据的记忆和处理。RNN 可以用来处理自然语言、语音、视频等类型的数据，广泛应用于自然语言处理、语音识别、机器翻译等任务。

而队列可以用来实现长短期记忆网络(LSTM)。LSTM 是一种用于处理序列数据的神经网络，它是 RNN 的一种改进，可以解决 RNN 的梯度消失和爆炸问题。LSTM 中有一个核心结构叫作记忆单元(memory cell)，它包含一个细胞状态(cell state)和三个门(gate)，三个门分别是输入门(input gate)、遗忘门(forget gate)和输出门(output gate)。细胞状态可以看作一个队列，它存储了序列中的长期信息，每次根据输入门和遗忘门的控制从队头删除或保留一些信息，然后从队尾加入新的信息，以此更新细胞状态。

科学家精神

图灵奖素有“计算机界的诺贝尔奖”之称。自 1966 年设立以来，有超过 70 位计算机科学家获此殊荣，其中仅有一位华人——姚期智。

姚期智，1946 年生于上海，父母希望他能像杨振宁、李政道一样获得诺贝尔物理学奖。他考入了台湾大学物理系，后赴美留学，1972 年获哈佛大学物理学博士学位。

读博期间，在一次野餐会上，他认识了他的太太储枫，储枫是麻省理工学院计算机系的在读学生，二人彼此欣赏，一见倾心。储枫深知计算机专业前景开阔，劝姚期智转向计算机系。姚期智自己都没想到，这个建议竟改变了他的一生。

1973 年，26 岁的姚期智放弃物理学，进入伊利诺伊大学攻读计算机技术专业博士学位，他的聪明才智很快得以充分发挥。他和储枫志同道合，并肩从事着共同的职业，他们经常联合发表论文，在业内的影响越来越大，被人们戏称为学术“夫妻档”。

姚期智运用计算机发牌、打牌，研究计算机理论，并将这种理论应用到密码学。例如在计算机上签订购买房产的合同，根据密码学，就可以断定合同的真假。

信息技术极大地改变着社会生活，生意合伙人互相发送电子邮件，这就涉及如何保护商业秘密。因为合作双方即使使用只有双方通晓的暗语，也存在泄密的可能。信息安全是姚期智研究的重要方向。

姚期智在计算机学领域获得杰出成就并非偶然，这得益于他的兴趣和好奇，以及丰富的学术想象力。对于外行看来枯燥无味的知识，这位专业领域的一流学者却萌生了不可抑制的兴趣，他觉得缜密的理论推导就像侦探小说一样令人着迷。

2002年，带着浓厚的中国情结，他来到上海、南京和北京，第一次与国内计算机领域的学者进行了广泛接触和交流，发现清华大学计算机系的研究生很优秀。本只是偶然的交流，他在2004年竟然收到杨振宁先生请他回清华大学执教的邀请。他归心似箭，辞去了普林斯顿大学的终身教职，卖掉了美国的房子，欣然踏上了归国的航程。

归国后，2004年他许愿，要带出一支计算机学领域一流水准的"姚之队"。从那时起，姚期智在清华大学成立了他的讲习教授组，并利用他的人脉召集了十多名知名科学家给学生授课。慕名而来的各地高考状元争相报名，由于名额受限，很多状元被拒之门外。

最初，他把工作重心放在培养博士生上，这也是不少"海归"的常规执教模式。实践后，他改变了想法，将重心转为培养本科生。结果证明，这种转变极为成功。

姚期智"从头开始"，主持软件科学实验班(姚期智班，简称"姚班")，从本科生做起。他觉得与思维活跃、富有激情但知识储备不够丰富的本科生交流是一件特别有趣的事，但也并不轻松。

整整八年，他和一个普通的大学老师一样教书育人。学生们也从一开始的不适应到慢慢地接受，不再刻意看重分数，而更多的把计算机当成了兴趣。

"姚班"致力于培养与美国麻省理工学院、普林斯顿大学等世界一流高校本科生具有同等甚至更高竞争力的领跑国际拔尖创新的计算机科学人才。为更加突出其培养目标，2009年4月，"姚班"由刚创立时的"软件科学实验班"更名为"计算机科学实验班"，并且在2009年9月率先纳入清华大学"清华学堂拔尖创新人才培养计划"。

姚期智的睿智和风趣、执着和热情、兴趣和好奇、善良和诚笃让他的学生乐而忘返，一些先进的教学理念也在这里悄然生根。

渐渐地，姚期智发现：中国的大学和世界一流大学差距很大，想要培育顶尖的计算机人才，本科教育只能算作基础。2015年，他和微软亚洲研究院合作，在清华大学正式成立了"软件科学实验班"(后改名为"计算机科学实验班")。

现在，从"姚班"走出来的年轻学生已经成了中国乃至世界计算机领域的杰出人才，遍布国内外AI产业和计算机科学研究的各个关键领域，例如，在2008年、2009年谷歌全球挑战赛中斩获冠军的楼天城，旷视科技三位联合创始人印奇、唐文斌、杨沐，曾获国际信息编程奥林匹克比赛(IOI)金牌的邹昊，创立光流科技的胡伯涛……诸多"姚班"学生已在计算机或人工智能领域颇有建树。

截至2017年4月，"姚班"学生已发表论文138篇；累计49名学生被选派参加国际学术会议并作论文宣讲；近1/3的学生拥有科研成就，这在世界一流大学中也十分罕见。

为国家培养人才，促进高端科研的开展，姚期智志得意满，乐在其中。

此外，他还是美国国家科学院院士、美国人文及科学院院士，曾在IBM研究中心、Xerox PaloAlto研究中心、贝尔实验室以及微软亚洲研究院等许多单位担任访问科学家或顾问，他的哈佛大学导师肖教授倡导学生"要大胆创新，想法才不会很原始"，多年来已成为他的行为准则，驱使着他不断向新的学术领域出击。他的研究兴趣十分广泛：算法分析、计算复杂性、通信复杂性、密码学协议乃至量子计算等，在这些方面他都做出了巨大、独到的贡献。多年里，他发表了近百篇学术论文，几乎涵盖了计算复杂性的所有方面，在不同的科研领域屡获殊荣，成为世界现代密码学、理论计算机科学、量子计算等领域的奠基人，并对时下热门的 AI 有着独到见解。

在旷视科技联合清华大学、清华交叉信息学院举办的以"人工智能的本质创新"为主题的学术研讨会上，他针对"人工智能的本质问题是什么以及何时才能诞生人工智能理论"的问题表示：人工智能发展到现在和之前的理论奠基是分不开的，但随着技术的进一步深入探索，深度学习未必能成为解决问题的终极理论。

而对于"在当今人工智能实践中，基础理论的下一个创新点在哪儿"，他认为，深度学习给人工智能、给人类在"什么叫作智能"这一问题上开了一个窗口。虽然还不能完全让人类解决这种问题，但给出了一些提示，这才是让人们眼前一亮的地方，也使我们的研究有了更大的动力。但从基础理论上讲，如何用跨学科的方法找到人工智能的奥秘，才是人们当下面临的最具挑战性的难题。对人工智能的探索所需要的，不只是一位计算机科学家，而是一位科学家。

在回答"人工智能和人的智能最终是否是一组解"的问题时，他给出了终极答案——量子计算或许是人工智能的理论基础。他提出："我们人类想要模仿自然界，这是一个最后的关口，我们一旦做好量子计算机，就能够模仿宇宙中各种东西的运转，包括设计材料。所以可以把量子计算看作研究人工智能的头等大事。"

姚期智称，人工智能对于我们而言是新的开始，是需要我们在做算法之前要理解的底层的东西，也就意味着未来 99% 的事情要用新的方法去做。我们要用物理学家的精神来做算法设计。

当下是人工智能最好的时代，人工智能研究正处于最为红火的时期，因为这个时期给了新一代人才成为下一个牛顿或爱因斯坦的机会。现在人工智能越来越热，吸引着越来越多的人涌入其中。也许，大家能在喧嚣的环境中冷静下来，找出人工智能本质创新的办法，这才是找到通往下一道大门的钥匙。[①]

① 引用自知乎作者德先生的文章"姚期智院士：那个被杨振宁邀请回国的姚期智为啥那么牛"。

Chapter 4 第4章 串

串即字符串，是一种重要的数据结构，在计算机上，非数值处理的对象基本是字符串数据。串是一种特殊的线性表，前面介绍的线性存储结构栈和队列都有对应自身特点的插入和删除操作，而串更专注于字符序列的操作。本章将介绍串的定义、存储结构、串处理操作以及串匹配算法。

4.1 串的定义

本节将给出串的定义，一些后续学习过程中会被提及的术语，以及串的抽象数据类型定义。

4.1.1 串的定义和术语

字符串简称**串**(string)，是由零个或多个字符组成的有限序列。一般记作

$$S='a_1a_2\cdots a_n'(n\geqslant 0)$$

其中，S是串名，单引号括起来的字符序列 $a_1a_2\cdots a_n$ 是串值；$a_i(1\leqslant i\leqslant n)$ 是单个字符，可以是字母、数字或其他字符；串中所包含的字符个数 n 称为串的**长度**(串长)。**长度为零**的串称为**空串**，它不包含任何字符。

在实际的各种应用中，空格往往是串的字符集合中的一个元素。串中所有字符都是空格的串称为**空格串**，也可称为空白串。空格串的长度指的是串中空格字符的个数。这里要注意空串和空格串(空白串)的区别。

例如，假设串 S_1、S_2 如下：

$$S_1='',S_2=' '$$

则 S_1 表示长度为0的空串，S_2 表示长度为1的空白串。

串中任意一个连续字符组成的子序列称为该串的**子串**，包含子串的串相应地称为**主串**。子串在主串中首次出现时该子串的首字符对应在主串中的序号，称为子串在主串中的**序号**(或**位置**)，简称为子串的序号。

例如，假设串 S_3、S_4 如下：

$$S_3='abcdefcd',S_4='cd'$$

则 S_4 是 S_3 的子串，S_3 为主串。S_4 在 S_3 中首次出现的位置为3，故称 S_4 在 S_3 中的序号为3。

特别地，空串是任意串的子串，任意串是其自身的子串。

如果两个串的**串值**相等(相同)，则称这两个串**相等**。这里要注意，串值相等需要满足两个串长度相等且各个对应位置的字符都相同。

例如，假设串 S_5、S_6 如下：

S_5 ='abcd',S_6 ='abcd'

则 S_5 长度为4,S_6 长度为5,S_5 和 S_6 并不相等。

在程序中使用的串通常可分为两种：串变量和串常量。串常量和整常数、实常数一样,在程序中只能被引用,不能改变其值,即只能读不能写。通常串常量是由直接量表示的,例如,语句错误("溢出")中"溢出"是直接量。而串变量和其他类型的变量一样,其值是可以改变的。

此外,将串值括起来的单引号本身并不属于串,它的存在是为了区分变量名或者数的常量。

4.1.2 串的抽象数据类型

串的逻辑结构和线性表十分相似,区别在于串的数据对象为字符集合。但是,串的基本操作和线性表却存在着较大差别。在线性表的基本操作中,大多以"单个元素"作为操作对象,如在线性表中增、删、查、改某个元素;而在串的基本操作中,通常以"串的整体"作为操作对象,如在串中增、删、查、改某个子串等。

串的抽象数据类型定义如下：

```
ADT String{
    数据对象:D={ai|ai∈CharacterSet,i=1,2,...,n,n≥0}
    数据关系:R={<ai-1,ai>|ai-1,ai∈D,i=2,3,...,n}
    基本操作:
        StrAssign(&T,chars)
    初始条件:chars是一个字符串常量。
    操作结果:生成一个值为chars的串T。
        StrCopy(&T,S)
    初始条件:串S存在。
    操作结果:由串S复制得串T。
        StrEmpty(S)
    初始条件:串S存在。
    操作结果:若S为空串,则返回TRUE,否则返回FALSE。
        StrCompare(S,T)
    初始条件:串S和T存在。
    操作结果:若S>T,则返回值>0;若S=T,则返回值=0;若S<T,则返回值<0。
        StrLength(S)
    初始条件:串S存在。
    操作结果:返回串S中的元素个数,称为串长。
        ClearString(&S)
    初始条件:串S存在。
    操作结果:将串S清为空串。
        Concat(&T,S1,S2)
    初始条件:串S1和S2存在。
    操作结果:用T返回由S1和S2连接而成的新串。
        SubString(&Sub,S,pos,len)
    初始条件:串S存在,1≤pos≤StrLength(S)且0≤len≤StrLength(s)-pos+1。
    操作结果:用Sub返回串S的第pos个字符起长度为len的子串。
        Index(S,T,pos)
    初始条件:串S和T存在,T是非空串,1≤pos≤StrLength(S)。
    操作结果:若主串S中存在和串T值相同的子串,则返回它在主串S中第pos个字符之后第一次
出现的位置;否则函数值为0。
        RePlace(&S,T,V)
    初始条件:串S、T和V存在,T是非空串。
    操作结果:用V替换主串S中出现的所有与T相等的不重叠的子串。
        StrInsert(&S,pos,T)
    初始条件:串S和T存在,1≤pos≤StrLength(S)+1。
```

```
    操作结果:在串 S 的第 pos 个字符之前插入串 T。
        StrDelete(&S,pos,len)
    初始条件:串 S 存在,1≤pos≤StrLength(S)-len+1。
    操作结果:从串 S 中删除第 pos 个字符起长度为 len 的子串。
        DestroyString(&S)
    初始条件:串 S 存在。
    操作结果:串 S 被销毁。
}ADTString
```

串基本操作集的定义方法并不是唯一的,因此在使用高级程序设计语言中的串类型时,应以该语言的参考手册为准。在上述基本操作中,StrAssign、StrCompare、StrLength、Concat 以及 SubString 这 5 种操作可以构成串的最小操作子集,也就是说,这些操作无法利用其他串操作来实现,而其余串操作均可由最小操作子集中的操作实现。

4.2 串的存储与实现

串是一种特殊的线性表,其存储方式和线性表类似,但又不完全相同。在程序设计语言中,若串只是作为输入/输出的常量出现,则只需要存储串值。但在多数非数值处理的程序中,串也会以变量的形式出现。因此,串的存储方式取决于将要对串进行的操作。本节将介绍串的 3 种存储方式。

4.2.1 串的顺序存储与实现

类似线性表的顺序存储结构,用一组连续的存储单元来存放串中的字符序列称为**定长顺序存储结构**。在定长顺序存储结构中,直接使用定长的字符数组来定义,数组的上界预先确定。

若有 char str[8]="abcde",则该串的顺序存储结构示意图如图 4-1 所示。

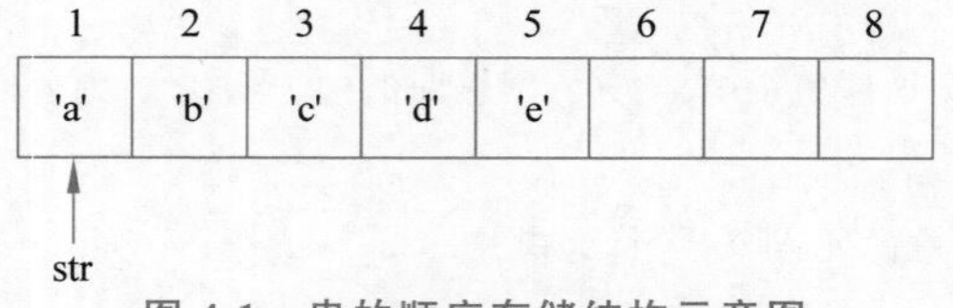

图 4-1 串的顺序存储结构示意图

定长顺序存储结构定义为:

```
#define    MAX_STRLEN 256                          //预定义最大串长为 256
typedef struct{
    char str[MAX_STRLEN];                          //每个分量存储一个字符
    int length;                                    //串的实际长度
}SString;
```

串的实际长度在 MAX_STRLEN 的范围内,超过预定义最大串长的串值会被舍去,称为**截断**。

当串用定长顺序存储结构进行表示时,该如何实现串的操作呢?以下对两种操作进行讨论。

(1) 串联结,格式为

```
Status StrConcat (SString &t, SString s1, SString s2) {
//使用 t 返回 s1 和 s2 连接成的串。若产生截断,则返回 false,否则返回 true
```

```
    if (s1.length + s2.length <= MAX_STRLEN) {     //未产生截断
        t[1...s1.length] = s1[1...s1.length];
        t[s1.length+ 1...s1.length + s2.length] = s2[1...s2.length];
        t->length = s1.length + s2.length;
        flag = true;
    }
    else if (s1.length < MAX_STRLEN) {              //产生截断
        t[1...s1.length] = s1[1...s1.length];
        t[s1.length + 1...MAX_STRLEN] = s2[1...MAX_STRLEN - s1.length];
        t->length = MAX_STRLEN;
        flag = false;
    }
    else {                                          //产生截断(仅取 s1)
        t[0...MAX_STRLEN] = s1[0...MAX_STRLEN];
        flag = false;
    }
    return flag;
}
```

在上述串联结算法中，t、s1、s2 均为 String 型的串变量，s1 联结 s2 后存放到 t 中(s1 在前 s2 在后)。对于 s1 和 s2 长度的不同情况，t 的串值可能会有 3 种情况：①s1.length ＋ s2.length ＜＝ MAX_STRLEN，此时不会产生截断，t 为正确的结果；②s1.length ＜ MAX_STRLEN 且 s1.length ＋ s2.length ＞ MAX_STRLEN，此时 s2 部分截断，t 包含完整的 s1 以及 s2 的一个子串；③s1.length ＝ MAX_STRLEN，此时 t ＝ s1。

(2) 求子串，格式为

```
Status SubString (SString s, int pos, int len, SString * sub){
//求在 s 中以位置 pos 起长度为 len 的子串,用 sub 返回
    if(pos < 1 || pos > s.length || len < 0 || len > (s.length - pos + 1))
        return error;                           //参数非法
    sub[1...len] = s[pos...pos + len - 1];      //逐个复制求得子串
    sub->length = len;
    Return ok;
}
```

可以看出，求子串的过程其实就是复制字符序列的过程，将串 s 中从第 pos 个字符开始长度为 len 的字符序列复制到串 sub 中。与串联结操作相比，求子串操作不会产生截断，但是用户可能会给出非法参数，因此需要做相应的处理，即返回 error。

综合串/联结合求子串可以看出，在定长顺序存储结构中，串操作基于“字符序列的复制”，因此，串操作的时间复杂度也基于字符序列的长度。此外，与串的联结操作一样，在串的其他操作中，若串值序列的长度超过 MAX_STRLEN，则约定用**截断**法处理，要克服这种弊端，就不能预先确定串的最大长度，需要采用动态分配的方法，这便是接下来所要介绍的串的堆分配存储。

4.2.2 串的堆分配存储与实现

串的**堆分配存储表示**依旧以一组地址连续的存储单元来存放串中的字符序列，不同在于它们的存储空间是在程序执行过程中动态分配的。

具体的实现方法为，系统提供一个空间足够大且地址连续的存储空间供串使用。可使用 C 语言的动态存储分配函数 malloc()和 free()来管理。利用 malloc()为每个新产生的串分配一个存储区，若分配成功，则返回一个指向起始地址的指针，作为串的基址。

串的堆式存储结构的类型定义如下：

```
typedef struct{
    char * ch;                                   //按串长分配存储区,ch指向串的基地址
    int length;                                  //串的长度
}HString;
```

在堆分配存储表示下，串操作同样基于“字符序列的复制”，下面列举串联结操作进行讨论：

```
Status Hstring * StrConcat (HString * t, HString * s1, HString * s2){
//用t返回由s1和s2联结而成的串
    int k, j, t_len;
    if (t.ch) free(t);                           //释放旧空间
    t_len = s1->length + s2->length;
    if ((p = (char*)malloc(sizeof((char) * t_len)) == NULL) {
        printf("系统空间不够,申请空间失败!\n");
        return error;
    }
    for(j = 0; j < s->length; j++)
        t->str[j] = s1->str[j];                  //将串s复制到串T中
    for(k = s1 -> length, j = 0; j < s2->length; k++,j++)
        t->str[j] = s2->str[j];                  //将串s2复制到串T中
    free(s1->str);
    free(s2->str);
    return ok;
}
```

与定长顺序存储结构相比，串的堆分配存储表示下的串联结操作需要在动态申请空间前计算出要联结的两个串的总长度，并在联结操作完成后释放串 s1 和串 s2 所占用的空间。由于并未事先规定串 t 的长度，故不会出现截断的情况。

利用堆式存储结构进行存储的串具有顺序存储结构的特点，处理较为方便，而且存储空间是在程序运行过程中进行动态分配的，串操作中对串长没有任何限制，十分灵活，因此在串处理的程序中常被使用。

4.2.3 串的链式存储与实现

串的链式存储结构和线性表的串的链式存储结构类似，采用链表来存储串。由于串中的每个元素都是一个字符，因此在采用单链表存储时，需要考虑链表的“结点大小”问题，即每个结点可存放一个或多个字符。如图 4-2 所示，第一个链表是结点大小为 4 的链表，其中每个结点可以存放 4 个字符。实际中，串长不一定是结点大小的整数倍，故需要在最后一个结点补齐其他非串值字符。第二个链表是结点大小为 1 的链表，其中每个结点只能存放 1 个字符。

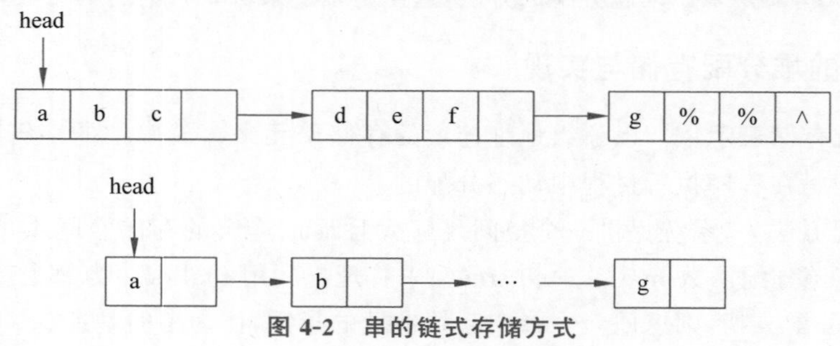

图 4-2 串的链式存储方式

若每个结点仅存放一个字符，结点的指针域就会非常多，从而造成系统空间的浪费。为了节省存储空间，我们让每个结点存放若干字符。此外，为了方便串操作，我们可以增加一个尾指针来指示链表中的最后一个结点，并记录当前串的长度。这种定义下的结构称为**块链结构**。

串的**块链式存储**的类型定义如下。

(1) **块结点**的类型定义。

```
#define BLOCK_SIZE    4                              //块大小
typedef struct {
char data[BLOCK_SIZE];
struct Bnode * next;
}Bnode;
```

(2) **块链串**的类型定义。

```
typedef struct{
    Bnode * head, * tail;                            //头指针和尾指针
    int Strlen;                                      //当前长度
}Blstring;
```

在这种存储结构下，结点的分配总是以完整的结点为单位，因此，为使一个串能存放在整数个结点中，当串的长度不是块大小的整数倍时，需要在串的末尾填上不属于串值的特殊字符(如图 4-2 所示)，以表示串的终结。

块链式存储结构对于某些操作，如联结操作等有一定的便利，但当一个块(结点)内存放多个字符时，往往会使操作过程变得较为复杂，如在串中插入或删除字符操作时通常需要在块间移动字符，因此，总的来说不如另外两种存储结构灵活。

4.3　模式匹配

4.1 节和 4.2 节给出了串的基本定义以及几种存储方式，接下来讨论本章的重点问题：模式匹配算法。

4.3.1　朴素模式匹配算法

子串在主串中的定位操作称为串的**模式匹配**，目的是求出子串(通常称为模式串)在主串中的位置。

本节所要讨论的是模式匹配中最简单、最直接的方案：**朴素模式匹配算法**(Brute-Force 算法)。其基本思想是从主串 S 的第一个字符开始和模式串 T 的第一个字符进行比较，若相等，则继续比较两者的后续字符；否则，从主串 S 的第二个字符开始和模式串 T 的第一个字符进行比较，重复上述过程，直到 T 中的字符全部比较完毕，则说明本趟匹配成功；或 S 中的字符全部比较完毕，则说明匹配失败。

下面举例说明朴素模式匹配算法的具体过程。设 S 为主串，T 为模式串，且主串和模式串的串值如下：

S='ababcabcacbab'，T='abcac'

匹配过程如图 4-3 所示。

分别用指针 i 和指针 j 指示主串和模式串中当前正在匹配的字符位置。在第一趟匹配中，当 i=3、j=3 时发生失配，此时主串指针 i 回溯至 2，模式串指针 j 复位为 1，继续进行下一趟匹

```
第1趟    a b a b c a b c a c b a b    i=3    匹配失败
         a b c                        j=3

第2趟    a b a b c a b c a c b a b    i=2    匹配失败
           a                          j=1

第3趟    a b a b c a b c a c b a b    i=7    匹配失败
             a b c a c                j=5

第4趟    a b a b c a b c a c b a b    i=4    匹配失败
               a                      j=1

第5趟    a b a b c a b c a c b a b    i=5    匹配失败
                 a                    j=1

第6趟    a b a b c a b c a c b a b    i=6    匹配失败
                   a b c a c          j=6
```

图 4-3　朴素模式匹配算法匹配过程示意图

配。在之后的匹配中,当发生失配时,处理也与第一趟匹配类似,直至匹配成功。

不难发现,朴素模式匹配算法的特点是当发生失配时,主串指针需要回溯,模式串指针需要复位。由于朴素模式匹配算法的实现思路较为简单,下面直接给出该算法的代码实现。

```
int index_BF (SString s, SString t, int pos) {
//返回模式串 t 在主串 s 中第 pos 个字符后的位置。若不存在,则返回 0
    int i = pos, j = 1;
    while (i <= s.length && j <= t.length) {
        if (s.str[i] == t.str[j]) {
            i++; j++;
        }
        else {                                          //指针回溯
            i = i - j + 2;
            j = 1;
        }
    }
    if (j > t.length)
        return i - t.length;
    else
        return 0;
}
```

给出了算法的具体实现后,下面讨论朴素匹配算法的时间复杂度。设主串 S 长 n,模式串 T 长 m,则可能匹配成功的位置范围为 $1 \sim n-m+1$。下面讨论两种极端情况。

(1) 最好的情况:模式串 T 的首个字符发生失配。

设匹配成功在 S 的第 i 个字符,则在前 $i-1$ 趟匹配中共比较了 $i-1$ 次,第 i 趟成功匹配共比较了 m 次,总共比较了 $i-1+m$ 次。所有匹配成功的可能共有 $n-m+1$ 种,所以在等概率情况下的平均比较次数为

$$\sum_{i=1}^{n-m+1} p_i(i-1+m) = \frac{1}{n-m+1}\sum_{i=1}^{n-m+1}(i-1+m) = \frac{1}{2}(m+n)$$

故最好情况下算法的平均时间复杂度 $O(m+n)$。

(2) 最坏的情况:模式串 T 的最后一个字符发生失配。

设匹配成功在 S 的第 i 个字符,则在前 $i-1$ 趟匹配中共比较了 $(i-1)\times m$ 次,第 i 趟成功匹配共比较了 m 次,总共比较了 $(i\times m)$ 次,共需要 $n-m+1$ 趟比较,所以在等概率情况下的平均比较次数为

$$\sum_{i=1}^{n-m+1} p_i(i \times m) = \frac{m}{n-m+1}\sum_{i=1}^{n-m+1} i = \frac{1}{2}m(n-m+2)$$

设 $n \gg m$，则最坏情况下的平均时间复杂度为 $O(n \times m)$。

经过上述分析之后不难看出，朴素匹配算法的过程十分简单，但相对的时间复杂度并不是最理想的。

Stephen.A.Cook 于 1970 年证明了一个理论：任何一个可以使用被称为下推自动机的计算机抽象模型来解决的问题，也可以使用一个实际的计算机（更精确地说，使用一个随机存取机）在与问题规模对应的时间内解决。特别地，这个理论暗示存在着一个算法可以在大约 $m+n$ 的时间内解决模式匹配问题。

D. R.Knuth 和 V.R.Pratt 努力地重建了 Cook 的证明，由此创建了一种新的模式匹配算法。大概是同一时间，J.H.Morris 在考虑设计一个文本编辑器的实际问题的过程中创建了差不多同样的算法，这个算法便是接下来所要介绍的 KMP 算法。

4.3.2　KMP 算法——改进的模式匹配算法

在图 4-3 匹配过程的第三趟匹配中，$i=7$、$j=5$ 时主串和模式串发生失配，下一趟匹配又从 $i=4$、$j=1$ 重新开始进行比较。实际上，$i=4$ 和 $j=1$、$i=5$ 和 $j=1$ 以及 $i=6$ 和 $j=1$ 这三次比较都是不必要的。从第三趟匹配的结果可以看出，主串中第 4、5、6 个字符对应模式串中的第 2、3、4 个字符，即'b'、'c'、'a'。而模式串中的第一个字符是'a'，因此它不需要再和这 3 个字符进行比较，只需要将模式串向右滑动 3 个位置，进行 $i=7$、$j=2$ 的比较即可。

从上述分析中不难看出，在朴素匹配算法中，每趟匹配失败时，模式串都要后移一位再从头开始进行比较，此时已部分匹配相等的字符序列是模式串的前缀，却没有被利用于后续的匹配过程，这种重复比较相当于模式串在不断地自我比较，故效率较低。

为了提高算法的效率，需要从分析模式串本身的结构入手，当匹配失败时，若一部分匹配相等的字符序列的某个后缀恰好是模式串的前缀，则可以将模式串向右滑动至与这个后缀对齐的位置，主串指针无须回溯，而是从滑动后的位置开始继续比较。因此，关键在于模式串向后滑动的距离的确定，而滑动距离只与模式串自身的结构有关，与主串无关，下面将对此进行讨论。

首先需要了解**前缀**、**后缀**以及**部分匹配值**这几个概念，以便分析子串的结构。前缀指的是字符串所有位于头部的子串，不包括最后一个字符；后缀指的是字符串所有位于尾部的子串，不包括第一个字符；部分匹配值指的是字符串前缀和后缀的最长相等前后缀长度。

下面以串'babab'为例计算部分匹配值。

对于'b'，前缀和后缀都为空集，最长相等前后缀长度为 0；对于'ba'，前缀为{b}，后缀为{a}，前后缀交集为空集，最长相等前后缀长度为 0；对于'bab'，前缀为{b，ba}，后缀为{ab，b}，前后缀交集为{b}，最长相等前后缀长度为 1；对于'baba'，前缀为{b，ba，bab}，后缀为{aba，ba，a}，前后缀交集为{ba}，最长相等前后缀长度为 2；对于'babab'，前缀为{b，ba，bab，baba}，后缀为{abab，bab，ab，b}，前后缀交集为{b，bab}，最长相等前后缀长度为 3。因此，串'babab'的部分匹配值为 00123。

在模式匹配过程中，当发生失配时，部分匹配值可以用于计算模式串向后滑动的距离。下面给出滑动距离的计算公式：

$$\text{滑动距离} = \text{已匹配字符数} - \text{对应的部分匹配值} \tag{4-1}$$

回到图 4-3 中的问题，计算出模式串'abcac'的部分匹配值为 00010，下面给出部分匹配值表(PM 表,表 4-1)。

表 4-1 部分匹配值表

j	1	2	3	4	5
模式串	a	b	c	a	c
PM	0	0	0	1	0

下面利用表 4-1 进行模式匹配,图 4-4 为具体过程。

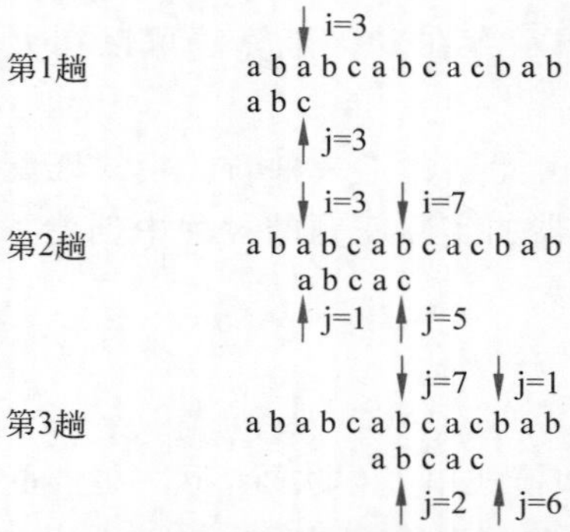

```
                    ↓i=3
第1趟      a b a b c a b c a c b a b
           a b c
               ↑j=3
                    ↓i=3   ↓i=7
第2趟      a b a b c a b c a c b a b
               a b c a c
               ↑j=1  ↑j=5
                         ↓j=7  ↓j=1
第3趟      a b a b c a b c a c b a b
                     a b c a c
                         ↑j=2  ↑j=6
```

图 4-4 利用 PM 表进行模式匹配过程示意图

第一趟匹配中,当 i=3、j=3 时发生失配,此时已部分匹配的字符串为'ab',长度为 2。由表 4-1 可知,'ab'中最后一个匹配字符'b'对应的部分匹配值为 0,利用式(4-1)求得滑动距离=2−0=2,因此将模式串向后移动 2 位,进行第二趟匹配。

第二趟匹配中,当 i=7、j=5 时发生失配,此时已部分匹配的字符串为'abca',长度为 4。由表 4-1 可知,'abca'中最后一个匹配字符'a'对应的部分匹配值为 1,利用式(4-1)求得滑动距离=4−1=3,因此将模式串向后移动 3 位,进行第三趟匹配。

第三趟匹配中,所有字符匹配成功。

从上述匹配过程中可知,当发生失配时,主串指针不需要回溯,若此时对应的部分匹配值为 0,则意味着已匹配的字符序列中没有相等的前后缀,此时模式串滑动距离最大;若已匹配的字符序列中存在最大相等前后缀,则将模式串滑动到与该相等前后缀对齐的位置。

为了方便后续讨论,将滑动距离的计算公式(4-1)记为

$$\text{Move}=(j-1)-\text{PM}[j-1] \tag{4-2}$$

使用 PM 表进行模式匹配时,每当匹配失败,需要找到前一个元素的部分匹配值,在实际使用过程中不太方便。因此,可以将 PM 表整体右移一位,模式串首个字符对应的位置填入−1,由此得到 next 数组。这样处理过后,每当匹配失败,只需查看自己的部分匹配值即可。

模式串'abcac'的 next 数组如表 4-2 所示。

表 4-2 next 数组

j	1	2	3	4	5
模式串	a	b	c	a	c
next	−1	0	0	0	1

模式串首个字符对应位置填入−1 的含义是,若首个字符发生失配,则不需要计算滑动距离,直接将模式串向右移动一位。

因此,滑动距离的计算公式可改写为

$$\text{Move}=(j-1)-\text{next}[j] \tag{4-3}$$

在某趟匹配中,若发生失配,则模式串需要向右滑动 Move 位,也就是模式串的指针 j 回溯,回溯的位置为

$$j=j-\text{Move}=j-((j-1)-\text{next}[j])=\text{next}[j]+1 \tag{4-4}$$

将 next 数组整体加 1,可以使得公式更便于计算。于是可改写模式串'abcac'的 next 数组如表 4-3 所示。

表 4-3　对 next 数组整体加 1

j	1	2	3	4	5
模式串	a	b	c	a	c
next	0	1	1	1	2

由此可知，当模式串的第 j 个字符与主串发生失配时，模式串指针 j=next[j]，即跳转到模式串的 next[j]位置继续与主串的当前位置进行比较。

下面对 next 数组的一般公式进行推导。

设主串为'$s_1 s_2 \ldots s_n$'，模式串为'$t_1 t_2 \ldots t_n$'，当主串中第 i 个字符与模式串的第 j 个字符失配时，假定下一趟匹配与模式串第 k(k<j)个字符继续比较，则模式串中前 k−1 个字符的子串必定满足下式，且不存在 k′>k 满足下式：

$$'t_1 t_2 \ldots t_{k-1}' = 's_{i-(k-1)} s_{i-(k-2)} \ldots s_{i-1}' \quad (4\text{-}5)$$

根据已部分匹配相等的字符序列，有

$$'t_{j-(k-1)} t_{j-(k-2)} \ldots t_{j-1}' = 's_{i-(k-1)} s_{i-(k-2)} \ldots s_{i-1}' \quad (4\text{-}6)$$

由式(4-5)和式(4-6)推得

$$'t_1 t_2 \ldots t_{k-1}' = 't_{j-(k-1)} t_{j-(k-2)} \ldots t_{j-1}' \quad (4\text{-}7)$$

若模式串中存在两个满足式(4-7)的子串，则当主串中的第 i 个字符与模式串的第 j 个字符发生失配时，将模式串向右滑动直至模式串的第 k 个字符与主串中的第 i 个字符对齐，此时模式串中的前 k−1 个字符的子串与主串中的第 i 个字符前长度为 k−1 的子串相等，因此，仅需从模式串第 k 个字符与主串第 i 个字符开始进行下一趟匹配。实际情况中，k 可能存在多个值，当 k 满足

$$k = \max\{k \mid 1 < k < j \text{ 且 } t_1 t_2 \ldots t_k = t_{j-(k-1)} t_{j-(k-2)} \ldots t_{j-1}\} \quad (4\text{-}8)$$

时，效率最高。

若模式串已部分匹配相等的序列中不存在满足式(4-7)的子串时，将模式串右移 j−1 位，从模式串第 1 个字符与主串第 i 个字符开始进行下一趟匹配。

若模式串的首个字符与主串的第 i 个字符发生失配，此时规定 next[j]=1，表示将模式串右移一位，从模式串的首个字符与主串的第 i+1 个字符开始继续下一趟匹配。

由此，得出 next 数组的一般公式如下：

$$\text{next}[j] = \begin{cases} 0 & \text{当 } j=1 \text{ 时} \\ \max\{k \mid 1<k<j \text{ 且 } t_1 t_2 \ldots t_k = t_{j-(k-1)} t_{j-(k-2)} \ldots t_{j-1}\} & \\ 1 & \text{其他情况} \end{cases}$$

next[j]本质上是找到'$t_1 t_2 \ldots t_{j-1}$'中最长相同的前缀('$t_1 t_2 \ldots t_{k-1}$')和后缀('$t_{j-(k-1)} t_{j-(k-2)} \ldots t_{j-1}$')。因此，模式串中相似的部分越多，next[j]就越大，这表示模式串字符之间的相关度越高，当匹配失败时模式串滑动的距离越远，从而与主串比较的次数也会越少，时间复杂度越低。

给出了 next 数组的一般公式之后，下面讨论如何用代码实现计算 next 数组。

由 next 数组的一般公式可知，当 j=1 时，next[1]=0。设 next[j]=k，需要解决的问题是 next[j+1]的值是多少，下面进行分情况讨论。

(1) 若't_k'='t_j'，则模式串满足且不存在 k′>k 满足

$$'t_1 \ldots t_{k-1} t_k' = 't_1 \ldots t_{k-1} t_k' \quad (4\text{-}9)$$

此时

$$\text{next}[j+1] = k+1 = \text{next}[j]+1 \quad (4\text{-}10)$$

(2) 若't_k'≠'t_j',则说明

$$'t_1 \ldots t_{k-1} t_k' \neq 't_1 \ldots t_{k-1} t_k' \tag{4-11}$$

此时,可以把 next[j+1]的求解问题看成一个模式匹配的问题,具体为'$t_1 t_2 \ldots t_k$'与'$t_{j-(k-1)} t_{j-(k-2)} \ldots t_j$'进行模式匹配。当'$t_k$'≠'$t_j$'时,'$t_1 t_2 \ldots t_k$'需要向右滑动,从'$t_1 t_2 \ldots t_k$'的第 next[k]个字符和'$t_j$'开始进行比较。若'$t_{next[k]}$'≠'$t_j$',则需要寻找长度更小的相等前后缀,从'$t_1 t_2 \ldots t_k$'的第 next[next[k]]个字符和'$t_j$'开始进行比较,以此类推,直到找到 k'=next[next…[k]]($1<k'<k<j$)满足

$$'t_1 t_2 \ldots t_{k'}' \neq 't_{j-(k'-1)} \ldots t_j' \tag{4-12}$$

此时

$$next[j+1]=k'+1 \tag{4-13}$$

若不存在 k'满足以上条件,则

$$next[j+1]=1 \tag{4-14}$$

下面给出具体例子帮助理解,如表 4-4 所示。

表 4-4 模式串'abaabcab'的 next 数组

j	1	2	3	4	5	6	7	8
模式串	a	b	a	a	b	c	a	b
Next	0	1	1	2	2	3	1	2

这里只取 next[6]和 next[7]的求解过程进行说明。求 next[6]时,next[5]=2,且't_2'='t_5',故 next[6]=next[5]+1=3;求 next[7]时,next[6]=3,而't_3'≠'t_6',此时需要比较'$t_{next[3]}$'('t_1')和't_6',由于'$t_{next[3]}$'≠'t_6',故 next[7]=1。

基于上述讨论,给出计算 next 数组的一段代码实现如下:

```
void    getNext (SString t, int next[]){
    int j=1, k=0;
    next[1]=0;
    while(j < t.length){
        if(k == 0 || t.str[k] == t.str[j]){
            j++;
            k++;
            next[j] = k;                        //若'tk'='tj',则 next[j+1]=next[j]+1
        }
        else
            k = next[k];                        //否则 k=next[k],循环继续
    }
}
```

解决了 next 数组的计算问题之后,KMP 算法的实现就方便许多了。KMP 算法的关键在于,当匹配失败时,主串指针 i 不回溯,模式串指针 j 跳转到 next[j]处进行下一趟匹配。当失配发生在主串的第 i 个字符和模式串的首个字符之间时,主串指针 i 和模式串指针 j 需要同时加 1。下面给出 KMP 算法的代码实现。

```
Int index_KMP(SString s, SString t, int next[]){
    //s 为主串,t 为模式串,串采用顺序存储结构
    int i = 1, j = 1;                           //从第一个位置开始比较
```

```
    while(i <= s.length && j <= t.length){
        if(j == 0 || s.str[i] == t.str[j]){
            i++; j++;                              //继续比较后续字符
        }
        else
            j = next[j];                           //模式串向右滑动
    }
    if(j > t[0])
        return i - t.length;                       //返回与模式串第一个字符相等的字符在主
                                                   //串中的序号
    else
        return 0;
}
```

给出算法的具体实现后，下面对 KMP 算法和朴素匹配算法的效率进行比较。这里有一个极端的例子：设主串为'aaa...b'(100 个 a)，模式串为'aaab'，朴素匹配算法每次都会比较到模式串最后一个字符才发生失配，然后模式串的指针回溯至首个字符，主串的指针也回溯相同长度后加 1，进行下一趟匹配。若使用 KMP 算法，主串则无须回溯，时间复杂度从 $O(m \times n)$ 降为 $O(m+n)$。

实际上，以上介绍的 KMP 算法仍有进一步优化的空间，因为前面定义的 next 数组在某些情况下存在缺陷。下面举例进行说明。

设主串为'aaabaaaab'，模式串为'aaaab'，第一趟匹配如表 4-5 所示。

表 4-5　第一趟匹配过程及模式串 next 数组

主串	a	a	a	b	a	a	a	a	b
模式串	a	a	a	a	b				
next	0	1	2	3	4				

第一趟匹配中，当 $i=4$、$j=4$ 时发生失配，若根据 next 值，则接下来需要进行 3 次比较，分别是 $i=4$、$j=3$，$i=4$、$j=2$ 以及 $i=4$、$j=1$。然而，由于模式串中第 1、2、3、4 个字符的值都为 a，接下来的这 3 次比较显然是没有意义的。通过分析发现，当't_j'≠'s_i'时，下一次进行匹配的将会是'$t_{next[j]}$'和's_i'，若't_j'='$t_{next[j]}$'，则必然有't_j'='$t_{next[j]}$'≠'s_i'，故下一趟匹配必然发生失配。所以当出现上述分析中的情况时，需要将 next[j]进一步修改为 next[next[j]]，若仍旧相等，则继续修改至两者不相等为止。基于此，更新后的数组命名为 nextval，nextval 的计算结果如表 4-6 所示。

表 4-6　模式串的 nextval 数组

模式串	a	a	a	a	b
nextval	0	0	0	0	4

前面已经给出计算 next 数组的代码实现，而从上述分析中可知，计算 nextval 数组只需要多加一个判断条件。因此，基于计算 next 数组的代码进行修改，得到如下计算 nextval 数组的代码：

```
void getNextval (SString t, int nextval[]) {
    int j=1, k=0;
    nextval[1] = 0;
    while(j < t.length){
        if(k == 0 || t.str[k] == t.str[j]){
```

```
                j++;
                k++;
                If (t.str[j] != t.str[k]) {
                    nextval[k] = j;
                }
                else
                    Nextval[j] = nextval[k]
            }
            else
                k = nextval[k];
        }
    }
```

以上便是本章的全部核心知识，4.4 节会给出串的智能算法应用，并进行相关的知识拓展。

4.4 串的智能算法应用

自然语言处理(NLP)是人工智能领域的一个热点，字符串处理在其中至关重要。在 NLP 中，字符串用于文本分析、文本挖掘、情感分析、机器翻译等任务。例如，用于分词、命名实体识别和情感分析。

NLP 对于串的处理用到了一种叫作嵌入(embedding)的方法。嵌入是一种将文本中的单词或其他文本单位映射到连续向量空间中的表示方法，它可以将单词转换为向量矩阵的数学表示，以提高词的相似度和语义意义。嵌入的目标是将高维稀疏的离散特征空间转换为低维稠密的连续向量空间，从而更好地表示数据的内在结构。

常用的嵌入方法包括 Word2Vec、GloVe、FastText 等。Word2Vec 是一种常用的嵌入方法，它将每个单词表示为一个向量，使得相似的单词在向量空间中距离更近。GloVe 是一种全局向量嵌入方法，它通过对单词共现矩阵进行分解来学习嵌入向量。FastText 是一种基于子词的嵌入方法，它将单词表示为子词的向量和单词本身的向量的加权和。这些嵌入方法都有各自的优缺点，需要根据具体的应用场景来选择合适的方法。

这些方法都是基于神经网络(Neural Network)的，通过训练神经网络来学习嵌入向量。神经网络是一种受人脑神经系统启发的计算模型，用于机器学习和人工智能任务，它由神经元(或称为结点)和连接这些神经元的权重组成。神经网络通过学习从输入到输出的映射关系，能够在训练过程中调整权重，从而逐渐提高对任务的性能。下面介绍一种经典的神经网络结构——RNN。

循环神经网络(recurrent neural network，RNN)是一类神经网络结构，用于处理序列数据，其中时间依赖性是一个关键的考虑因素。相较于传统的前馈神经网络，RNN 引入了循环连接，允许网络在处理序列时保持内部状态，从而更好地捕捉序列中的模式和信息。

在 RNN 中，网络在每个时间进一步接收输入，同时考虑前一个时间步的隐藏状态，并输出新的隐藏状态。这个隐藏状态包含网络对序列过去信息的一种表示，实质上是一种记忆。由于权重在不同时间步是共享的，RNN 能够对序列数据进行建模，并在不同时间步共享学到的知识。

RNN 在许多领域取得了成功应用，其中包括自然语言处理、语音识别、时间序列分析等。在 NLP 中，RNN 常用于生成文本、情感分析等任务。而在语音识别中，它能够处理音频信号的序列数据。此外,RNN 也在时间序列分析领域表现出色,例如股票价格预测和天气预测。

然而,RNN 也存在一些问题。其中一个主要问题是梯度消失和梯度爆炸,尤其在处理长序列时表现得更为明显。为了解决这些问题,一些改进的结构被提出。其中,长短时记忆网络(LSTM)和门控循环单元(GRU)是两个较为成功的例子,它们引入了门控机制,能够更有效地捕捉和传递长期依赖关系。

虽然 RNN 是一种经典的序列模型,但在处理长序列或需要学习长期依赖关系的任务中,一些更先进的结构(如 Transformer)可能更为有效,这使得研究者在深度学习领域不断努力寻求更优秀的模型和算法以解决不同应用场景下的挑战。

本章小结

在本章中,首先介绍了串的基本定义以及相关的术语,然后给出了串的顺序存储、堆式存储以及链式存储这三种存储方式,并在此基础上讨论了串的基本操作。本章的重点知识是模式匹配问题,针对这个问题,首先介绍了一个简单的解决方案:朴素匹配算法。朴素匹配算法实现简便但效率较低,因此详细讨论了一种改进方案,即 KMP 算法。对于 KMP 算法的理解一开始可能会有些困难,建议读者多阅读几遍相关章节的内容以帮助理解。

习题

一、单项选择题

1. 设有两个串 T_1 和 T_2,求 T_2 在 T_1 中首次出现的位置的运算称为(　　)。

A. 判断是否相等　　B. 求子串　　C. 连接　　D. 模式匹配

(选自《2023 年数据结构考研复习指导》)

2. KMP 算法相较于朴素匹配算法的特点是在模式匹配时指示主串的指针(　　)。

A. 不会变小　　B. 不会变大　　C. 都有可能　　D. 无法判断

(选自《2023 年数据结构考研复习指导》)

3. 设主串长度为 m,模式串长度为 n,则朴素匹配算法的时间复杂度为(　　),KMP 算法的时间复杂度为(　　)。

A. O(n)　　B. O(mn)　　C. O(m)　　D. O(m+n)

(选自《2023 年数据结构考研复习指导》)

4. 已知串 S='aaaab',其 next 数组为(　　)。

A. 01234　　B. 01212　　C. 02132　　D. 11213

(选自《2023 年数据结构考研复习指导》)

5. 串'ababaaaba'的 next 数组值为(　　)。

A. 012345678　　B. 011234223　　C. 012121111　　D. 012301232

(选自《2023 年数据结构考研复习指导》)

6. 以下表述错误的是(　　)。

A. 空串是由空格构成的串

B. 模式匹配是串的一种重要运算

C. 串既可以用顺序存储,也可以用链式存储

D. 串是字符的有限序列

7.【2015 统考真题】 已知字符串 S 为'acaacaacababaacaacbb',模式串 T 为 S='acaacb'。采用 KMP 算法进行匹配,第一次失配时,i=j=5,那么下次开始匹配时,i 和 j 的值分别是(　　)。

A. i=2,j=1　　B. i=6,j=1　　C. i=5,j=2　　D. i=6,j=4

(选自《2023 年数据结构考研复习指导》)

8.【2019 统考真题】 设主串 S 为'acaacaacbacaacb',模式串 T 为 S='acaacb',采用 KMP 算法进行模式匹配,到匹配成功时为止,在匹配过程中进行的单个字符间的比较次数是(　　)。

A. 12　　B. 8　　C. 14　　D. 10

(选自《2023 年数据结构考研复习指导》)

二、判断题

1. KMP 算法相较于朴素匹配算法的特点是在模式匹配时指示主串的指针不会回溯。(　　)【北京邮电大学 2002 一、4】

2. 串是一种数据对象和基本操作都特殊的线性表。(　　)【大连海事大学 2001】

3. 设模式串的长度为 m,模式串的长度为 n,当 n≈m 且处理只匹配一次的模式时,朴素匹配算法的时间代价可能更小。(　　)【长沙铁道学院 1998 一、1】

三、填空题

1. 空格串指的是________,其长度等于________。【西安电子科技大学 2001 软件 一、4】

2. 串中的数据元素只能是________。【中山大学 1998 一、5】

3. 一个串中,________称为该串的子串。【华中理工大学 2000 一、3】

4. 设主串长度为 n,模式串长度为 m,则利用 KMP 算法进行模式匹配的时间复杂度为________。【重庆大学 2000 一、4】

5. 两个字符串相等需要满足________。【西安电子科技大学 1999 软件 一、1】

四、综合应用题

1. 试写出当模式 P=10001、文本 T=000010001 时,朴素字符串匹配所执行的比较。

(选自《算法导论(原书第 3 版)》)

2. 在 KMP 算法中,求模式的 next 数组值的定义如下:

$$\text{next}[j]=\begin{cases}0, & j=1\\ \max\{k \mid 1<k<j \text{ 且 } 'T_1\cdots T_{k-1}'='T_{j-k+1}\cdots T_{j-1}'\}, & \text{此集合不空时}\\ 1, & \text{其他情况}\end{cases}$$

(1) 为什么要取 next[1]=0?

(2) 为什么要取 max{k},k 最大是多少?

(3) 其他情况具体是什么,为什么要取 next[j]=1?

(选自《2023 年数据结构考研复习指导》)

3. 设有主串 S='aabacaabaac',模式串 T='aabaac'。

(1) 试求出 T 的 next 数组。

(2) 试给出 KPM 算法的匹配过程。

(选自《2023 年数据结构考研复习指导》)

与前沿技术链接

随着计算机科学领域的不断发展,字符串操作一直是编程中的核心任务之一。在现代软件开发中，各种编程语言和框架都采用了创新的方法来实现字符串类，以满足日益复杂的应用需求。接下来，我们将深入探讨 Redis、Nginx 和 Python 等现代编程语言和框架中字符串类的实现原理，以了解它们是如何处理和操作文本数据的。

1. Redis

Redis 中的字符串是通过一种特殊的数据结构来实现的，这个数据结构称为 SDS(simple dynamic string)，它是 Redis 中最基本的数据类型之一。SDS 是一个灵活的、可变长度的字符串，具有以下特点。

(1) 动态长度：SDS 可以根据需要自动扩展或缩小，而不会浪费内存。

(2) 二进制安全：SDS 可以包含任何二进制数据，而不仅仅是文本字符。

(3) 缓冲区预分配：SDS 会根据字符串的长度预先分配一些额外的空间，以减少频繁的内存重新分配。

在 Redis 中，字符串数据类型主要用于存储各种类型的值，不仅是文本字符串，还包括整数、浮点数等。Redis 会根据需要将这些值存储在 SDS 中。SDS 的内部结构通常包括以下信息。

(1) 字符串的实际长度(length)：表示字符串中的字符数。

(2) 字符串的已使用空间(used)：表示字符串当前占用的内存空间。

(3) 字符串的内容：实际存储的字符串数据。

SDS 为 Redis 提供了高效的字符串操作，包括读取、追加、截断等，这使得 Redis 能够高效地处理各种数据，并允许对字符串进行快速的插入和删除操作。

总之，Redis 中的字符串数据类型是通过 SDS 数据结构实现的，它提供了灵活、高效的字符串操作，可用于存储各种数据类型，不仅是文本字符串，这是 Redis 在内存数据库中的一个关键特性。

2. Nginx

Nginx 是一个高性能的开源 Web 服务器和反向代理服务器，它是用 C 语言编写的。Nginx 内部也使用字符串来处理各种操作，但它没有像 Redis 中的 SDS 那样引入自定义的字符串数据结构。相反，Nginx 使用 C 语言的字符数组来处理字符串，类似 C 语言中的字符指针和字符数组。

在 Nginx 中，字符串通常是以 null-terminated C 字符串的形式存储的，这意味着字符串的末尾有一个 null 字符('\0')，用于标识字符串的结束，这是 C 语言处理字符串的一种常见方式。

Nginx 使用标准的 C 字符串函数库来执行字符串操作，如 strlen()、strcat()、strcmp()等，这些函数可以用来操作 Nginx 内部的字符串数据。

Nginx 的字符串处理方式是基于 C 语言的内置功能，这使得它能够高效地处理字符串，但同时也需要开发人员小心管理内存和确保字符串操作的安全性，以避免潜在的缓冲区溢出等问题。

总的来说，Nginx 内部使用标准的 C 字符串实现字符串操作，这种方式可以在高性能的情况下进行字符串处理，但需要开发人员谨慎处理内存和确保安全性，这与 Redis 使用 SDS 数据结构的方式不同，因为 Redis 需要处理更多不同类型的数据，而不仅仅是字符串。

3. Python

在 Python 中，字符串是一个非常重要的数据类型，它用于表示和处理文本数据。Python

的字符串是基于一种不可变序列(immutable sequence)的数据类型实现的。以下是 Python 中字符串的主要特点和实现方式。

(1) 字符串数据类型。Python 中的字符串是一种内置数据类型,使用字符串字面值(如 "Hello, World!")来创建字符串对象。

(2) 不可变性。Python 中的字符串是不可变的,这意味着一旦创建了一个字符串对象,它的内容就不能被修改。如果尝试修改字符串的内容,实际上会创建一个新的字符串对象,而原始的字符串对象会保持不变。

(3) 使用字符数组。虽然字符串是不可变的,但它实际上是基于字符数组实现的,其中每个字符都被存储在数组中的一个位置。这个字符数组是私有的,不能直接被外部访问。

(4) 字符编码。Python 的字符串支持多种字符编码,包括 ASCⅡ、UTF-8、UTF-16 等,允许字符串表示各种字符集中的字符。

(5) 字符串方法。Python 的字符串类提供了许多内置方法,用于操作字符串,包括拼接、分割、替换、查找、比较等。

(6) 格式化字符串。Python 提供了多种字符串格式化方式,包括使用"%"操作符、str.format()方法和 f-strings(Python 3.6 及以后版本支持)。

(7) 字符串字面值。Python 支持使用单引号、双引号和三引号(单引号或双引号)定义字符串字面值,以灵活地创建字符串。

总而言之,Python 中的字符串是基于字符数组实现的不可变序列,它的不可变性提供了许多优点,包括线程安全性和可预测性。此外,Python 的字符串类提供了丰富的字符串操作方法,使字符串处理变得非常方便。Python 还支持多种字符编码,以处理不同字符集的文本数据。

现代软件开发中,字符串操作仍然是不可或缺的。Redis 的 SDS 结构、Nginx 的 C 字符串操作以及 Python 的字符串处理方式都反映了不同语言和框架的设计哲学。通过深入理解这些实现原理,开发人员可以更好地应对不同应用场景的挑战,确保高性能、安全和可维护性的字符串操作。字符串类的实现方式在现代编程中依然具有重要意义,有助于满足不断演化的软件开发需求。

科学家精神

Marvin Lee Minsky(1927 年 8 月 9 日—2016 年 1 月 24 日)是美国认知科学家和计算机科学家,主要关注人工智能的研究,是麻省理工学院人工智能实验室的联合创始人,也是几部关于人工智能和哲学的著作的作者。他获得了许多荣誉,包括 1969 年的图灵奖、2014 的丹·戴维奖等。

马文·李·明斯基(Marvin Lee Minsky)出生于纽约市,父亲是眼科医生亨利,母亲是范尼。他曾就读于菲尔斯顿学校和布朗克斯科学高中。后来,他就读于马萨诸塞州安多弗的菲利普斯学院。1944—1945年,他在美国海军服役。他于1950年获得哈佛大学数学学士学位,并于1954年获得普林斯顿大学数学博士学位。他的博士论文题目是“神经模拟强化系统理论及其在脑模型问题中的应用”。1954—1957年,他担任哈佛大学研究员协会的初级研究员。

明斯基从1958年到去世一直在麻省理工学院任教。他于1958年加入麻省理工学院林肯实验室,并和约翰·麦卡锡(John McCarthy)创立了麻省理工学院计算机科学与人工智能实验室。

明斯基的发明包括第一台头戴式图形显示器(1963年)和共聚焦显微镜(1957年,今天广泛使用的共聚焦激光扫描显微镜的前身)。1951年,明斯基建造了第一台随机连线神经网络学习机SNARC。1962年,明斯基研究了小型通用图灵机,并发表了著名的7态4符号机。

明斯基的著作《感知器》(与西摩·帕珀特合著)抨击了弗兰克·罗森布拉特的工作,并成为人工神经网络分析的基础工作。这本书是人工智能历史上争议的中心,因为一些人声称它在阻止1970年神经网络研究方面发挥了重要作用,并促成了所谓的“人工智能冬天”。他还创立了其他几个人工智能模型。他的论文“表示知识的框架”开创了知识表示的新范式。虽然他的《感知器》现在更像是一本历史著作,而不是一本实用的书,但其框架理论被广泛使用。明斯基还写道,外星生命可能会像人类一样思考和交流。

1970年年初,在麻省理工学院人工智能实验室,明斯基和帕佩特开始发展心智社会理论。该理论试图解释我们所说的智能可能是非智能部件相互作用的产物。明斯基说,关于这个理论的最大想法来源于他试图创造一种机器,该机器使用机械臂、摄像机和计算机来建造儿童积木。1986年,明斯基出版了《心灵社会》(*The Society of Mind*),这是一本关于该理论的综合性著作,与他之前出版的大多数作品不同,该书是为公众而写的。

Chapter 5 第5章 数组与广义表

前几章讨论的线性结构数据元素都是非结构的原子类型,元素的值不再分解。本章讨论的数组和广义表可以看作线性表的扩展,即表中元素本身也是一个数据结构。

5.1 数组的定义

数组是读者广泛熟知的数据类型,几乎所有的程序设计语言都会把数组作为固定的数据类型。本章以抽象数据类型的形式讨论数组的定义和实现,以及其在智能算法中的应用,以加深读者对数组的理解。

5.1.1 数组的定义和术语

数组是由下标(index)和值(value)组成的序对(index,value)的集合,也可以定义为是由相同类型的数据元素组成的有限序列。每个元素对应的下标都对应一组由 n($n\geqslant 1$)个线性关系构成的约束($j_1,j_2,\cdots,j_n$),其中每个 $j_i\in[0,b_i-1]$,b_i 是第 i 维的长度($i=1,2,\cdots,n$)。我们称这样的序列为 n 维数组。

示例:

一维数组:($a_1,a_2,\cdots,a_n$)

二维数组:($a_{11},\cdots,a_{1n},a_{21},\cdots,a_{2n},\cdots,a_{ij},\cdots,a_{mn}$)

$$1\leqslant i\leqslant m,1\leqslant j\leqslant n$$

三维数组:($a_{111},\cdots,a_{11n},a_{121},\cdots,a_{12n},\cdots,a_{ijk},\cdots,a_{mn1},\cdots,a_{mnp}$)

$$1\leqslant i\leqslant m,1\leqslant j\leqslant n,1\leqslant k\leqslant p$$

…

(这里的 m,n,p 分别是某一维的长度,相当于定义中的 b_i)

由上可知,当 n=1 时,n 维数组就退化为定长的线性表;反之,n 维数组可以看作线性表的推广。因此,我们还可以从线性表的角度来定义 n 维数组。如图 5-1 所示,二维数组 $A_{m\times n}$ 可以定义为一维数组的一维数组,或线性表的线性表。同理,n 维数组可以看作数据类型为 n-1 维数组的一维数组。

$$A_{m\times n}=\begin{bmatrix} a_{11} & a_{12} & \cdots & a_{1n} \\ a_{21} & a_{22} & \cdots & a_{2n} \\ \vdots & \vdots & & \vdots \\ a_{m1} & a_{m2} & \cdots & a_{mn} \end{bmatrix}$$

(a)

$$\begin{cases} A_{m\times n}=(A_1, A_2, \dots, A_n) \\ A_i=(a_{1i}, a_{2i}, \dots, a_{mi}),\ 1\leqslant i\leqslant n \end{cases}$$

(b)

$$\begin{cases} A_{m\times n}=(A_1, A_2, \dots, A_m) \\ A_j=(A_{j1}, A_{j2}, \dots, A_{jn}),\ 1\leqslant j\leqslant m \end{cases}$$

(c)

图 5-1 二维数组图例

(a)矩阵形式表示;(b)列向量的一维数组;(c)行向量的一维数组

5.1.2　数组的抽象数据类型

数组的抽象数据类型定义为

```
ADT Array{
    数据对象: j_i=0,…,b_i-1,i=1,2,…,n
              D={a_{j1j2…jn} |n>0 称为数组维数,b_i 是数组第 i 维的长度,
              j_i 是数组元素的第 i 维下标,a_{j1j2…jn} ∈ElemSet}
    数据关系: R={R_1,R_2,…,R_n}
              R_i={<a_{j1…ji…jn},a_{j1…ji+1…jn}>|
                        0≤j_k≤b_k-1, 1≤k≤n and k≠i,
                        0≤j_i≤b_i-2,
                        a_{j1…ji…jn},a_{j1…ji+1…jn}∈D, i=2,…,n}
    基本操作:
        Create(&A,n,bound1,bound2,…,boundn)
            操作结果:输入合法时,构造数组 A,返回 OK
        Retrieve(&A,index1,index2,…,indexn)
            操作结果:输入合法时,给定下标,返回对应的数组元素
        Store(&A,index1,index2,…,indexn,value)
            操作结果:输入合法时,将 value 赋值给对应下标的数组元素,返回 OK
}ADT Array
```

5.2　数组的存储与实现

数组没有插入和删除操作,元素之间的位置关系不会发生变化。因此,数组在内存中使用一组连续的地址空间存储,能够实现下标运算。

5.2.1　数组的顺序存储

数组的顺序指的是在计算机中用一组连续的存储单元来实现数组的存储。从逻辑层面来看,数组因下标约束形成了多维的结构;但从物理空间来看,数组是一个一维向量,因此存在一个次序约定问题。如图 5-1 所示,二维数组有两种存储方式:以列序为主序存储,如图 5-1(b)所示;以行序为主序存储,如图 5-1(c)所示。目前,高级程序设计语言都以连续顺序空间来存储数组,其中,C、PASCAL 等按行存储,而 FORTRAN 等则按列存储。

不同的存储方式有着不同的地址计算方法,一旦确定了数组的维度、各维的长度、次序,就可以确定任意元素的存储位置。

以按行存储为例,假设每个元素占据 L 个存储单元,数组 A 的起始位置记为 LOC(0),那么对于:

二维数组 $A[b_1,b_2]$中元素 a_{ij} 的位置为

$$LOC(i,j)=LOC(0,0)+(b_2\times i+j)L \tag{5-1}$$

三维数组 $A[b_1,b_2,b_3]$中元素 a_{ijk} 的位置为

$$LOC(i,j,k)=LOC(0,0,0)+(b_2\times b_3\times i+b_2\times j+k)L \tag{5-2}$$

n 维数组 $A[b_1,b_2,\cdots,b_n]$中元素 $a_{j_1j_2\cdots j_n}$ 的位置为

$$LOC(j_1,j_2,\cdots,j_n)=LOC(0,0,\cdots,0)+(b_2\times\cdots\times b_n\times j_1+b_3\times\cdots\times b_n\times j_2+\cdots+b_n\times j_{n-1}+j_n)L \tag{5-3}$$

同理,对于按列存储有:

二维数组 $A[b_1,b_2]$中元素 a_{ij}的位置为

$$LOC(i,j) = LOC(0,0) + (i + b_1 \times j)L \tag{5-4}$$

三维数组 $A[b_1,b_2,b_3]$中元素 a_{ijk}的位置为

$$LOC(i,j,k) = LOC(0,0,0) + (i + b_1 \times j + b_1 \times b_2 \times k)L \tag{5-5}$$

n 维数组 $A[b_1,b_2,\cdots,b_n]$中元素 $a_{j_1 j_2 \cdots j_n}$的位置为

$$LOC(j_1,j_2,\cdots,j_n) = LOC(0,0,\cdots,0) + (j_1 + b_1 \times j_2 + \cdots + b_1 \times \cdots \times b_{n-1} \times j_n)L \tag{5-6}$$

容易看出,无论是按行存储还是按列存储,只要确定了各个维度的长度 $b_1 \sim b_n$,元素位置 LOC 就是关于下标$(j_1,j_2,\cdots,j_n)$的线性函数。那么,计算各个元素存储位置的时间是相等的,也就意味着存取数组中任一元素的时间也相等。具有这一特点的存储结构一般称作**随机存储结构**。

下面是数组的顺序存储表示和实现。

```
//----- 数组的顺序表示 -----
#include <stdarg.h>                          //标准头文件,提供 va_start、va_arg、
                                             //va_end,用于存取变长参数表
#define MAX_ARRAY_DIM 8                      //假设数组最多不超过 8 维
typedef struct{
    Elemtype * base;                         //数组元素基址,由 Create 分配
    int dim;                                 //数组维数
    int * bounds;                            //数组维界基址,由 Create 分配
    int * constants;                         //数组映像函数常量基址,由 Create 分配
}Array;

//----- 数组基本操作的算法描述 -----
Status Create(Array &A, int dim, ...){
    //维数合法性判定
    if (dim < 1 || dim > MAX_ARRAY_DIM) return ERROR;
    A.dim = dim;
    //申请维界存储空间
    A.bounds = (int*)malloc(dim * sizeof(int));
    if (!A.bounds) exit(OVERFLOW);
    //记录元素总数
    int elem_sum = 1;
    //读取变长参数表,ap 为 va_list 类型
    va_start(ap, dim);                       //ap 读到的是维度 dim 之后的参数
    int i;
    for (i = 0; i < dim; i++){
        A.bounds[i] = va_arg(ap, int);
        //维界合法性判定
        if (A.bounds[i] < 0) return UNDERFLOW;
        elem_sum *= A.bounds[i];
    }
    va_end(ap);
    //申请数组元素存储空间
    A.base = (Elemtype*)malloc(elem_sum * sizeof(Elemtype));
    if (!A.base) exit(OVERFLOW);
    //申请映像函数常量的存储空间
    A.constants = (int*)malloc(dim * sizeof(int));
    if (!A.constants) exit(OVERFLOW);
    //按行存储,计算每个维度的系数
    A.constants[dim-1] = 1;
    for (i = dim-2; i >= 0; i--){
```

```
        A.constants[i] = A.bounds[i+1] * A.constants[i+1];
    }
    //如果是按列存储,则按以下方式计算
    //A.constants[0] = 1;
    //for (i = 1; i < dim; i++){
        //A.constants[i] = A.bounds[i-1] * A.constants[i-1];
    //}
    return OK;
}

Elemtype Retrieve(Array A, ...){
    //获取下标
    va_start(ap, A);                              //ap读到的是数组A之后的参数
    //计算给定下标相对于基址的偏移位置
    int i, offset = 0;
    for (i = 0; i < A.dim; i++){
        index = va_arg(ap, int);
        if (ind < 0 || ind >= A.bounds[i]) return OVERFLOW;
        offset += A.constants[i] * index;
    }
    //取值
    return * (A.base + offset);
}

Status Store(Array A, e, ...){
    //获取下标
    va_start(ap, e);                              //ap读到的是e之后的参数
    //计算给定下标相对于基址的偏移位置
    int i, offset = 0;
    for (i = 0; i < A.dim; i++){
        index = va_arg(ap, int);
        if (ind < 0 || ind >= A.bounds[i]) return OVERFLOW;
        offset += A.constants[i] * index;
    }
    //存值
    * (A.base + offset) = e;
    return OK;
}
```

5.2.2　数组的压缩存储

“万物皆矩阵”,矩阵是很多科学与工程问题中重点研究的数学对象。在计算机领域,我们十分关心矩阵的存储,以便于有效进行各种运算。通常,高级语言使用二维数组来存储矩阵,有的语言还会提供矩阵的运算,以方便用户使用。

然而,高阶矩阵的存储与运算开销是巨大的。对于某些比较特殊的矩阵(存在较多值相同的元素或者零元素),为了节省存储空间以及提高运算效率,可以对这类矩阵进行**压缩存储**。压缩存储的基本思想是:为值相同的元素分配同一存储空间,对零元素不分配空间。

这里,我们主要讨论两类矩阵的压缩存储。

1. 特殊矩阵

特殊矩阵是指值相同的元素或者零元素在分布上呈现一定规律的矩阵。

先看n阶对称矩阵A:

$$a_{ij}=a_{ji}\quad 1\leqslant i,j\leqslant n$$

对于对称矩阵，我们可以为每一对对称元分配一个存储空间，如此可将 n^2 规模的元素压缩存储到 $n(n+1)/2$ 规模的空间中。不失一般性，我们以行序为主序，存储矩阵下三角部分的元素。

假设一维数组 sa[n(n+1)/2]是矩阵 A 压缩后的存储结构，那么 sa[k]和 a_{ij} 的映射关系如下：

$$k=\begin{cases}\dfrac{i(i-1)}{2}+j-1, & i\geqslant j\\[2ex] \dfrac{j(j-1)}{2}+i-1, & i<j\end{cases} \tag{5-7}$$

任意给定下标(i,j)，均可在 sa 中找到对应的 a_{ij}；给定 $k=0,1,\cdots,n(n+1)/2-1$，都能确定 sa[k]在矩阵 A 中的位置(i,j)。二者一一对应，我们称 sa[n(n+1)/2]是对称矩阵 A 的压缩存储(见图 5-1)。

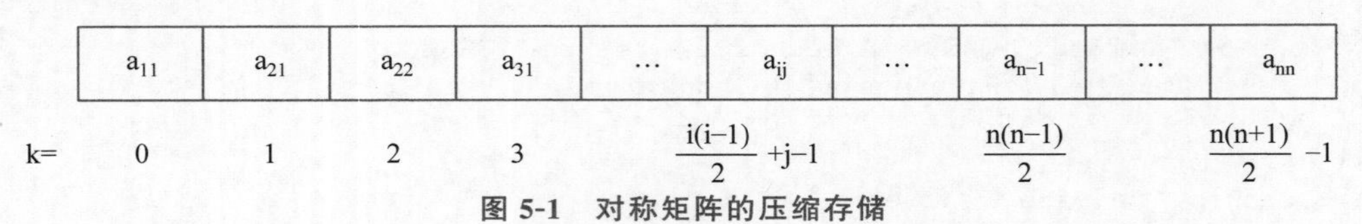

图 5-1 对称矩阵的压缩存储

上述压缩存储方法同样适用于三角矩阵。下(上)三角矩阵的上(下)三角部分均为零元素或者常数 c，则和对称矩阵一样，使用一维数组 sa[n(n+1)/2]，外加一个存储常数 c 的存储空间即可。

在数值分析中，还有一类特殊矩阵：对角(带状)矩阵，即非零元素集中在以主对角线为中心的带状区域内(狭义的对角矩阵是指主对角线以外的元素均为零，注意区别)，如图 5-2 所示。

$$\begin{pmatrix} a_{11} & a_{12} & & & \\ a_{21} & a_{22} & a_{23} & & 0 \\ & \ddots & \ddots & \ddots & \\ & 0 & & & a_{n-1,n} \\ & & & a_{n,n-1} & a_{nn} \end{pmatrix}$$

图 5-2 对角矩阵，带宽 s 为 3

和对称矩阵的压缩存储类似，假设一维数组 sa[N]是对角矩阵 A 压缩后的存储结构，那么 sa[k]和 a_{ij} 的映射关系如下：

$$k=\begin{cases}1+s\times(i-1)+(j-i) & \text{abs}(i-j)\leqslant\dfrac{s-1}{2}\\ 0 & \text{others}\end{cases} \tag{5-8}$$

其中，s 是矩阵的带宽，由上述对角矩阵的定义容易知道 s 只能为奇数。一维数组 sa 的长度 N 由矩阵维度 n 和带宽 s 共同决定：

$$N=n+2\times\sum_{i=1}^{\frac{s-1}{2}}(n-i) \tag{5-9}$$

2. 稀疏矩阵

稀疏矩阵是指非零元比较少且分布没有规律的矩阵。假设在矩阵 $A_{m\times n}$ 中有 t 个非零元，则称 $\delta=t/(m\times n)$ 为矩阵 A 的稀疏因子。一般地，当 $\delta\leqslant 0.05$ 时，矩阵被认为是稀疏矩阵。

稀疏矩阵的抽象数据类型定义如下：

```
ADT SparseMatrix{
    数据对象：D={aij|i=1,2,…,m;j=1,2,…,n;
                                  aij∈ElemSet,m 和 n 分别为矩阵的行数和列数}
    数据关系：R={Row,Col}
                Row={<aij,ai,j+1> |1≤i≤m,1≤j≤n-1}
                Col={<aij,ai+1,j>|1≤i≤m-1,1≤j≤n}
```

```
    基本操作:
        CreateSMatrix(&M)
            操作结果:构造稀疏矩阵数组 M
        DestorySMatrix(&M)
            操作结果:销毁稀疏矩阵数组 M
        TransposeSMatrix(M, &T)
            操作结果:求稀疏矩阵 M 的转置矩阵 T
        MultSMatrix(M,N, &Q)
            操作结果:求稀疏矩阵 M,N 的乘积 Q
}ADT SparseMatrix
```

如何对稀疏矩阵进行压缩呢?

我们仍然希望减少零元素的存储,并提高运算的效率:尽可能快地找到与下标(i,j)对应的元素,以及尽可能快地找到同一行或同一列的非零元素。因此容易想到,我们只存储非零元素。考虑一个三元组(i,j,a_{ij}),它唯一确定了某元素的行列位置和值。如表 5-1 和图 5-3 所示,以(6,7)作为矩阵的行列规模,表 5-1 的三元组表分别对应图 5-3 中的矩阵 M 和其转置矩阵 T。

表 5-1　三元组表

i	j	v
1	2	12
1	3	9
3	1	–3
3	6	14
4	3	24
5	2	18
6	1	15
6	4	–7

(a) 矩阵M的三元组

i	j	v
1	3	–3
1	6	15
2	1	12
2	5	18
3	1	9
3	4	24
4	6	–7
6	3	14

(b) 矩阵T的三元组表

$$M=\begin{bmatrix} 0 & 12 & 9 & 0 & 0 & 0 & 0 \\ 0 & 0 & 0 & 0 & 0 & 0 & 0 \\ -3 & 0 & 0 & 0 & 0 & 14 & 0 \\ 0 & 0 & 24 & 0 & 0 & 0 & 0 \\ 0 & 18 & 0 & 0 & 0 & 0 & 0 \\ 15 & 0 & 0 & -7 & 0 & 0 & 0 \end{bmatrix} \qquad T=\begin{bmatrix} 0 & 0 & -3 & 0 & 0 & 15 \\ 12 & 0 & 0 & 0 & 18 & 0 \\ 9 & 0 & 0 & 24 & 0 & 0 \\ 0 & 0 & 0 & 0 & 0 & -7 \\ 0 & 0 & 0 & 0 & 0 & 0 \\ 0 & 0 & 14 & 0 & 0 & 0 \\ 0 & 0 & 0 & 0 & 0 & 0 \end{bmatrix}$$

图 5-3　稀疏矩阵 M 和其转置矩阵 T

如果将每个三元组看作一个元素,那么我们可以用一维数组的顺序存储结构表示矩阵的三元组表,称为三元组顺序表。

```
//----- 稀疏矩阵的三元组顺序表存储表示 -----
#define MAXSIZE 12500                         //规定非零元个数的最大值为 12500
typedef struct{
    int i,j;                                  //非零元的行列下标
    ElemType e;                               //非零元的值
}Triple;
typedef struct{
    Triple data[MAXSIZE+1];                   //非零元三元组表,data[0]未用
    int mu, nu, tu;                           //矩阵的行数、列数以及非零元个数
}TSMatrix;
```

其中，data 域中表示非零元素的三元组是以行序为主序顺序排列的。

下面我们介绍基于该压缩结构实现稀疏矩阵的转置算法。

观察表 5-1 中(a)与(b)的差异，我们发现，实现矩阵转置，只需要做到：①交换矩阵的行列值；②交换每个三元组的 i 和 j；③按照主序(这里即行序)重新排列三元组的次序。其中，前两点容易做到，关键在于实现③。

根据转置矩阵的性质，表 5-1(b)的三元组表相对于原矩阵 M 为序列，所以我们可以按照(b)的次序依次在(a)中找到相应的三元组进行转置。为了找到 M 每列中的所有非零元素，需要对(a)从第一行开始扫描。由于(a)以 M 的行序为主序来存放非零元素，由此得到的恰好是(b)应有的顺序。算法描述如算法 5-1 所示。

```
void TransposeSMatrix(TSMatrix M, TSMatrix &T){
    T.mu = M.nu; T.nu = M.mu; T.tu = M.tu;
    if(T.tu){
        q = 1;
        //逐列扫描矩阵 M
        for(col = 1; col <= M.nu; ++col){
            for(p = 1; p <= M.tu; ++p){
                if(M.data[p].j == col){
                    T.data[q].i = M.data[p].j;
                    T.data[q].j = M.data[p].i;
                    T.data[q].e = M.data[p].e;
                    ++q;
                }
            }
        }
    }
}
```

算法 5-1

分析该算法，其主要工作集中于两重 for 循环，时间复杂度为 $O(M.nu \times M.tu)$。我们知道，一般的基于二维数组存储的矩阵转置算法为

```
for(col = 1; col <= M.nu; ++col)
    for(row = 1; row <= M.mu; ++row)
        T[col][row] = M[row][col];
```

其时间复杂度为 $O(M.mu \times M.nu)$。当非零元素的个数 M.tu 与 $M.mu \times M.nu$ 同量级时，基于三元组的算法 5-1 的复杂度将达到 $O(M.mu \times M.nu^2)$，节省了部分存储空间却显著提高了计算复杂度，因此算法 5-1 仅适用于 $M.tu \ll M.mu \times M.nu$ 的情况。

更进一步，我们发现在算法 5-1 的两重循环中存在重复扫描的冗余操作。为了优化这一不足，我们希望预先得到表 5-1(a)经过转置后在(b)中恰当的位置，然后直接放入即可。

在此，需要预设两个辅助向量：num[col]表示矩阵 M 中第 col 列的非零元素个数，cpot[col]表示矩阵 M 中第 col 列的第一个非零元素在(b)中的恰当位置，显然有

$$cpot[col] = \begin{cases} 1 & col = 1 \\ cpot[col-1] + num[col-1] & 2 \leqslant col \leqslant M.nu \end{cases} \tag{5-10}$$

以图 5-3 的矩阵为例，得到的 num 和 cpot 值如表 5-2 所示。

表 5-2　矩阵 M 的向量 cpot 值

col	1	2	3	4	5	6	7
num[col]	2	2	2	1	0	1	0
cpot[col]	1	3	5	7	8	8	9

借助这两个辅助向量,我们得到一种新的转置方法,称为快速转置算法,如算法 5-2 所示。

```
void FastTransposeSMatrix(TSMatrix M, TSMatrix &T){
    T.mu = M.nu; T.nu = M.mu; T.tu = M.tu;
    if(T.tu){
        //计算每列的非零元素个数
        for(col = 0; col <= M.nu; ++col) num[col] = 0;
        for(t = 1; t <= M.tu; ++t) ++num[M.data[t].j];
        //计算每列的首个非零元素的恰当位置
        cpot[1] = 1;
        for(col = 2; col <= M.nu; ++col)
            cpot[col] = cpot[col-1] + num[col-1];
        for(p = 1; p <= M.tu; ++p){
            col = M.data[p].j;
            q = cpot[col];
            T.data[q].i = M.data[p].j;
            T.data[q].j = M.data[p].i;
            T.data[q].e = M.data[p].e;
            ++ cpot[col];                    //更新对应列的位置信息
        }
    }
}
```

算法 5-2

算法 5-2 使用了四个并列的单循环,循环次数分别为 M.nu 和 M.tu,因此时间复杂度为 O(M.nu+M.tu)。当 M.tu 与 M.mu×M.nu 同量级时,该算法的复杂度退化为 O(M.mu×M.nu),与经典算法一致。

5.2.3　数组的链式存储

上文提到,由于数组的逻辑特性和物理特性,一般采用顺序存储结构。然而,对于多维数组,有些情况下不宜采用顺序存储。例如,使用三元组顺序表存储的稀疏矩阵,在执行加法操作时,非零元素的新增和减少会引起一维数组的变化,而这种变化可能十分频繁。在此情况下,采用链式存储结构表示三元组的线性表更为恰当。

在链表中,每个非零元素被表示为一个含有 5 个域的结点,其中,i,j,e 三个域分别表示该元素的行、列和值,余下的两个指针域分别指向同一行和同一列的下一个非零元素。理论上,这两个指针域可以选择矩阵的四个角中的任意一个,此处采用向左域 left 指向同一行左边的第一个非零元素、向上域 up 指向同一列上方的第一个非零元素,即元素由矩阵的右下角往左上方传递。每个非零元素通过指针域,既连接着行链表,又连接着列链表,故又称之为十字链表,行链表的头和列链表的头分别用两个一维数组来表示。图 5-4 展示了稀疏矩阵的十字链表。

算法 5-3 是稀疏矩阵的十字链表表示和建立十字链表的算法。

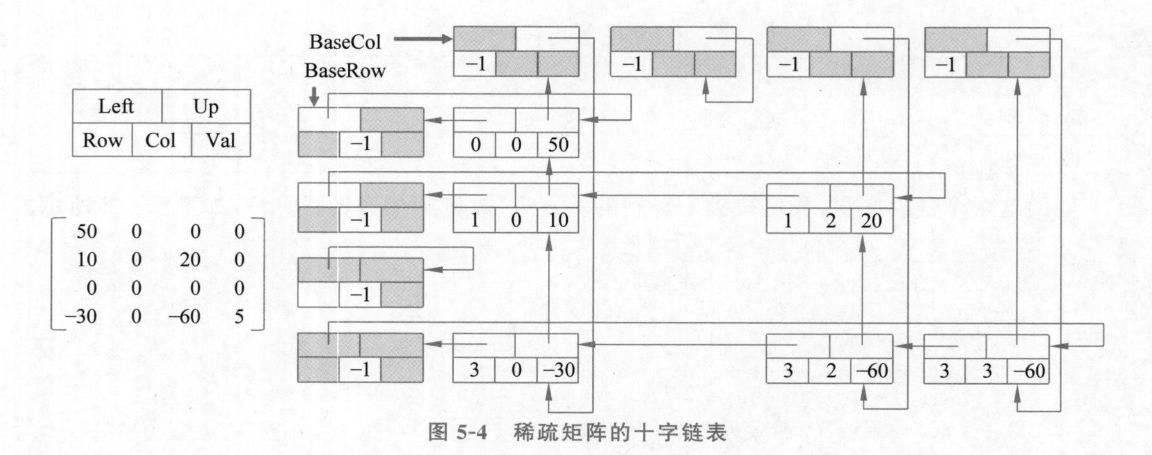

图 5-4 稀疏矩阵的十字链表

```
//----- 稀疏矩阵的十字链表存储表示 -----
typedef struct OLNode{
    int i, j;                                   //元素的行列坐标
    ElemType e;                                 //元素的值
    struct OLNode * left, * up;                 //指针域
}OLNode; * OLink;
typedef struct{
    OLink * baserow, * basecol;                 //行列链表表头指针向量基址
    int mu, nu, tu;                             //矩阵的行数、列数以及非零元素的个数
}CrossList;

void CreateSMatrix_OL(CrossList &M){
    if(M) free(M);
    //输入矩阵的行、列、非零元素的个数
    scanf(&m, &n, &t);
    M.mu = m; M.nu = n; M.tu = t;
    //初始化行列头指针向量,初始行列各链表均为空
    if(!(M.baserow = (OLink * )malloc((m+1) * sizeof(OLink))))
        exit(OVERFLOW);
    if(!(M.basecol = (OLink * )malloc((n+1) * sizeof(OLink))))
        exit(OVERFLOW);
    M.baserow[] = M.basecol[] = NULL;
    //输入矩阵的非零元素,每个非零元素都要完成行插入和列插入
    for(scanf(&i,&j,&e); i != 0; scanf(&i,&j,&e)){
        if(!(p=(OLNode * )malloc(sizeof(OLNode)))) exit(OVERFLOW);
        p->i = i; p->j = j; p->e = e;
        if(M.baserow[i] == NULL || M.baserow[i]->j < j{
            p->left = M.baserow[i];
            M.baserow[i] = p;
        }else{
            for(q=M.baserow[i];(q->left)&&q->left->j>j;q=q->left);
            p->left = q->left; q->left = p;
        }                                       //完成行插入
        if(M.basecol[j] == NULL || M.basecol[j]->i < i{
            p->up = M.basecol[j];
            M.basecol[j] = p;
        }else{
            for(q=M.basecol[j]; (q->up)&&q->up->i>i; q=q->up);
            p->up = q->up; q->up = p;
        }                                       //完成列插入
    }
}
```

算法 5-3

对于m行n列含有t个非零元素的稀疏矩阵，上述算法的执行时间为O(t×max(m,n))，此算法在插入每个非零元素时都要查询它在行、列链表的插入位置，因此不需要考虑输入元素的顺序问题。如果输入元素的次序满足以行序为主序，那么可以简化上述算法达到O(t)的复杂度。

思考：根据以上创建十字链表的过程，请尝试实现：①将两个指针域换成right和down(或right-up，left-down组合)，改写算法5-3；②基于十字链表的稀疏矩阵的加法(习题5.5)。

5.3　数组的智能算法应用

数组的用途十分广泛，在机器学习、人工智能领域，问题往往会被转换为对数组的一系列操作。人脸识别在当代社会生活中有着成熟便捷的应用，例如扫脸支付、扫脸进校门、火车站机场安检等。2DPCA(Two-Dimensional Principal Components Analysis)是人脸识别技术中的经典算法，相比于传统PCA将二维矩阵压缩为一维向量的做法，它直接利用人脸原始图像矩阵来进行特征提取，下面讲述该算法的大体思想。

1. 特征构造

对于原始图像矩阵$A_{m\times d}$，我们期望通过下列线性变换构造其投影特征向量：

$$Y=AX$$

其中，X是一个n维的酉列向量(unitary column vector)，在此又被称作投影向量。那么如何找到最佳的投影向量X使得特征向量Y具有最好的特征提取效果呢？我们需要通过样本的散点度衡量，而散点度是通过计算特征向量Y的协方差矩阵的迹(trace)得到的：

$$\begin{cases}J(X)=\mathrm{tr}(S_x)\\ Y_1,Y_2,\cdots,Y_d\end{cases}$$

上式中，S_x为特征向量Y的协方差矩阵，当J(X)达到最大值时，说明特征向量$Y_1,Y_2,\cdots,Y_d$是最佳的。由协方差的定义

$$\begin{aligned}S_x=E(Y-EY)(Y-EY)^T&=E[AX-E(AX)][AX-E(AX)]^T\\&=E[(A-EA)X][(A-EA)X]^T\end{aligned}$$

该协方差矩阵的迹为

$$\mathrm{tr}(S_x)=X^T[E(A-EA)^T(A-EA)]X$$

考虑原始图像矩阵A的协方差矩阵

$$G_t=\frac{1}{M}\sum_{j=1}^{M}(A_j-\overline{A})^T(A_j-\overline{A})$$

借助一些线性代数的知识，可得到

$$J(X)=X^TG_tX$$

因此，满足最佳投影向量的条件是

$$\begin{cases}\{X_1,X_2,\cdots,X_d\}=\mathrm{argmax}J(X)\\ X_i^TX_j=0,i\neq j,i,j=1,2,\cdots,d\end{cases}$$

即投影向量两两正交时，我们得到J(X)的最大值，也就找到了最佳特征向量。

至此，我们得到原始图像A的特征矩阵$B_{m\times d}=[Y_1,Y_2,\cdots,Y_d]$，又被称作图像A的主成分(principal component)。

2. 分类方法

接下来，该算法使用一个最近邻分类器来对图像进行分类。特征矩阵的距离表示为

$$d(B_i,B_j)=\sum_{k=1}^{d}\| Y_k^{(i)}-Y_k^{(j)} \|_2$$

其中，$\| Y_k^{(i)}-Y_k^{(j)} \|_2$ 表示的是特征向量 $Y_k^{(i)}$ 和 $Y_k^{(j)}$ 之间的欧几里得距离。

在最近邻分类器中，假设 $B_1,B_2,\cdots,B_M$ 属于某个类 ω_k，那么对于目标图像特征矩阵 B，如果满足 $d(B,B_l)=\min d(B,B_j)$ 且 $B_l\in\omega_k$，那么 $B\in\omega_k$。

3. 图像重构

在基于面部特征的方法中，常使用图像主成分与投影矩阵得到原始图像的重构图像。定义 $V=[Y_1,Y_2,\cdots,Y_i]$，$U=[X,X_2,\cdots,X_i]$，其中，$X,X_2,\cdots,X_i$ 选取的是协方差矩阵 G_t 的前 i 个最大特征向量，根据 $Y=AX$ 有 $V=AU$。由于 $X,X_2,\cdots,X_d$ 是两两正交的，所以

$$\widetilde{A}=VU^T=\sum_{k=1}^{i}Y_kX_k^T$$

$\widetilde{A}$ 就是原始图像 A 的重构图像。当 $i<n$ 时，$\widetilde{A}$ 近似于 A；当 $i=n$ 时，根据方阵的特征向量性质，$\widetilde{A}=A$。图 5-5 是实验图像示例。

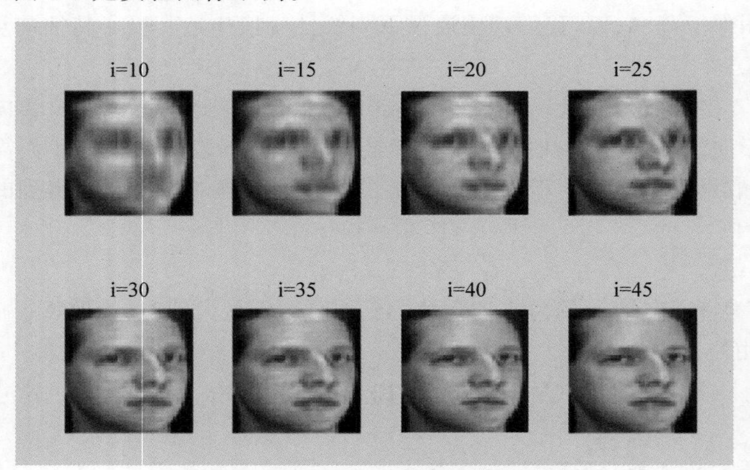

图 5-5 2DPCA 方法重建图像的示例

4. 人脸识别

将待测人脸图像经过投影重建后，按照上文介绍的最近邻分类器方法与已有的人脸图像进行匹配。

5.4 广义表的定义

线性表要求数据元素的类型相同，但在实际应用中，线性表的数据类型往往不同。例如，一个公司有董事长、总经理、秘书、人事部、分公司等，董事长、总经理、秘书都是单个的人，而人事部、分公司又是一个组织。如何在这种情况下应用线性表就是广义表的范畴。

5.4.1 广义表的定义和术语

顾名思义，广义表是线性表的一种推广结构，也称为 lists（复数形式与表的统称 list 相区别）。与线性表不同，广义表中的元素可以选取不同元素：既可以是最基本的不可再分的单个

元素，称为**原子**；也可以是广义表，称为**子表**。以文件系统来比喻，原子就相当于文件，而子表相当于文件夹。

在表示广义表时，一般记作

$$LS=(\alpha_1,\alpha_2,\cdots,\alpha_n)$$

其中，LS 是广义表的名字，$\alpha_i(i=1,2,\cdots,n)$是广义表的元素。习惯上，用小写字母表示原子，用大写字母表示子表。当广义表 LS 非空时，称第一个元素 α_1 为 LS 的**表头**(head)，称其余元素组成的表$(\alpha_2,\alpha_3,\cdots,\alpha_n)$为 LS 的**表尾**(tail)，其所包含的元素个数称为 LS 的**长度**，广义表包含括弧的重数称为 LS 的**深度**。

以下是一些广义表的例子：

(1) A=(),A 是空表；

(2) B=(e),B 只包含一个原子 e,长度为 1；

(3) C=(a,(b,c,d)),C 的长度为 2,两个元素分别是原子 a 和子表(b,c,d)；

(4) D=(A,B,C),D 的长度为 3,且 3 个元素都是子表，代入子表的值后也可以表示为 D=((),(e),(a,(b,c,d)))；

(5) E=(a,E),E 是一个递归的表，长度为 2,代入值后 E 相当于一个无限的列表 E=(a,(a,(a,⋯)))。

图 5-6 刻画了上述例子。根据以上定义和例子可以看出，由于子表的存在，广义表具有如下递归性质：

(1) 子表的元素还可以是子表，例如，(b,c,d)是 D 的子表的子表；

(2) 列表可被其他列表共享。在上述例子中，A、B、C 是 D 的子表，则 D 中可以不必列出子表的值，直接引用子表的名称即可；

(3) 广义表可以是其本身的子表，例如，E=(a,E)。

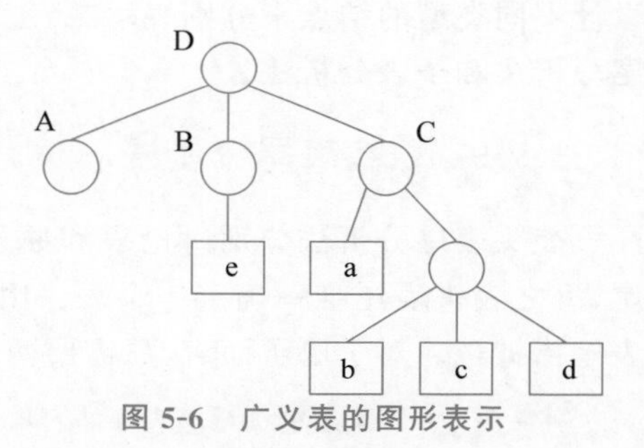

图 5-6　广义表的图形表示

5.4.2　广义表的抽象数据类型

广义表的抽象数据类型定义为

```
ADT GList{
    数据对象：D={e_i|i=1,2,…,n;n≥0;e_i∈AtomSet 或 e_i∈GList
                    AtomSet 为某个数据对象}
    数据关系：R_1={<e_{i-1},e_i>|e_{i-1},e_i∈D,2≤i≤n}
    基本操作：
        InitGList(&L)
            操作结果:创建空的广义表 L
        CreateGList(&L,S)
            操作结果:根据书写形式串 S 创建广义表 L
        DestroyGList(&L)
            操作结果:销毁广义表 L
        GListLength(L)
            操作结果:求广义表 L 的长度,既元素个数
        GListDepth(L)
            操作结果:求广义表 L 的深度
        GetHead(L)
            操作结果:取广义表 L 的头
```

```
        GetTail(L)
            操作结果:取广义表 L 的尾
}ADT GList
```

根据前文对表头、表尾的定义可知，任何非空广义表的表头都可能是原子，也可能是列表，而表尾只能是列表。以图 5-6 的广义表举例：

```
GetHead(B)=e,GetTail(B)=( )
GetHead(D)=A,GetTail(D)=(B,C)
GetHead((B,C))=B,GetTail((B,C))=C
```

注意，“()”与“(())”不同，前者是空表，长度为 0，后者是长度为 1 的广义表。

```
GetHead((( )))=( ),GetTail((( )))=( )
```

5.5 广义表的存储与实现

由于广义表的元素既可以是原子也可以是子表，因此难以用顺序存储结构表示，通常采用链式存储结构，每个数据元素可用一个结点表示。容易知道，原子和列表之间存在差异，需要设计不同类型的结点来分别表示二者。有两种主要的分析思路可以得到结点的结构：表头表尾分析法和子表分析法。

5.5.1 表头表尾分析法

表头表尾分析法分别讨论表和原子。对于表而言，只要非空，就可以被分解为表头和表尾，反之表头表尾唯一确定一个表。由此，表结点可以由 3 个域组成：标志域、表头指针域和表尾指针域。对于原子而言，只需要两个域：标志域和值域。其形式定义如下：

```
//----- 广义表的头尾链表存储表示 -----
typedef enum{ATOM, LIST} ElemTag;
typedef struct GLNode{
    ElemTag tag;                              //标志域,区分是原子结点还是表结点
    union{
        AtomType atom;                        //原子结点的值域,类型由用户定义
        struct{
            struct GLNode *hp, *tp;           //分别指向表头和表尾
        }ptr;                                 //表结点的指针域
    };
} * GList;
```

图 5-7 展示了图 5-6 示例的存储结构。从图 5-7 中我们可以看出：①所有非空表结点的表头都指向一个确定的结点(注意，图中结点 D 的表头为空是因为 D 的表头指向 A，而 A 是空)，表尾除了空都指向一个确定的**表结点**；②清晰可见广义表中的原子和子表所在的层次，例如，在表 D 中，原子 a 和 e 在同一层次，原子 b、c、d 在另一层次，子表 B、C 在同一层次；③最高层的结点个数即表的长度。

5.5.2 子表分析法

子表分析法是一种扩展线性链表的思路，把广义表看作线性链表，从而将原子结点和子表结点进行了统一。表结点与上一节的定义大体一致，唯一不同的是表尾指针改成了**指向同一**

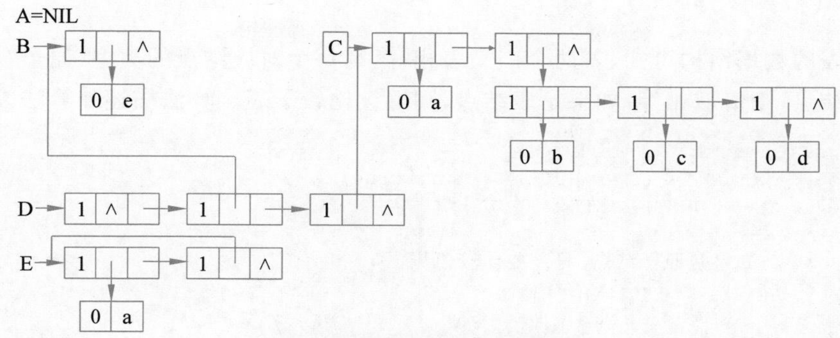

图 5-7　头尾链表存储图示

层下一个元素的指针(这里简称为类表尾指针域)；而原子结点也同样新增了一个类表尾指针域，其形式定义如下：

```
//----- 广义表的拓展线性存储表示 -----
typedef enum{ATOM, LIST} ElemTag;
typedef struct GLNode{
    ElemTag tag;                               //标志域,用于区分是原子结点还是表结点
    union{
        AtomType atom;                         //原子结点的值域,类型由用户定义
        struct GLNode * hp;                    //表结点的表头指针域
    };
    struct GLNode * tp;                        //相当于线性链表中的 next,指向下一个元素
} * GList;
```

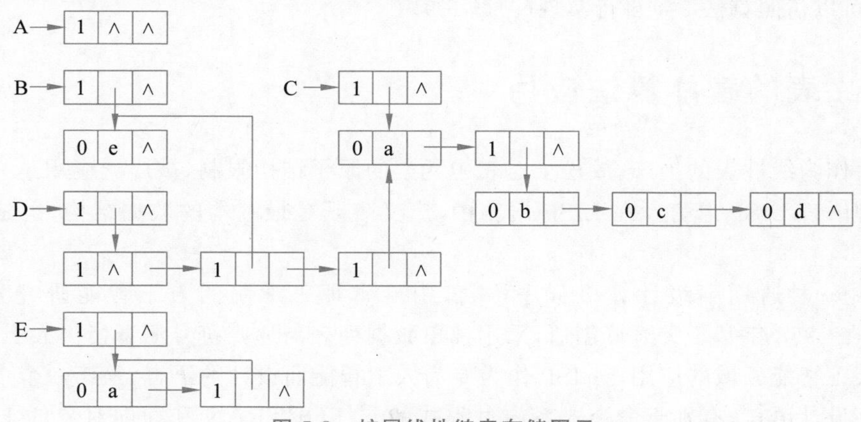

图 5-8　扩展线性链表存储图示

图 5-8 展示了图 5-6 示例的拓展线性链表存储结构。从图 5-8 中可以发现，这种方法存储的链表：①第一层只有一个结点；②表头指针域指向更深的一层；③类表尾指针域指向同层的“兄弟”结点。

子表分析法与表头表尾分析法的差别并不是很大，前者相比后者，结构上更加清晰，但是空间上稍显冗余。读者根据需要和习惯，掌握其中一种即可。

5.5.3　广义表的操作

广义表的基本操作原型在 5.4.2 节的抽象数据类型中有所定义，通过前几章的学习，相信读者能够很轻松地实现这些基本操作(习题 5.8)，此处不再赘述。这里只介绍广义表的比较

操作。

由广义表的数据结构可知，若两个广义表相等，则每个对应结点的类型（原子/子表）相同，如果是原子结点，则值域相等；如果是表结点，则继续比较子表。算法描述如算法 5-4 所示。

```
bool Equal(GList S, GList T){
    if((S == NULL) && (T == NULL)) return true;
    else if((S != NULL) && (T != NULL)){
        if(S->tag == T->tag){
            //如果是原子结点,只需要比较值域
            if(S->tag == ATOM){
                if(S->atom == T->atom) return true;
                else return false;
            }
            //如果是表结点,则需要向下继续比较
            return Equal(S->ptr.hp, T->ptr.hp)
                    && Equal(S->ptr.tp, T->ptr.tp);
        }
    }
    //若两个结点不全为空,或两个非空结点的类型不同,则返回 false
    return false;
}
```

算法 5-4

算法 5-4 是基于表头表尾分析法的存储结构，当比较原子结点时，只需要判断值域是否相等，并不需要继续递归。而基于子表分析法的存储结构中所有结点都是需要向下、向右递归比较的，读者可以仿照算法 5-4 自行实现（习题 5.9）。

5.6 广义表的智能算法应用

广义表作为线性表的推广，放松了对表中元素的原子结构限制，被广泛应用于人工智能领域的表处理语言 LISP 语言。在 LISP 语言中，广义表既是最基本的数据结构，也是程序的表示形式。

LISP 是一种通用高级计算机程序语言，由麻省理工学院的人工智能研究先驱 Johan McCarthy 在 1958 年基于 λ 演算创造，采用抽象数据列表与递归符号演算衍生人工智能，长期以来垄断人工智能领域的应用。LISP 作为专为人工智能而设计的语言，是第一个声明式系内函数式程序设计语言，有别于命令式系内过程式的 C、FORTRAN 和面向对象的 Java、C# 等结构化程序设计语言。

LISP 语言最主要的优点是简洁，其运算以函数作用于参数的形式实现，没有赋值语句和变量，不区分表达式和语句，不需要循环，只有 7 个核心操作符，因使用广义表而可以存储任意类型的数据，被认为是最接近图灵机原型的语言。

LISP 的缺点是运行效率低下。20 世纪 70 年代，随着人工智能研究产生了商业分支，现有 LISP 系统的性能低下成为一个日益严重的问题，因此产生了众多基于 LISP 的变体和衍生语言（俗称“方言”），用来弥补原始 LISP 的不足。LISP 不同方言之间的差异可能十分明显，例如，Common Lisp 和 Scheme 分别使用 defun 和 define 来命名函数。然而随着 LISP 标准化（ANSI、IEEE、ISO/IEC），在同一标准下的方言遵循相同的核心语言，而使用不同的扩展和库。

值得注意的是，LISP 诞生时期的人工智能以符号主义为主导，基于逻辑推理和搜索来解决问题，是一个树形决策的过程，这与 LISP 语言的特点十分契合。如今的人工智能以联结主义为主导，通过统计机器学习和神经网络提高感知能力，在图像、文本、语音等多模态信息处理上取得重大突破，而 LISP 不再适用于这类人工智能的编程需求，取而代之的是 Python。

本章小结

在本章中，首先介绍了数组的基本概念、矩阵的压缩和存储方式、广义表的基本概念，以及广义表的两种分析方法。然后，我们从数组和广义表出发，引申到人工智能领域的相关知识，拓宽专业视野，进一步提升读者对数组和广义表的理解。最后，我们对线性表的知识做了整体回顾，以加深对线性结构的掌握能力。

至此，我们已经学习完了线性表的全部内容，在此进行简单回顾。作为经典的数据结构之一，线性表分为逻辑结构和存储结构。在前几章的学习中，对于逻辑结构，我们了解了栈、队列、串、数组等各类线性表的基本概念、逻辑特征、抽象数据类型定义和基本操作。对于存储结构，我们重点学习了顺序存储和链式存储的特点、实现及其性能分析，其中链式存储除了简单的单链表外，还有循环链表、双链表、静态链表、十字链表等偏复杂的结构。

习题

1.**【2022 王道】** 对特殊矩阵采用压缩存储的主要目的是（　　）。

A. 表达变得简单　　B. 减少不必要的存储空间

C. 对矩阵元素的存取变得简单　　D. 去掉矩阵中的多余元素

2.**【2017 统考真题】** 适用于压缩存储稀疏矩阵的两种存储结构是（　　）。

A. 三元组表和十字链表　　B. 三元组表和邻接矩阵

C. 十字链表和二叉链表　　D. 邻接矩阵和十字链表

3.**【2016 统考真题】** 有一个 100 阶的三对角矩阵 M，其元素 $m_{i,j}$（$1\leqslant i,j\leqslant 100$）按行优先依次压缩存入下标从 0 开始的一维数组 N 中，元素 $m_{30,30}$ 在 N 中的下标是（　　）。

A. 86　　B. 87　　C. 88　　D. 89

4.**【2020 统考真题】** 将一个 10×10 对称矩阵 M 的上三角部分元素 $m_{i,j}$（$1\leqslant i,j\leqslant 10$）按列优先存入 C 语言的一维数组 N 中，元素 $m_{7,2}$ 在 N 中的下标是（　　）。

A. 15　　B. 16　　C. 22　　D. 23

5. 完成以下题目

(1) 仿照算法 5-3，实现将两个指针域换成 right 和 down（或 right-up，left-down 组合）的创建十字链表稀疏矩阵的算法。

(2) 参考算法 5-3，思考实现基于十字链表存储的稀疏矩阵加法运算。

6. 广义表 A=(((a,b,c),d))的表头是________，表尾是________。

7. 广义表 A=(a,(b,c),(d,(e,f)),g)，则

```
GetHead(GetTail(GetHead(GetTail(A))))
```

的值为（　　）。

A. c　　　　B. ()　　　　C. (b,c)　　　　D. (c)

8. 根据 5.4.2 节的抽象数据类型,实现其中的 GListLength(L)和 GListDepth(L)两个操作。

9. 使用基于子表分析法的存储结构,重写算法 5-4。

与前沿技术链接

数组作为一种最基本的数据结构,广泛应用于人工智能领域。在人工智能算法中,模型参数的存储和传递往往需要使用数组结构,如神经网络中的权重和偏执参数。此外,图像和音频等复杂数据的表示也以数组形式进行存储和处理。

在嵌入式技术中,广义表是一种灵活的数据结构,具有广泛的应用,它可以用于表示和处理复杂的数据结构和算法问题。以下是广义表在嵌入式技术中常见的应用场景。

1. 数据组织与管理

广义表可以用于组织和管理具有层次结构的数据,如树形数据、配置文件、文档解析等。通过广义表的嵌套结构,可以方便地表示和访问多层次的数据,提高数据的组织性和可读性。

2. 解释器和编译器

广义表可以用于表示和处理程序的语法结构,如解释器和编译器中的抽象语法树。通过广义表的定义和存储结构,可以方便地对程序进行解析、分析和转换,实现语言的编译和执行过程。

3. 数据查询与检索

广义表可以用于构建高效的数据查询和检索结构,如数据库中的索引结构、搜索引擎中的倒排索引等。通过广义表的嵌套和指针关系,可以快速定位和访问目标数据,提高数据的查询效率。

在人工智能中,数据往往以高维数组的形式出现,称为 tensor(张量)。例如,在计算机视觉(CV)领域需要处理的 RGB、HSV 等图像就是 3D tensor。数据每增加一维,处理的复杂度就会呈指数级增长,因此,如何高效处理高维数据成为必须攻克的问题。

当前人工智能核心语言 Python 发展出了开源数值计算拓展工具 NumPy。NumPy 的底层由完全标准 C 语言实现,因此性能优越,而上层为 Python,使用方便。相较于 Python 原生的 list 结构,NumPy 提供的 n 维数组结构 ndarray 使用连续的地址空间存储相同类型的数据,在进行某种运算时自动并行计算,省去了大量的循环语句。此外,NumPy 还提供了丰富的常用运算函数库,极大减轻了处理复杂数据时的编程压力。

随着深度学习神经网络在人工智能领域的快速生长以及硬件的发展,适用在 CPU 中加速处理 ndarray 的 NumPy 渐露疲态。Torch 作为经典的深度学习框架,在 NumPy 的基础上做了改进。相较于只保留了最值、形状、规模等变量的 ndarray,Torch 提供的 tensor 结构额外记录了很多与梯度、GPU 加速相关的变量,这些变量在神经网络中发挥了重要作用。

科学家精神

约翰·麦卡锡(John McCarthy, 1927 年 9 月 4 日—2011 年 10 月 24 日)是美国计算机科学家和认知科学家,人工智能学科的创始人之一。1956 年夏天,麦卡锡、明斯基、纳撒尼尔·罗切斯特和克劳德·e.香农为著名的达特茅斯会议撰写的一份提案中提出了“人工智能”一词。这次会议开创了人工智能领域的先河。1958 年,他提出了 the advice taker,这启发了后

来在问答和逻辑编程方面的工作。20 世纪 50 年代后期，麦卡锡发现原始递归函数可以扩展到使用符号表达式进行计算，从而产生了 LISP 编程语言。1959 年前后，他发明了所谓的“垃圾收集”方法，这是一种内存自动管理方法，用于解决 LISP 中的问题。在 1960 年发布后，LISP 很快成为人工智能应用程序的首选编程语言。从麦卡锡 1958 年在计算机协会语言特设委员会任职开始，他对 ALGOL 语言的设计产生了重大影响。麦卡锡在最早的三个分时系统(兼容分时系统、BBN 分时系统和达特茅斯分时系统)的创建中发挥了重要作用。从 1978 年到 1986 年，麦卡锡发展了非单调推理的限定法。

麦卡锡的大部分职业生涯都在斯坦福大学度过，他获得了许多荣誉和荣誉，如 1971 年的图灵奖、美国国家科学奖章和京都奖。

Chapter 6 第6章 树

树形结构是一种重要的非线性数据结构，体现了数据元素之间“一对多”的关系特点，树的概念来源于自然界中的树结构。树以分层的方式组织数据，为有效地存储和检索提供了强大的工具，其在计算机科学和技术领域中有着广泛的应用，从文件系统的组织到数据库的索引，再到图算法和人工智能领域中的搜索和推理，都有着树的身影。树作为一种层次化的结构，具有丰富的变种和应用。从简单的二叉树到复杂的线索二叉树，从普通的树到特定的哈夫曼树，从单个的树到森林，每种树形结构都在特定的场景中展现着其独特的优势。本章将重点讨论二叉树、线索二叉树的定义、存储结构及相应的操作，并研究树和森林与二叉树之间的相互转换，以及哈夫曼树的构建方法。

6.1 树的相关概念

在深入学习各种特殊的树形结构之前，本节首先介绍树的基本概念，包括树的定义以及常用术语、树的抽象数据类型以及其常用的表示方法。

6.1.1 树的定义和术语

下面将给出树的定义以及相关术语，并结合例子加深理解。

1. 树的定义

树(tree)是 $n(n\geqslant 0)$个结点的有限集合，在任意一棵非空树中：

(1) 有且仅有一个特定的称为根(root)的结点；

(2) 当 $n>1$ 时，其余结点可分为 $k(k>0)$个互不相交的有限集合 $D_1, D_2, \cdots, D_k$，且每一集合本身又是一棵树，称为根的子树(subtree)。

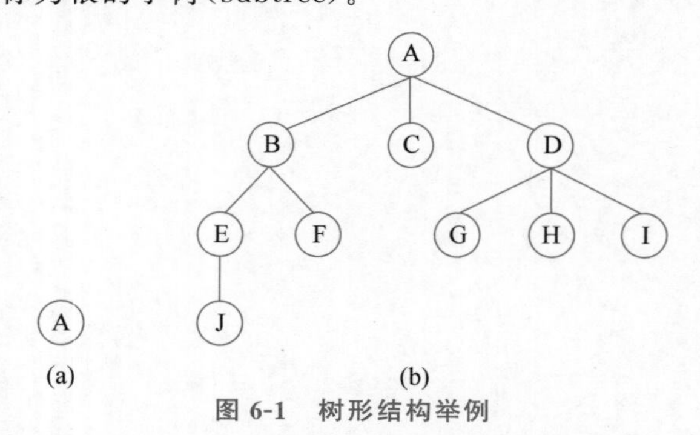

图 6-1 树形结构举例

图 6-1(a)是一棵只有一个根结点 A 的树，其没有子树；图 6-1(b)是一棵有 10 个结点的树，根结点为 A，其余结点可以分为 3 个互不相交的有限集合 $D_1=\{B, E, F, J\}$、$D_2=\{C\}$、

D_3 = { D, G, H, I },它们都为根 A 的子树且其本身也是一棵树。对于树 D_1,其根结点为 B,其余结点可以继续分为两个互不相交的子集 D_{11} = { E, J }、D_{12} = { F },它们都为根 B 的子树且其本身也是一棵树。

在上面的例子中,我们在树的定义中又用到了树的概念,这是递归的思想,说明树是递归结构。下面将给出树的构造性递归定义,这种定义便于树形结构的建立,但其不会产生循环定义,也就是说,由定义产生的每棵树的结点个数都是有限的,其子树的个数也是有限的。

(1) 一个结点 X 组成的集合{ X }是一棵树(tree),这个结点 X 称为这棵树的根(root)。

(2) 假设 X 是一个结点,D_1,D_2,…,D_k 是 k 棵互不相交的树,则可以构造一棵新树:令 X 为根,并有 k 条边由 X 指向树 D_1,D_2,…,D_k,这些边也叫作分支,D_1,D_2,…,D_k 称作根 X 的树之子树。

由定义可知,一棵树的每个结点都是这棵树的某棵子树的根。**树的逻辑结构特点为:树是一种分支结构,树中只有根结点,没有前驱,其余结点都有且仅有一个前驱,且都存在唯一一条从根到该结点的路径;树中的结点有零个或多个后继。**

2. 有关树的术语

在了解树的定义后,下面将列出树形结构中的一些常用术语[①]。

(1) 结点的度:结点子树的个数。

(2) 树的度:树中结点度的最大值。

(3) 叶子结点:也叫作终端结点,是度为 0 的结点。

(4) 分支结点:度不为 0 的结点。

(5) 孩子:结点子树的根,叶子结点没有孩子。

(6) 双亲:结点的上层结点,根结点没有双亲。

(7) 祖先:从根结点到该结点所经路径上的所有结点。

(8) 子孙:以某结点为根的子树中的任一结点。

(9) 兄弟:同一双亲的孩子互为兄弟。

(10) 结点层:从根结点到树中某结点所经路径上的分支数。根结点的层定义为 1,其余结点的层次等于其双亲结点的层次加 1。

(11) 堂兄弟:同一层的双亲不同的结点。

(12) 树的深度:树中最大的结点层。

(13) 有序树:子树从左到右有严格次序的树,如家族树。

(14) 无序树:子树从左到右无严格次序的树。

(15) 森林:n(n≥0)棵互不相交的树的集合。由定义可知,一棵树去掉根结点后,其子树就会构成一个森林;相同地,一个森林增加一个根结点后就会成为一棵树。

根据上述定义,如图 6-2 所示,树的度为 3,树的深度为 4,结点 K、F、G、L、M、I、J 为树的叶子结点,结点 B 为结点 A 的孩子,结点 A 为结点 B 的双亲,结点 E 的祖先结点有 A 和 B,结点 B 的子孙结点有 E、F、K,结点 L 和结点 M 互为兄弟,结点 G 和结点 H 互为堂兄弟。

6.1.2　树的抽象数据类型

在树的定义的基础上,将树的结构分为数据对象和数据关系两部分,再增加一些树的基本

① 来自:https://baike.baidu.com/item/%E6%A0%91%E5%BD%A2%E7%BB%93%E6%9E%84/9663807?fr=ge_ala#reference-1-540464-wrap。

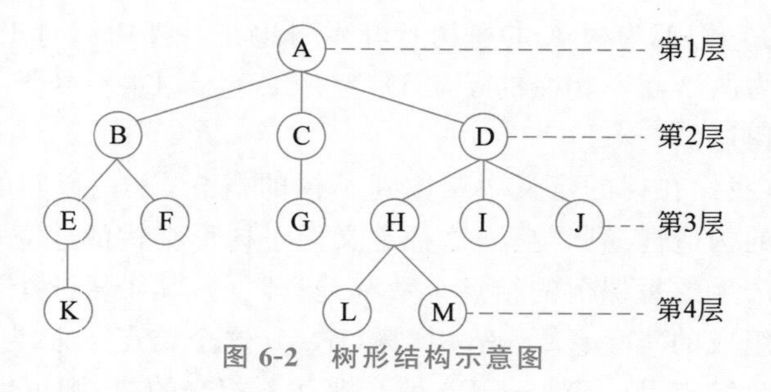

图 6-2　树形结构示意图

操作，就得到了树的抽象数据类型，即为

```
ADT Tree {
    数据对象 D:D 是具有相同特性的数据元素的集合。
    数据关系 R:若 D 为空集,则称为空树;若 D 仅含一个数据元素,则 R 为空集,否则 R = { H },H 是
如下的二元关系:
    (1) 在 D 中存在唯一的称为根的数据元素 root,它在关系 H 下没有前驱;
    (2) 若 D - { root }≠∅,则存在 D - { root }的一个划分 D_1,D_2,…,D_k(k>0),对任意 j≠l(1
≤j, l≤k)有 D_j∩D_l=∅,对任意 i(1≤i≤k),唯一存在数据元素 x_i∈D_i,有 x_i< root , x_i>∈H;
    (3) 对应于 D - { root }的划分,H - {< root , x_1>,…, < root , x_k>}有唯一的一个划分 H_1,
H_2,…,H_k(k>0),对任意 j≠l(1≤j, l≤k)有 H_j∩H_l=∅,且对任意 i(1≤i≤k),H_i 是 D_i 上的二元
关系,(D_i, {H_i})是一棵符合本定义的树,称为根的子树。
    基本操作 P:
    (1) 查找类:Root(T)                        //求树 T 的根结点
               Value(T, cur_e)                 //求当前结点 e 的元素值
               Parent(T, cur_e)                //求当前结点 e 的双亲结点
               LeftChild(T, cur_e)             //求当前结点 e 的最左孩子
               RightSibling(T, cur_e)          //求当前结点 e 的右兄弟
               TreeEmpty(T)                    //判定树 T 是否为空树
               TreeDepth(T)                    //求树 T 的深度
               TraverseTree( T, Visit() )      //遍历树 T
    (2) 插入类:InitTree(&T)                    //初始化置空树 T
               CreateTree(&T, definition)      //按定义构造树 T
               Assign(T, cur_e, value)         //给当前结点 e 赋值
               InsertChild(&T, &p, i, c)       //将以 c 为根的树插入 T 中,使之为结点 p
                                               //的第 i 棵子树
    (3) 删除类:ClearTree(&T)                   //将树 T 清空
               DestroyTree(&T)                 //销毁树 T 的结构
               DeleteChild(&T, &p, i)          //删除 T 中结点 p 的第 i 棵子树
} ADT Tree
```

6.1.3　树的应用和表示方法

树是一种重要且实用的数据结构，被广泛应用于各种场景。其主要应用有：①树可以表示具有分支结构关系的对象，如单位行政机构的组织关系；②树还是一种常用的数据组织形式，即使数据元素之间没有分支结构的关系，用树来组织数据更便于数据的管理和使用，如图6-3所示，在计算机的文件系统中（包括DOS文件系统和Windows文件系统），所有的文件都是用树的形式来组织的，这样便于文件的管理和保护，解决了文件的重名问题，提高了文件的查找速度。

树是一种抽象的数据结构，其有多种表示方法。下面将介绍其中四种常用的表示方法①。

① 来自：https://blog.csdn.net/qq_42288493/article/details/87482832。

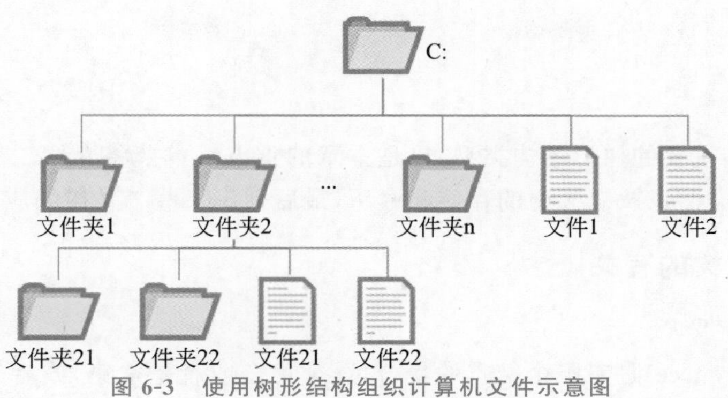

图 6-3　使用树形结构组织计算机文件示意图

1. 树形表示法

这种表示方法非常形象，就像一棵倒置的树，树根在上，树叶在下。用圆圈表示结点，圆圈内的符号表示该结点的信息，圆圈之间的连线表示结点之间的关系。虽然每条连线上都没有画出箭头，但默认其方向都是从上向下的，即连线的上方结点是下方结点的前驱结点，下方结点是上方结点的后继结点。

2. 凹入表示法

这种方法利用线段的伸缩关系描述树的结构。每棵树的根对应着一个条形，其子树的根对应着一个较短的条形且子树的根对应的条形长度都相等。同样地，表示时应该遵循"树根在上，子树的根在下"的原则。

3. 嵌套集合表示法(文氏图表示法)

这种方法利用集合以及集合之间的包含关系描述树的结构。每棵树对应一个圆圈，圆圈内包含根结点和子树的圆圈。同一个根结点下的各子树对应的圆圈互不相交。

4. 广义表表示法

这种方法利用广义表以及括号的嵌套关系描述树的结构。每棵树对应一个由根作为名字的表，表名放在表的左边，表由在一个括号里的各子树对应的表组成，各子树对应的表之间用逗号隔开。

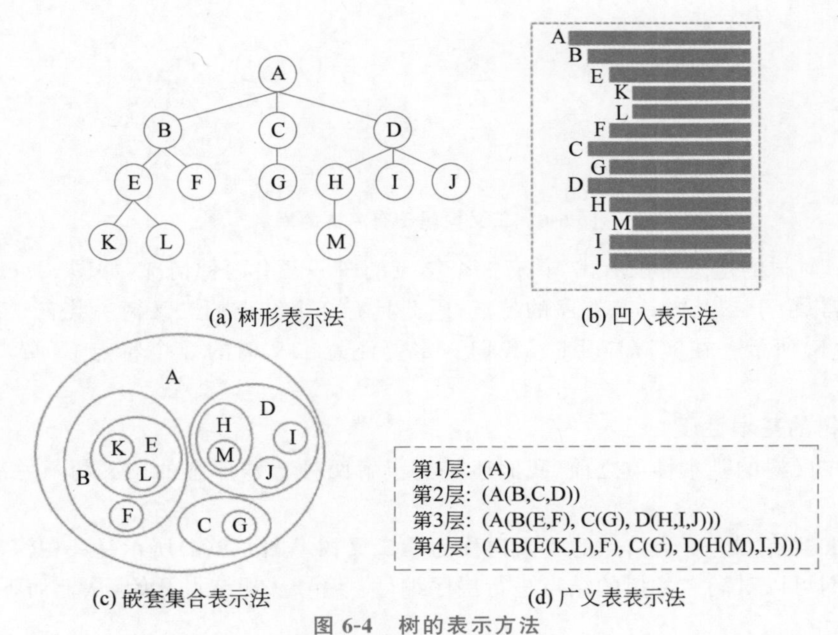

图 6-4　树的表示方法

6.2 二叉树

二叉树是一种重要的树形结构类型，也是本章的重点。本节将介绍二叉树的定义以及基本性质、抽象数据类型以及二叉树的存储和遍历，最后列出一些二叉树的应用实例。

6.2.1 二叉树的有关概念

1. 二叉树的定义

二叉树(binary tree)是有限个结点的集合，这个集合或者是空集，或者是由一个根结点和两棵互不相交的二叉树构成，其中一棵称为根的左子树，另一棵称为根的右子树。由定义可知，二叉树一共有 5 种基本形态，如图 6-5 所示。

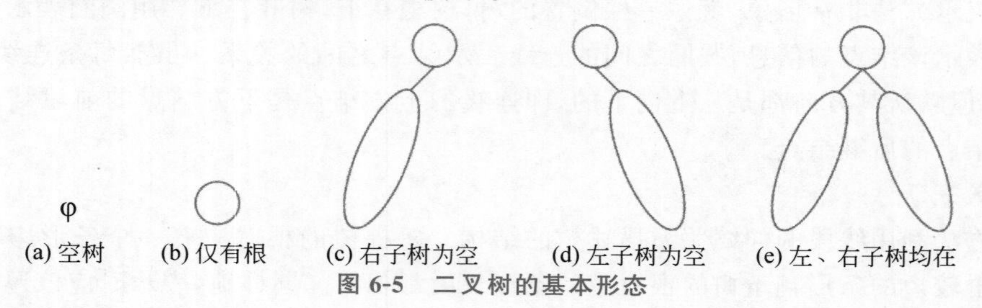

图 6-5 二叉树的基本形态

故二叉树有如下 3 个特点：

(1) 二叉树中每个结点最多有两棵子树，即二叉树中每个结点的度均小于或等于 2；

(2) 二叉树是有序树，其左、右子树的顺序不能颠倒。在图 6-6 中，根结点 A 的左、右子树顺序不同，故 a 和 b 是两棵不同的二叉树；

(3) 二叉树是递归结构，在二叉树的定义中又用到了二叉树的概念。

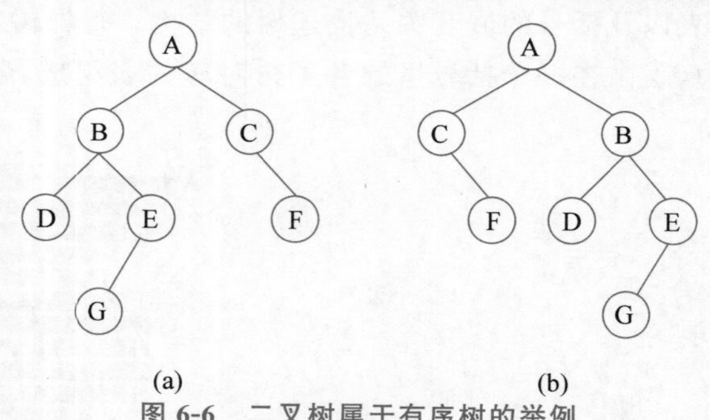

图 6-6 二叉树属于有序树的举例

由 6.1 节对树的定义可以看出，具有 3 个结点的树一共有两种情况，如图 6-7(a)所示。对于二叉树而言，由于二叉树具有有序的特点，因此具有 3 个结点的二叉树一共有 5 种不同的情况，如图 6-7(b)所示。在实际应用时，我们一定要注意二叉树的 3 个特点，不要与普通的树混淆。

2. 二叉树的基本性质

在学习二叉树的基本性质之前，我们还需要了解两种特殊形态的二叉树——满二叉树和完全二叉树。

深度为 k 且有 2^k-1 个结点的二叉树称为满二叉树。图 6-8(a)所示是一棵深度为 3 的满二叉树。我们可以对满二叉树的结点进行层序编号：编号从根结点开始，从上而下、自左至右

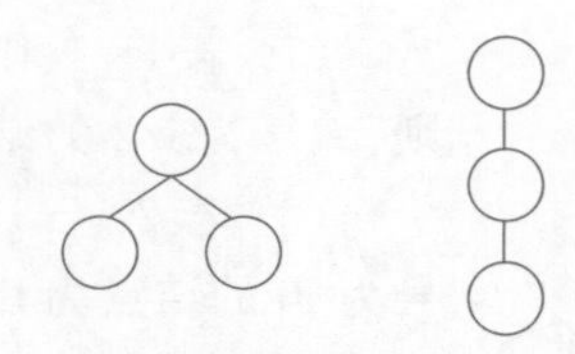

(a) 具有3个结点的树

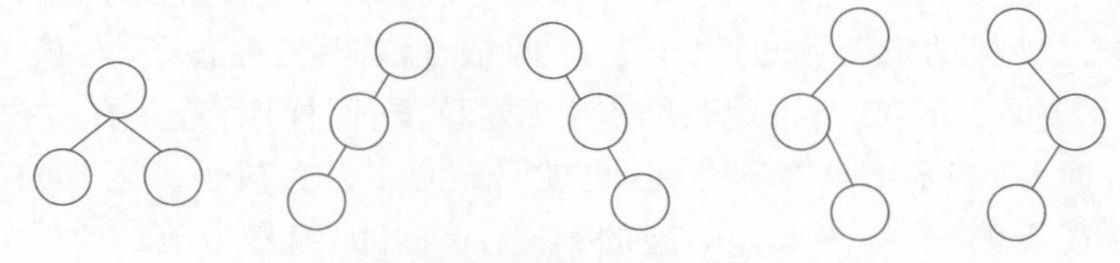

(b) 具有3个结点的二叉树

图 6-7　具有 3 个结点的二叉树举例

依次增加。由此可以引出完全二叉树的定义：深度为 k 且有 n 个结点的二叉树，当且仅当其每个结点都与深度为 k 的满二叉树中编号从 1 至 n 的结点一一对应，则称之为完全二叉树。图 6-8(b)所示是一棵深度为 3 的完全二叉树，而图 6-8(c)就不是一棵完全二叉树。

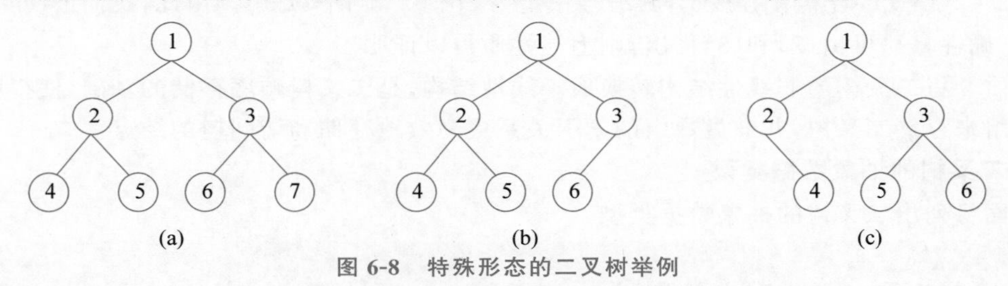

图 6-8　特殊形态的二叉树举例

下面将介绍二叉树的五个基本性质。

【性质 1】　在二叉树的第 i($i \geqslant 1$)层上至多有 2^{i-1} 个结点。

证明：由数学归纳法，当 $i=1$ 时，只有一个根结点，显然 $2^{i-1}=2^0=1$ 成立。

假设对所有的 j($1 \leqslant j < i$)命题成立，即第 j 层上至多有 2^{j-1} 个结点。

由归纳假设，第 $i-1$ 层上至多有 2^{i-2} 个结点。由于二叉树每个结点的度均小于或等于 2，故在第 i 层上的最大结点数为第 $i-1$ 层上的最大结点数的 2 倍，即为 $2 \times 2^{i-2}=2^{i-1}$。

【性质 2】　深度为 k($k \geqslant 1$)的二叉树最多有 2^k-1 个结点。

证明：二叉树的最多结点数即为各层最多结点数相加，即 $1+2+4+\cdots+2^{k-1}=2^k-1$。

【性质 3】　对任意二叉树 T，如果度数为 0 的结点数为 n_0，度数为 1 的结点数为 n_1，度数为 2 的结点数为 n_2，则有 $n_0= n_2+1$。

证明：由定义知，二叉树的结点总数 $n= n_0+ n_1+ n_2$。对二叉树而言，除了根结点外，其余结点都是从一个分支进入的，故分支数 $B=n-1$。由于这些分支是由度为 1 和度为 2 的结点产生的，故有 $B=n_1+2n_2$。由以上 3 个式子可以得到 $n_0= n_2+1$ 成立。

【性质 4】　具有 n 个结点的完全二叉树的深度为 $\log_2 n+1$。

证明：假设完全二叉树的深度为 k，则根据性质 2 和完全二叉树的定义有：$2^{k-1}-1<n \leqslant 2^k-1$ 或 $2^{k-1} \leqslant n<2^k$，于是有 $k-1 \leqslant \log_2 n<k$，由于 k 为整数，故 $k=\log_2 n+1$。

【性质 5】　如图 6-9 所示，若对含 n 个结点的完全二叉树从上到下且从左至右进行 1～n 的编号，则对完全二叉树中任意一个编号为 i 的结点有：

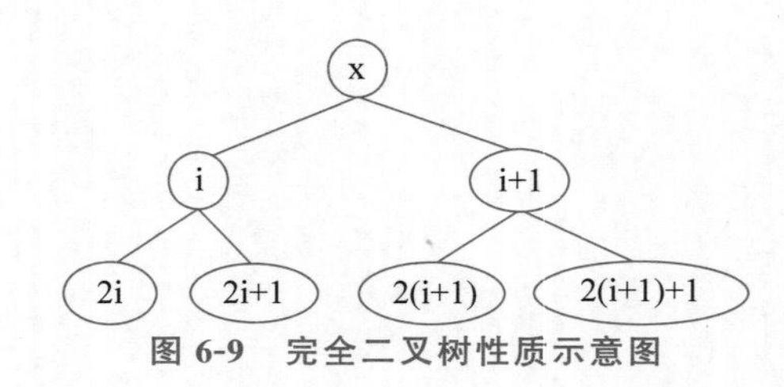

图 6-9 完全二叉树性质示意图

(1) 若 i=1,则该结点是二叉树的根,无双亲;否则,编号为 i/2 的结点为其双亲结点。

(2) 若 2i>n,则该结点无左孩子结点;否则,编号为 2i 的结点为其左孩子结点。

(3) 若 2i+1>n,则该结点无右孩子结点;否则,编号为 2i+1 的结点为其右孩子结点。

证明:由完全二叉树的定义可知,对于 i=1 的结点,若其有左孩子,左孩子的编号应为 2,当 2>n 时,即表示结点 2 不存在,也就是结点 i 无左孩子;同样地,若其有右孩子,右孩子的编号应为 3,当 3>n 时,即表示结点 3 不存在,也就是结点 i 无右孩子。当 i>1 时,可以分为两种情况进行讨论:①令第 $j(1\leqslant j\leqslant \log_2 n)$ 层的第一个结点的编号为 $i(i=2^{j-1})$,则其左孩子一定为第 j+1 层的第一个结点,其编号为 $2^j=2\times 2^{j-1}=2i$,若 2i>n,则结点 i 无左孩子;其右孩子一定为第 j+1 层的第二个结点,其编号为 2i+1,若 2i+1>n,则结点 i 无右孩子。②假设第 $j(1\leqslant j\leqslant \log_2 n)$ 层上某个结点的编号为 $i(2^{j-1}\leqslant i<2^j-1)$ 且 2i+1<n,则其左孩子为 2i,右孩子为 2i+1,编号为 i+1 的结点是编号为 i 的结点的右兄弟或堂兄弟,若其有左孩子,其编号一定为 2i+2=2(i+1),若其有右孩子,其编号一定为 2i+3=2(i+1)+1。由此,我们证明了(2)和(3)的正确性,(1)可由(2)和(3)推出,则上述性质得以证明。

性质 5 将二叉树的非线性结构转换成了线性结构,是二叉树顺序存储的基础,使得我们可以用数组来存储二叉树,并通过数组的索引关系更高效地存储和访问树的结点。

3. 二叉树的抽象数据类型

下面将列出二叉树的抽象数据类型:

```
ADT BinaryTree {
    数据对象 D:D 是具有相同特性的数据元素的集合。
    数据关系 R:若 D=∅,则 R=∅,称 BinaryTree 为空二叉树;若 D≠∅,则 R={ H },H 是如下的二元关系:
    (1) 在 D 中存在唯一的称为根的数据元素 root,它在关系 H 下没有前驱;
    (2) 若 D - { root }≠∅,则存在 D - { root }={ Dl, Dr },且 Dl∩Dr=∅;
    (3) 若 Dl≠∅,则 Dl 存在唯一的元素 xl< root , xl>∈H,且存在 Dl 上的关系 Hl⊂H;若 Dr≠∅,则 Dr 存在唯一的元素 xr< root , xr>∈H,且存在 Dr 上的关系 Hr⊂H;H={ < root , xl>, < root , xr>, Hl,  Hr};
    (4) (Dl, {Hl})是一棵符合本定义的二叉树,称为根 root 的左子树;(Dr, {Hr})是一棵符合本定义的二叉树,称为根 root 的右子树。
    基本操作 P:
        InitBiTree(&T)                  //构造空二叉树 T
        DestroyBiTree(&T)               //销毁二叉树 T
        CreateBiTree(&T, definition)    //按照 definition 构造二叉树 T
        ClearBiTree(&T)                 //将二叉树 T 的内容清空
        BiTreeEmpty(T)                  //判定二叉树 T 是否为空二叉树
        BiTreeDepth(T)                  //求二叉树 T 的深度
        Root(T)                         //求二叉树 T 的根结点
        Value(T, e)                     //求二叉树 T 中结点 e 的值
        Assign(T, &e, value)            //将二叉树 T 中结点 e 赋值为 value
        Parent(T, e)                    //求当前结点 e 的双亲结点
        LeftChild(T, e)                 //求当前结点 e 的左孩子
        RightChild(T, e)                //求当前结点 e 的右孩子
        LeftSibling(T, e)               //求当前结点 e 的左兄弟
        RightSibling(T, e)              //求当前结点 e 的右兄弟
        InsertChild(&T, p, LR, c)       //根据 LR 为 0 或 1,将二叉树 c 插入二叉树 T 中 p
//所指结点的左或右子树,p 所指结点的原有左或右子树成为 c 的右子树
```

```
        DeleteChild(T, p, LR)              //根据 LR 为 0 或 1,删除 T 中 p 所指结点的左或右
                                           //子树
        PreOrderTraverse(T, Visit())       //先序遍历二叉树 T,对每个结点调用函数 Visit 一
                                           //次且仅一次
        InOrderTraverse(T, Visit())        //中序遍历二叉树 T,对每个结点调用函数 Visit 一
                                           //次且仅一次
        PostOrderTraverse(T, Visit())      //后序遍历二叉树 T,对每个结点调用函数 Visit 一
                                           //次且仅一次
        LevelOrderTraverse(T, Visit())     //层序遍历二叉树 T,对每个结点调用函数 Visit 一
                                           //次且仅一次
    } ADT BinaryTree
```

6.2.2　二叉树的存储与实现

下面将介绍两种二叉树的常用存储方式,分别为顺序存储和链式存储。

1. 二叉树的顺序存储

二叉树的顺序存储指采用一维数组按层次顺序,从根结点开始从上而下、自左至右依次存储二叉树中的每个结点。对于一般的二叉树,我们通过虚设部分结点使之变为相应的完全二叉树后再将其用一维数组存储即可,其中虚设的结点用 0 表示。图 6-10 即为完全二叉树和一般二叉树的顺序存储表示。

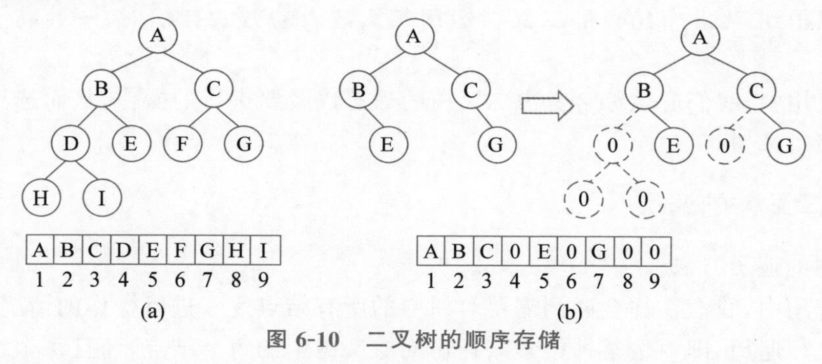

图 6-10　二叉树的顺序存储

如果我们使用二叉树的顺序存储,根据性质 5,当已知某结点的层序编号为 i 时,我们即可求得该结点的双亲结点、左孩子结点和右孩子结点,同时我们也可以通过检测该结点的值是否为 0 来判断其是否为虚设的结点。因此,利用性质 5 实现了线性结构和非线性结构的灵活转换。

2. 二叉树的链式存储

对于如图 6-11(a)所示的特殊二叉树,如果我们使用顺序存储,就会产生很多虚设的结点,从而浪费较大的空间。对于这种特殊的二叉树,我们可以使用链式存储的方式来存储。在链

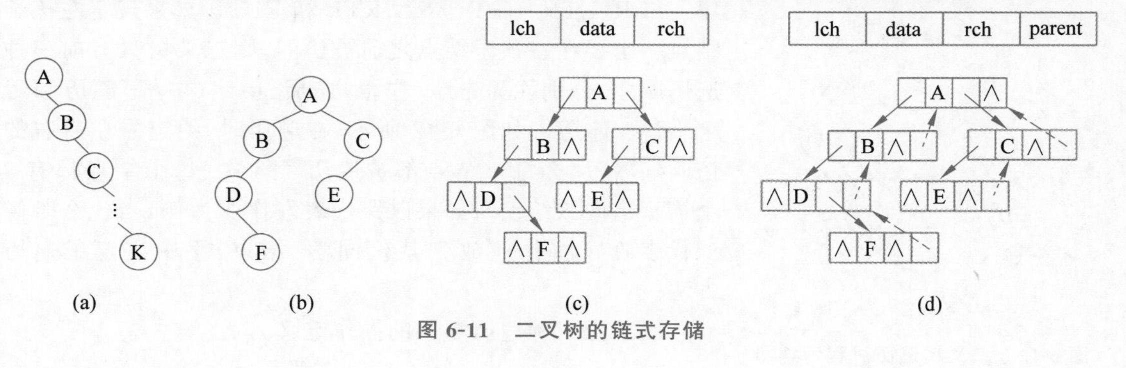

图 6-11　二叉树的链式存储

式存储中，每个结点至少包含三个域：数据域、左指针域和右指针域。其中，只包含三个域的存储方式称为二叉链表存储，如图 6-11(c)所示，其 C 语言的类型描述如下：

```
typedef Struct BinTNode
{   DataType data;
    Struct BinTNode * lch, * rch;
} BinTNode, * BinTree;
```

当 n 个结点的二叉树运用二叉链表的方式存储时，一共有 n+1 个空指针域。

证明如下：

已知 n 个结点的总指针域数为 2n，除了根结点外，其余 n−1 个结点都是由指针域指出的结点。因此，剩余的结点数即空指针的个数为 2n−(n−1)=n+1。

二叉链表在寻找结点的孩子时很方便，但是很难找到结点的双亲，所以产生了三叉链表的存储方式，其在二叉链表的基础上增加了一个双亲指针域，如图 6-11(d)所示，其 C 语言的类型描述如下：

```
typedef Struct BinTPNode
{   DataType data;
    Struct BinTPNode * lch, * rch, * parent;
} * BiPTree;
```

类似可以得到，**当 n 个结点的二叉树运用三叉链表的方式存储时，一共有 n+2 个空指针域。**

在实际应用中，我们应该综合考虑二叉树的形态以及要进行的操作，从而选择一种最优的存储方式存储二叉树。

6.2.3 二叉树的遍历

1. 二叉树的遍历方法

在实际应用中，我们往往会碰到需要对树中的所有结点逐一进行操作的情况，这就需要我们对二叉树进行遍历，即要按某种搜索路径访问二叉树中的每个结点，而且每个结点仅被访问一次。其中，访问是指对结点进行各种操作的简称，包括输出、查找、修改等。遍历是各种数据结构最基本的操作：对线性结构而言，其只有一条搜索路径，遍历的实现很容易；对二叉树这种非线性结构而言，则需要寻找一条特定的搜索路径对其进行遍历。

由二叉树的定义，我们可以将二叉树分为根结点、左子树和右子树三部分。类似地，我们也可以将二叉树的遍历分解为访问根结点(T)、遍历左子树(L)和遍历右子树(R)三部分，那么就有六种不同的遍历顺序：TLR、LTR、LRT、TRL、RTL 和 RLT。如果规定左孩子结点一定要在右孩子结点之前被访问，则二叉树只有前三种遍历顺序，分别称为**先序（先根）遍历**、**中序（中根）遍历**和**后序（后根）遍历**。如图 6-12 所示，在遍历时，约定先左后右的访问顺序，那么每个结点都被遍历了 3 次（每个结点都有 3 个箭头指向该结点）；如果以课代表发作业为例，当什么时候课代表真正将作业放到某位同学（结点）手中决定了遍历方法。

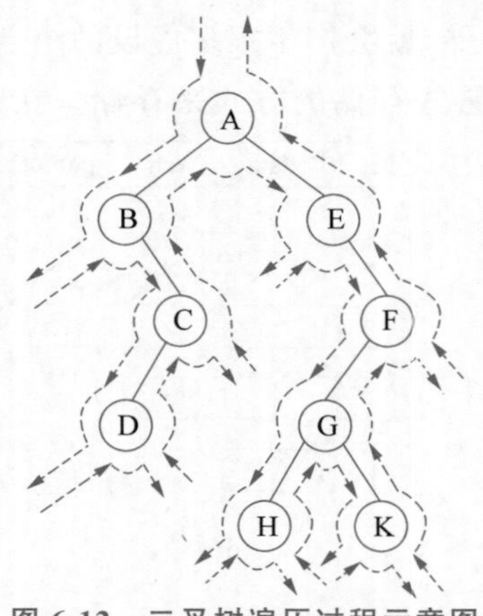

图 6-12 二叉树遍历过程示意图

以下为三种遍历顺序的操作定义。

(1) 先序遍历二叉树。

若二叉树非空,则:

① 访问根结点;

② 先序遍历左子树;

③ 先序遍历右子树。

(2) 中序遍历二叉树。

若二叉树非空,则:

① 中序遍历左子树;

② 访问根结点;

③ 中序遍历右子树。

(3) 后序遍历二叉树。

若二叉树非空,则:

① 后序遍历左子树;

② 后序遍历右子树;

③ 访问根结点。

对如图 6-13(a)所示的二叉树,其先序遍历的序列为 A,B,D,E,G,C,F;中序遍历的序列为 D,B,G,E,A,C,F;后序遍历的序列为 D,G,E,B,F,C,A。

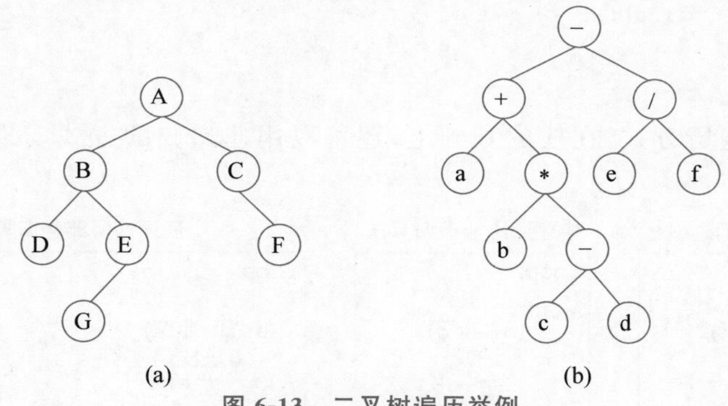

图 6-13 二叉树遍历举例

表达式也可以用二叉树表示,通过对二叉树进行不同的遍历,表达式也有不同的表示。图 6-13(b)是表达式 a+b*(c−d)−e/f 的二叉树表示,其先序遍历的序列为− + a * b − c d / e f,称为前缀表示或波兰式;中序遍历的序列为 a+b*c−d−e/f,称为中缀表示;后序遍历的序列为 a b c d − * + e f/ −,称为后缀表示或逆波兰式。

除了以上三种遍历顺序,我们还可以按照先上后下、先左后右的层次顺序对二叉树进行遍历。对如图 6-13(a)所示的二叉树,其层次遍历的序列为 A,B,C,D,E,F,G。

2. 二叉树遍历的实现

由上述对 3 种遍历顺序的定义,当二叉树非空时,就进行定义中的三个操作,称为递归项;当二叉树为空时,即停止操作,称为基本项或终止项。故二叉树的遍历可以用下列递归算法实现,其中二叉树均用二叉链表的方式存储。

(1) 先序遍历的递归算法。

```
Void PreOrder( BinTree T )
{
```

```
    if(T){
        visit(T→data);
        PreOrder(T→lch);
        PreOrder(T→rch);
    }
}
```

（2）中序遍历的递归算法。

```
Void InOrder( BinTree T )
{
    if(T){
        InOrder(T→lch);
        visit(T→data);
        InOrder(T→rch);
    }
}
```

（3）后序遍历的递归算法。

```
Void PostOrder( BinTree T )
{
    if(T){
        PostOrder(T→lch);
        PostOrder(T→rch);
        visit(T→data);
    }
}
```

对于以上3种遍历方式，在栈的基础上，还可以用非递归的方式实现，其伪码如图6-14所示。

先序遍历非递归算法

```
Loop:
{
  if (BT 非空)
    { 输出;
      进栈;
      左一步;}
  else
    { 退栈;
      右一步;}
};
```

中序遍历非递归算法

```
Loop:
{
  if (BT 非空)
    { 进栈;
      左一步;}
  else
    { 退栈;
      输出;
      右一步;}
};
```

后序遍历非递归算法

```
Loop:
{
  if (BT 非空)
    { 进栈;
      左一步;}
  else
    {  当栈顶指针所指结点的右子树
       不存在或已访问，退栈并输出;
       否则，右一步; }
};
```

图 6-14　二叉树遍历的非递归算法图示

（1）先序遍历的非递归算法。

```
Void PreOrder ( BinTree root )
{   BinTree stack[MAX];
    int top=0;
    do{   while(root!=Null)
        {   printf("%c", root→data);
            top++;
            if(top>MAX)
                printf("栈满!\n");
            else
                stack[top]=root;
            root= root→lch;
```

```
        }
        if(top!=0)
        {
                root=stack[top];
            top--;
                root= root→rch;
            }
        } while((top!=0)||(root!=Null));
}
```

（2）中序遍历的非递归算法。

```
Void InOrder ( BinTree root )
{   BinTree stack[MAX];
    int top=0;
    do{   while(root!=Null)
        {   top++;
            if(top>MAX)
                printf("栈满!\n");
            else
                stack[top]=root;
            root= root→lch;
        }
        if(top!=0)
        {
                root=stack[top];
            top--;
                printf("%c", root→data);
                root= root→rch;
            }
        } while((top!=0)||(root!=Null));
}
```

（3）后序遍历的非递归算法。

```
Void PostOrder ( BinTree root )
{   BinTree stack[MAX], p;
    int top=0, b;
    do{   while(root!=Null)
        {   top++;
            if(top>MAX)
                printf("栈满!\n");
            else
                stack[top]=root;
            root= root→lch;
        }
        p=Null;
        b=1;
        while((top!=0)&&b)                          //右子树不存在或已访问
        {   root=stack[top];
            if(root→rch ==p)
            {   printf("%c ", root→data);
                top--;
                p=root;
            }
            else
            {   root= root→rch;
```

```
                b=0;
            }
        }
    } while(top!=0);
}
```

对于二叉树的层序遍历，我们需要用队列这个数据结构来实现，队列中的元素为二叉树结点的指针。首先，我们将根结点指针排入队列；当队列非空时，从队头取出一个结点并访问这个结点，如果该结点的左子树非空，则将其左孩子结点指针排入队列；如果该结点的右子树非空，则将其右孩子结点指针排入队列；重复上述过程，直到队列为空。这样，我们就完成了对二叉树的层序遍历，其代码实现如下：

```
Void LeverList ( BinTree T )
{
    QUEUE Q;
    BinTree p=T;
    MakeNull(Q);                                   //清空队列 Q
    if(T) {   EnQueue(p, Q);                       //将根结点指针排入队列
              while(!Empty(Q))
              {   p=DeQueue(Q);                    //从队头取出结点 p
                  visit(p→data);
                  if(p→lch)
                      EnQueue(p→lch);              //左孩子结点非空则入队
                  if(p→rch)
                      EnQueue(p→rch);              //右孩子结点非空则入队
              }
}
```

3. 二叉树遍历的应用

二叉树遍历的应用非常广泛，下面将列举常见的一些应用以及其实现代码。

1）二叉树遍历的基本应用

（1）递归建立二叉树。

运用先序递归遍历的思想，首先建立二叉树的根结点，然后先序建立二叉树的左子树，最后先序建立二叉树的右子树，从而得到一棵完整的二叉树。其算法如下：

```
BinTree creat( )
{
    BinTree t;
    t=(BinTree)malloc(sizeof(BinTNode));
    t→data=x;
    t→lch=creat();
    t→rch=creat();
    return t;
}
```

（2）求二叉树的叶子数。

我们可以采用任何遍历方法，并在遍历时判断访问的结点是否为叶子结点，若是叶子结点，则叶子数加 1 即可。采用先序遍历求二叉树的叶子数的算法如下：

```
int countleaf( BinTree t, int num )
{   if (t!=NULL)
        {   if ((t→lch==NULL) &&(t→rch)==NULL))   num++;
            num=countleaf(t→lch, num);
```

```
            num=countleaf(t→rch, num);
        }
    return num;
}
```

(3) 求二叉树的深度。

运用后序遍历的思想，先递归求得根结点的左子树和右子树的深度，再选出最大值加1即可。其算法实现如下：

```
int treedepth( BinTree t )
{   int h,lh,rh;
    if(t==NULL) h=0;
    else {   lh=treedepth(t→lch);
           rh=treedepth(t→rch);
           if(lh>=rh) h=lh+1;
           else h=rh+1;  }
    return h;
}
```

(4) 求二叉树的宽度。

运用层序遍历的思想，将每个结点的层数、左右子树等信息存储在数组中，然后对这个数组进行遍历，计算每层的结点总数，再选出最大值即为二叉树的宽度。其算法实现如下：

```
int Width( BinTree T )
{   int i,n=0,front=0,rear=0,max=0,lev=1, maxlev[10]={0};
    struct W{
        BinTree Node;
        int Nodelev; } Q[50];
    Q[front].Node=T;
    Q[front].Nodelev=1;
    while(front<=rear)
    {   if(Q[front].Node→lch)
        {   Q[++rear].Node=Q[front].Node→lch;
            Q[rear].Nodelev=Q[front].Nodelev+1; }
            if(Q[front].Node→rch)
            {   Q[++rear].Node=Q[front].Node→rch;
            Q[rear].Nodelev=Q[front].Nodelev+1; }
            front++;
        }
    for(i=0;i<=rear;i++)  maxlev[Q[i].Nodelev]++;
    for(i=0;i<10;i++)
        if(max<maxlev[i])  max=maxlev[i];
    return(max);
}
```

2) 二叉树的遍历与存储结构的应用

如图6-15所示，若给定一个二叉树的先序遍历序列为A,B,C,D,那么可以画出3种不同的二叉树形态。即给定一个遍历序列，我们不能唯一确定一棵二叉树。因为构造二叉树的关键在于我们要同时确定二叉树的根结点以及其结点的左右次序。但若同时给定二叉树的中序和后序遍历序列、中序和前序遍历序列时，就可以唯一确定一棵二叉树；而同时给定二叉树的先序和后序遍历序列时，由于无法确定结点的左右次序，所以就不能唯一确定一棵二叉树。

给定二叉树先序遍历序列为1,2,4,6,3,5,7,8以及中序遍历序列为2,6,4,1,3,7,5,8,构造得到的二叉树的过程如图6-16所示。先序序列的第一个结点为1,可知1为二叉树的根

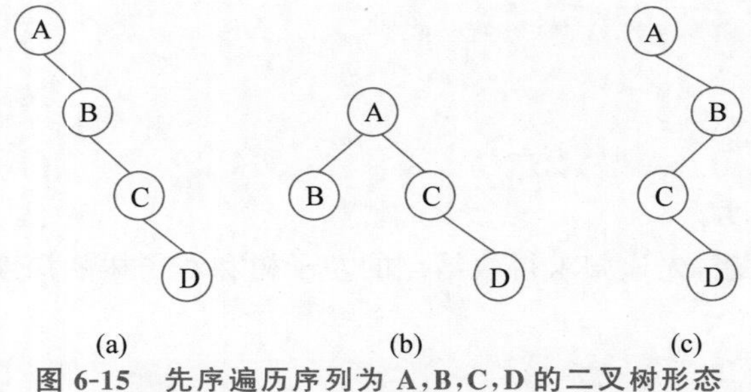

图 6-15 先序遍历序列为 A,B,C,D 的二叉树形态

结点,在中序序列中,位于 1 前的结点一定在 1 的左子树中,位于 1 后的结点一定在 1 的右子树中,然后用同样的方法根据左子树和右子树的先序遍历序列和后序遍历序列进行构造,在左子树中,2 为先序序列的第一个结点,即 2 为左子树的根结点,由中序序列 2,6,4 可知,2 没有左子树,结点 6 和 4 在 2 的右子树中;在右子树中,3 为先序序列的第一个结点,即 3 为右子树的根结点,由中序序列 3,7,5,8 可知,3 没有左子树,结点 7,5,8 在 3 的右子树中。然后继续用同样的方法进行构造即可得到最终的二叉树。

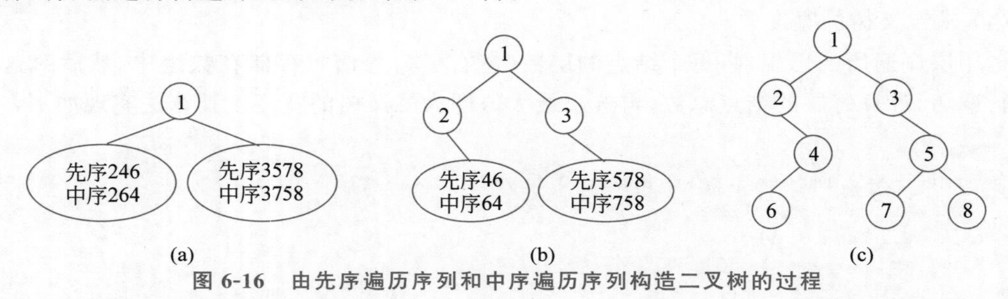

图 6-16 由先序遍历序列和中序遍历序列构造二叉树的过程

3) 二叉树的相似与等价

在定义二叉树的相似与等价前,我们要先了解两棵二叉树具有相同结构的含义是:①它们都是空的;②它们都是非空的,且左、右子树分别具有相同结构,即两棵二叉树具有相同结构就是指它们的"形状"是相同的。具有相同结构的二叉树称为相似二叉树,相似且相应结点包含相同信息的二叉树称为等价二叉树。

下面列出判断两棵二叉树是否等价的算法。

```
int Equal( BinTree t1, BinTree t2 )
{   int x;
    x=0;
    if ( IsEmpty(t1) && IsEmpty(t2) )           //二叉树均为空
        x=1;
    else if ( !IsEmpty(t1) && !IsEmpty(t2) )   //二叉树均不空
        if ( data(t1) == data(t2) )
            if ( Equal(t1→lch, t2→lch ) )
            x= Equal(t1→rch, t2→rch )
    return( x );
}
```

我们也可以通过遍历来实现二叉树的复制,从而构造出一棵等价的二叉树。例如:

```
BinTree Copy( BinTree oldtree )
{
    BinTree temp;
    if ( oldtree != NULL )
```

```
        {   temp = new Node;
            temp→lch = Copy( oldtree→lch );
            temp→rch = Copy( oldtree→rch );
            temp→data = oldtree→data ;
            return ( temp );
        }
    return ( NULL ) ;
}
```

6.3　线索二叉树

6.2 节中，我们存储二叉树时用到的二叉链表是一种单向链接结构，所以从某个结点出发，沿着指针走只能到达其子孙结点，无法返回其祖先结点。在本节中，我们对二叉树的存储结构进行改进，形成具有双向链接结构的线索二叉树。下面将分别介绍线索二叉树的表示、构造以及遍历。

6.3.1　线索二叉树的表示

对于单向链接结构存储的二叉树，当我们按照某种遍历方式对二叉树进行遍历时，可以得到一个遍历序列，但我们无法直接得知结点的前驱和后继的关系，只能在对二叉树遍历的动态过程中得到这些信息。为了更方便地获取这些信息，我们将二叉链表改为双向链接结构，利用二叉链表存储时产生的空指针域来存放遍历后结点的前驱和后继信息，并规定：若结点 p 有左孩子，则 p→lch 指向其左孩子结点，否则令其指向其前驱结点；若结点 p 有右孩子，则 p→rch 指向其右孩子结点，否则令其指向其后继结点。为记录 lch 域以及 rch 域的含义，我们还增加了两个标志域，故线索链表的结点结构为

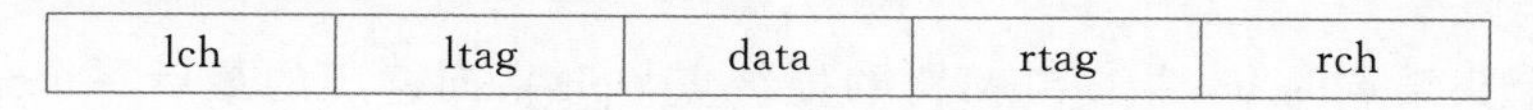

lch	ltag	data	rtag	rch

其中，

$$\text{ltag}=\begin{cases}0, & \text{lch 域指示结点的左孩子}\\ 1, & \text{lch 域指示结点的前驱}\end{cases}$$

$$\text{rtag}=\begin{cases}0, & \text{rch 域指示结点的右孩子}\\ 1, & \text{rch 域指示结点的后继}\end{cases}$$

其 C 语言的类型描述如下：

```
typedef struct BTnode
{   datatype data;
    struct BTnode * lch, * rch;
    int ltag, rtag;
}BTnode, * threadbithptr;
```

以上述结点结构构成的二叉链表作为二叉树的存储结构，称为**线索链表**。其中，指向前驱和后继的指针称为线索。采用这种双向链接结构表示的二叉树就是线索二叉树。对如图 6-17(a)所示的二叉树，其按中序遍历的线索二叉树如图 6-17(b)所示。上述对二叉树以某种次序遍历使其变为线索二叉树的过程称为线索化，后面提到的线索二叉树都以中序遍历为例。

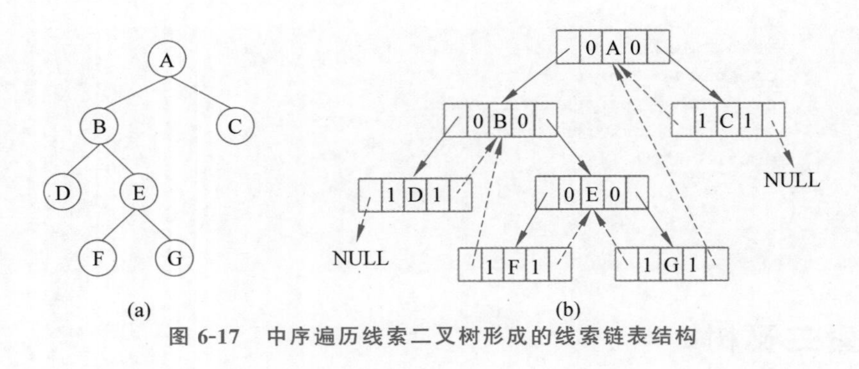

图 6-17 中序遍历线索二叉树形成的线索链表结构

6.3.2 二叉树的线索化

类似线性链表从单向链表转换为双向链表,当二叉链表转换为线索二叉链表时,为了操作方便,我们为每个线索二叉树都增加了一个头结点,从而使在某种遍历下的第一个结点的前驱线索和最后一个结点的后继线索均指向头结点。符合这个要求的头结点有以下两种不同的设定方法。

第一种是令头结点的 lch 指向二叉树的根结点,rch 指向自身。当线索二叉树为空时,lch 和 rch 均指向其本身。头结点的 C 语言描述如下:

```
当二叉树不为空时:
head→lch = T(二叉树的根);
head→rch = head;
head→ltag = 0;
head→rtag = 0;
当二叉树为空时:
head→lch =head;
head→rch = head;
head→ltag = 1;
head→rtag = 0;
```

第二种是令头结点的 lch 指向二叉树的根结点,rch 指向遍历的最后一个结点,从而构成双向循环线索链表。增加了头结点的线索二叉树如图 6-18 所示。

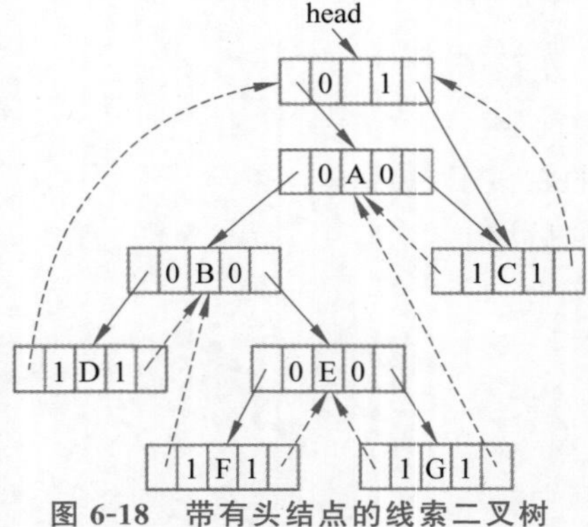

图 6-18 带有头结点的线索二叉树

对于一个给定的二叉树,我们如何将其线索化呢?**二叉树的线索化**其实就是将二叉链表中的空指针改为指向前驱或后继的线索,而前驱或后继信息只有在遍历时才能得到。因此,**线索化的过程就是在二叉树的遍历过程中修改空指针的过程**。以中序遍历以及第二种头结点的构造方式为例,我们在建立线索链表时,要注意以下 3 点:①在中序遍历的过程中要修改结点的左、右指针域;②要时刻保存当前访问结点的"前驱"和"后继"信息;③遍历过程中,还要设定一个指针 pre,pre 指向刚访问过的结点,若 p 指向当前访问结点,那么 pre 就是 p 的前驱。下面将给出构建中序线索化二叉树的算法实现:

```
Status InOrderThreading (threadbithptr &head, threadbithptr T)
{   if (!(head = (threadbithptr)malloc(sizeof( BTnode)))         //为头结点分配内存
```

```
        exit(OVERFLOW);                   //若分配内存失败,则程序退出
    head→ltag = 0;
    head→rtag =1;
    head→rch = head;                      //头结点的 rch 指向自身
    if (!T)  head→lch = head;             //二叉树空,指向自身
    else {                                //二叉树不空,修改头结点和遍历的最后一个结点
        head→lch = T;
            pre = head;                   //初始 pre 指向头结点 head
        InThreading(T);                   //对二叉树进行中序线索化
        pre→rtag = 1;
            pre→rch = head;
        head→rch = pre;                   //头结点 head 与最后一个结点 pre 连接
    }
    return OK;
}                                         //中序遍历二叉树,并将其线索化,head 指向头结点
void InThreading (threadbithptr p) {
    if (p) {                              //对非空二叉树进行中序线索化
        InThreading(p→lch);               //左子树线索化
    if (! p→lch)                          //结点无左子树,建前驱线索
    {   p→ltag = 1;
            p→lch = pre; }
        if (!pre→rch)                     //结点无右子树,建后继线索
        {   p→rtag = 1;
            p→rch = pre; }
        pre = p;                          //保持 pre 指向 p 的前驱
        InThreading(p→rch);               //右子树线索化
    }
}
```

我们如何在线索二叉树中找到指定结点的前驱和后继呢？下面将给出在中序线索二叉树中查找结点 p 的中序前驱和后继的方法。

对于中序前驱：

(1) 当结点没有左子树时，即 p→ltag＝1 时，p→lch 即为所求的前驱结点；

(2) 当结点有左子树时，即 p→ltag＝0 时，p 的左子树的最右下结点即为所求的前驱结点。

查找中序前驱的代码实现如下：

```
threadbithptr InPre ( threadbithptr p )
{   threadbithptr q ;
    q = p → lch ;
    if ( p → ltag == 0 )
        while ( q → rtag == 0 )
            q = q → rch ;
    return ( q ) ;
}
```

对于中序后继：

(1) 当结点没有右子树时，即 p→rtag＝1 时，p→rch 即为所求的后继结点；

(2) 当结点有右子树时，即 p→rtag＝0 时，p 的右子树的最左下结点即为所求的后继结点。

查找中序后继的代码实现如下：

```
threadbithptr InNext ( threadbithptr p )
{   threadbithptr q ;
    q = p → rch ;
    if ( p → rtag == 0 )
        while ( q → ltag == 0 )
            q = q → lch ;
    return ( q ) ;
}
```

6.3.3 线索二叉树的遍历

相对一般的二叉树而言，线索二叉树由于增加了指向遍历前驱和后继的线索，其遍历要便捷很多。对于线索二叉树的遍历，同样也有递归和非递归两种算法实现。

下面将列出遍历中序线索二叉树的递归算法：

```
void TraverseInthread ( threadbithptr p )
{   if (p != Null)
    {
        while (p→ltag == 0)                          //找中序序列的开始结点 p
        p = p→lch;
        do
        {   visit(p→data);                           //访问 p 结点
            p = InNext (p);                          //找 p 的中序后继结点
        } while (p != Null);
    }
}
```

对于线索二叉树的非递归遍历，并不像普通的二叉树那样需要用到栈的数据结构，仅根据其线索就可以完成对二叉树的非递归遍历。我们使用第二种定义二叉树头结点的方式，并且每次只需要判定结点的 ltag 和 rtag，就可以判断二叉树的遍历是否结束。下面将列出遍历中序线索二叉树的非递归算法：

```
Status InthreadTraverse (threadbithptr T,Status( * visit)) {
    p = T→lch;                              //T 指向二叉树的头结点,p 指向二叉树真正的根结点
    while(p != T)                                    //空树或遍历结束时,p=T
    {   while (p→ltag == 0)  p = p→lch;              //找中序序列的开始结点
        visit(p→data)                                //访问结点 p
        while(p→rtag == 1 && p→rch != T )            //p 不是遍历的最后一个结点
        {   p = p→rch;
            visit(p→data); }                         //访问后继结点
            p = p→rch;                               //右线索指向后继结点
    }                                                //重复以上过程,直到有线索指向根为止
}
```

在二叉树中，我们一般不讨论结点的插入与删除操作，原因是其插入与删除操作与线性表相同，不同的是需要详细说明操作的具体要求。而在线索二叉树中，结点的插入与删除操作同时还要考虑修正线索的操作。以插入右孩子结点为例，如图 6-19 所示，如果我们要将结点 R 插入作为结点 S 的右孩子结点，此时需要考虑两种情况：①若 S 的右子树为空，直接插入 R 即可；②若 S 的右子树非空，则 R 插入后，原来 S 的右子树作为 R 的右子树。

综合上述情况考虑，中序线索二叉树的右插入算法为

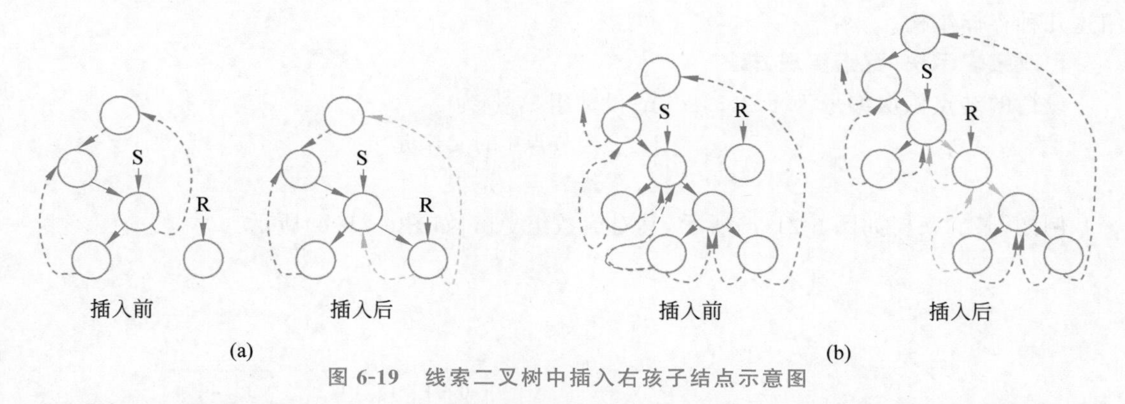

图 6-19　线索二叉树中插入右孩子结点示意图

```
Void RINSERT (threadbithptr S, threadbithptr R)
{   R→ltag = 1;                              //R 无左孩子,故 ltag 为 1
    R→lch = S;                               //R 的中序前驱是 S
    R→rtag = S→rtag;                         //R 的 rtag 取决于 S 是否有右子树
    R→rch = S→rch;                           //R 的 rch 是原来 S 的 rch
    S→rtag = 0;                              //S 有右孩子,故 rtag 为 0
    S→rch = R;                               //S 的右孩子是 R
    if ( S→rtag = 0)                         //S 右子树非空时
    {   W = InNext ( S );                    //W 为 S 的中序后继
        W→lch=R;                             //W 的中序前驱是 R
    }
}
```

二叉树的应用很广泛,例如,我们可以根据给定的先缀或后缀表达式建立相应的二叉树。对于先缀表达式,其运算规则为:连续出现的两个操作数和在它们之前且紧靠它们的运算符构成一个最小表达式;前缀式唯一确定了运算顺序。以前缀表达式"－×＋abc/de"为例,其二叉树表示为图 6-20,我们可以观察到,二叉树中叶子结点均为操作数,分支结点均为运算符;对于二叉树中的二元运算符,其左右子树不为空。对于后缀表达式,其运算规则为:运算符在式中出现的顺序恰为表达式的运算顺序;每个运算符和在它之前出现且紧靠它的两个操作数构成一个最小表达式;先找运算符,再找操作数;操作数的顺序不变。以后缀表达式"ab＋c×de/－"为例,我们只需要从左到右扫描后缀表达式,遇到操作符则对前面的操作数建立二叉树,以此类推,得到的二叉树表示为图 6-20。

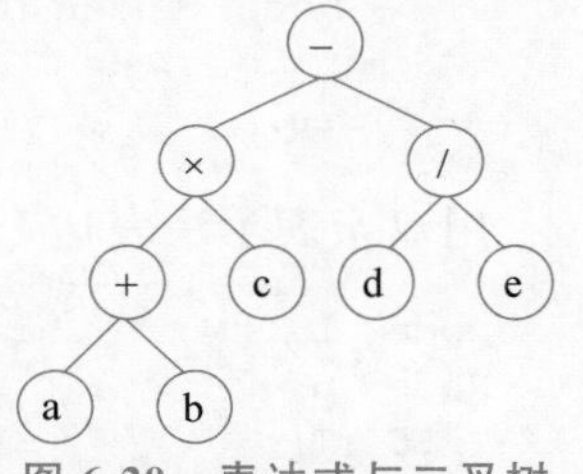

图 6-20　表达式与二叉树关系举例

6.4　树和森林

前面介绍了二叉树这种特殊的树形结构,本节将回到一般的树形结构,讨论其存储和遍历,并引申至森林结构。

6.4.1　树的存储结构

树的存储方式有多种,既可以采用顺序存储结构,也可以采用链式存储结构,但无论采用何种存储方式,都要求能够唯一地反映树中各结点之间的逻辑关系。常用的存储结构主要有"双亲表示法""孩子表示法""双亲孩子表示法""孩子兄弟表示法"四种,接下来我们将详细介绍这几种存储结构。

1. 双亲表示法(数组实现方法)

设树的结点依次编号为1,2,3,…,n;设数组A[i]为

$$A[i]=\begin{cases}j, & 若节点\ i\ 的父亲是\ j\\0, & 若节点\ i\ 是根\end{cases}$$

例如,某二叉树如图6-21(a)所示,其对应数组A[i]如图6-21(b)所示。

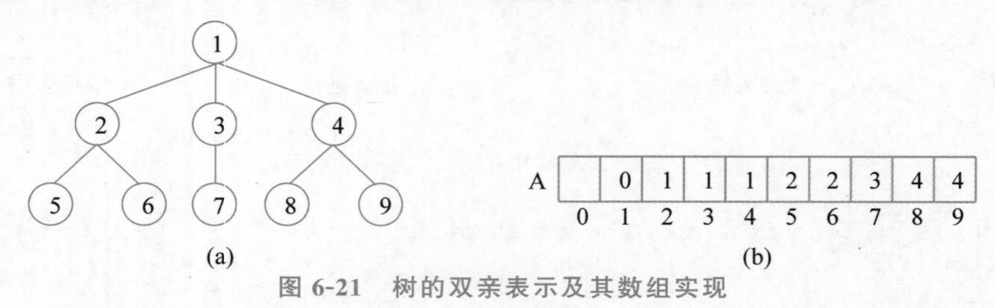

图6-21 树的双亲表示及其数组实现

双亲表示类型定义如下:

```
#define MAX 100
Typedef struct PTnode{                          //结点结构
    Elem  data;
    int    parent;                              //双亲位置域
} PTnode;
```

基于上述结点结构,可定义树形结构整体如下:

```
typedef struct {
    PTNode  nodes [MAX_TREE_SIZE];
    int     r, n;                               //根结点的位置和结点个数
} * PTree;
```

用双亲表示法表达LeftMost-Child算法如下:

```
Node  LeftMost-Child(n, T)
Node  n;
TREE  T;
{  Node  i ;
    for (i = n+1 ; i <= MaxNodes- 1 ; i++)
        if (T[i] == n)
            return(i) ;                         //i为最左孩子
    return(0) ;                                 //n是叶子
}
```

2. 孩子表示法(邻接表表示法)

孩子表示法即对树的每个结点用线性链表存储它的孩子结点,如果没有孩子结点,则对应的孩子链表为空,如图6-22所示。

孩子结点结构示意图及定义如下:

child	next

```
typedef struct CTNode {
    int            child;
    struct CTNode  * next;
} * ChildPtr;
```

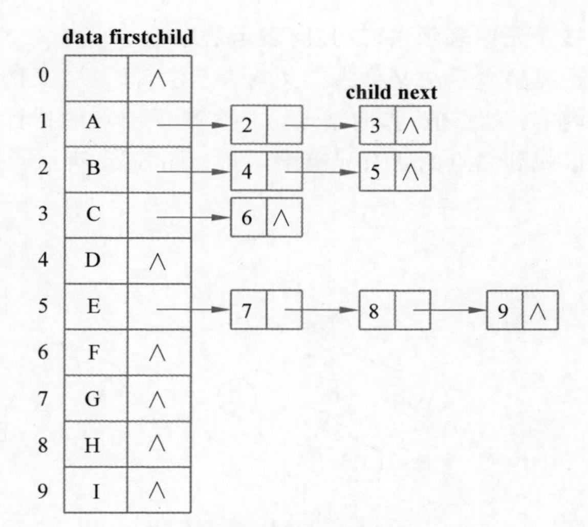

(a) 树的孩子链表图示　　(b) 孩子链表表示法示意图

图 6-22　树的孩子表示法及其邻接表实现

双亲结点结构定义如下：

data	firstchild

```
typedef struct {
    Elem    data;
    ChildPtr  firstchild;                    //孩子链的头指针
} CTBox;
```

需要注意的是，如果采用该种表示方法，找一个结点的孩子会变得十分方便，但要找一个结点的双亲则要遍历整个结构。

3. 双亲孩子表示法

双亲孩子表示法是结合双亲表示法和孩子表示法的一种方法，如图 6-23 所示。

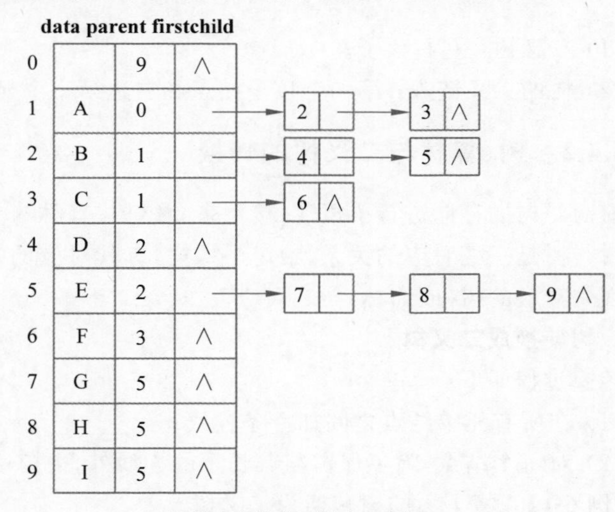

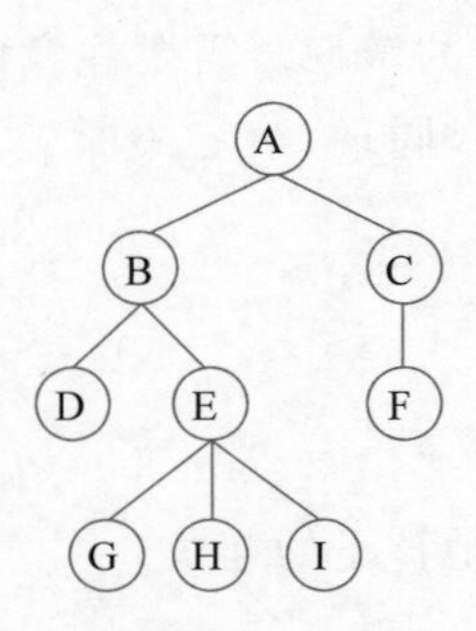

(a) 树的孩子链表图示　　(b) 带双亲的孩子链表示意图

图 6-23　树的双亲孩子表示法

4. 孩子兄弟表示法(二叉树表示法)

孩子兄弟表示法又称为二叉树表示法,即以二叉链表作为树的存储结构。每个结点包括三部分内容:结点值、指向结点第一个孩子结点的指针、指向结点下一个兄弟结点的指针(沿此域可以找到结点的所有兄弟结点),如图 6-24 所示。

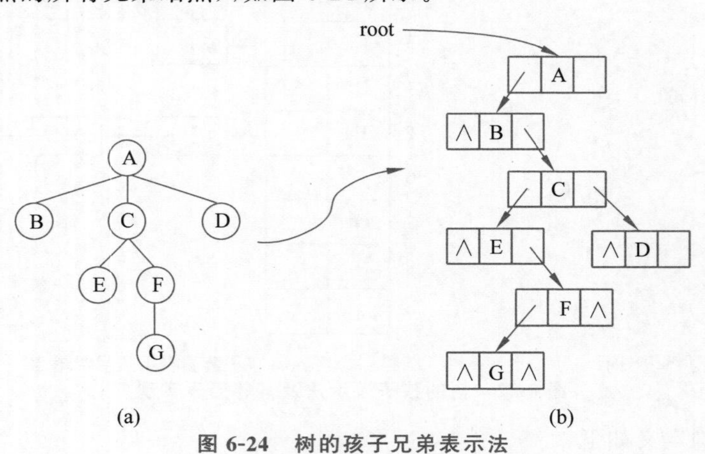

图 6-24 树的孩子兄弟表示法

结点结构示意图如下:

firstchild	Data	firstbrother

结点结构定义如下:

```
typedef struct CSNode{
    Elem          data;
    struct CSNode   * firstchild, * firstbrother;
} CSNode, * CSTree;
```

其实不难看出,树和二叉树的存储表示方式是一样的,只是左右孩子表达的逻辑关系不同。

(1) 二叉树:左右孩子。

(2) 树的二叉链表:第一个孩子结点和右边第一个兄弟结点。

6.4.2 树、森林与二叉树的转换

前面对树的存储进行了概述,接下来介绍树、森林与二叉树之间的转换。需要注意的是,二叉树与树是一一对应的关系,给定一棵树,有其对应的唯一二叉树,同理,给定一棵二叉树,也有唯一对应的树(或森林)与之对应。

1. 树转换成二叉树

转换过程如下:

(1) 在所有兄弟结点之间加一条连线;

(2) 对每个结点,除了保留与其长子的连线外,去掉该结点与其他孩子的连线。

【例 6-1】 将下面的树转换为二叉树。

2. 森林转换为二叉树

转换过程如下(图 6-25):

(1) 将森林中的每棵树转换为二叉树;

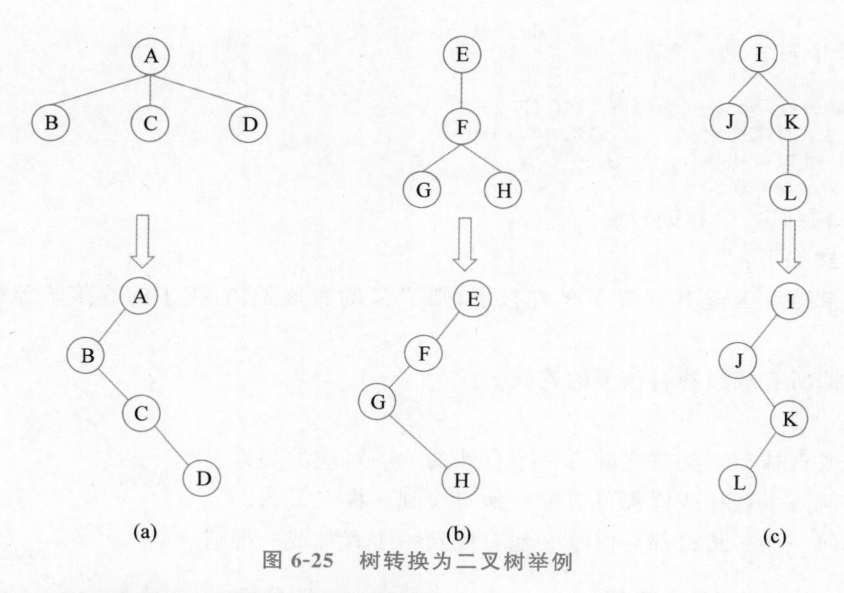

图 6-25　树转换为二叉树举例

(2) 将各二叉树的根结点视为兄弟连接起来。

【例 6-2】　将下面包含 3 棵树的森林转换为二叉树(图 6-26)。

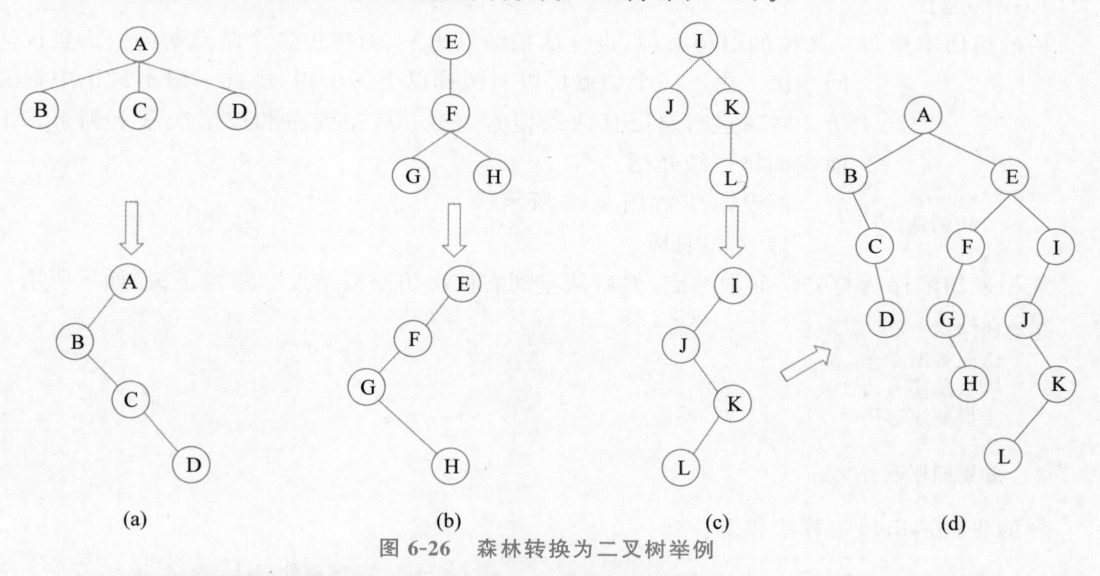

图 6-26　森林转换为二叉树举例

下面我们用伪代码描述由森林转换为二叉树的转换规则。

设森林 F = (T_1, T_2, …, T_n); T_1 = (root, t_{11}, t_{12}, …, t_{1m}); 二叉树 B = (Node(root), LBT, RBT)。

那么,由森林转换为二叉树的转换规则为

```
若 F = ∅,则 B = ∅;
否则,
    由 ROOT( T1 ) 对应得到 Node(root);
    由 (t11, t12, …, t1m ) 对应得到 LBT;
    由 (T2, T3,…, Tn ) 对应得到 RBT。
```

反过来,由二叉树转换为森林的转换规则为

```
若 B = ∅, 则 F = ∅;
否则,
    由 Node(root) 对应得到 ROOT( T1 );
    由 LBT 对应得到 ( t11, t12, …,t1m);
    由 RBT 对应得到 (T2, T3, …, Tn)。
```

3. 二叉树到树、森林的转换

转换步骤如下：

(1) 如果结点 X 是其双亲 Y 的左孩子，则把 X 的右孩子、右孩子的右孩子等都与 Y 用连线连起来；

(2) 去掉所有双亲到右孩子的连线。

4. 总结

(1) 树或森林与二叉树之间有一个自然的一一对应的关系。

(2) 任何一个森林或树都可以唯一地对应到一棵二叉树。

(3) 任何一棵二叉树都可以唯一地对应到一个森林或一棵树。

6.4.3 树和森林的遍历

1. 树的遍历

树的遍历本质与二叉树的遍历类似，也是从根结点出发，对树中各个结点访问一次且仅访问一次。由于一个结点可以有两棵以上的子树，因此一般不讨论中根遍历。对树进行遍历有两条搜索路径：从左到右和按层次从上到下。下面我们将详细介绍。

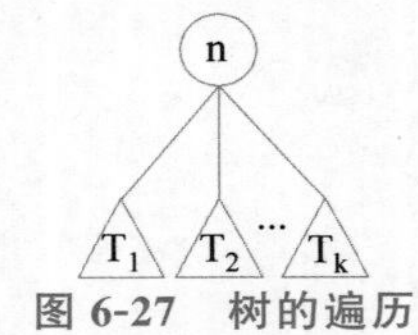

图 6-27 树的遍历

假设树 T 如图 6-27 所示。

1) 先根遍历

先根遍历顺序为首先访问根结点，然后从左到右依次访问根结点的每棵子树，如下所示：

```
先根顺序
    访问根结点 ;
    先根顺序遍历 T1;
    先根顺序遍历 T2;
    …
    先根顺序遍历 Tk;
```

树的先根遍历递归算法如下：

```
void preordertree(CSNode * root)                    /* root 一般树的根结点 */
{   if(root!=NULL)
    {   visit(root→data);                           /* 访问根结点 */
        preordertree(root→firstchild);
        preordertree(root→nextsilbing);
    }
}
```

2) 后根遍历

树的后根遍历顺序为首先从左到右依次访问根结点的每棵子树，然后访问根结点。如下所示：

```
后根顺序
    后根顺序遍历 T1;
```

```
    后根顺序遍历 T2；
    …
    后根顺序遍历 Tk；
    访问根结点；
```

树的后根遍历递归算法如下：

```
void postordertree(CSNode   * root)              /* root 一般树的根结点 */
{   if (root!=NULL)
    {   postordertree(root→firstchild);
        postordertree(root→nextsilbing);
        visit(root→data);
    }
}
```

3）层次遍历

树的按层次遍历类似二叉树的按层次遍历，遍历顺序为从上而下、自左到右一次访问树中的每个结点。其算法思想如下：

```
算法运用队列做辅助存储结构。其步骤为：
(1)首先将树根入队列；
(2)出队一个结点便立即访问之，然后将它的非空的第一个孩子结点进队，同时将它的所有非空兄弟结点逐一进队；
(3)重复(2)，这样便实现了树按层遍历。
```

2. 森林的遍历

在学习森林的遍历之前，我们首先需要了解森林的构成。森林由三部分构成：

（1）森林中第一棵树的根结点；

（2）森林中第一棵树的子树森林；

（3）森林中其他树构成的森林。

森林的遍历如图 6-28 所示。

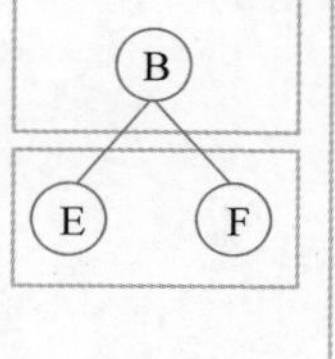

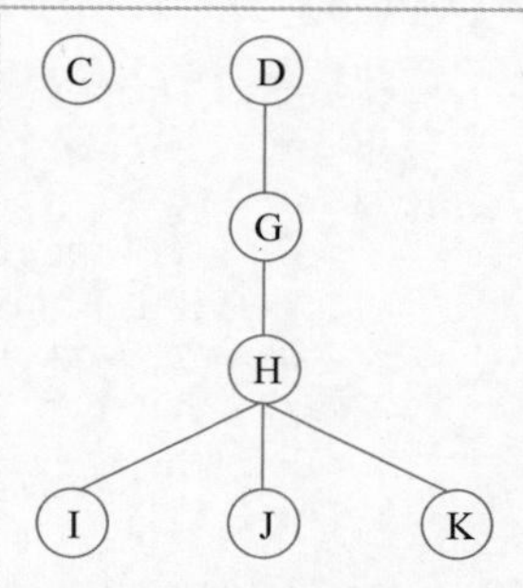

图 6-28　森林的遍历示意图

1）先序遍历

树的先序遍历即依次从左至右对森林中的每棵树进行先根遍历。其遍历顺序如下：

```
若森林不空，则
    访问森林中第一棵树的根结点；
    先序遍历森林中第一棵树的子树森林；
    先序遍历森林中(除第一棵树之外)其余树构成的森林
```

2）中(后)序遍历：

树的中(后)序遍历即依次从左至右对森林中的每棵树进行后根遍历。其遍历顺序如下：

```
若森林不空，则
    后序遍历森林中第一棵树的子树森林；
    访问森林中第一棵树的根结点；
    后序遍历森林中(除第一棵树之外)其余树构成的森林
```

【例 6-3】　给出如图 6-29 所示森林的先序遍历顺序和后序遍历顺序。

解答：ABCDEFGHIJKL 和 BRCDAGHFEJLKI。

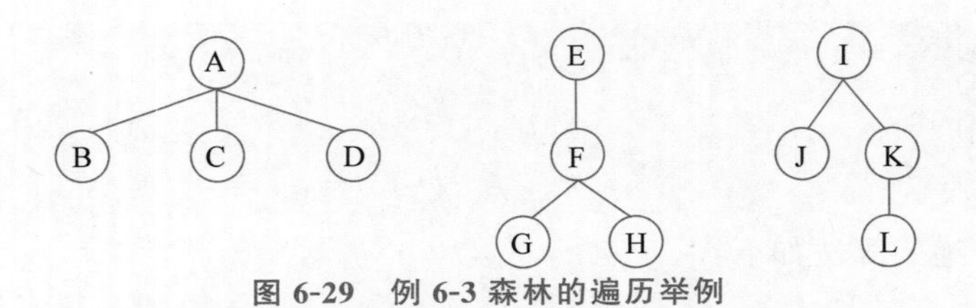

图 6-29 例 6-3 森林的遍历举例

3. 总结

在森林转换成二叉树的过程中：

森 林		二 叉 树
第一棵树的根结点	→	二叉树的根
第一棵树的子树森林	→	左子树
剩余树森林	→	右子树

树的遍历和二叉树遍历的对应关系如下：

树	森 林	二 叉 树
先根遍历	先序遍历	先序遍历
后根遍历	后序遍历	中序遍历

由此可见，对树和森林的遍历可以调用二叉树对应的遍历算法。

【例 6-4】 求森林的深度的算法。

```
int TreeDepth(CSTree T) {                              //T 是森林
    if(!T)  return 0;
    else {
        h1 = TreeDepth( T→firstchild );
        //森林中第一棵树的子树森林的深度
        h2 = TreeDepth( T→firstbrother);
        //森林中其他子树构成的森林的深度，与 T 在同一层
        return(max(h1+1, h2));
    }
}                                                      //TreeDepth
```

6.5 树的应用

树形结构应用广泛，本节将重点讨论树形结构的各种应用。

6.5.1 哈夫曼树

哈夫曼树又称为最优二叉树，是一种带权路径长度最短的二叉树。所谓树的带权路径长度，就是指树中所有的叶子结点的权值乘上其到根结点的路径长度(若根结点为 0 层，则叶子结点到根结点的路径长度为叶子结点的层数)，其应用包括哈夫曼编码、通信与数据传送的二进制编码、堆结构、树形选择排序、折半查找的判定树、动态查找的二叉排序树等。

1. 哈夫曼树的相关概念

(1) **结点到路径的长度**：从根结点到该结点的路径上分支的数目。

(2) **树的路径长度**：树中每个结点的路径长度之和。

(3) **树的带权路径长度**：树中所有叶子结点的带权路径长度之和。

【例 6-5】 计算下列树(图 6-30)的路径长度,同时,通过观察上述四棵树我们可以得到如下结论:在结点数相同的条件下,完全二叉树是路径最短的二叉树。

$$\mathrm{WPL(T)} = \sum w_k l_k \text{(对所有叶子结点)}$$

【例 6-6】 计算下列树(图 6-31)的带权路径长度。

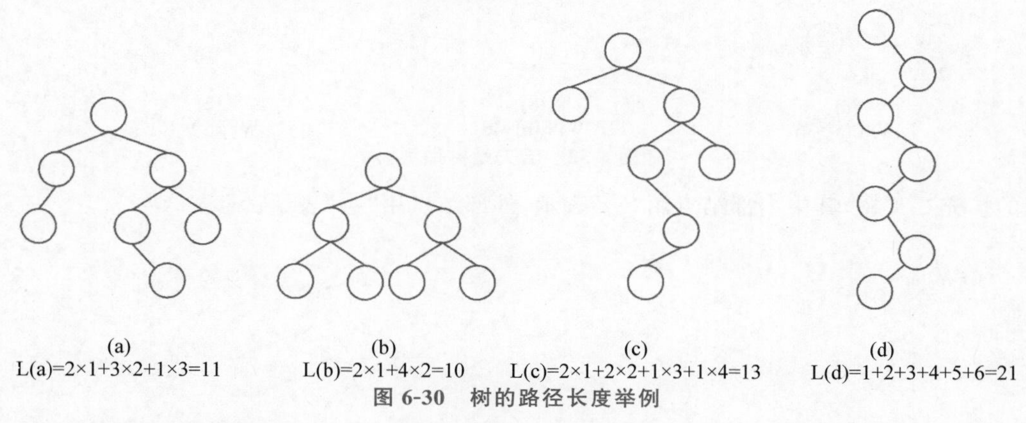

图 6-30 树的路径长度举例

(4) **"最优树"或"Huffman 树"**:在所有含 n 个叶子结点且带相同权值的 m 叉树中,必存在一棵带权路径长度取最小值的树,称之为"最优树"或"Huffman 树"。

(5) **"最优二叉树"或"哈夫曼树"(Huffman)**:带权路径长度 WPL 最小的二叉树,称该二叉树为"最优二叉树"或"哈夫曼树"。

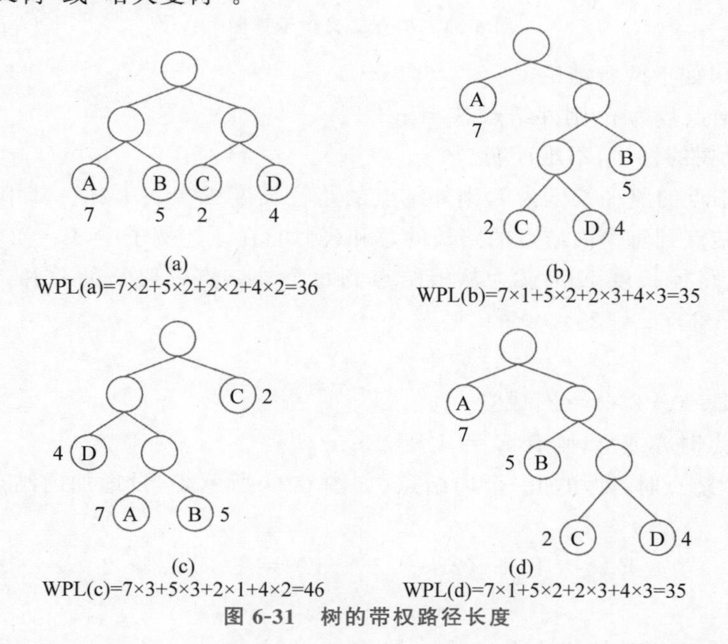

图 6-31 树的带权路径长度

通过观察下述三棵树(图 6-32)可知,当叶子结点的权值完全相同但放置在树的不同位置时,权值大的结点离根越近,则带权路径长度越短。根据哈夫曼树的定义,仅图 6-32(c)为哈夫曼树。由此可得到结论:在哈夫曼树中,权值大的结点离根最近。

(6) **扩充二叉树**:将非满二叉树中所有度不满 2 的结点扩充为 2,便得到了扩充二叉树。扩充的结点称为"外部结点",其余原来的结点称为"内部结点"。我们以图 6-33 为例,右图为

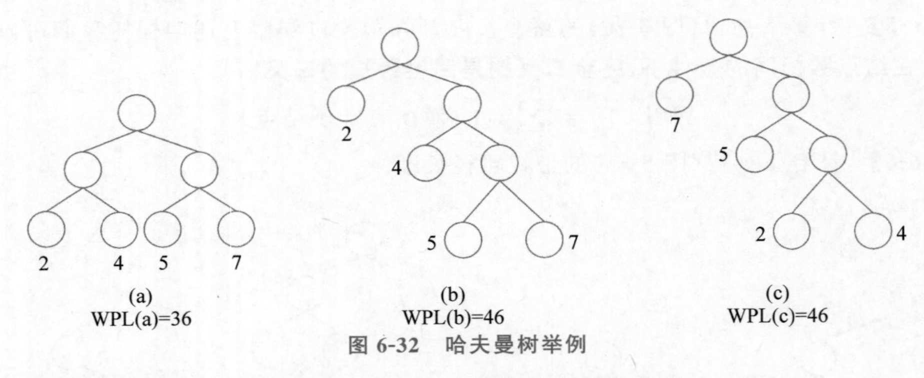

图 6-32 哈夫曼树举例

左图的扩充二叉树，其中内部结点用"○"表示，外部结点用"□"表示。

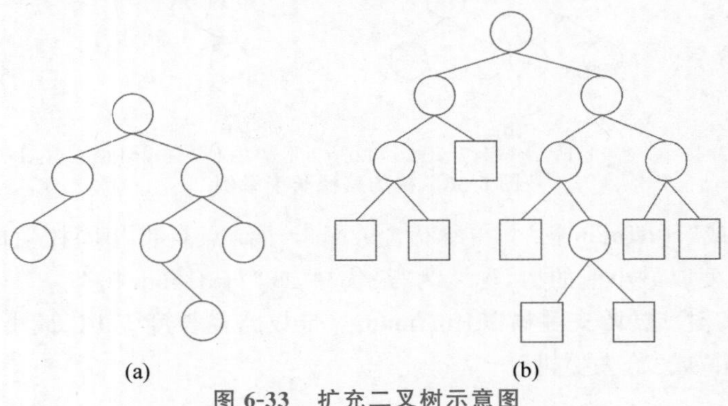

图 6-33 扩充二叉树示意图

我们可以得出如下两条结论。

(1) 如果内结点数为 n，则外结点 S = n+1。

(此结论通过树的性质，不难证明。)

(2) 如果内结点的路径长度为 I，则外结点的路径长度 E = I+2n。其中，内结点路径长度 I 定义为从根结点到每个内结点的路长的总和(例如，在上述例子中，I = 2×1+3×2+1×3 = 11。外结点路径长度 E 定义为从根结点到每个外结点的路长的总和，在上述例子中，E =1×2+5×3+2×4 = 25)。

证明：

当 n=1 时，E=0+2×1=2，成立。

假设 n 个结点时亦成立，则有 $E_n = I_n + 2 \times n$。

当有 n+1 个结点时，即增加一个内结点(如图 6-34 所示)。设增加内结点的路径长度为 L，则有：

$$E_{n+1} = E_n + (2L + 2 - L) = E_n + L + 2$$

另，$I_{n+1} = I_n + L$

则有 $E_{n+1} = I_n + 2n + L + 2 = I_{n+1} + 2(n + 1)$。

证明完毕。

2. 哈夫曼树的构造

1) 构造哈夫曼树的步骤

(1) 根据给定的 n 个权值，构造 n 棵只有一个根结点的二叉树，n 个权值分别是这些二叉树根结点的权。

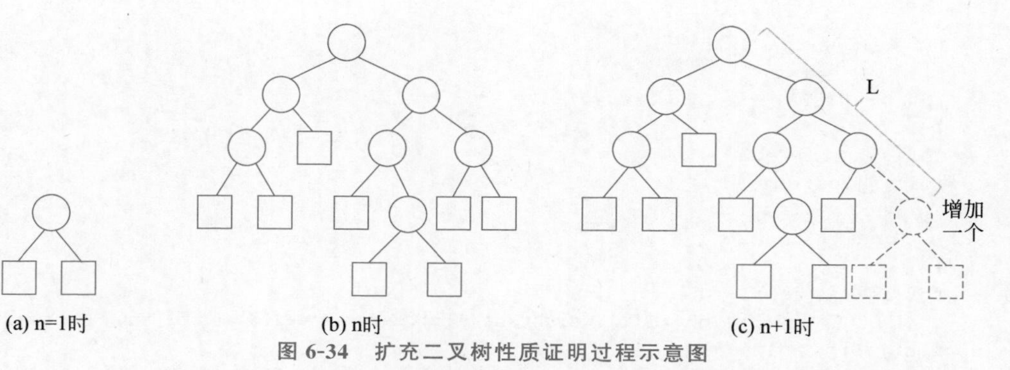

图 6-34　扩充二叉树性质证明过程示意图

(2) 设 F 是由这 n 棵二叉树构成的集合，在 F 中选取两棵根结点树值最小的树作为左、右子树，构造一棵新的二叉树，置新二叉树根的权值等于左、右子树根结点权值之和。

(3) 从 F 中删除这两棵树，并将新树加入 F。

(4) 重复(2)、(3)，直到 F 中只含一棵树为止；这棵树便是哈夫曼树。

【例 6-7】　构造以 W=(5,14,40,26,10)为权的哈夫曼树(图 6-35 所示)。

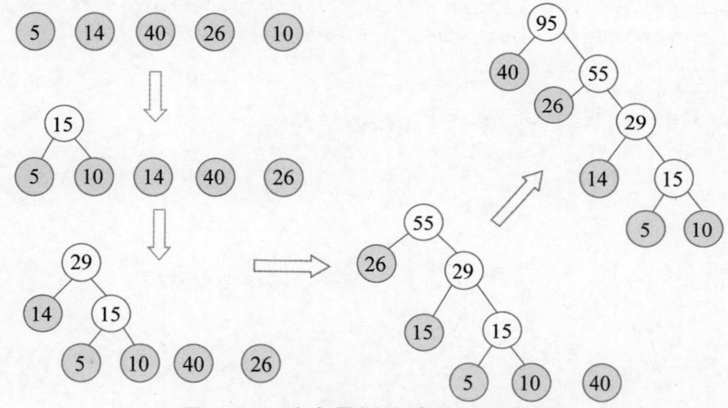

图 6-35　哈夫曼树构造过程示意图

2) 哈夫曼树的构造过程说明

(1) 哈夫曼树中没有度为 1 的结点，这类树又称为严格的(strict)或正则的二叉树。

(2) n 个结点需要进行 n−1 次合并，每次合并都产生一个新的结点，所以最终的哈夫曼树共有 2n−1 个结点。

3) 哈夫曼算法

创建方法 1：

```
typedef  struct                                    //树结点结构
{
    float weight;
    int lch, rch, parent;
} HTNODE;
typedef HTNODE HuffmanT[m];

void  SelectMin(HuffmanT T,int n1,int *p1,int *p2)
{
    int i,j;
    for(i=0;i<=n1;i++)
```

```
        if(T[i].parent==-1) {
            * p1=i;
            break;
    }
    for(j=i+1;j<=n1;j++)
    if(T[j].parent==-1) {
        * p2=j;
        break;
    }
    for(i=0;i<=n1;i++)
        if((T[ * p1].weight>T[i].weight)&&(T[i].parent==-1)&& ( * p2!=i))   * p1=i;
    for(j=0;j<=n1;j++)
        if((T[ * p2].weight>T[j].weight)&&(T[j].parent==-1)&& ( * p1!=j))   * p2=j;
}

void  CreatHT(HuffmanT T)                            //创建哈夫曼树
{
    int i,p1,p2;
    InitHT(T);
    for(i=n;i<m;i++)
    {   SelectMin(T,i-1,&p1,&p2);                    //选择两个最小的权
        T[p1].parent=T[p2].parent=i;
        T[i].lch=p1;
        T[i].rch=p2;
        T[i].weight=T[p1].weight+T[p2].weight;
    }
}
```

创建方法 2：

```
typedef struct HNODE                                 //树结点结构
{
    int data,lev;
    struct HNODE * next, * lch, * rch;
} HTREE;

void Huffman(HTREE * H)                              //创建哈夫曼树
{   HTREE * p, * q, * r;
    while(H->next->next!=Null)
    {
        p=H->next;
        q=H->next->next;
        H->next=q->next;
        r=(HTREE * )malloc(sizeof(struct HNODE));
        if(!r)  {    printf("***内存错误!\n");    exit(0); }
        r->data=p->data+q->data;
        r->lev=(p->lev>q->lev? p->lev+1:q->lev+1);
        p->lev=q->lev=r->lev-1;
        r->lch=p;
        r->rch=q;
        Insert(H,r);
    }
}

void Insert(HTREE * &H, HTREE * q)
//向哈夫曼树中插入一个结点,保持权的和有序
{   HTREE * p;
```

```
    p=H;
    while((p->next!=Null)&&(p->next->data<=q->data))
        p=p->next;
    q->next=p->next;
    p->next=q;
}
```

4) 哈夫曼树获得最佳判定算法

【例 6-8】 输入一批学生成绩(表 6-1 所示),将百分制转换成五级分制。

表 6-1 学生成绩分布表

分数	0～59	60～69	70～79	80～89	90～100
等级	Fail	Pass	General	Good	Excellent
概率	0.05	0.15	0.40	0.30	0.10

假设此时有 10000 个学生的成绩,直接的分制算法如下:

```
scanf("%d",&a);
while(a!=999)
{
    if (a<60) b="Fail"
    else if (a<70)  b="Pass"
    else if (a<80) b="General"
    else if(a<90) b="Good"
    else b="Excellent";
    scanf("%d",&a);
}
```

其对应的树形结构如图 6-36 所示,共需进行 31500 次判断。

如果采用哈夫曼算法,即以 $W_i=\{5,15,40,30,10\}$ 为权构造哈夫曼树如图 6-37(a)所示,并将判定框中的条件分开得到图 6-37(b),则只需进行 22000 次判断。因此,可以大幅提升计算效率。

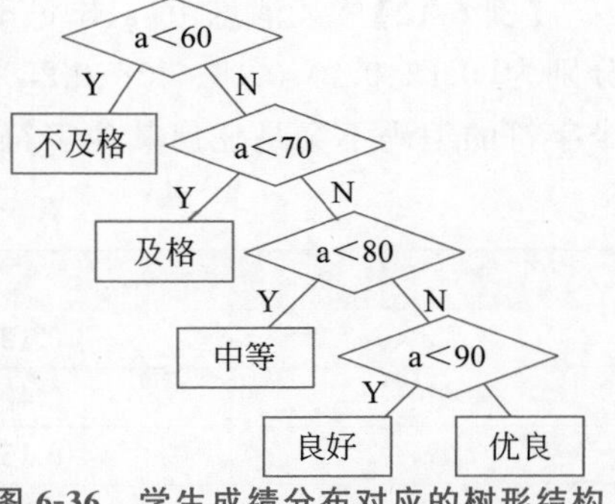

图 6-36 学生成绩分布对应的树形结构

3. 哈夫曼编码

在电报通信中,电文是以二进制按照一定的编码反射传送的。发送方需要按照预先规定的方法将要传送的字符换成 0 和 1 组成的序列,即编码;接收方需要将由 0 和 1 组成的序列换成对应的字符,即解码。

哈夫曼编码是 Huffman 教授于 1952 年提出一种编码方法,该方法完全依据字符出现的概率来构造一种不等长的二进制编码,构造所得的哈夫曼编码是一种最优前缀编码,使所传电文的总长度最短,从而可实现数据压缩。

1) 前缀编码

任何一个字符的编码都不是同一字符集中另一个字符的编码的前缀。

【例 6-9】 前缀编码 A:0 B:110 C:10 D:111

发送方:将 ABACCDA 转换成 0110010101110 发出

接收方:0110010101110。所得的译码唯一。

【例 6-10】 非前缀编码 A:0 B:00 C:1 D:01

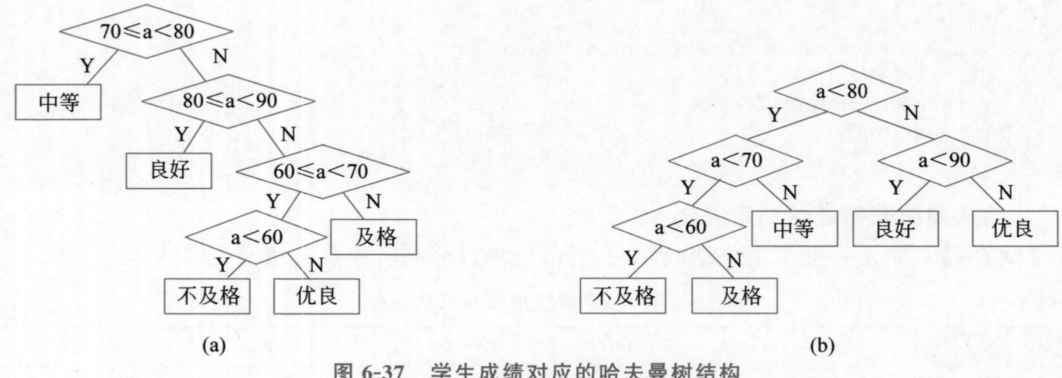

图 6-37　学生成绩对应的哈夫曼树结构

2）不等长编码与等长编码

（1）**不等长编码**：各个字符的编码长度不等，如(0,10,110,011)。不等长编码的优势在于可以使传送电文的字符串的总长度尽可能的短。对出现频率高的字符采用尽可能短的编码，则传送电文的总长便可减少。

（2）**等长编码**：等长编码的二进制串的长度取决于电文中不同的字符个数，假设需传送的电文中只有四种字符，只需两位字符的串便可分辨，即(01,10,11,00)。

【例 6-11】 要传输的原文为 ABACCDA。

等长编码　　A：00　　B：01　　C：10　　D：11

发送方：将 ABACCDA　转换成　00010010101100

接收方：将 00010010101100　还原为　ABACCDA

我们可以通过一个例子来印证哈夫曼树可用于实现字符编码平均长度最短的字符编码。

【例 6-12】 某消息由(a、b、c、d、e)5 个字符组成(如表 6-2 所示)，已知各字符出现的概率分别为(0.12、0.40、0.15、0.08、0.25)。现用一个二进制数字串对每个字符进行编码，使任意一个字符的编码不会是任何其他字符编码的前缀，满足“前缀性”。

表 6-2　消息组成及其字符概率分布

字　符	概　率	code1	code2
a	0.12	000	000
b	0.40	001	11
c	0.15	010	01
d	0.08	011	001
e	0.25	100	10

例如：二进制串 001010011 按 code1 编码为 bcd；二进制串 1101001 按 code2 编码为 bcd。二者对应的二叉树如图 6-38 所示。

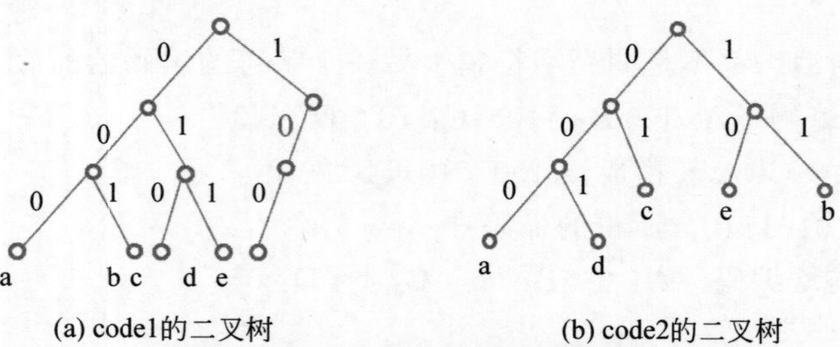

图 6-38　code 编码的二叉树结构

code1 的平均长度＝3×(0.12＋0.40＋0.15＋0.08＋0.25)＝3.0。

code2 的平均长度＝3×(0.12＋0.08)＋2×(0.40＋0.15＋0.25)＝2.2。

很显然，code2 编码的平均长度要比 code1 编码的平均长度小，但是有没有比 code2 编码的平均长度还小的编码呢？

我们以(a、b、c、d、e)5 个字符出现的频率为权构造哈夫曼树，即 w_i＝(0.12、0.40、0.15、0.08、0.25)，如图 6-39 所示。

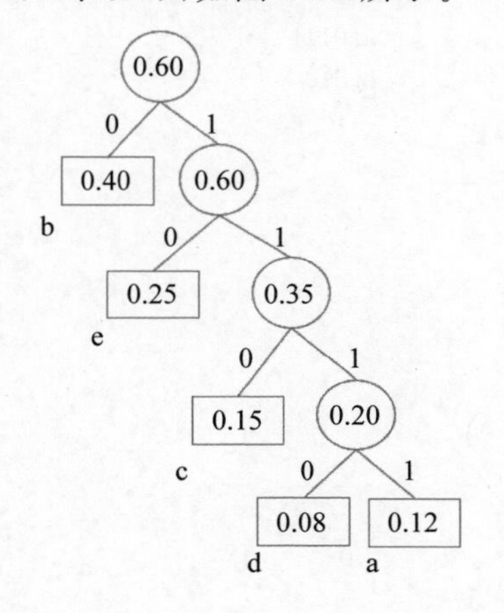

哈夫曼编码code3

字符	概率	code3
a	0.12	1111
b	0.40	0
c	0.15	110
d	0.08	1110
e	0.25	10

图 6-39　对应的哈夫曼树编码

code3 编码的平均长度即 $\sum w_i l_i = 2.15$；bcd 的编码为 01101110。

【例 6-13】　某通信系统只使用 8 种字符 a、b、c、d、e、f、g、h，其使用频率分别为 0.05、0.29、0.07、0.08、0.14、0.23、0.03、0.11，利用二叉树设计一种不等长编码。

步骤：(1) 构造以字符使用频率作为权值的哈夫曼树；

(2) 将该二叉树所有左分枝标记 0，所有右分枝标记 1；

(3) 从根到叶子结点路径上标记为叶子结点所对应字符的编码。

其结果如图 6-40 所示。

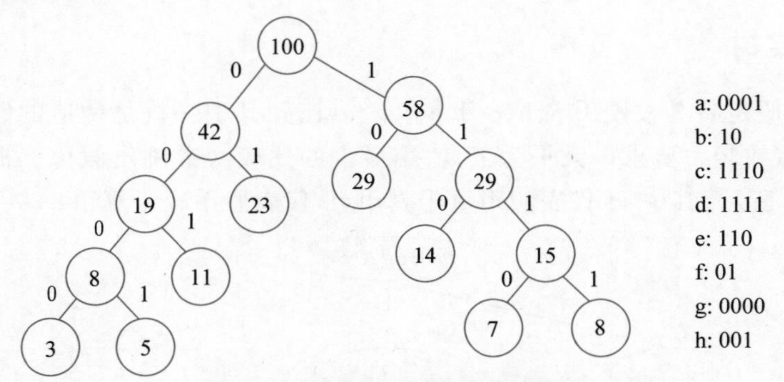

图 6-40　例 6-13 对应的哈夫曼编码

在这种情况下，总编码长度等于哈夫曼树的带权路径长度 WPL。

但哈夫曼树的构造方法并不唯一，我们也可以得到另一棵哈夫曼树及对应的哈夫曼编码，如图 6-41 所示。

不同的规则获得的编码是不同的。

【例 6-14】　某文件内的一组原始数据如下：

32	22	22	43	49	22	22	17	48	43

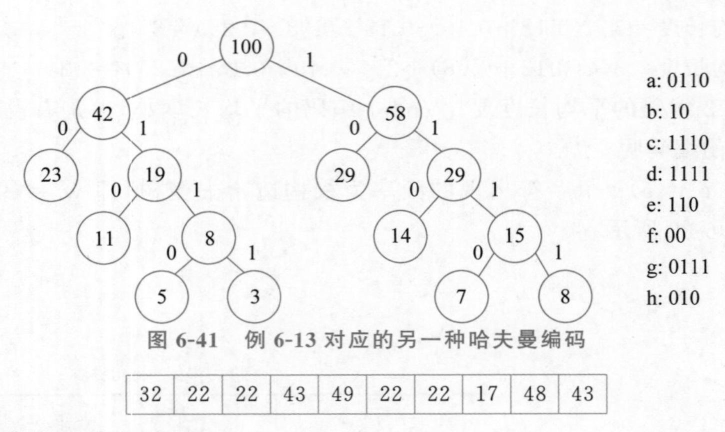

图 6-41 例 6-13 对应的另一种哈夫曼编码

32	22	22	43	49	22	22	17	48	43

请设计其对应的哈夫曼编码。

结果：其对应的哈夫曼编码如图 6-42 所示。

符号	频率	编码
22	4	00
43	2	01
17	1	100
32	1	101
48	1	110
49	1	111

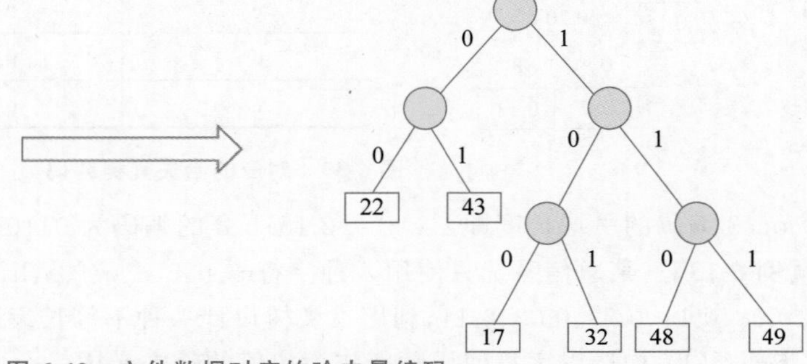

图 6-42 文件数据对应的哈夫曼编码

原始数据的代码转换结果如下：

101	00	00	01	111	00	00	100	110	01

6.5.2 判定树

【例 6-15】 假定有 8 枚硬币 a、b、c、d、e、f、g、h，已知其中一枚是伪造的假币，假币的重量与真币不同，或重或轻。要求以天平为工具，用最少的比较次数挑出假币。根据题意，可画出判定树如图 6-43 所示，其中 H 代表假币重于真币，L 代表假币轻于真币。

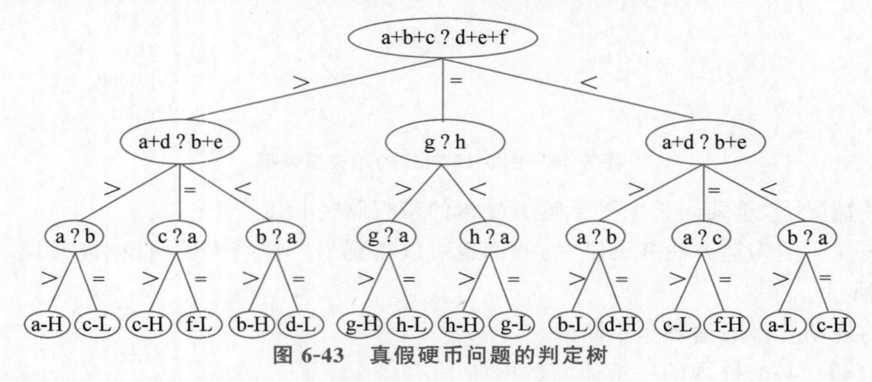

图 6-43 真假硬币问题的判定树

根据上述例子中的判定树，可得判定过程的算法代码如下：

```
void EightCoins( )                    //输入 8 枚硬币的重量,经过三次比较,找出其中的伪币
{
    int a,b,c,d,e,f,g,h;
    cin>>a>>b>>c>>d>>e>>f>>g>>h;
    switch(Compare(a+b+c,d+e+f)){
    case '=':if(g>h)Comp(g,h,a);
                else Comp(h,g,a);
                break;
    case '>':switch(Compare(a+d,b+e)){
                    case '=':Comp(c,f,a);break;
                    case '>':Comp(a,e,b);break;
                    case '<':Comp(b,d,a);break;
                }
               break;
    case '<':switch(Compare(a+d,b+e)){
                    case '=':Comp(f,c,a);break;
                    case '>':Comp(d,b,a);break;
                    case '<':Comp(e,a,b);break;
                }
                break;
    }
}//EightCoins

char Comppare(int a,int b)            //比较两组硬币的轻重
{
    if(a<b)
        return('<');
    else if(a==b)
        return('=');
    else
        return('>');
}//Compare

void Comp(int x,int y,int z)          //将 x 与标准硬币 z 进行比较
{
    if(x>z)
        cout << x<<"Heavy!";
    else
        cout <<y<<"Light!";
}//Comp
```

一棵判定树具有如下特点：

（ⅰ）一个判定树是一个算法的描述；

（ⅱ）每个内部结点对应一个部分解；

（ⅲ）每个叶子(外部结点)对应一个解；

（ⅳ）每个内部结点连接一个获得新信息的测试；

（ⅴ）从每个结点出发的分支标记着不同的测试结果；

（ⅵ）一个求解过程对应从根到叶的一条路；

（ⅶ）一个判定树是所有可能的解的集合。

除了上述例子外,判定树的思想也可以应用在其他方面。

(1) 有 6 个球,其中包含四个质量一样的普通球和两个一轻一重的球。轻球和重球质量和等于两个普通球的质量和,现在给你一架天平,称三次找出轻球和重球。

(2) 12 个球中有一个次品,在一个没有砝码的天平上只称 3 次,找出该球,并判断该球比

其他球轻还是重。

(3) 有 4 堆外表上一样的球,每堆 4 个。已知其中三堆是正品、一堆是次品,正品球每个重 10 克,次品球每个重 11 克,请用天平只称一次,把是次品的那堆找出来。

(4) 有 27 个外表上一样的球,其中只有一个是次品,重量比正品轻,请用天平只称三次(不用砝码),把次品球找出来。

(5) 现有一架无码天平和 m 个球,这 m 个球中有 m－1 个标准球和一个坏球,坏球或比标准球重,或比标准球轻。规定只准使用 n 次天平。求证:

① 当 m＝1/2(3n－3)时,必可找到坏球且知其轻重。

② 当 m＝1/2(3n－1)时,必可找到坏球但未必知其轻重。

6.5.3 集合的树形结构表示

1. 集合的表示

集合是一种常见的数据表示方式。集合的运算包括交、并、补、差以及判定一个数据是否是某个集合的元素。为了有效地对集合执行各种操作,可以用树形结构表示集合:用树根代表这个集合,树的每个结点代表一个集合元素。例如,S1＝{1, 7, 8, 9}, S2＝{2, 5, 10}, S3＝{3, 4, 6},如图 6-44 所示。

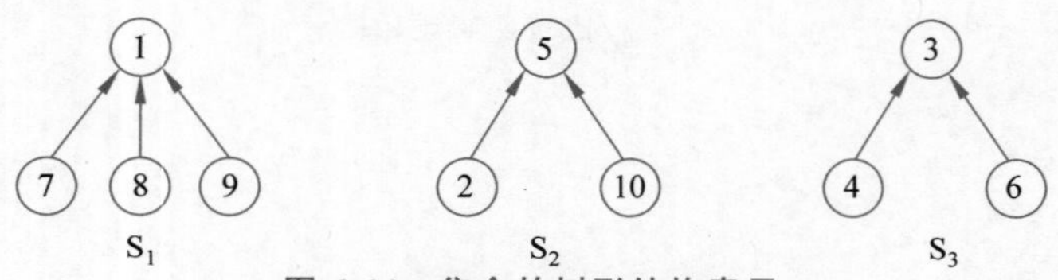

图 6-44 集合的树形结构表示

采用树形结构的好处在于判定一个数据是否属于一个集合是很方便的(参考树中查找元素)。

2. 集合的存储

如果采用父链表示,则令集合的元素(正整数)对应数组的下标,而相应的元素值表示其父结点所对应的数组元素下标。图 6-44 对应的结构如图 6-45 所示。

```
#define n 元素的个数
typedef int MFSET[n+1];
/*集合的 "型" 为MFSET, 元素的 "型" 为int*/
```

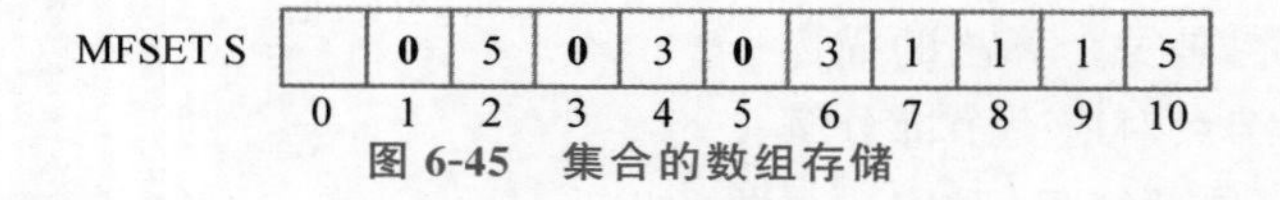

图 6-45 集合的数组存储

3. 集合的运算

1) 集合的 Union(并)操作

把其中之一当成另一棵树的子树即可。例如,我们将图 6-44 中的 S1 和 S2 取并,可得到结果如图 6-46 所示。

2) 集合的 Find(包含)操作

用根结点元素代表这棵树对应的集合 Find(i,S)即为求元素 i 所在的树根。

集合运算的伪代码如下:

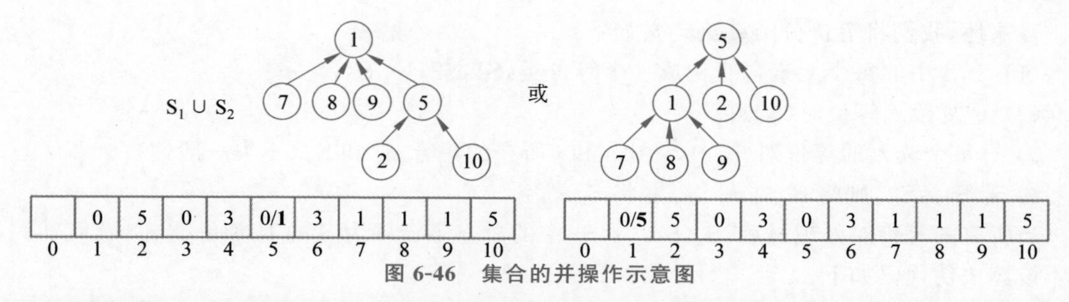

图 6-46　集合的并操作示意图

```
void Initial(int x ,MFSET S) {     S[x]=0;       }
void Union(int i, int j ,MFSET S)   {     S[i]=j;     }    /* 归并,结果树之根为 j */
int Find(int i, MFSET S)
{   int tmp=i;
    while(S[tmp]!=0)                                         /* >0,未到根 */
        tmp=S[tmp];                                          /* 上溯 */
    return tmp;
}
```

假设我们执行下列操作：Union(1,2,S)；Find(1,S)；Union(2,3,S)；Find(1,S)；…；Union(n−1,n,S)；Find(1,S)，可以得到一个退化的单链树，如图 6-47 所示。

1 → 2 → … → i → … → n−1 → n

0	1	2	3	4	5	6	7	8	9
	2	3	4	5	6	7	8	9	0

图 6-47　退化的单链树结构

为何会形成单链树呢？因为在“并”操作时，将结点多的并入结点少的，就会形成单链树。此外，我们对这个算法分析时间复杂度，执行 Union 操作的时间是 O(1)，共 n−1 次，所需时间为 O(n)。每次执行 Find(1,S)都要从结点 1 开始向上找到根，在第 i 层时，Find(1,S)所需要的时间为 O(i)，共 n−2 次，所需要时间为

$$O(\Sigma_i)=O(n^2),\quad i=1,2,3,\cdots,n-2$$

4. 集合的等价分类

在介绍等价分类算法之前，我们先进行如下定义。

(1) 等价关系：集合 S 上具有自反性、对称性和传递性的二元关系 R。

(2) 等价类：x∈S，y∈S，x≡y，也记为(x,y)∈R 或 xRy。

集合 S 上一个等价关系唯一确定一个等价类的集合 S/R(商集)。

(3) 等价分类：把一个集合分成若干等价类的过程(分清、分净)。

等价分类算法(equivalence class algorithm)是基于等价类的概念将输入和输出值划分为不同的等价类的算法。为了更好地说明算法，我们以例子说明。假设我们已知集合 S = {1,2,3,4,5,6,7}的等价对分别是 1≡2，5≡6，3≡4，1≡4，则需要令集合中的每个元素自身构成一个等价类：{1}，{2}，{3}，{4}，{5}，{6}，{7}，然后自左而右处理每个等价对，得到等价类如下：

1≡2：{1,2}，{3}，{4}，{5}，{6}，{7}

5≡6：{1,2}，{3}，{4}，{5,6}，{7}

3≡4：{1,2}，{3,4}，{5,6}，{7}

1≡4：{1,2,3,4}，{5,6}，{7}

普遍地,我们将等价分类算法定义如下:

(1) 令 S 中的每个元素自身构成一个等价类,S1,S2,…,S7;

(2) 重复读入等价对(i,j);

① 对每个读入的等价对(i, j),求出 i 和 j 所在的集合 S_k 和 S_m(不失一般性);

② 若 $S_k \neq S_m$,则将 S_k 并入 S_m,并将 S_k 置空。

当所有的等价对处理过后,S_1,S_2,…,S_7 中的非空集合即为 S 的 R 等价类。

该算法伪代码如下:

```
void Equivalence (MFSET S)                              /* 等价分类算法 */
{   int i ,j , k ,m;
    for(i=1; i<=n+1;i++)   Initial(i,S);                /* 使集合 S 只包含元素 i */
    cin>>i>>j;                                          /* 读入等价对 */
    while(!(i==0&&j==0){                                /* 等价对未读完 */
        k=Find(i,S);                                    /* 求 i 的根 */
        m=Find(j,S);                                    /* 求 j 的根 */
        if(k!=m)                                        /* if k==m,i,j 已在一棵树中,不需合并 */
            Union(i,j,S);                               /* 合并 */
        cout<<i<<j;
    }
}
```

6.6 树的知识点结构

至此,树形结构的相关内容已经讲述完成。为了便于理解,其知识点可以总结为如图 6-48 所示。如果用树形结构描述树的知识点结构,可以用图 6-49 简单概括。由于树在实际应用中非常常见,故读者在理解各个概念和操作的基础上,需要不断提升使用树形结构解决实际问题的能力。

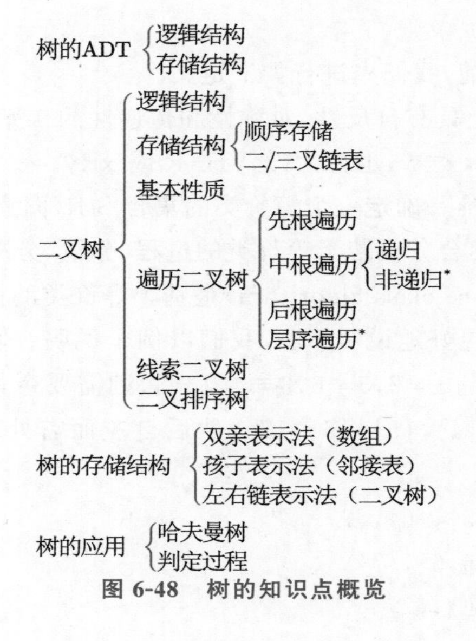

图 6-48 树的知识点概览

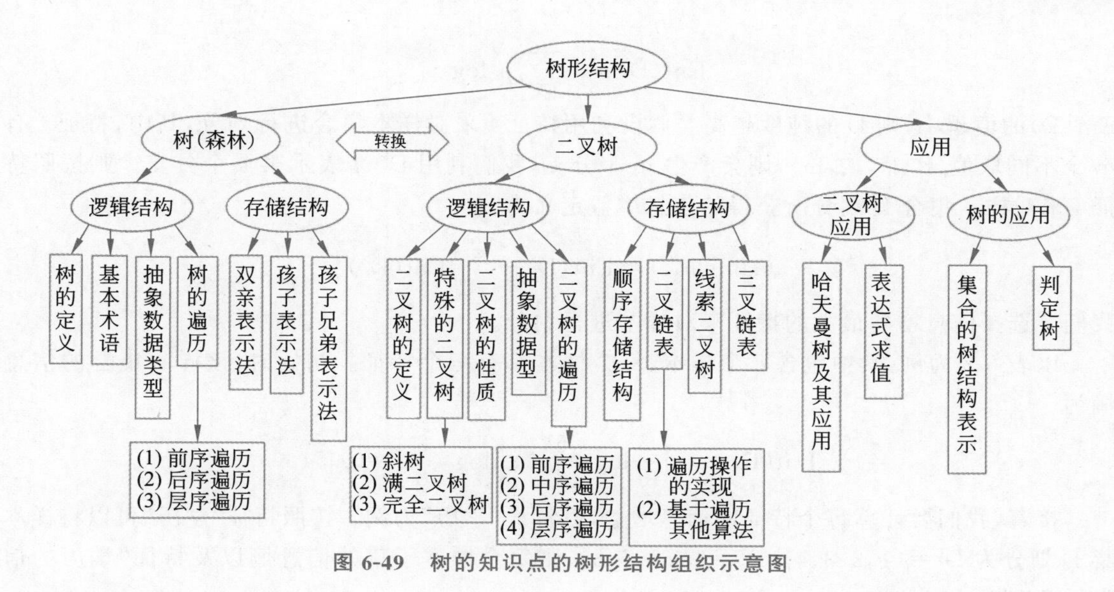

图 6-49　树的知识点的树形结构组织示意图

6.7　树的智能算法应用

6.7.1　决策树

决策树(Decision Tree)是经典的机器学习算法,通常用于分类任务。以二分类为例,如表 6-3 所示。在找工作时,公司通常会根据学历、项目和代码能力等决定是否录用,决策过程很容易联想到树形结构。一般来说,决策树包含叶子结点和非叶子结点,非叶子结点对应特征,而叶子结点对应决策结果,构建决策树的过程如下:

(1) 根据信息增益选择最优特征;

(2) 根据所选择的最优特征划分当前样本集合;

(3) 对新划分的样本集合递归进行第一步和第二步,直到所有特征已经被用于划分或者该样本集合都属于同一类别。

表 6-3　简历投递者表

	学　历	项　目	代码能力	是否录取
1	研究生	优秀	优秀	录用
2	研究生	优秀	较差	录用
3	研究生	较差	优秀	录用
4	研究生	较差	较差	录用
5	本科	优秀	优秀	录用
6	本科	优秀	较差	不录用
7	本科	较差	优秀	不录用
8	本科	较差	较差	不录用

在建立决策树的过程中,我们希望根据特征结点划分的分支结点集合的纯度尽可能高。信息熵(information entropy)则是度量样本集合纯度最常用的一种指标,假定当前样本集合 D 中第 k 类样本所占比例为 $p_k(k=1,2,\cdots,n)$,则 D 的信息熵定义为

$$\mathrm{Ent}(D)=-\sum_{k=1}^{n}p_k\log_2 p_k$$

Ent(D)的值越小，则 D 的纯度越高。假设利用特征 f 来对样本集合进行划分，其中，特征 f 有 m 个不同取值$\{f^1,f^2,\ldots,m\}$，则会产生 m 个分支，我们利用 D^k 来表示第 k 个分支。则按照特征 f 来对样本集合 D 划分所获得的信息增益定义为

$$\mathrm{Gain}(D,f)=\mathrm{Ent}(D)-\sum_{k=1}^{m}\mathrm{Ent}(D^k)$$

我们会选择信息增益最大的特征来对样本进行划分。

以表 6-2 为例，其中包含 8 个样本，每个样本都有三个特征。初始时，该样本集合的信息熵为

$$\mathrm{Ent}(D)=-\left(\frac{5}{8}\log_2\frac{5}{8}+\frac{3}{8}\log_2\frac{3}{8}\right)=0.954$$

接着，我们要计算每个特征的信息增益，以特征“学历”为例。按照特征“学历”可以将样本集 D 划分为 $D^1=\{1、2、3、4\}$，$D^2=\{5、6、7、8\}$，则每个样本子集的信息熵以及特征“学历的信息增益”为

$$\mathrm{Ent}(D^1)=-\left(\frac{4}{4}\log_2\frac{4}{4}\right)=0$$

$$\mathrm{Ent}(D^2)=-\left(\frac{1}{4}\log_2\frac{1}{4}+\frac{3}{4}\log_2\frac{3}{4}\right)=0.811$$

$$\mathrm{Gain}(D,\text{学历})=0.954-\left(\frac{4}{8}\times 0.811+\frac{4}{8}\times 0\right)=0.548$$

同理，我们可以计算得到 Gain(D，项目)＝0.048，Gain(D，代码能力)＝0.048。我们选择信息增益最大的特征“学历”划分集合，之后对划分子集采取递归操作，完整决策树如图 6-50 所示。

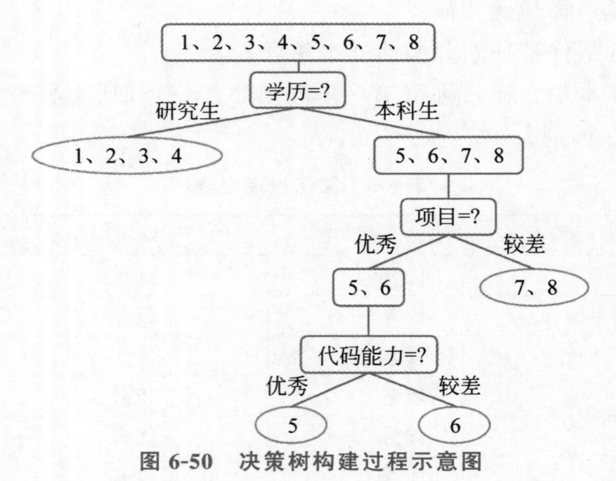

图 6-50 决策树构建过程示意图

6.7.2 梯度提升树(GBDT)特征工程

随着互联网的发展，现实中的信息呈指数级上升，在享受信息带来的便捷的同时，如何从海量的信息中筛选我们所感兴趣的内容也是关键问题，推荐系统也应运而生。通常来说，推荐系统根据用户和物品属性以及它们的上下文等特征来预测用户对于物品的点击率。在传统

的机器学习方法中，逻辑回归模型广泛应用于推荐系统中，其过程如下：

(1) 将特征向量 $x=(x_1,x_2,x_3,\ldots,x_n)$ 作为输入；

(2) 为每个特征赋予相应的权重 $w=(w_1,w_2,w_3,\cdots,w_n)$ 并加权求和即 $z=x^T w$；

(3) 利用 sigmoid 函数将 z 映射到 0～1 区间，得到预测的点击率 y，即

$$y=\frac{1}{1+e^z}$$

逻辑回归是一个简单、直观并且具有良好解释性的模型，但它的缺点则是无法进行特征组合(探索特征之间的高阶关系)。2014 年，Facebook 提出了基于 GBDT(梯度提升树)＋LR(逻辑回归)的方案，即通过梯度提升树来将输入的特征项链进行特征的筛选和组合以生成新的离散特征向量，再输入逻辑回归模型中，其过程如图 6-51 所示。

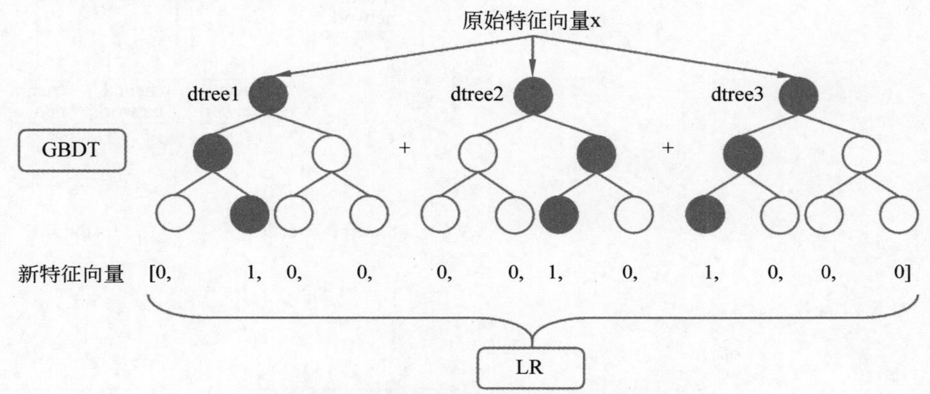

图 6-51　梯度提升树特征工程示意图

其中，GBDT(gradient boost decision tree)是一种集成方法，由多个决策树模型组成。具体来说，GBDT 逐一生成决策树，新生成的决策树通过样本的真实标签值和之前决策树的预测值之和的残差来构建。如图 6-51 所示，特征向量通过每棵树得到不同的结果，这个过程是一个特征自动组合的过程。

6.7.3　树形递归神经网络(Tree Recursive Neural Network)

自然语言处理(natural language processing，NLP)是人工智能领域研究的重点方向之一，旨在使计算机能够理解、解释、生成和处理人类自然语言和文本数据。

在自然语言处理领域中，语言中的单词、短语以及句子通常以向量的方式表示。对于单词来说，通常使用 Word2Vec 方法将单词映射为向量，其核心思想是：在大规模文本语料库中，具有相似上下文的单词往往在向量空间中也会更加接近。而对于短语和句子来说，我们通常使用循环神经网络(recurrence neural network)进行表示学习，如图 6-52 所示。

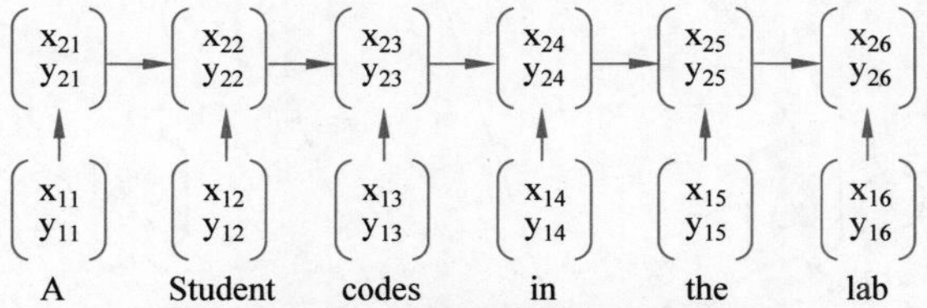

图 6-52　使用 RNN 建模句子示意图

可以看出，循环神经网络将句子看作单词序列，而我们认为人类语言是具有结构的，图 6-53

是句子的一棵语法树。其中,S、VP、PP 和 NP 分别表示句子、动词短语、介词短语和名词短语。

因此,树形递归神经网络用来进行表示学习,其过程如下。

(1) 利用 Word2Vec 方法将单词映射为向量。

(2) 将两两相邻单词组合并进行打分,选取分数最高的结点作为新结点。

如图 6-54 所示,首先利用 Word2Vec 方法将句子中的 6 个单词映射为向量,接着将相邻的单词向量输入神经网络单元(neural network),得到该组合的评分和向量。图中 z_{11} 分数最高,因此将单词“A”和“Student”组合生成新的结点。

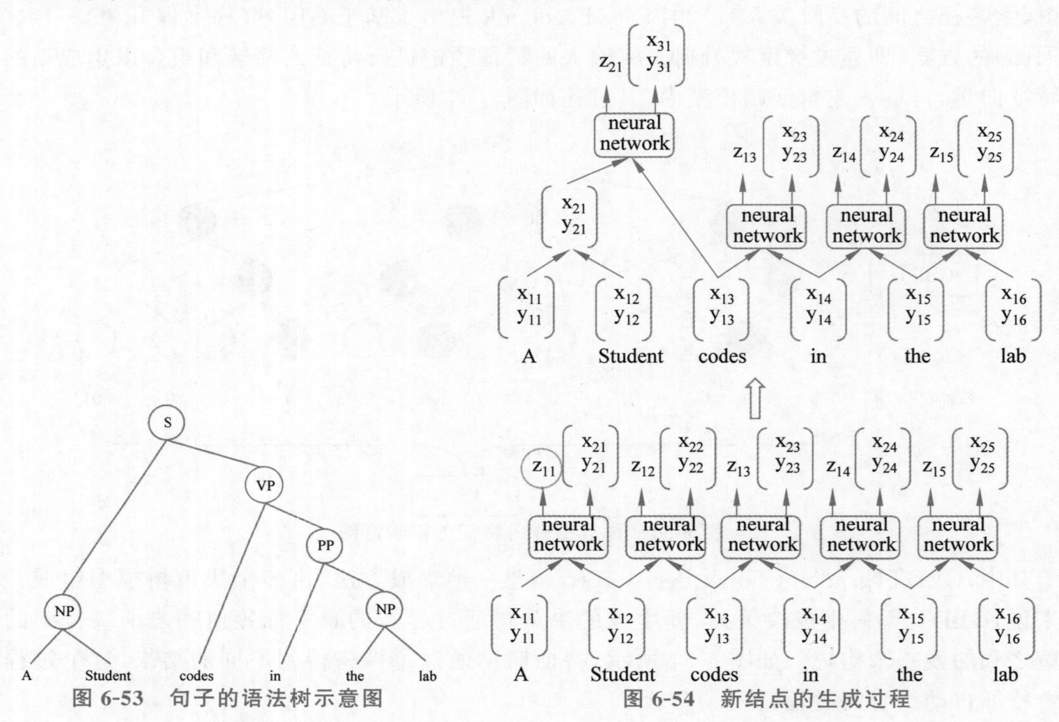

图 6-53 句子的语法树示意图 图 6-54 新结点的生成过程

(3) 重复进行步骤(2),直到生成整个语法树。

按照步骤(2),如图 6-55 所示,按照顺序生成整个语法树,其中根结点为整个句子的向量表示。

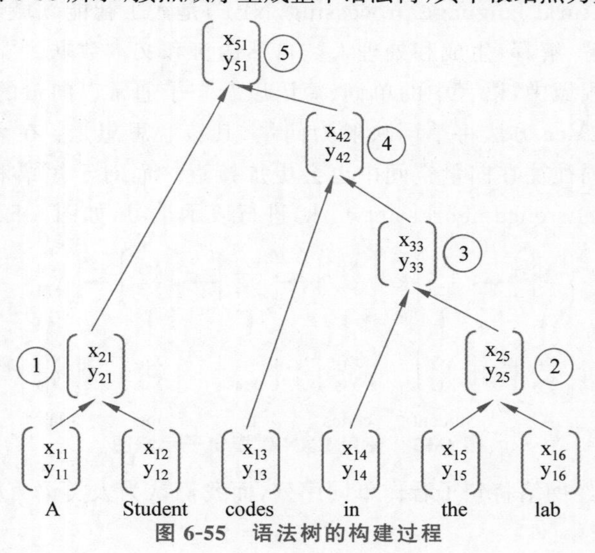

图 6-55 语法树的构建过程

6.7.4 深度神经网络压缩

深度神经网络已经发展成为最先进的人工智能技术，但深度神经网络需要大量的权重计算以及巨大的内存，这使得在移动系统上部署深度神经网络十分困难。2016 年，由斯坦福大学提出的 Deep Compression 在不降低模型的性能下，对深度学习网络进行了大幅度的压缩，分别将 AlextNet 和 VGG-16 压缩了 35 倍和 49 倍。如图 6-56 所示，该算法分为三步，分别为**剪枝**(pruning)、**量化**(quantization)以及**哈夫曼编码**(Huffman encoding)。

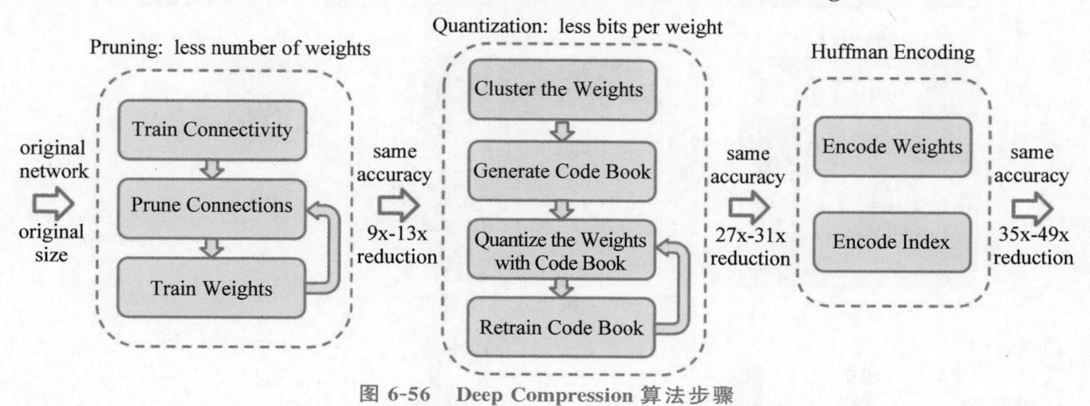

图 6-56 Deep Compression 算法步骤

剪枝可以分为三步：进行正常的网络训练；删除所有权重小于一定阈值的连接；对得到的稀疏连接网络进行再训练。由于权重矩阵中存在着大量的 0 元素，因此通过稀疏矩阵来存储权重值，如图 6-57 所示。其中，value 为非零权重值，diff(位置偏移)用来记录相对位置，若相对位置间隔溢出，则用 0 元素填充。

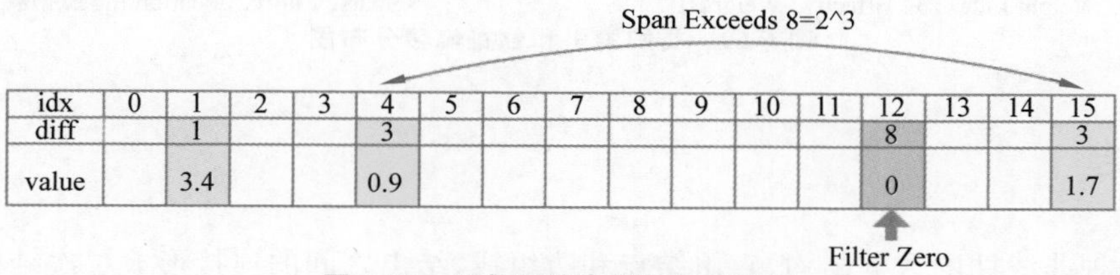

Span Exceeds 8=2^3

idx	0	1	2	3	4	5	6	7	8	9	10	11	12	13	14	15
diff		1			3								8			3
value		3.4			0.9								0			1.7

Filter Zero

图 6-57 系数矩阵存储权重示意图

在剪枝的基础上，对权重进行量化来进一步压缩，下面通过图 6-58 介绍量化的具体过程。首先，假设输入神经元有 4 个，输出神经元也是 4 个，那么权重矩阵应该是 4×4，梯度同理，存储每个权重需要 32 位内存。首先对这 16 个权重进行聚类(类别为 4，相同颜色代表一类)，类别索引只需要 2 位。紧接着，将同一类权重的平均值作为这一类的共享权重。对于梯度矩阵进行相同的操作，然后对权重进行更新。

通过量化操作，原本存储权重矩阵需要 16×32 位的内存，而量化后则只需要 16×2(类别索引)＋4×32(共享权重)位内存。

在进行剪枝和量化后，网络已经大幅度压缩，此时需要存储的内容分别为位置偏移、类别索引以及共享权重值。图 6-59 展示了 AlexNet 的最后一个全连接层的类别索引和位置偏移的分布，可以看出，其分布是非均匀的，因此通过哈夫曼编码对其进行压缩处理，使得网络的存储减少 20％～30％。

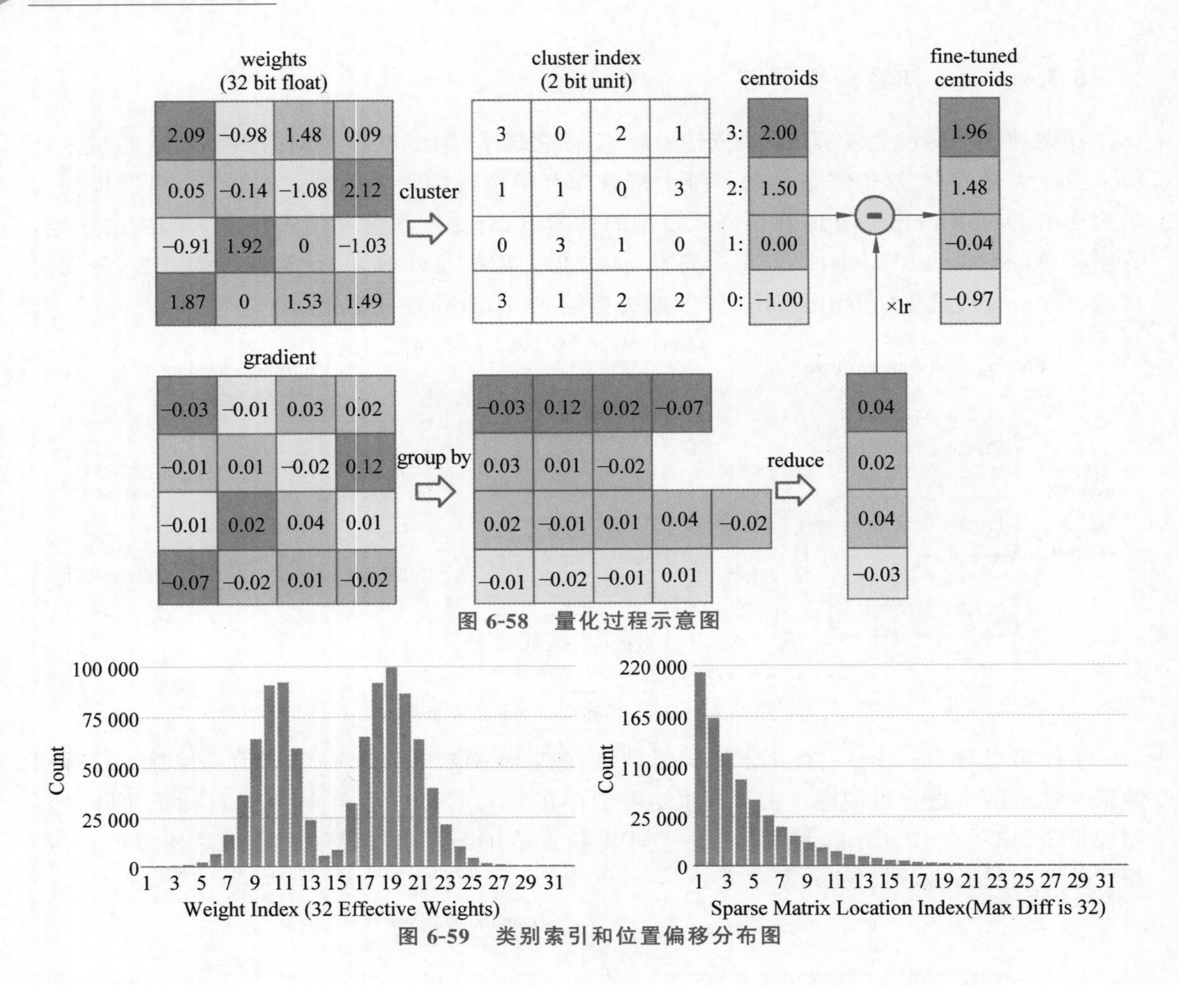

图 6-58 量化过程示意图

图 6-59 类别索引和位置偏移分布图

本章小结

树是一种非线性的数据结构，它由结点和边组成，结点之间的连接形成层次结构。本章从一种特殊的树形结构二叉树入手，由浅入深、由特殊到一般地介绍树的存储结构、遍历方式及各种其他操作，并研究了树、森林和二叉树的转换关系，最后介绍了树相关的重要应用。在树形结构应用在人工智能领域的举例中，我们介绍了决策树算法利用树形结构对样本进行分类；由多个决策树组成的梯度提升树在推荐系统中进行特征工程；在自然语言处理领域中，树形递归神经网络用来增强对于句子的表示；在深度网络压缩中，介绍了哈夫曼编码的应用。树形结构作为一类重要的非线性数据结构，在计算机科学和软件开发中被广泛应用。理解树的基本概念、特性和遍历方式对于设计和实现高效的算法和数据结构非常重要。

习题

1.【**2009 统考真题**】 已知一棵完全二叉树的第 6 层有 8 个叶子结点，则该完全二叉树的结点个数最多是(　　)。

A. 39　　B. 52　　C. 111　　D. 119

2.【2009 统考真题】　给定二叉树如右图所示。设 N 代表二叉树的根，L 代表根结点的左子树，R 代表根结点的右子树。若遍历后的结点序列是 3175624，则其遍历方式是(　　)。

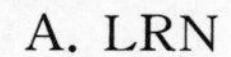

A. LRN　　B. NRL

C. RLN　　D. RNL

3.【2010 统考真题】　在一棵度为 4 的树 T 中，若有 20 个度为 4 的结点，10 个度为 3 的结点，1 个度为 2 的结点，10 个度为 1 的结点，则树 T 的叶子结点个数是(　　)。

A. 41　　B. 82　　C. 113　　D. 122

4.【2010 统考真题】　下列线索二叉树中(用虚线表示线索)，符合后序线索树定义的是(　　)。

A. 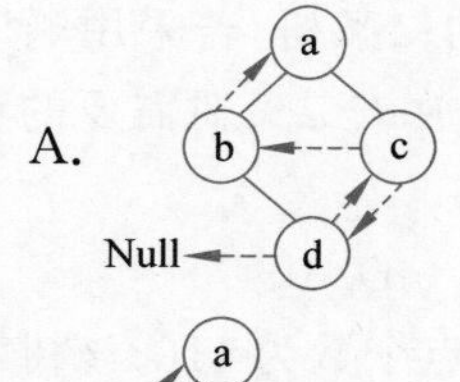

B. 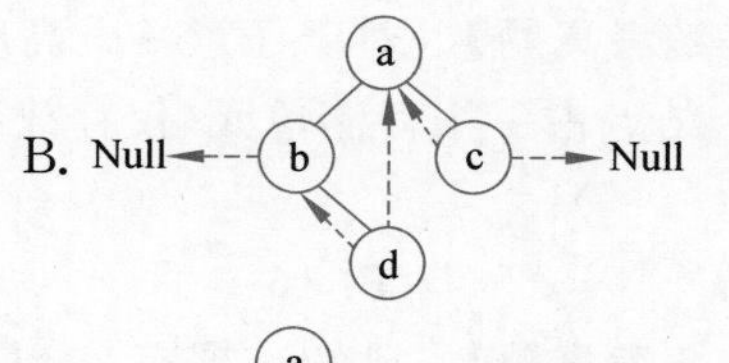

C. 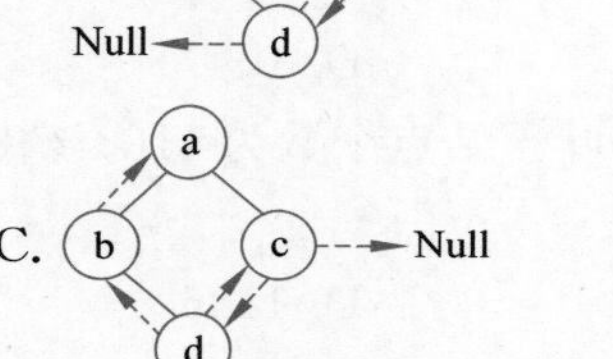

D. 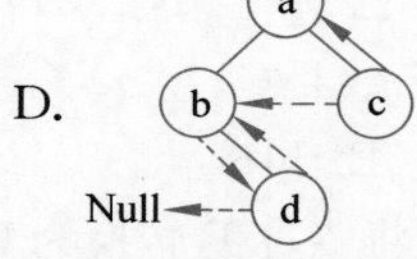

5.【2011 统考真题】　若一棵完全二叉树有 768 个结点，则该二叉树中叶子结点的个数是(　　)。

A. 257　　B. 258　　C. 384　　D. 385

6.【2011 统考真题】　一棵二叉树的前序遍历序列和后序遍历序列分别为 1,2,3,4 和 4,3,2,1，该二叉树的中序遍历序列不会是(　　)。

A. 1,2,3,4　　B. 2,3,4,1　　C. 3,2,4,1　　D. 4,3,2,1

7.【2012 统考真题】　若一棵二叉树的前序遍历序列为 a,e,b,d,c，后序遍历序列为 b,c,d,e,a，则根结点的孩子结点(　　)。

A. 只有 e　　B. 有 e、b

C. 有 e、c　　D. 无法确定

8.【2013 统考真题】　若 X 是后序线索二叉树中的叶子结点，且 X 存在左兄弟结点 Y，则 X 的右线索指向的是(　　)。

A. X 的父结点　　B. 以 Y 为根的子树的最左下结点

C. X 的左兄弟结点 Y　　D. 以 Y 为根的子树的最右下结点

9.【2014 统考真题】　若对右图所示的二叉树进行中序线索化，则结点 X 的左、右线索指向的结点分别是(　　)。

A. e,c　　B. e,a

C. d,c　　D. b,a

10.【2015 统考真题】　先序序列为 a,b,c,d 的不同二叉树的个数是(　　)。

A. 13　　B. 14　　C. 15　　D. 16

11.【2017 统考真题】 某二叉树的树形如右图所示，其后序序列为 e,a,c,b,d,g,f,树中与结点 a 同层的结点是(   )。

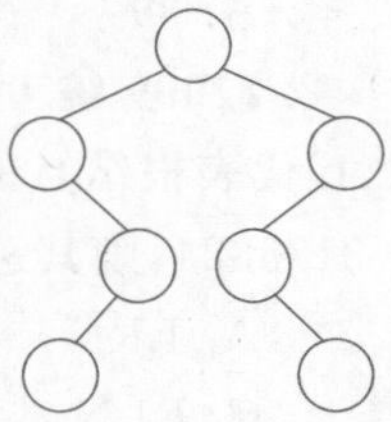

A. c　　B. d

C. f　　D. g

12.【2017 统考真题】 若一棵非空二叉树的先序序列和中序序列相同,其所有的非叶子结点满足(   )条件。

A. 只有左子树　　B. 只有右子树

C. 结点的度均为 1　　D. 结点的度均为 2

13.【2018 统考真题】 设一棵非空完全二叉树 T 的所有叶子结点均位于同一层,且每个非叶子结点都有 2 个子结点。若 T 有 k 个叶子结点,则 T 的结点总数为(   )。

A. $2k-1$　　B. $2k$　　C. k^2　　D. 2^k-1

14.【2020 统考真题】 对于任意一个高度为 5 且有 10 个结点的二叉树,若采用顺序存储结构保存,每个结点占一个存储单元(仅存放结点的数据信息),则存放该二叉树需要的存储单元数量至少是(   )。

A. 31　　B. 16　　C. 15　　D. 10

15.【2011 统考真题】 已知一棵有 2011 个结点的树,其叶子结点个数为 116,该树对应的二叉树中无右孩子的结点个数是(   )。

A. 115　　B. 116　　C. 1895　　D. 1896

16.【2014 统考真题】 将森林 F 转换为对应的二叉树 T,F 中叶子结点的个数等于(   )。

A. T 中叶子结点的个数

B. T 中度为 1 的结点个数

C. T 中左孩子指针为空的结点个数

D. T 中右孩子指针为空的结点个数

17.【2016 统考真题】 若森林 F 有 15 条边、25 个结点,则 F 包含树的个数是(   )。

A. 8　　B. 9　　C. 10　　D. 11

18.【2019 统考真题】 若将一棵树 T 转换为对应的二叉树 BT,则下列对 BT 的遍历中,其遍历序列与 T 的后根遍历序列相同的是(   )。

A. 先序遍历　　B. 中序遍历　　C. 后序遍历　　D. 按层遍历

19.【2020 统考真题】 已知森林 F 及与之对应的二叉树 T,若 F 的先根遍历序列是 a, b, c, d, e,f,中根遍历序列是 b, a, d, f, e,c,则 T 的后根遍历序列是(   )。

A. b, a, d,f, e, c　　B. b, d,f, e, c, a

C. b,f, e, d c, a　　D. f,e, d, c, b, a

20.【2015 统考真题】 下列选项给出的是从根分别到达两个叶子结点路径上的权值序列,属于同一棵哈夫曼树的是(   )。

A. 24,10,5 和 24,10,7　　B. 24,10,5 和 24,12,7

C. 24,10,10 和 24,14,11　　D. 24,10,5 和 24,14,6

21.【2017 统考真题】 已知字符集{a,b, c, d, e, f, g, h},若各字符的哈夫曼编码依次是 0100,10,0000,0101,001,011,11, 0001,则编码序列 0100011001001011110101 的译码结果是(   )。

A. a c g a b f h　　B. a d b a g b b

C. a f b e a g d　　　　D. a f e e f g d

22.【2018 年统考真题】 已知字符集{a, b, c, d, e, f},若各字符出现的次数分别为 6,3,8,2,10,4,则对应字符集中各字符的哈夫曼编码可能是(　　)。

A. 00,1011,01,1010,11,100　　　　B. 00,100,110, 000, 0010,01

C. 10,1011,11,0011, 00,010　　　　D. 0011,10,11,0010,01, 000

23.【2021 年统考真题】 若某二叉树有 5 个叶子结点,其权值分别为 10,12,16,21,30,则其最小的带权路径长度(WPL)是(　　)。

A. 89　　B. 200　　C. 208　　D. 289

24.【2019 统考真题】 对 n 个互不相同的符号进行哈夫曼编码。若生成的哈夫曼树共有 115 个结点,则 n 的值是(　　)。

A. 56　　B. 57　　C. 58　　D. 60

25.【2014 统考真题】 二叉树的带权路径长度(WPL)是二叉树中所有叶子结点的带权路径长度之和。给定一棵二叉树 T,采用二叉链表存储,结点结构为

left	weight	right

其中,叶子结点的 weight 域保存该结点的非负权值。设 root 为指向 T 的根结点的指针,请设计求 T 的 WPL 的算法,要求:

(1) 给出算法的基本设计思想;

(2) 使用 C 或 C++ 语言,给出二叉树结点的数据类型定义;

(3) 根据设计思想,采用 C 或 C++ 语言描述算法,关键之处给出注释。

26.【2017 统考真题】 请设计一个算法,将给定的表达式树(二叉树)转换为等价的中缀表达式(通过括号反映操作符的计算次序)并输出。例如,当下列两棵表达式树作为算法的输入时:

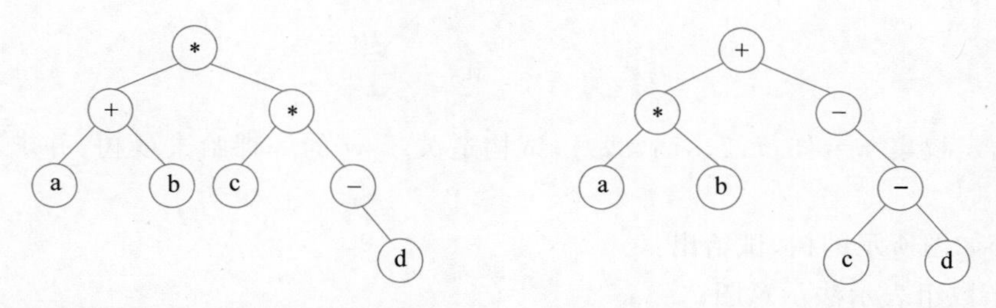

输出的等价中缀表达式分别为(a+b) * (c*(−d))和(a*b)+(−(c−d))。

二叉树结点定义如下:

```
typedef struct node {
    char data[10];                              //存储操作数或操作符
    struct node * left, * right;
}BTree;
```

要求:

(1) 给出算法的基本设计思想;

(2) 根据设计思想,采用 C 或 C++ 语言描述算法,关键之处给出注释。

27.【2016 统考真题】 若一棵非空 k (k≥2)叉树 T 中的每个非叶子结点都有 k 个孩子,则称 T 为正则 k 叉树。请回答下列问题并给出推导过程。

(1) 若 T 有 m 个非叶子结点,则 T 中的叶子结点有多少个?

(2) 若 T 的高度为 h(单结点的树 h=1),则 T 的结点数最多为多少个?最少为多少个?

28. 以下说法中,正确的是(　　)。

A. 度为 2 的有序树就是二叉树

B. 完全二叉树不适合顺序存储结构,只有满二叉树适合顺序存储结构

C. 在完全二叉树中,若一个结点没有左孩子,则它必是叶子结点

D. 含有 n 个结点的二叉树的高度为 log2n+1

29. 二叉树在线索化后,仍不能有效求解的问题是(　　)。

A. 先序线索二叉树中求先序后继　　B. 中序线索二叉树中求中序前驱

C. 中序线索二叉树中求中序后继　　D. 后序线索二叉树中求后序后继

30. 已知一棵二叉树按顺序存储结构进行存储,设计一个算法,求编号分别为 i 和 j 的两个结点的最近公共祖先结点的值。

31. 设树 T 是一棵采用链式结构存储的二叉树,请编写一个把树 T 中所有结点的左、右子树进行交换的函数。

32. 在二叉树中查找值为 x 的结点(假设值为 x 的结点不多于 1 个),请编写算法,打印值为 x 的结点的所有祖先。

33. 画出和下列已知序列对应的森林 F。

森林的先序访问序列为 ABCDEFGHIJKL;森林的中序访问序列为 CBEFDGAJIKLH。

34. 画出下图所示的森林经转换后所对应的二叉树,并指出在二叉链表中某结点所对应的森林中结点为叶子结点的条件。

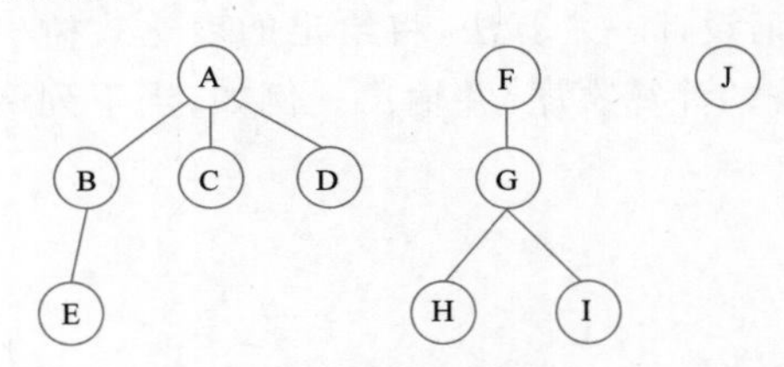

35. 设给定权集 w={5,7,2,3,6,8,9},试构造关于 w 的一棵哈夫曼树,并求其加权路径长度 WPL。

36. 对于如图所示的树,试给出:

(1) 双亲数组表示法示意图;

(2) 孩子链表表示法示意图。

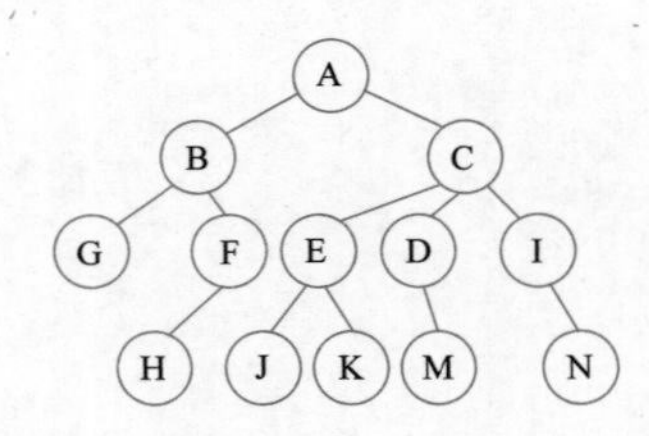

37. 假定用于通信的电文仅由 8 个字母 c1、c2、c3、c4、c5、c6、c7、c8 组成,各字母在电文中出现的频率分别为 5、25、3、6、10、11、36、4。试为这 8 个字母设计不等长哈夫曼编码,并给出该电文的总码数。

38. 请画出所示树对应的二叉树。

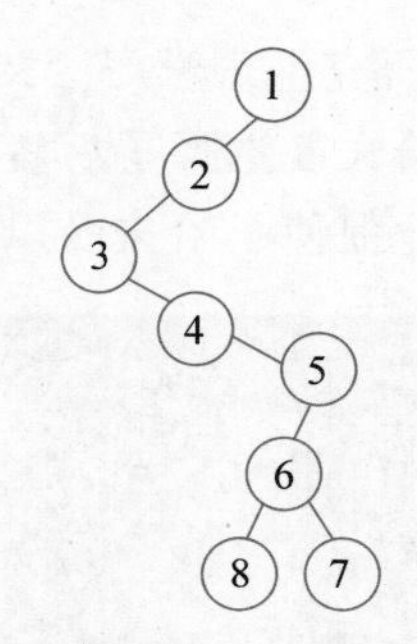

39. 以孩子兄弟链表为存储结构,请设计递归算法,求树的深度。

40. 对以双亲链表表示的树编写计算树的深度的算法。

与前沿技术链接

国际流行两种图像压缩编码标准：

- 静态图像进行压缩 JPEG(Joint Photographic Experts Group)；
- 动态图像进行压缩 MPEG(Moving Picture Experts Group)。

如今,多媒体技术(如视频信号的压缩技术)中用到了哈夫曼编码。哈夫曼编码是一种无失真编码,即对源数据压缩后形成的编码进行恢复,可完全恢复源数据,它对静态的数据是可行的。在图像压缩中,哈夫曼编码可以将图像中的像素值映射为更短的二进制编码,从而实现对图像数据的有效压缩。

以下是哈夫曼树与图像压缩编码的基本原理和步骤。

(1) 统计像素频率：统计图像中每个像素值出现的频率,可以通过遍历图像的像素并计算每个像素值的频率实现。

(2) 构建哈夫曼树：根据像素频率构建哈夫曼树。哈夫曼树是一种特殊的二叉树,其中频率高的像素值具有较短的路径,频率低的像素值具有较长的路径。

(3) 生成编码表：通过遍历哈夫曼树根结点到每个叶子结点的路径上的左右分支,可以生成每个像素值的哈夫曼编码。为频率高的像素值分配较短的编码,频率低的像素值分配较长的编码。

(4) 替换像素值：将图像中的每个像素值替换为其对应的哈夫曼编码。

(5) 压缩图像数据：将生成的哈夫曼编码序列组合在一起,形成压缩后的图像数据。由于哈夫曼编码是变长编码,相比于固定长度的原始像素值,它可以实现更高的压缩比。

(6) 解压缩图像数据：使用相同的哈夫曼树和编码表,将压缩后的数据解码为原始的像素值序列,以还原原始图像。

哈夫曼编码根据像素频率分配不同长度的二进制编码,将常用的像素值表示为较短的编码,从而实现对图像数据的有效压缩。这种编码方式在许多图像压缩算法中被广泛使用,如JPEG 压缩算法的基础之一。

科学家精神

大卫·哈夫曼(David Albert Huffman,1925 年 8 月 9 日—1999 年 10 月 7 日)生于美国俄亥俄州,是一名计算机科学家。在他的一生中,他对于有限状态自动机、开关电路、异步过程和信号设计有杰出的贡献。他发明的哈夫曼编码能够使我们通常的数据传输数量减少到最小。

1950 年，他在 MIT 的信息理论与编码研究生班学习。Robert Fano 教授让学生们自己决定是参加期末考试还是做一个大作业。而哈夫曼选择了后者，原因很简单，因为解决一个大作业可能比期末考试更容易通过。这个大作业促使了哈夫曼以后算法的诞生。

管梅谷，1934 年 10 月生于上海，1952 年从上海南洋模范中学毕业后考入华东师范大学数学系，1957 年毕业后在山东师范学院数学系任教，1980 年评聘为教授，1981 年被批准为运筹学与控制论专业博士生导师，1984 年 12 月任山东师范大学校长，1985 年加入中国共产党。1988 年被评为山东省专业技术拔尖人才，是第六届、七届全国政协委员，曾兼任中国运筹学会副理事长等职。1990 年 9 月调到复旦大学工作，1990—1995 年任复旦大学运筹学系主任。1995 年后，曾在澳大利亚皇家墨尔本理工大学工作六年。

管梅谷主要从事运筹学、组合优化与图论方面的课程教学和科研工作，先后撰写了《线性规划》《图论中的几个极值问题》等代表性论著，在国内外享有极高的学术威望。1960 年，年仅 26 岁的他在本科毕业后的第三年，在《奇偶点图上作业法》一文中提出了被称为“中国投递员问题”的最短投递路线问题，引发海内外关注。他擅长调查研究，注重运用数学知识和理论解决各类实际问题，他致力于城市交通规划的研究，在我国最早引进了加拿大的交通规划 EMMEⅡ软件，并取得了一系列重要研究成果。

来自新浪专访：https://www.sohu.com/a/202737316_750466

Chapter 7 第7章 图

图是一种重要的数据结构,它在计算机科学和现实世界的许多应用中扮演着关键角色。无论是社交网络、网络路由、城市规划还是许多其他领域,图都是一种强大的抽象工具,用于表示和解决各种复杂问题。在本章中,我们将深入探讨图的概念、特性和算法,具体了解图的定义及相关的术语、存储方法、遍历方法、图的应用等。

7.1 图的相关概念

7.1.1 图的定义和术语

图(**graph**)是由一个非空的有限顶点集 V 和一个边集 E 所组成的,记为 G=(V,E)。一般地,用|V|表示图 G 中顶点的个数,|E|表示边的条数。

如果边集 E 中的每条边都是顶点的有序对<v,w>,就称该图是有向图(directed graph, digraph)。此时,图中的边称为有向边(也称为弧),顶点 v 称为弧尾,顶点 w 称为弧头,顶点有序对<v,w>表示从顶点 v 到顶点 w 的弧,也称 v 邻接到 w。由顶点集和弧集构成的图即为有向图,如图 7-1(a)所示。

如果边集 E 中的每条边都是顶点的无序对(v,w),则称该图是**无向图**。对于边(v,w),称顶点 v 和顶点 w 互为邻接点,边(v,w)依附于顶点 v 和顶点 w,或称边(v,w)和 v,w 相关联,如图 7-1(b)所示。

在上述两种图中,若弧或边带有权重值,则分别称作**有向网**或**无向网**。设有两个图 G=(V,E)和 G′=(V′,E′),若 V′是 V 的子集(V′⊆V),并且 E′也是 E 的子集(E′⊆E),则称图 G′是图 G 的**子图**。例如,图 7-1(c)中的 G_3 就是 G_2 的一个子图。

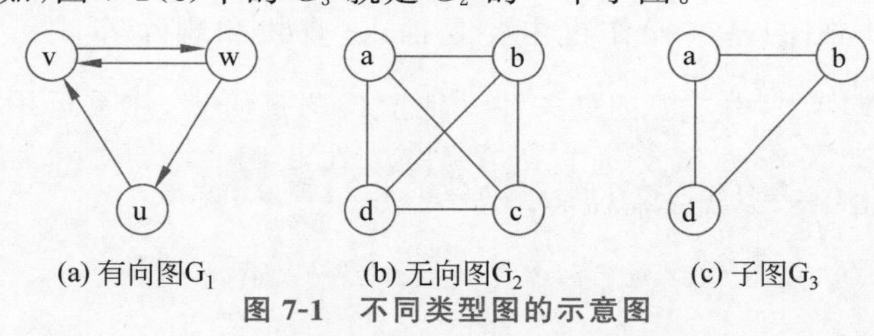

图 7-1 不同类型图的示意图

一个图 G 如果满足不存在重复的边,也不存在顶点到自身的边,则称该图 G 为**简单图**;与之相对的,称之为**多重图**。在大部分情况下,数据结构仅讨论简单图,本书默认讨论的是简单图。

对于有 n 个顶点的无向图,|E|的取值范围是 0~n(n−1)/2。称含有 n(n−1)/2 条边的无向图为**完全图**。对于有 n 个顶点的有向图,称含有 n(n−1)条弧的有向图为**有向完全图**。

若边或弧的个数$|E|<n\log_2 n$，则称作**稀疏图**，否则称作**稠密图**。

在无向图中，把和顶点 v 关联的边的数目定义为边的度，记为 TD(v)。在图 7-1(b)中，每个顶点的度均为 3。在有向图中，顶点 v 的度分为入度和出度，入度是以顶点 v 为弧头的弧的数目，记为 ID(v)；出度则是以顶点 v 为弧尾的弧的数目，记为 OD(v)。在图 7-1(a)中，顶点 v 的入度为 2，出度为 1。顶点 v 的度等于其入度与出度的和，即度 TD(v)＝入度 ID(v)＋出度 OD(v)。

设图 G＝(V,E)的一个顶点序列$\{u=v_{i_0},v_{i_1},v_{i_2},\cdots,v_{i_m}=w\}$中，$(v_{i_{j-1}},v_{i_j})\in E,1\leqslant j\leqslant m$，则称从顶点 u 到顶点 w 之间存在一条路径，路径上边的数目称作路径长度。若序列中的顶点不重复出现，则称作简单路径；若 u＝w，则称这条路径为回路或简单回路。

若图 G 中任意两个顶点之间都有路径相通，则称此图为连通图；若无向图为非连通图，则图中各个极大连通子图称作此图的连通分量，如图 7-2 所示。对有向图，若任意两个顶点之间都存在一条有向路径，则称此有向图为强连通图；否则，其各个强连通子图称作它的强连通分量。

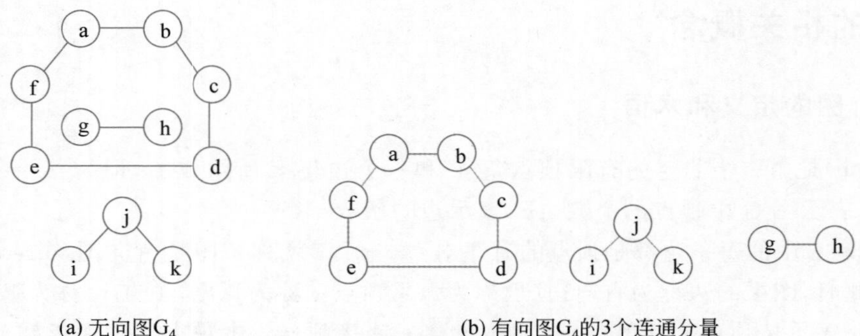

(a) 无向图G_4　　(b) 有向图G_4的3个连通分量

图 7-2　无向图的连通分量

假设一个连通图有 n 个顶点和 e 条边，其中 n－1 条边和 n 个顶点构成一个极小连通子图，称该极小连通子图为此连通图的生成树。如图 7-3 所示。对非连通图，称由各个连通分量的生成树的集合为此非连通图的生成森林。

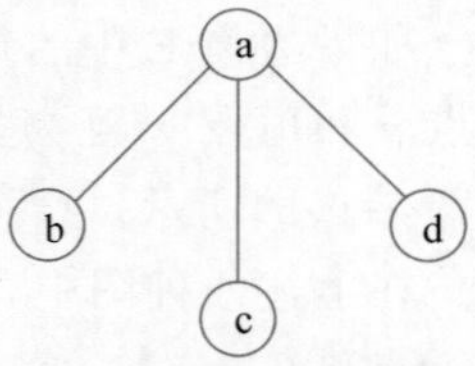

图 7-3　图 G_2 的一棵生成树

7.1.2　图的抽象数据类型

与其他结构相似，图的基本操作也主要是插入、查找和删除等。下面给出图的抽象数据类型定义。

```
ADT Graph{
    数据对象 V:v,w 是具有相同特性的数据元素的集合,称为顶点集。
    数据关系 R:R={VR}
                VR={<v,w> | v,w ∈ V 且<v,w>表示从 v 到 w 的弧}
    基本操作 P:
        CreateGraph(&G, V, VR)
        //按 V 和 VR 的定义构造图 G
        DestroyGraph(&G)
        //销毁图 G
        InsertVEx(&G, v)
        //在图 G 中插入顶点 v
        DeleteVEx(&G, v)
        //从图 G 中删除顶点 v
```

```
        InsertArc(&G, v, w)
        //若图 G 中不存在弧<v,w>,则向图 G 中添加该弧
        DeleteArc(&G, v, w)
        //若图 G 中存在弧<v,w>,则从图 G 中删除该弧
        DFSTraVErse(G, v, Visit())
        //对图 G 进行深度优先遍历
        BFSTraVErse(G, v, Visit())
        //对图 G 进行广度优先遍历
        FirstAdjVex(G, v)
        //求图 G 中顶点 v 的第一个邻接点,若有则返回顶点号;若顶点 v 没有邻接点或图中不存
        //在 x,则返回-1
        NextAdjVex(G, v, w)
        //假设图 G 中顶点 w 是顶点 v 的一个邻接点,返回除顶点 w 外顶点 v 的下一个邻接点的顶
        //点号;若 w 是 v 的最后一个邻接点,则返回-1
}ADT Graph
```

7.2 图的存储结构

7.2.1 图的顺序存储

图的存储结构至少要保存两类信息：一是顶点的数据，二是顶点间的关系。图的顺序存储即邻接矩阵存储，是指用一个二维数组存储图中边的信息(各顶点之间的邻接关系)，存储顶点之间邻接关系的二维数组称为邻接矩阵。

设 G=<V,E>，$V=\{v_0,v_1,\cdots,v_{n-1}\}$是一个有 n 个顶点的图，顶点的角标为它的编号，则图 G 的邻接矩阵 A 是一个 $n\times n$ 的二维数组。有向图、无向图对应的邻接矩阵如图 7-4 所示。其中，无向图的邻接矩阵是对称的，有向图的邻接矩阵可能是不对称的。具体定义如下：

$$A[i][j]=\begin{cases}1, & 若(v_i,v_j)\in E 或<v_i,v_j>\in E\\ 0, & 否则\end{cases}$$

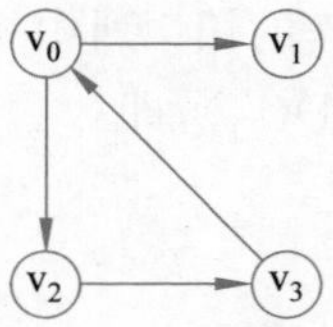

$$\begin{pmatrix}0&1&1&0\\0&0&0&0\\0&0&0&1\\1&0&0&0\end{pmatrix}$$

(a) 有向图及其邻接矩阵

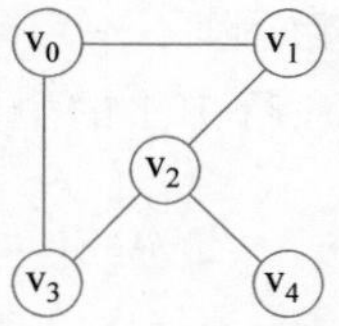

$$\begin{pmatrix}0&1&0&1&0\\1&0&1&0&1\\0&1&0&1&1\\1&0&1&0&0\\0&1&1&0&0\end{pmatrix}$$

(b) 无向图及其邻接矩阵

图 7-4　图的邻接矩阵

对于网而言，若顶点 v_i 和 v_j 之间有边相连，则邻接矩阵中对应项存放着该边对应的权值；若顶点 v_i 和 v_j 不相连，则用"∞"来代表这两个顶点之间不存在边；若顶点 v_i 即 v_j，则用 0 来代表这两个顶点之间不存在边。网对应的邻接矩阵如图 7-5 所示。具体定义如下：

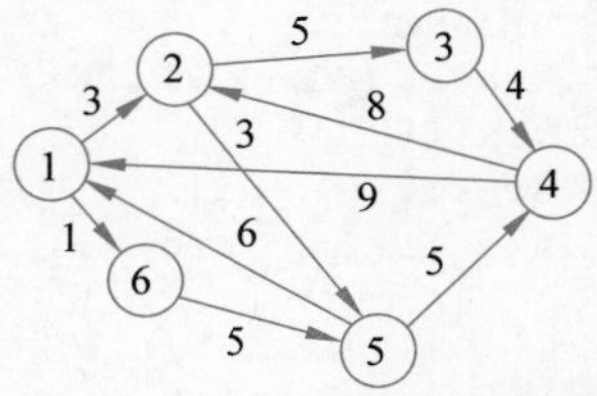

$$\begin{pmatrix}\infty&3&\infty&\infty&\infty&1\\\infty&\infty&5&\infty&3&\infty\\\infty&\infty&\infty&4&\infty&\infty\\9&8&\infty&\infty&\infty&\infty\\6&\infty&\infty&5&\infty&\infty\\\infty&\infty&\infty&\infty&\infty&5\end{pmatrix}$$

图 7-5　网及其邻接矩阵

$$A[i][j]=\begin{cases} w_{ij}, & 若 i\neq j 且 (v_i,v_j)\in E 或 \langle v_i,v_j\rangle \in E \\ \infty, & 若 i\neq j 且 (v_i,v_j)\in E 或 \langle v_i,v_j\rangle \in E \\ 0, & 若 i=j \end{cases}$$

图的邻接矩阵存储结构定义如下：

```
#define    INFINITY INT_MAX                          //最大值
#define    MAX_VERTEX_NUM    20                      //最大顶点个数
typedef    enum {DG, DN, AG, AN}    GraphKind ;
                                                     //{有向图,有向网,无向图,无向网}
typedef    struct ArcCell {                          //弧的定义
    VRType   adj ;  //VRType 是顶点关系类型。对无权图,用 1 或 0 表示相邻否;对带权图,则为
                    //权值类型
    InfoType   * info ;                              //该弧相关信息的指针
}ArcCell, AdjMatrix [ MAX_VERTEX_NUM] [MAX_VERTEX_NUM] ;

typedef   struct  {                                  //图的定义
    VertexType     vex[MAX_VERTEX_NUM] ;             //顶点信息
    AdjMatrix      arcs ;                            //弧的信息
    int                  vexnum , arcnum ;           //顶点数,弧数
    GraphKind     kind;                              //图的种类标志
}MGraph ;
```

图的顺序存储结构，即邻接矩阵存储表示法具有以下特点：

(1) 判断两个顶点 v、u 是否为邻接点，只需要判断邻接矩阵对应的分量是否为 1；

(2) 顶点不变，在图中增加、删除边，只需要对邻接矩阵对应分量赋值 1 或清零；

(3) 对于无向图而言，邻接矩阵一定是一个对称矩阵（并且唯一），因此，在实际存储邻接矩阵时，只需要存储上（或下）三角矩阵的元素；同时，邻接矩阵的第 i 行（或第 i 列）中 1 的个数正好是顶点 i 的度 $TD(v_i)$，即

$$TD(v_i)=\sum_{i=0}^{n-1}A[i][j]=\sum_{j=0}^{n-1}A[i][j]$$

(4) 对于有向图而言，邻接矩阵不一定是对称的。同时，邻接矩阵的第 j 列中 1 的个数正好是顶点 v_j 的入度 $ID(v_j)$；第 i 行中 1 的个数正好是顶点 i 的出度 $OD(v_i)$，即

$$ID(v_j)=\sum_{j=0}^{n-1}A[i][j],\quad OD(v_i)=\sum_{i=0}^{n-1}A[i][j]$$

对于 n 个顶点的图，邻接矩阵表示法的空间复杂度为 $O(n^2)$，与边数无关。

但是，要确定图中有多少条边，则必须按行、按列对每个元素进行检测，所花费的时间代价很大。

【例 7-1】 用邻接矩阵存储表示法实现图的操作 FirstAdjVex()和 NextAdjVex()。

```
图类型变量:MGraph   G ;
顶点个数:                                    G.vexnum;
弧/边的个数:                                 G.arcnum;
图的类型:                                    G.kind = (DG,DN,AG,AN);
顶点 i 信息:                                 G.vex[i];
顶点 i 和顶点 j 邻接关系:                     G.arcs[i][j].adj;
弧/边附加信息:                               G.arcs[i][j].info->;

int FirstAdjVex(MGraph G,VertexType v)
{   //返回值为图 G 中与顶点 v 邻接的第一个邻接点,0 为没有邻接点
    VertexType  w=0;
```

```
    while((w<G.vexnum) && !G.arcs[v][w].adj)      w++;
    if((w<G.vexnum)&&G.arcs[v][w])            return(w);
    else     return(0);
}
int NextAdjVex(MGraph G,VertexType v,VertexType w)
{   //返回值为图 G 中与顶点 v 邻接的 w 之后的邻接点,0 为无下一个邻接点
    w=v+1;
    while((w<G.vexnum) && !G.arcs[v][w].adj)       w++;
    if((w<G.vexnum)&&G.arcs[v][w])            return(w);
    else     return(0);
}
```

7.2.2　图的链式存储

邻接表(adjacency list)是图的一种链式存储结构。当一个图是稀疏图时,使用邻接矩阵的方法存储图将浪费大量的存储空间,而邻接表则可以大大减少这种浪费。对于顶点多、边少的图采用邻接表存储的空间复杂度为 O(n+e)。

在有向图的邻接表中,顶点用一维数组存储(按编号顺序),而以同一顶点为起点的弧用线性链表存储,因此在邻接表中存在两种结点:**顶点表结点**和**边链表结点**,如图 7-6 所示。

data	firstarc

adjvex	nextarc	info

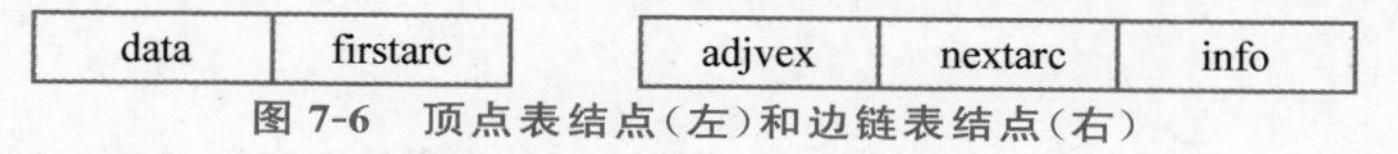

图 7-6　顶点表结点(左)和边链表结点(右)

边链表结点由 3 个域组成,其中邻接点域(adjvex)指示与顶点邻接的点在图中的位置,链域(nextarc)指示下一条边或弧的结点;数据域(info)存储和边或弧相关的信息,如权值等。

顶点表结点可以理解成边链表的表头结点,除了设有链域(firstarc)指向边链表中第一个结点之外,还设有存储顶点的名字或其他有关信息的数据域(data)。

在无向图邻接表中,第 i 个顶点的度为第 i 个顶点的边链表结点个数之和;图的总度数为所有边链表结点个数之和;图的边数为所有边链表结点个数之和的一半,如图 7-7 所示。而在有向图邻接表中,第 i 个顶点的出度为第 i 个顶点的边链表结点个数之和;图的边数为所有边链表结点个数之和,如图 7-8 所示。

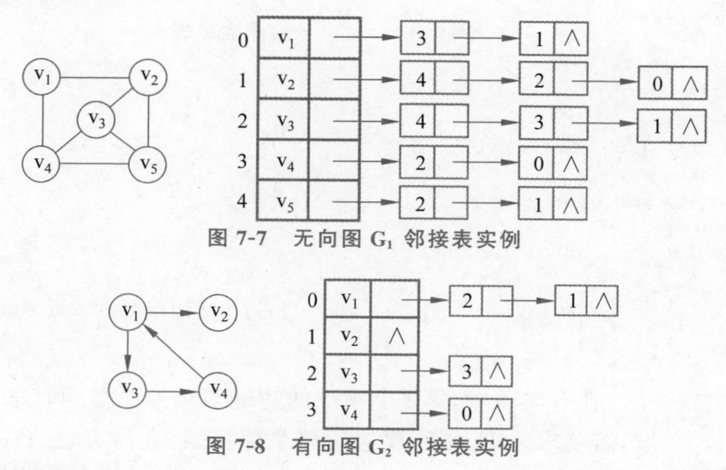

图 7-7　无向图 G_1 邻接表实例

图 7-8　有向图 G_2 邻接表实例

图的邻接表结构定义如下:

```
#define     MAX_VERTEX_NUM     20
```

```
typedef    struct ArcNode {                          //边表结点定义
    int      adjvex;                                 //该弧所指向的顶点的位置
    struct       ArcNode    * nextarc;               //指向下一条弧的指针
    infoType     * info;                             //可以存储图中边的权值
}ArcNode ;

typedef    struct Vnode {                            //顶点表结点定义
    vertexType    data;                              //顶点信息
    ArcNode    * firstarc;                           //指向第一条依附该顶点的弧
}Vnode, AdjList[MAX_VERTEX_NUM] ;

typedef    struct {
    AdjList         vertices;
    int         vexnum;
    int         kind;
}ALGraph                                             //ALGraph 是以邻接表存储的图
```

有向图的邻接表建立算法如下：

```
typedef    struct{                                   //顶点表结点定义
    vextype        vertex;
    edgenode     * link;
}vexnode;
vexnode ga[n];

typedef struct node{                                 //边表结点定义
    int      adjvex;
      struct node      * next;
}edgenode;
```

无向图的邻接表建立算法如下：

```
CREATADJLIST(vexnode ga[]){
  int i,j,k;  edgenode * s;
  for (i=0;i<n;i++){                                 //读入顶点信息并初始化
    ga[i].vertex=getchar();
    ga[i].link=NULL;
   }
for (k=0;k<e;k++)                                    //建立边表
   { scanf("%d%d",&i,&j);
    s=malloc(sizeof(edgenode));
    s->adjvex=j;
    s->next=ga[i].link
    ga[i].link=s;
    s=malloc(sizeof(edgenode));
    s->adjvex=i;
    s->next=ga[j].link;
    ga[j].link=s;
   }                                                 //对于无向图要插入两次,i 后和 j 后
 }
```

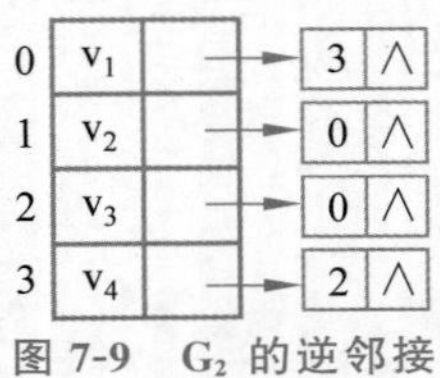

图 7-9　G_2 的逆邻接表实例

在有向图中，第 i 个顶点的边链表结点个数只代表第 i 个顶点的出度，若要求入度，则需要遍历整个邻接表，在所有链表中，邻接点域的值为 i 的结点的个数即为其入度。在有向图中，有时为了方便，我们可以建立一个逆邻接表，即对每个顶点 v_i 建立一个链接以 v_i 为头的弧的表，如图 7-9 所示。此时，顶点依然用一维数组存储（按编号顺序），用线性

链表存储以同一顶点为终点的弧。

【例 7-2】 用链式存储表示法实现图的操作 FirstAdjVex()和 NextAdjVex()。

```
图类型变量:                    ALGraph  G ;
顶点个数:                      G.vexnum;
图的类型:                      G.kind = (DG,DN,AG,AN);
顶点 i 信息:                   G.vertices[i].dada;
顶点 i 的第一个邻接点:      G.vertices[i].firstarc->adjvex;
                            G.vertices[G.vertices[i].firstarc->adjvex].data;
                                    G.vertices[i].firstarc->info;
顶点 i 的第二个邻接点:      G.vertices[i].firstarc->nextarc->adjvex;

int FirstAdjVex(ALGraph G,VertexType v)
{   //返回值为图 G 中与顶点 v 邻接的第一个邻接点,0 为没有邻接点
    if(G.vertices[v].firstarc)    return(G.vertices[v].firstarc->adjvex);
    else        return(0);
}

int NextAdjVex(ALGraph G,VertexType v,VertexType w)
{   //返回值为图 G 中与顶点 v 邻接的 w 之后的邻接点,0 为没有下一个邻接点
    ArcNode *p;
    p=G.vertices[v].firstarc;
    while(p!=NULL&&p->adjvex!=w)    p=p->nextarc;
    if(p)    return(0);
    else
        if(p->nextarc)    return(p->nextarc->adjvex);
        else        return(0);
}
```

邻接表的性质如下:

(1) 图的邻接表表示不唯一,它与边结点的次序有关;

(2) 无向图的邻接表中,第 i 个顶点的度为第 i 个链表中结点的个数;

(3) 有向图的邻接表中,第 i 个链表的结点的个数是第 i 个顶点的出度;而第 i 个顶点的入度需要遍历整个链表,采用逆邻接表,建立一个以 v_i 顶点为头的弧的表;

(4) 无向图的边数等于邻接表中边结点数的一半,有向图的弧数等于邻接表中的边结点数。

7.2.3 有向图的十字链表存储

十字链表(orthogonal list)是有向图的另一种链式存储结构,是将有向图的邻接表和逆邻接表结合得到的一种链表。图 7-10 给出了十字链表的顶点结点和弧结点的结构表示以及对应的抽象数据类型。

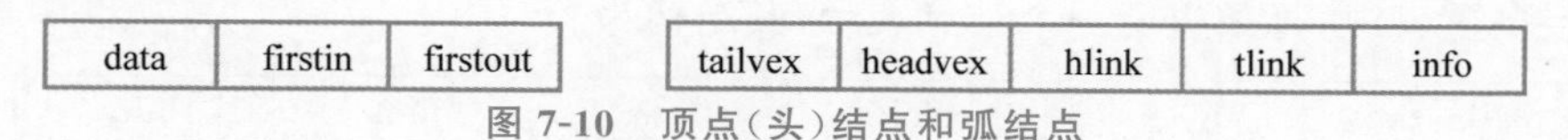

图 7-10 顶点(头)结点和弧结点

```
#define MAX_VERTEX_NUM  20
typedef struct ArcBox {
    int  tailvex, headvex;                    //该弧的尾和头顶点的位置
    struct ArcBox *hlink, *tlink;             //分别为弧头相同和弧尾相同的弧的链域
    infoType  info;                           //该弧相关信息的指针
} ArcBox;
typedef struct VexNode {
    VertexType  data;
```

```
    ArcBox  *firstin, *firstout;           //分别指向该顶点第一条入弧和出弧
} VexNode;
typedef struct {
    VexNode  xlist[MAX_VERTEX_NUM];         //表头向量
    int  vexnum, arcnum;                    //有向图的当前顶点数和弧数
} OLGraph;
```

有向图的每条弧都有一个表目，共有 5 个域：头域(headvex)和尾域(tailvex)分别表示弧头(终点)和弧尾(始点)顶点序号，指示弧头顶点和弧尾顶点在图中的位置；链域 hlink 指向下一条以顶点 headvex 为弧头的弧；链域 tlink 指向下一条以顶点 tailvex 为弧尾的弧；此外，还有一个表示弧权值等信息的 info 域。

顶点表目由 3 个域组成：data 域存放顶点的相关信息，如顶点名称；firstin 链接指针指向以该顶点为弧头的第一个弧结点；firstout 链接指针指向以该顶点为弧尾的第一个弧结点。

图 7-11 给出了有向图的十字链表表示。需要注意的是，此处省略了弧的 info 域，且顶点结点之间是顺序存储的。

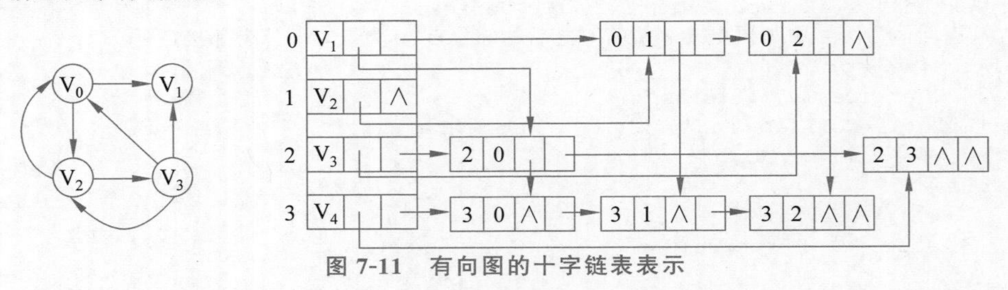

图 7-11 有向图的十字链表表示

在十字链表中，很容易找到以 V_i 为始点和终点的弧，因此也容易得到顶点 V_i 的入度和出度。从顶点结点 V_i 的 firstout 出发，由 tlink 域链接起来的链表正好是原来的邻接表结构，统计这个链表中的表目个数可以得到顶点 V_i 的出度。如果从顶点结点 V_i 的 firstin 出发，由 hlink 域链接起来的链表恰好是原来的逆邻接表结构，统计这个链表中的表目个数，可以求出顶点 V_i 的入度。

7.2.4 无向图的邻接多重表存储

邻接多重表是对无向图的邻接矩阵的一种压缩表示，这种结构在边的操作上会更加方便，如对已访问的边做标记，或要删除图中的某条边，都需要找到表示同一条边的两个结点。邻接多重表的结构与十字链表类似。在邻接多重表中，所有依附同一顶点的边串联在同一链表中，由于每条边依附两个顶点，则每个边结点同时链接在两个链表中。

在邻接多重表中，每条边用一个结点表示，其结构为

mark	ivex	ilink	jvex	jlink	info

其中，mark 为标志域，可用以标记该条边是否被搜索过；ivex 和 jvex 为该边依附的两个顶点在图中的位置；ilink 指向下一条依附顶点 ivex 的边；jlink 指向下一条依附顶点 jvex 的边；info 为指向和边相关的各种信息的指针域。

每个顶点也用一个结点表示，它由两个域组成，即

data	firstedge

其中，data 域存储该顶点的相关信息，firstedge 域指示第一条依附该顶点的边。

在邻接多重表中，所有依附同一顶点的边都串联在同一链表中，由于每条边依附于两个顶点，因此每个边结点同时链接在两个链表中。对无向图而言，其邻接多重表和邻接表的差别仅在于，同一条边在邻接表中用两个结点表示，而在邻接多重表中只有一个结点。

图 7-12 为无向图的邻接多重表表示法。邻接多重表的各种基本操作的实现和邻接表类似。

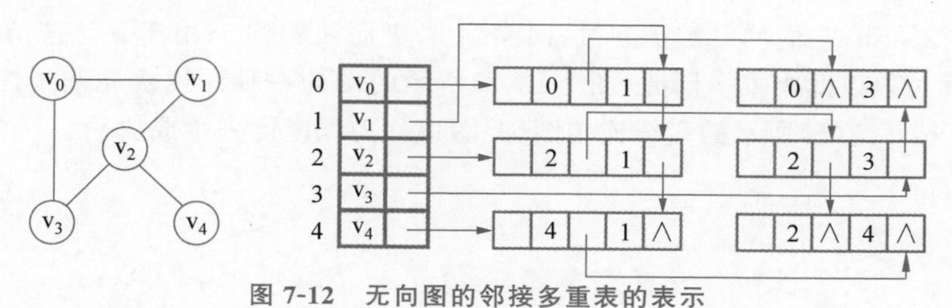

图 7-12　无向图的邻接多重表的表示

下面给出邻接多重表的代码表示：

```
#define MAX_VERTEX_NUM  20
typedef emnu {unvisited, visited} VisitIf;
typedef struct EBox {
    VisitIf   mark;                              //边访问标记
    int  ivex, jvex;                             //该边依附的两个顶点的位置
    struct EBox  * ilink, * jlink;               //分别指向依附这两个顶点的下一条边
    InfoType   * info;                           //该边信息指针
} EBox;

typedef struct VexBox {
    VertexType   data;
    EBox    * firstedge;                         //指向第一条依附该顶点的边
} VexBox;

typedef struct {
    VexBox  adjmulist[MAX_VERTEX_NUM];
    int  vexnum, edgenum;                        //无向图的当前顶点数和边数
} AMLGraph;
```

7.3　图的遍历

图的遍历算法主要有两种：深度优先搜索(depth-first search，DFS)和广度优先搜索(breadth-first search，BFS)。遍历图时需要注意：确定遍历起点；为保证非连通图的每一顶点都能被访问到，应轮换起点；为避免顶点的重复访问，应做访问标记。

7.3.1　深度优先遍历

图的深度优先遍历类似树的先根次序遍历。搜索策略是尽可能“深”地对一个图进行搜索，即尽可能先对纵深方向进行搜索。

对于给定的图 G=＜V,E＞，$V=\{v_0, v_1, \cdots, v_{n-1}\}$，初始状态是 V 中的所有顶点都未被访问，即任意 $v_i \in V$，其访问标志均设为 FALSE，然后开始搜索图中的每个顶点。首先，选取一个顶点开始搜索，假设选取 v_i 为出发点，访问顶点 v_i 并标记为 TRUE；然后访问任意一个与 v_i 相邻接的未被访问过的顶点 v_j；再以 v_j 为新的出发点继续递归地按照深度优先的方式进行遍历,重复上述过程,直至图中所有和 v_i 有路径的顶点均被访问。在遍历的过程中,当遇到一个所有邻接顶点都被访问过的顶点 u 时,则依次退回到最近被访问的顶点 w,若顶点 w 的访问标志仍为 FALSE,则从该点开始继续上述搜索过程,直至图中所有顶点均被访问过为止。

对于上述过程,以图 7-13 所示的无向图为例,假设从结点 a 出发,与其邻接的结点有 b、c、d、e、f、g;我们沿着 a 访问结点 b,与 b 邻接的点有 a 和 c,但是 a 已经被访问过,则继续访问 c;与 c 邻接的有 a 和 b,它们均已被访问过,回溯到 b,进而回溯到 a;由于 c 已被访问过,假设继续访问 d,访问过程以此类推。因此,图 7-13(a)所示的图的一种深度优先遍历序列为 a、b、c、d、e、f、g,即为图 7-13(b)所示的实线连接图(此图也称为深度优先生成树)。

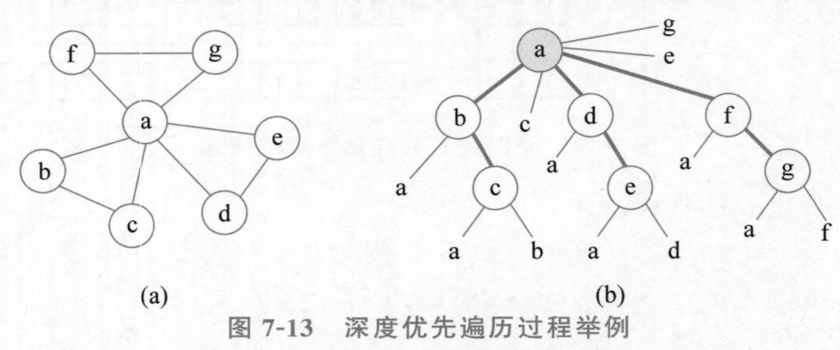

图 7-13　深度优先遍历过程举例

那么,如果一个无向图是非连通图,我们应该如何进行深度优先遍历?和上述操作相同,将图中每个顶点的访问标志设为 FALSE,之后遍历图中的每个顶点。不同的是,在遍历过程中,若已被访问过,则该顶点一定是落在图中已求得的连通分量上;若还未被访问,则从该顶点出发遍历图,可求得图的另一个连通分量。

总结一下,深度优先遍历的本质过程是沿着图的某一分支搜索,直到它的末端,然后回溯,沿着另一分支进行同样的搜索,以此类推。该遍历方法的步骤大致可分为三部分:访问顶点 i、改变访问标志和任选一个与 i 相邻且未被访问的顶点 j,从 j 开始继续进行深度优先遍历。根据遍历的基本思想和步骤,可以得到深度优先遍历的算法过程如下:

```
Void DFSTravers( GRAPH  G , v )                              //深度优先遍历图 G
{
    For ( v = 0 ; v < G.vexnum ; ++v )  visited [v] = FALSE;   //初始化
    For ( v = 0 ; v < G.vexnum ; ++v )
        if ( !visited [v])    DFS ( G , v );
}
Void DFS( GRAPH  G , int  v )                                //从顶点 v 深度优先遍历图 G
{
    visited[ v ] = TRUE ;                                    //标记为已访问
    visitfunc ( v ) ;
    for ( w = FirstAdjVex ( G , v ); w; w = NextAdjVex( G , v , w ))
        if ( !visited [w])      DFS( G , w );
                                                             //w 是与 v 相邻接的未被访问过的顶点
}
```

以图 7-14 的无向图为例,假设选取 V_0 为出发点,深度优先搜索的过程如下:首先访问 V_0,并置 V_0 访问标记;然后访问与 V_0 邻接且未被访问的顶点 V_1,置 V_1 访问标记;然后访问与 V_1 邻接且未被访问的顶点 V_3,置 V_3 访问标记;然后访问与 V_3 邻接且未被访问的顶点 V_7,置 V_7 访问标记;然后访问与 V_7 邻接且未被访问的顶点 V_4,置 V_4 访问标记,此时 V_4、V_7、V_3、V_1 均已没有未被访问过的邻接点,故返回顶点 V_0,访问与其邻接且未被访问的顶点 V_2,置 V_2 访问标记,以此类推,直至图中所有的顶点都被访问一次。遍历结果为 $V_0V_1V_3V_7V_4V_2V_5V_6$。

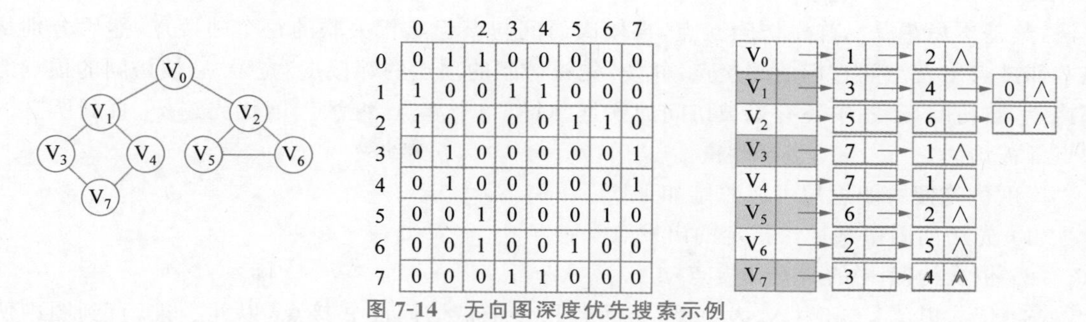

图 7-14　无向图深度优先搜索示例

需要注意的是，图的邻接矩阵表示是唯一的，所以基于邻接矩阵的遍历所得到的 DFS 序列也是唯一的。但是，对于以邻接表为存储结构的图，查找邻接点的操作实际上是顺序查找链表，同时，对于邻接表来说，若边的输入次序不同，生成的邻接表也不同。因此，对于同样一个图，基于邻接表的遍历所得到的 DFS 序列是不唯一的。下面给出两种存储结构下 DFS 函数中的递归算法实现的对比。

```
int visited[n];  graph g;
void DFS( int i )                                     //图用邻接矩阵存储
{   //图的邻接矩阵表示是唯一的，由深度优先算法得到的 DFS 序列是唯一的
    int j;
    printf("node:%c\n",g.vexs[i]);
    visited[ i ] = TRUE;
    for ( j=0; j<n; j++ )
        if ((g.arcs[ i ][ j ] == 1)&&(!visited[ j ]))    DFS( j );
}

vexnode g[n];
void DFS( int i )                                     //图用邻接表存储
{   //图的邻接表表示不是唯一的，由深度优先算法得到的 DFS 序列不是唯一的
    int j;
    edgenode *p;
    printf("node:%c\n",g[i].vertex);
    visited[ i ] = TRUE;                              //标记当前结点为访问过
    p = g[ i ].link;                                  //得到当前结点的一条边
    while ( p!=NULL ){
        if (!visited[ p->adjvex ])                    //如果存在边并未被访问过
            DFS( p->adjvex );
        p = p->next;
    }
}
```

分析以上算法，不难看出 DFS 算法是一个递归算法，需要借助一个递归工作栈，因此，对于一个具有 n 个顶点和 e 条边的无向图或有向图，其空间复杂度为 O(n)。另外，深度优先遍历图的过程实质上是搜索每个顶点的邻接点的过程，时间主要耗费在从该顶点出发搜索它的所有邻接点上。深度优先遍历算法对图中每个顶点至多调用一次 DFS 函数。用邻接矩阵表示图时，共需要检查 n^2 个矩阵元素，所需时间为 $O(n^2)$；用邻接表表示图时，找邻接点需要将邻接表中所有边结点都检查一遍，需要时间为 O(e)，对应的深度优先搜索算法的时间复杂度为 O(n+e)。

7.3.2　广度优先遍历

广度优先遍历又称为广度优先搜索(breadth-first-search, BFS)，类似二叉树的层序遍历

算法,其基本思想是:首先访问起点,再依次访问与该起点相关联的每个邻接点,然后分别从这些邻接点出发访问它们的邻接点,并使“先被访问的顶点的邻接点”先于“后被访问的顶点的邻接点”被访问,若图中还有未被访问的顶点,则换一个起点,继续广度优先遍历,直到所有的顶点都被访问。

广度优先搜索的思想可以总结如下:

(1) 先访问图中某一个指定的出发点 v_i;

(2) 依次访问 v_i 的所有邻接点 $v_{i1}, v_{i2}, \cdots, v_{it}$;

(3) 依次以 $v_{i1}, v_{i2}, \cdots, v_{it}$ 为顶点,访问各顶点未被访问的邻接点,以此类推,直到图中所有顶点均被访问为止;

(4) 若此时图中尚有顶点未被访问,则另选图中一个未曾被访问的顶点作为起始点,重复上述过程,直至图中所有顶点都被访问为止。

对于上述过程,如果以图 7-15 所示的图为例,假设从结点 a 出发,与其邻接的结点有 b、c;我们沿着 a 依次访问结点 b 和 c,与 b 邻接的点有 a 和 c,但是 a 和 c 已经被访问过,则继续依次访问 c 的邻接点 d、f、g、e。因此,图 7-15(a)所示的图的一种广度优先遍历序列为 a、b、c、d、f、g、e,即为图 7-15(b)所示的实线连接图(此图也称为广度优先生成树)。

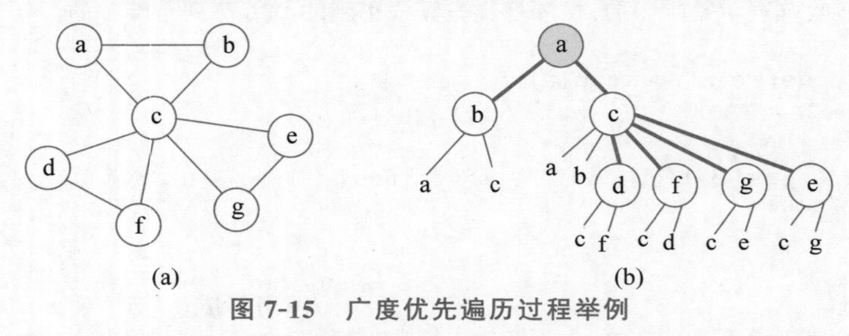

图 7-15 广度优先遍历过程举例

广度优先遍历是一种分层的查找过程,不像深度优先遍历那样有往回退的过程,因此广度优先遍历不是一个递归的算法。要实现广度优先遍历,需要实现逐层访问,算法中使用一个队列,以记忆正在访问的这一层和上一层的顶点,以便于向下一层访问。与深度优先搜索的过程一样,为避免重复访问,需要一个辅助数组 visited[ ]给被访问过的顶点加标记,其初始状态为 FALSE,在遍历中,一旦某个顶点 v 被访问,则立即置 visited[v] 为 TRUE,以防止该顶点被多次访问。

广度优先遍历算法代码如下,其中图用邻接矩阵表示:

```
BSF(int k) {                                    /* 图用邻接矩阵表示 */
    int i, j;
    SETNULL(Q);
    ENQUEUE(Q,k);                               //当前访问结点入队
    visited[k]=TRUE;
    while (!EMPTY(Q)) {
    i=DEQUEUE(Q);                               //让当前结点出队
        for (j=0;j<n;j++)                       //访问这一行的所有结点
          if ((g.arcs[i][j]==1)&&(!visited[j])) {
                                                //如果当前结点有边且下一结点未被访问
              visited[j]=TRUE;
              ENQUEUE(Q,j);
}}}
```

如果使用邻接矩阵,则对于每个被访问过的顶点,循环要检测矩阵中的 n 个元素,总的时

间代价为 $O(n^2)$。

当图用邻接表表示时：

```
BFSL(int k) {                                      //图用邻接表表示
    int i; edgenode * p;
    SETNULL(Q);
    ENQUEUE(Q,k);
    visited[k]=TRUE;
    while (!EMPTY(Q)) {
        i=DEQUEUE(Q);
        p=gl[i].link;
        while (p!=NULL) {                          //访问 p 的整个链
            if (!visited[p->adjvex]) {
                visited[p->adjvex]=TRUE;
                ENQUEUE(Q,p->adjvex);
            }
            p=p->next;
    }
}}

void BFSTraverse(Graph G, Status ( * Visit) (int v)){
    for (v=0; v<G.vexnum; ++v)
        visited[v] = FALSE;                        //初始化访问标志
    InitQueue(Q);                                  //置空的辅助队列 Q
    for ( v=0; v<G.vexnum; ++v )
        if ( !visited[v]) {                        //v 尚未访问
            visited[u] = TRUE;  Visit(u);          //访问 u
            EnQueue(Q, v);                         //v 入队列
                while (!QueueEmpty(Q)) {
                    DeQueue(Q, u);                 //队头元素出队并置为 u
                    for(w=FirstAdjVex(G, u); w!=0; w=NextAdjVex(G,u,w))
                    if ( ! visited[w]) {
                    visited[w]=TRUE;
                        Visit(w);
                    EnQueue(Q, w);                 //访问的顶点 w 入队列
        } //if
    } //while}
} //BFSTraverse
```

下面通过实例演示广度优先遍历的过程，给定图 G 如图 7-16 所示。

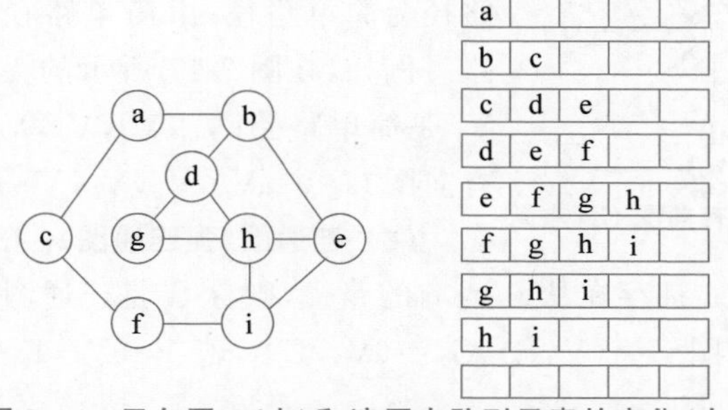

图 7-16　无向图 G(左)和遍历中队列元素的变化(右)

假设从 a 结点开始访问，a 先入队。此时队列非空，取出队头元素 a，由于 b、c 与 a 相邻且未被访问过，于是依次访问 b、c，并将 b、c 依次入队。队列非空，取出队首元素 b，依次访问与 b 相邻且未被访问的顶点 d、e，并将 d、e 入队。此时队列非空，取出队头元素 c，访问与 c 相邻

且未被访问的顶点 f,并将 f 入队。此时,取出队头元素 d,依次访问与 d 相邻且未被访问的顶点 g、h,并将 g、h 入队。继续取出队头元素 e,访问与 e 相邻且未被访问的顶点 i,并将 i 入队(注意:h 与 e 也相邻,但 h 已经访问过,已置访问标记,故不再重复访问)。继续重复上述操作,直至队列为空,如图 7-16 所示,遍历结果为 abcdefghi。

当无向图为非连通图时,从图中某一顶点出发,利用广度优先遍历算法不可能遍历图中的所有顶点,只能访问该顶点所在的最大连通子图(连通分量)的所有顶点。若从无向图的每个连通分量中的一个顶点出发进行遍历,可求得无向图的所有连通分量。

BFS 算法需要一个辅助队列来实现,每 n 个顶点均需入队一次,在最坏情况下,空间复杂度为 $O(|V|)$。采用邻接表存储时,每个顶点均需入队一次,且遍历每一顶点的邻接点时,每条边至少访问一次,故总的时间复杂度为 $O(|V|+|E|)$。采用邻接矩阵存储时,查找每个顶点的邻接点需要的时间为 $O(|V|)$,故总的时间复杂度为 $O(|V|^2)$。

总结这两种搜索策略,可以得到以下结论:

(1) 当无向图为非连通图时,从图中某一顶点出发,利用深度优先搜索算法或广度优先搜索算法不可能遍历图中的所有顶点,只能访问该顶点所在的最大连通子图(连通分量)的所有顶点;

(2) 若从无向图的每个连通分量中的一个顶点出发进行遍历,可求得无向图的所有连通分量;

(3) 树的先根遍历是一种深度优先搜索策略,树的层次遍历是一种广度优先搜索策略。

7.4 图与树的联系

第 6 章着重讨论了树结构。从图论角度,树属于图的一种结构。在很多实际应用中,树和图之间都有着密切的联系。本节详细讨论图与树之间的联系,包括生成树、无向图与开放树、最小生成树等。

7.4.1 生成树

首先对图的相关术语进行回顾。

(1) **简单路径和简单回路**:在一条路径中,若除起点和终点外所有顶点各不相同,则称该路径为简单路径;由简单路径组成的回路称为简单回路。例如,在图 7-17 所示的无向图 G_1 中,V_0, V_1, V_2, V_3 是简单路径;V_0, V_1, V_2, V_4, V_1 不是简单路径。在有向图 G_2 中,V_0, V_2, V_3, V_0 是简单回路。

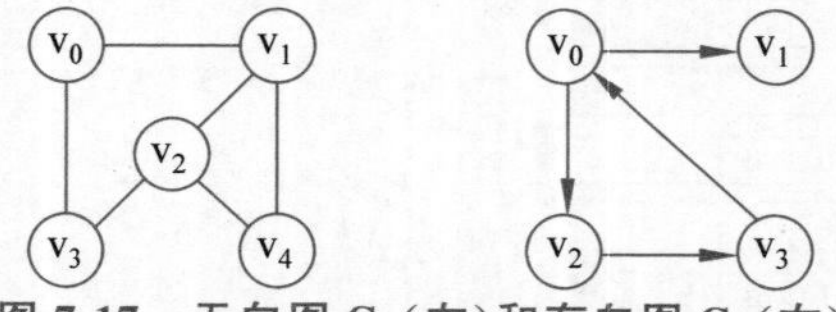

图 7-17 无向图 G_1(左)和有向图 G_2(右)

(2) **连通图(强连通图)**:在无(有)向图 G=<V,E>中,若对任何两个顶点 v、u 都存在从 v 到 u 的路径,则称 G 是连通图(强连通图)。

(3) **子图**:设有两个图 $G=(V,E)$、$G_1=(V_1,E_1)$,若 $V_1\subseteq V$,$E_1\subseteq E$,E_1 关联的顶点都在 V_1 中,则称 G_1 是 G 的子图。

在 7.1 节中,我们已经介绍了生成树和生成森林的相关概念——假设一个连通图有 n 个顶点和 e 条边,其中 n-1 条边和 n 个顶点构成一个极小连通子图,则称该极小连通子图为此**连通图的生成树**;对非连通图,则称由各个连通分量的生成树的集合为此**非连通图的生成森林**。从生成树的概念中可以得出,**生成树**是一个连通图 G 的一个极小的连通子图,包含图 G

的所有顶点,但只有 n−1 条边,并且是连通的。所谓极小是指,若在树中任意增加一条边,则将出现一个回路;若去掉一条边,将会使之变成非连通图,即 T 是 G 的生成树当且仅当 T 是 G 的连通子图且 T 包含 G 的所有顶点。

深度优先遍历和广度优先遍历在基于一点的搜索过程中,能访问到该顶点所在的最大连通子图的所有顶点,即一个连通分量。如图 7-18 所示,利用深(广)度优先遍历可以求得深(广)度优先生成树。通过变换搜索顶点,可求得无向图的所有连通分量。需要注意的是,无向连通图通过深(广)度优先遍历只能得到一个深(广)度优先生成树,而非连通图则可以得到多个生成树(连通分量)。

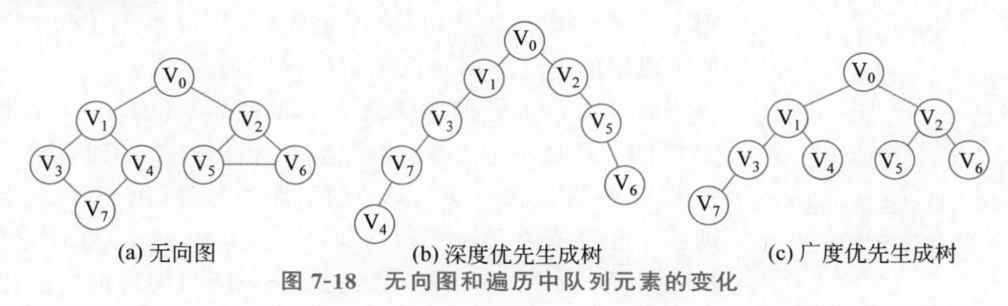

(a) 无向图　(b) 深度优先生成树　(c) 广度优先生成树

图 7-18　无向图和遍历中队列元素的变化

7.4.2　无向图与开放树

在学习最小生成树之前,需要先引入开放树的概念。连通而无环路的无向图称作开放树。如果指定开放树中某一顶点为根,并且把每条边看成背离根的,则一棵开放树就变成了一棵树。开放树具有以下两个性质:

(1) 具有 $n(n\geqslant1)$个顶点的开放树包含 n−1 条边;

(2) 如果在开放树中任意增加一条边,将构成一个环路。

下面对性质(1)进行证明。

假设 T 是开放树,T 中顶点为 $v_1,v_2,\cdots,v_n$。由连通性可以知道,一定存在与 v_1 相邻的顶点,不妨设其为 v_2,连接 v_1 与 v_2 得到边 e_1。同理,由连通性可知,在 $v_3,v_4,\cdots,v_n$ 中必定存在与 v_1 或 v_2 相邻的顶点,不妨设为 v_3,将其连接得边 e_2。以此类推,v_n 必与 $v_1,v_2,\cdots,v_{n-1}$ 中的某顶点相邻,连接得到新边,由此可见,T 中至少有 n−1 条边。又因为 T 中无环路,因此具有 n 个顶点的开放树包含 n−1 条边。性质(1)得证。

7.4.3　最小生成树

在现实的生产生活中,有很多关于最小成本的方案决策问题,高速公路问题就是其一。假设有 N 个城市,每条公路可以连接两个城市。目前原有的公路有 m 条,但是不能实现所有城市之间的连通,因此需要继续修建公路,在费用最低的原则下,实现 N 个城市的连通还需要修建哪些公路?由于修路的费用与公路的长短成正比,所以这个问题就可以转换成求修建哪几条公路能够实现所有城市的连通,同时满足所修公路总长最短。在前面的学习中,我们已经了解了可以用生成树来遍历无向图的所有顶点。事实上,很多关于最小成本的问题都可以通过求带权图的最小生成树来解决。

设 G=(V,E)是一个连通图,E 中每条边(u,v)的权为 C(u,v),也叫作边长。图 G 的一棵生成树(spanning tree)是连接 V 中所有结点的一棵开放树。将生成树中所有边长之总和称为**生成树的价**(cost)。生成树不同,每棵树的价也可能不同。使这个价最小的生成树称为图 G

的**最小生成树**(minimum-cost spanning tree,MST)。不难看出,最小生成树不是唯一的,即最小生成树的树形不是唯一的。但其对应的边的权值之和总是唯一的,而且是最小的。当图 G 中的各边权值互不相等时,G 的最小生成树是唯一的;若无向连通图 G 的边数比顶点数少 1,即当 G 本身是一棵树时,则 G 的最小生成树就是它本身。

设 G=(V, E)是一个连通图,在 E 上定义一个权函数 C(u,v),且$\{(V_1,T_1),(V_2,T_2),\cdots,(V_k,T_k)\}$是 G 的任意生成森林。令 $T=\bigcup_{i=1}^{k}T_i(k>1)$,e=(v,w)是 E−T 中权 C[v,w]最小的一条边,而且 $v\in V_i$ 和 $w\in V_i$,则图 G 有一棵包含 T∪{e}的生成树,其价不大于包含 T 的任何生成树的价。下面对该性质进行证明。

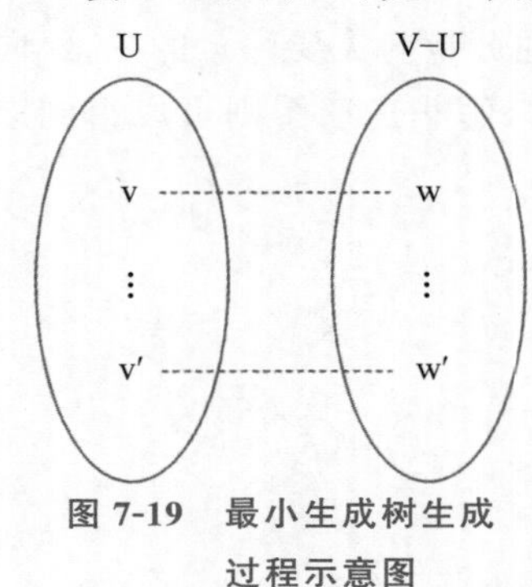

图 7-19 最小生成树生成过程示意图

假设图 G 的任何一棵最小生成树都不包含(v,w),设 T 是图 G 的一棵最小生成树,当将边(v,w)加入 T 中时,由生成树的定义,T 中必包含一条(v,w)的回路。另外,由于 T 是生成树,则在 T 上必存在另一条边(v′,w′),且 v 和 v′、w 和 w′之间均有相同路径。如图 7-19 所示,删去边(v′,w′)便可消去上述回路,同时得到另一棵最小生成树 T′。但因为(v,w)的代价不高于(v′,w′),则 T′的代价亦不高于 T,T′是包含(v,w)的一棵最小生成树。

以上 MST 性质有另一种描述:假设 G=(V,{E})是一个连通网,U 是顶点 V 的一个非空子集。若(v,w)是一条具有最小权值(代价)的边,其中 v∈U,w∈V−U,则必存在一棵包含边(v,w)的最小生成树。基于该性质可以得到求解最小生成树的两种算法——Prim 算法和 Kruskal 算法,它们都是基于贪心算法的策略,即优先考虑选择权值最小的边。

Prim(普里姆)算法的基本思想是取图中任意一个顶点 v 作为生成树的根,之后往生成树上添加新的顶点 w。在添加的顶点 w 和已经在生成树上的顶点 v 之间必定存在一条边,并且该边的权值在所有连通顶点 v 和 w 之间的边中取值最小。继续往生成树上添加顶点,直至生成树上含有 n 个顶点为止。

基于该思想可以总结出以下基本步骤:设 G=(V,E)为一个具有 n 个顶点的带权的连通网络,T=(U,TE)为构造的生成树。

(1) 初始时,$U=\{V_0\}$,TE=∅;

(2) 在所有 u∈U、v∈V−U 的边(u,v)中选择一条权值最小的边,不妨设为(u,v);

(3) (u,v)加入 TE,同时将 u 加入 U;

(4) 重复(2)、(3),直到 U=V 为止。

Prim 算法构造最小生成树的过程如图 7-20 所示。

初始时从图中任取一顶点(如顶点 a)加入树 T,此时树中只含有一个顶点,之后选择一个与当前 T 中顶点几何距离最近的顶点,并将该顶点和相应的边加入 T,每次操作后 T 中的顶点数和边数都增 1。以此类推,直至图中所有的顶点都并入 T,得到的 T 就是最小生成树。

根据 Prim 算法的基本思想和步骤,引入辅助向量 CloseST[ ]和 LowCost[ ],其中,CloseST[i]为 U 中的一个顶点,边 (i , CloseST[i])具有最小的权 LowCost[i];可以得到算法的具体实现过程如图 7-21 所示。

Prim 算法的代码如下:

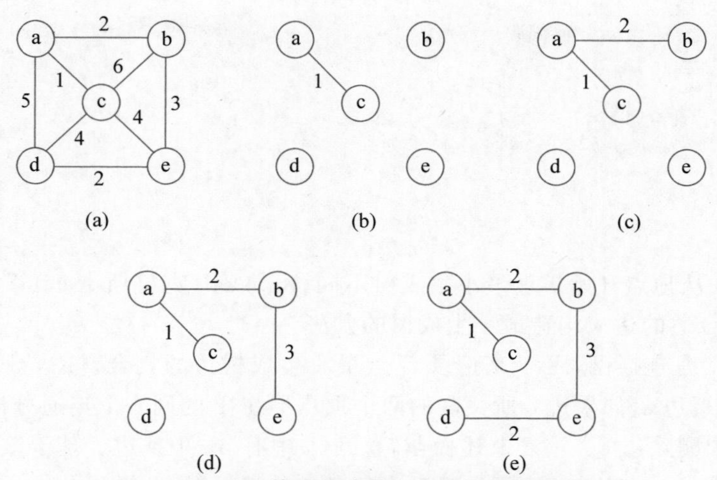

图 7-20　Prim 算法构造最小生成树的过程举例

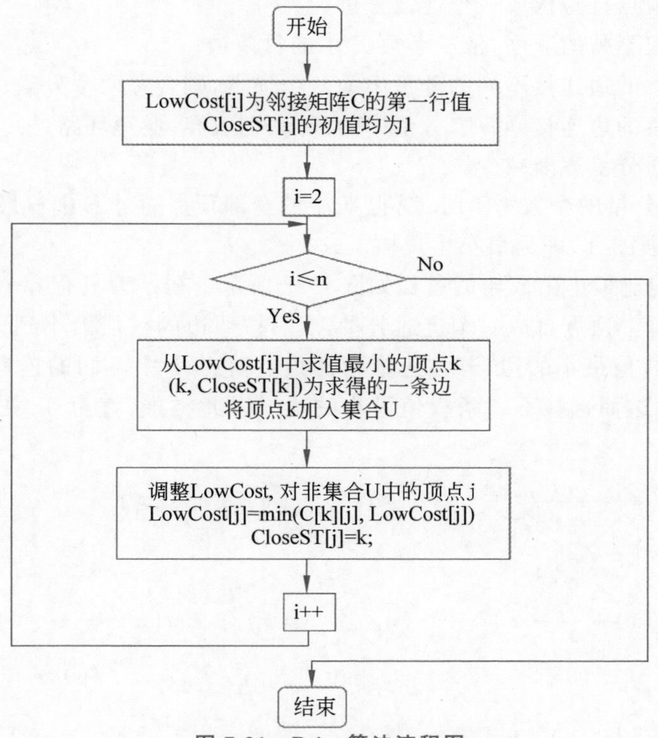

图 7-21　Prim 算法流程图

```
void  Prim( C )                                            //Costtype  C[n+1][n+1] ;
{   costtype  LowCost[n+1];
    int  CloseST[n+1];
    int  i, j, k;
    costtype  min;
    for( i = 2; i <= n; i++ ){  LowCost[i] = C[1][i];  CloseST[i] = 1;  }  //赋初值
    for( i = 2; i <= n; i++ ){
        min = LowCost[i];    k = i;
        for( j = 2; j <= n; j++ ){
            if ( LowCost[j] < min ) {
```

```
            min = LowCost[j] ;     k=j;  } }              //求离 U 中某一顶点最近的顶点
        LowCost[k] = INFINITY ;                           //将 k 加入集合 U
        for ( j = 2;  j <= n;  j++ ){
            if ( C[k][j] < LowCost[j] && LowCost[j] != INFINITY )
            {  LowCost[j]=C[k][j];   CloseST[j]=k;  } //调整
            }
    }
}
```

与 Prim 算法从顶点开始扩展最小生成树不同,Kruskal(克鲁斯卡尔)算法是一种按权值的递增次序选择合适的边来构造最小生成树的方法。

设 G=(V,E)是连通网,用 T 来记录 G 上最小生成树边的集合。Kruskal 算法的基本思想是从 G 中取最短边 e,如果边 e 所关联的两个顶点不在 T 的同一个连通分量中,则将该边加入 T,然后从 G 中删除边 e。重复上述操作,直到 T 中有 n−1 条边。基于该思想可以总结出以下基本步骤:令 G=(V,E),C 是关于 E 中每条边的权函数。

(1) G 中每个顶点自身构成一个连通分量;

(2) 按照边的权不减的顺序,依次考察 E 中的每条边;

(3) 如果被考察的边连接不同的分量中的两个顶点,则合并两个分量;

(4) 如果被考察的边连接同一个分量中的顶点,则放弃,避免环路;

(5) G 中的连通分量逐渐减少。

当 G 中的连通分量的个数为 1 时,说明 V 中的全部顶点通过 E 中权最小的那些边构成了一个没有环路的连通图 T,即为最小生成树。

Kruskal 算法构造最小生成树的过程如图 7-22 所示。初始为只有 n 个顶点而无边的非连通图 T={V,{}},每个顶点自成一个连通分量,然后按照边的权值由小到大的顺序,不断选取当前未被选取过且权值最小的边,若该边依附的顶点落在 T 中不同的连通分量上,则将此边加入 T,否则舍弃此边而选择下一条权值最小的边。以此类推,直至 T 中所有顶点都在一个连通分量上。

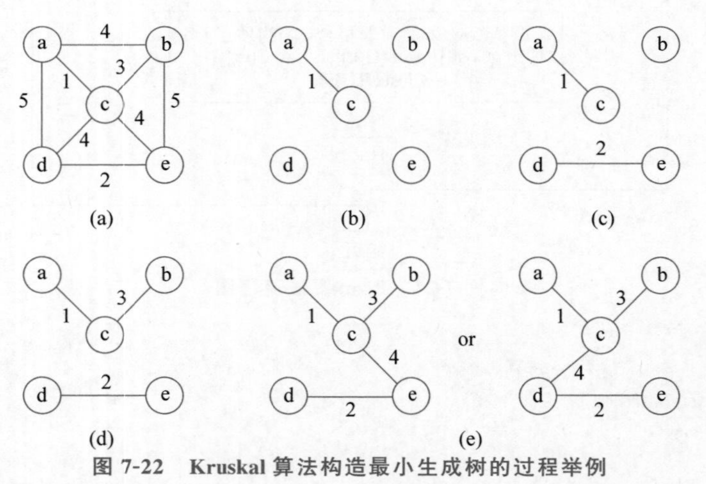

图 7-22 Kruskal 算法构造最小生成树的过程举例

Kruskal 算法的简单实现如下:

```
void Kruskal ( V, T )
{   T = V ;
```

```
    ncomp = n ;                                          /* 结点个数 */
    while ( ncomp > 1 ){
        从 E 中取出并删除权最小的边(v, u);
        if ( v 和 u 属于 T 中不同的连通分量){
            T = T∪{ ( v, u ) };
            ncomp -- ;
        }
    }
}
```

尽管 Prim 算法和 Kruskal 算法都是贪心算法，但 Kruskal 算法在效率上要比 Prim 算法高，因为 Kruskal 算法只需要对权重边做一次排序然后依次找最短边，而 Prim 算法则需要在每次选边时都做一次排序。Prim 算法的时间复杂度为 $O(|V|^2)$，不依赖 $|E|$，因此它适用于求解边稠密图的最小生成树。虽然采用其他方法能改进 Prim 算法的时间复杂度，但增加了实现的复杂性。而在 Kruskal 算法中，通常采用堆来存放边的集合，因此每次选择最小权值的边只需要 O(logE)的时间。此外，由于生成树 T 中的所有边均可视为一个等价类，因此每次添加新的边的过程都类似求解等价类的过程，由此可以采用并查集的数据结构来描述 T，从而构造 T 的时间复杂度为 $O(|E|\log|E|)$。因此，Kruskal 算法适合于边稀疏而顶点较多的图。

【例 7-3】 找到最小生成树里的关键边和伪关键边①。

给定一个 n 个点的带权无向连通图，节点编号为 0～n－1，同时还有一个数组 edges，其中 edges[i] ＝ [fromi，toi，weighti]表示在 fromi 和 toi 结点之间有一条带权无向边。请找到给定图中最小生成树的所有关键边和伪关键边。如果从图中删去某条边，则会导致最小生成树的权值和增加，那么我们就说它是一条关键边。伪关键边指可能会出现在某些最小生成树中但不会出现在所有最小生成树中的边(可以分别以任意顺序返回关键边的下标和伪关键边的下标)。

示例：

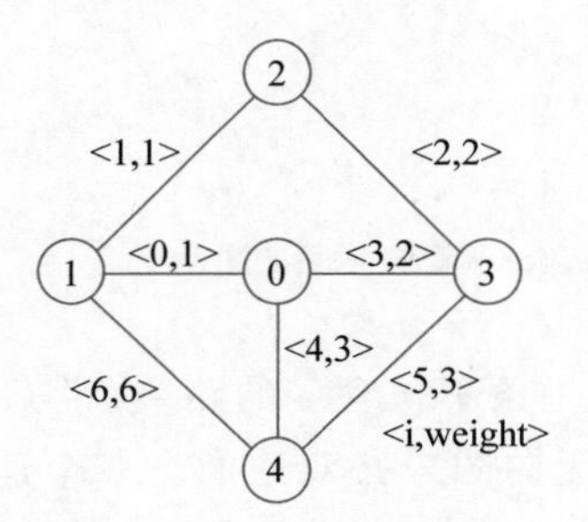

输入：n ＝ 5，edges ＝ [[0,1,1],[1,2,1],[2,3,2],[0,3,2],[0,4,3],[3,4,3],[1,4,6]]

输出：[[0,1],[2,3,4,5]]

思路与算法：

首先需要理解题目描述中对于“关键边”和“伪关键边”的定义。

关键边：如果从最小生成树中删去某条边，则会导致最小生成树的权值和增加，那么我们就说它是一条关键边。也就是说，如果设原图最小生成树的权值为 value，那么去掉这条边后：

---

① 例题参考资料：
https://leetcode.cn/problems/find-critical-and-pseudo-critical-edges-in-minimum-spanning-tree/
https://blog.csdn.net/qq_47373183/article/details/112973776。

(1) 要么整个图不连通,不存在最小生成树;

(2) 要么整个图连通,对应的最小生成树的权值为 v,其严格大于 value。

伪关键边:可能会出现在某些最小生成树中但不会出现在所有最小生成树中的边。也就是说,我们可以在计算最小生成树的过程中最先考虑这条边,即最先将这条边的两个端点在并查集中合并。设最终得到的最小生成树权值为 v,如果 v = value,那么这条边就是伪关键边。

需要注意的是,关键边也满足伪关键边对应的性质。因此,我们首先对原图执行 Kruskal 算法,得到最小生成树的权值 value,随后枚举每条边,首先根据上面的方法判断其是否是关键边,如果不是关键边,再判断其是否是伪关键边。

判断是否为关键边的思路:

首先将第 i 条边从图中删去,然后尝试构造最小生成树。如果生成的最小生成树的权值大于我们构造的第一棵最小生成树的权值或者根本无法构成树,那么我们就认为这条边是关键边。

判断是否为伪关键边的思路:

因为我们在之前已经判断出在第 i 条边不加入时可以构成最小生成树(否则在判断其为关键边时已经退出),故接下来可以直接将第 i 条边加入。我们在加入该边的情况下依旧使用贪心算法构造已加入该边的最小树,如果生成的树的权值与第一颗最小生成树的权值相同,那么该边即伪关键边,否则不是。

7.5 无向图的双连通性

7.5.1 无向图的双连通分量

设 G=<V,E>,假若在删去顶点 v 以及和 v 相关联的边之后,将图的一个连同分量分割成两个或两个以上的连同分量,则称该结点为关节点,如图 7-23 所示。

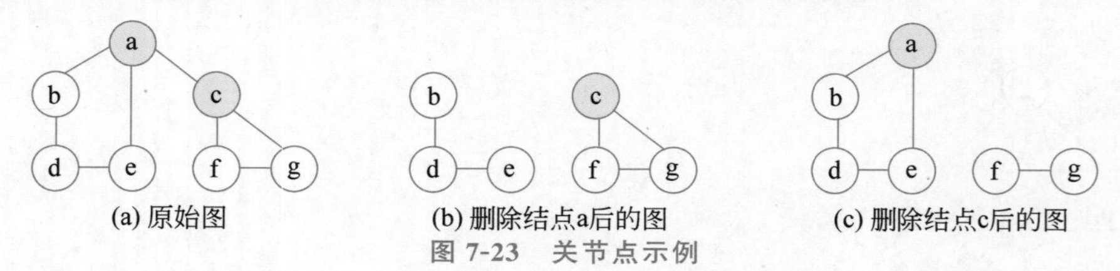

图 7-23 关节点示例

若对 V 中每个不同的三元组 v,w,a 在 v 和 w 之间都存在一条不包含 a 的路,就说 G 是双连通的(biconnected)。双连通的无向图是连通的,但连通的无向图未必双连通。一个连通的无向图是双连通的,当且仅当它没有关节点。

在图 G 中,若 $e_1=e_2$ 或者有一条环路包含 e_1 又包含 e_2,则称边 e_1 和 e_2 是等价的。上述等价关系将 E 分成等价类 $E_1,E_2,\cdots,E_k$,两条不同的边属于同一个类的充要条件是它们在同一个环路上。V_i 是 E_i 中各边所连接的点集($1\leqslant i\leqslant k$),每个图 $G_i=<V_i,E_i>$叫作 G 的一个双连通分量(如图 7-24 所示),其具有如下性质:G_i 是双连通的($1\leqslant i\leqslant k$);对所有的 $i\neq j$,$V_i\cap V_j$最多包含一个点;v 是 G 的关节点,当且仅当 $v\in V_i\cap V_j(i\neq j)$。

7.5.2 求关节点算法

对图进行一次深度优先遍历便可求出所有的关节点。

通过 DFS 可以得到一棵生成树,在该生成树中,有两类结点可以成为关节点:①若生成

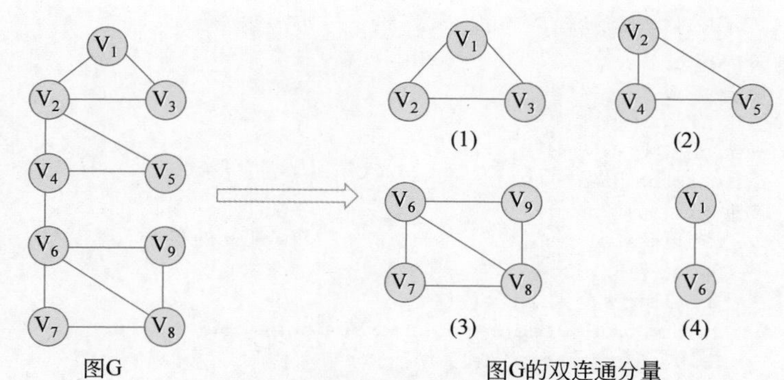

图 7-24　图的双连通分量示例

树的根有两棵或两棵以上的子树，则此根结点必为关节点（第一类关节点）。因图中不存在连接不同子树中顶点的边，因此，若删去根顶点，生成树变成生成森林；②若生成树中非叶顶点 v，其某棵子树的根和子树中的其他结点均没有指向 v 的祖先的回退边，则 v 是关节点（第二类关节点）。因为删去 v，则其子树和图的其他部分会被分割开。求关节点的算法如图 7-25 所示。

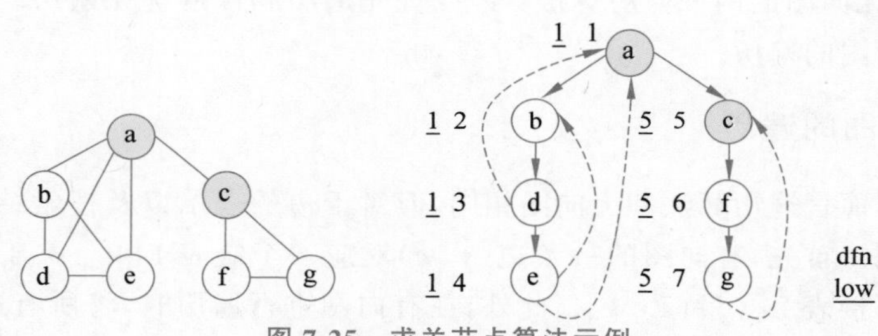

图 7-25　求关节点算法示例

对连通图 G=<V,E> 进行先深搜索的先深编号为 dfn[v]，产生的先深生成树为 S=<V,T>，B 是回退边之集。对每个顶点 v，low[v]定义如下：

```
low[v]=min{dfn[v],dfn[w],low[y]}
```

其中，(v,w)∈B，w 是顶点 v 在生成树上有回退边连接的祖先结点；(v,y)∈B，y 是顶点 v 在生成树上孩子的顶点。

给定连通的无向图 G=<V,E>，L[v]表示关于 v 的邻接表，求无向图的双连通分量算法步骤如下：

(1) 对图进行深度优先搜索，计算每个结点 v 的先深编号 dfn[v]，形成先深生成树 S=<V,T>；

(2) 在先深生成树上按后根顺序计算每个顶点 v 的 low[v]；

(3) 求关节点，对于根结点，若其有两个或两个以上的孩子，则其为根结点。对于非根结点 v，若 v 有某个孩子 y 使 low[y]≥dfn[v]，则其为根结点。算法实现如下：

```
T=∅;
count=1;
for(all v∈V) make v "new" ;
searchB(v0);
Void searchB(v)
```

```
{   (1)  make v"old";
    (2)  dfn[v]=count ;
    (3)  count++;
    (4)  low[v]=dfn[v] ;
    (5)  for ( each w ∈ L[v] )
    (6)      if(w is marked"new")
    (7)        { add(v,w) to T ;
    (8)          father[w]=v;                   //w 是 v 的孩子
    (9)          searchB(w);
    (10)         if(low[w]>=dfn[v])
                    A biconnected component has been found ;
    (11)         low[v]=min(low[v],low[w]);      }
    (12)     else if (w is not father[v] )      //(v ,w ) 是回退边
    (13)         low[v]=min(low[v],dfn[w]);
}
```

7.6 有向图的遍历和强连通性

7.3 节讨论了无向图的两种遍历算法：广度优先遍历和深度优先遍历。上述两种遍历算法同样适用于有向图的遍历。

7.6.1 有向图的遍历

虽然对有向图而言遍历算法和无向图相同，但对于边的表示以及搜索结果对边的分类而言却存在一些差别。首先，有向图的一条边(v,w)对应一个链表 L[v](关于 v 的邻接表)，而无向图对应两个邻接表 L[v]和 L[w]。此外，在有向图进行遍历时，将所有边分成了树边、向前边(forward edges)、回退边(back edges)和横边(cross edges)4 类。下面将介绍如何区别这 4 种边。

首先，根据顶点的深度优先遍历进行编号，如图 7-26 所示，其中图 7-26(b)是对图 7-26(a)中给定有向图进行深度优先遍历和深度优先编号所形成的深度优先生成森林。设 dfn[i]表示顶点 i 的深度优先编号，visited[i]表示顶点 i 是否被访问，(v,w)为图中任意一条边，则：

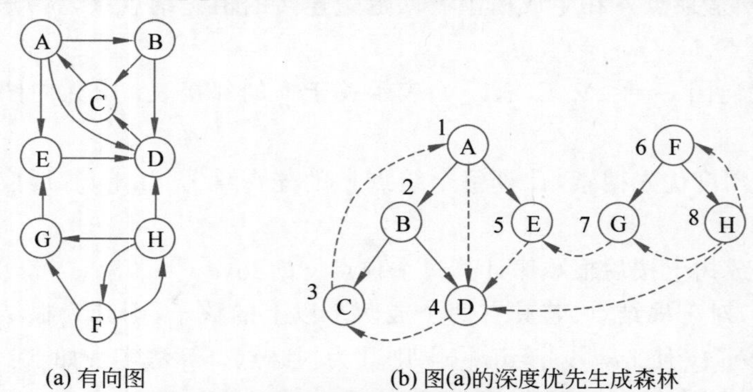

图 7-26 有向图及其深度优先生成森林

(1) 若 dfn[v] < dfn[w]，则(v,w)是树边或向前边；

① 当 visited[v] = “old”, visited[w] = “new”时，(v,w)为树边；

② 当 visited[v] = “old”, visited[w] = “old”时，(v,w)为向前边。

(2) 若 dfn[v] > dfn[w]，则(v,w)是回退边或横边。

在遍历过程中,若产生树边(i,j)时,同时记下 j 的父亲: father[j] = i,于是对于图中任意一条边(v,w)。若 dfn[v] > dfn[w]并且 visited[v] = "old", visited[w] = "old",则从结点 v 沿着树边向上(沿着 father 记录)查找结点 w(可能查找到根结点)。

① 若查找到结点 w,则(v,w)为回退边;

② 否则(v,w)为横边。

广度优先搜索相较于深度优先搜索而言,广度优先生成森林不存在向前边,并且横边可能从广度优先编号大的顶点指向编号小的顶点,也可能相反。如图 7-27 所示,图 7-27(b)是对图 7-27(a)所给的有向图进行广度优先搜索和广度优先编号形成的广度优先生成森林。由于不存在横边,所以图中所有边只包含树边、回退边以及横边三类。

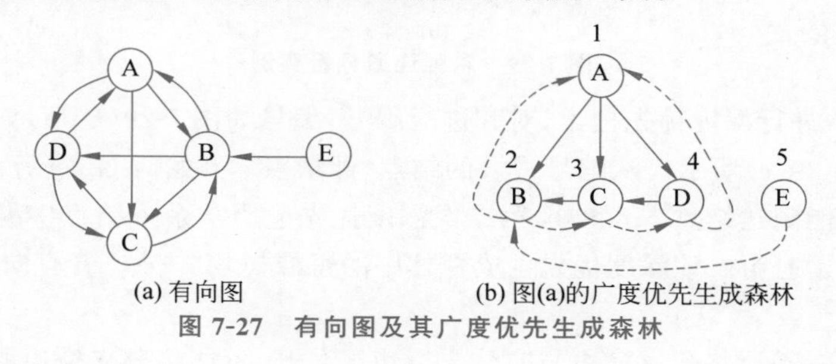

(a) 有向图　(b) 图(a)的广度优先生成森林

图 7-27　有向图及其广度优先生成森林

7.6.2　强连通性

在有向图 G=(V,E)中,如果有一对顶点 v 和 w,从 v 到 w 以及从 w 到 v 之间都存在路径,则称这两个顶点是**强连通**的。

此外,称顶点 v,w∈V 是等价的,则 v=w,否则从 v 到 w 存在一条有向路,并且从 w 到 v 之间存在一条有向路。根据上述等价关系将 V 划分为若干等价类 $V_1, V_2, \cdots, V_r$,设 $E_i(1\leqslant i\leqslant r)$是头、尾均在 V_i 中的边集,则称 $G_i=(V_i, E_i)$为 G 的一个**强连通分量**(有向图的极大强连通子图),简称**强分量**。把只有一个强分量的有向图称为**强连通图**。

如图 7-28 所示,图 7-28(a)中存在两个连通分量,如图 7-28(b)中所示,可以看到,每个结点都在某个强连通分支中出现,但有些边可能不存在于任何强分支中(如边 a→d,c→d),将此类不在任何强连通分支(量)中的边称为**分支横边**(cross-component edges)。若用强分量代表顶点,用分支横边代表有向边,则将此类有向图称为原图的**归约图**(reduced graph)。如图 7-28(c)为图 7-28(a)的归约图。显然,归约图是一个不存在环路的有向图,通过构造归约图可表示强分量之间的连通性。

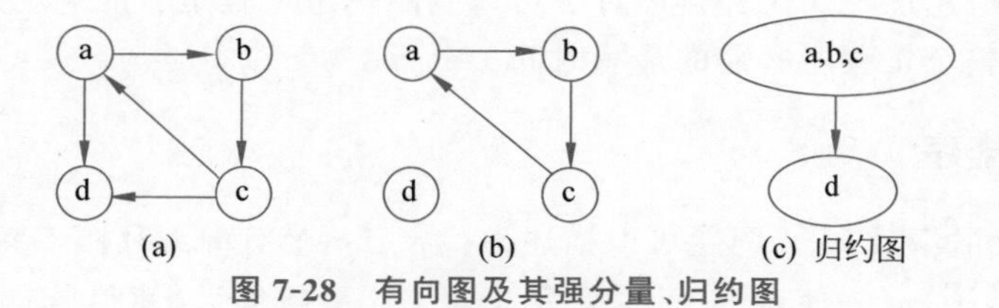

(a)　(b)　(c) 归约图

图 7-28　有向图及其强分量、归约图

求强连通图算法的步骤如下:

(1) 对有向图 G 进行深度优先遍历并按树的逆先根顺序对顶点进行编号;

(2) 将图 G 中的每条边取反方向,从而构造一个新的有向图 G_r;

(3) 根据(1)中编号,从最大编号的顶点对图 G_r 进行一次深度优先遍历,所有经过树边能够到达的所有顶点(其中 a)中的分支横边除外,都形成了一棵深度优先生成树,如果本次搜索没有到达所有顶点,则下次深度优先遍历从余下的顶点中编号最大的开始;

(4) 在 G_r 的深度优先遍历生成森林中,每棵树对应 G 中的一个连通分量。

【例 7-4】 求图 7-29(a)的强连通分量。

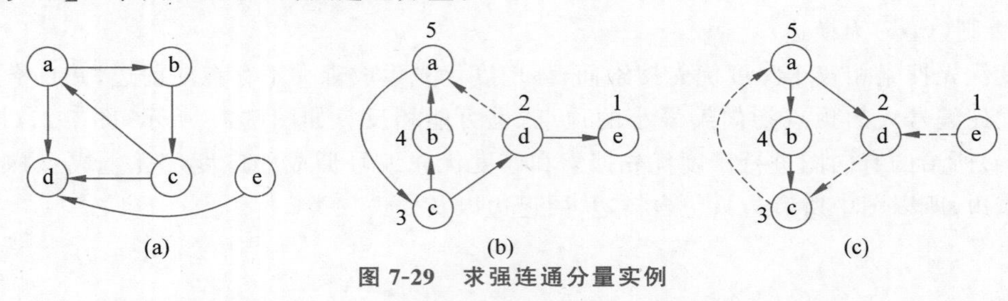

图 7-29 求强连通分量实例

从顶点 a 开始进行深度优先搜索,对其进行编号,编号如图 7-29(b)所示,将其边取反方向得到图 G_r,如图 7-29(c)所示。从编号最大的结点,即结点 a 开始对 G_r 进行深度优先遍历,以结点 a 为起点,只能到达结点 c、d 和 b,第二次深度优先遍历从余下结点中编号最大的开始遍历,即从结点 e 开始遍历。该深度优先生成森林中的每棵树均"支撑"着有向图 G 中的一个强连通分量。

需要注意的是,需要将分支横边与非分支横边区分开,不能将分支横边取反向得到的边作为树边处理。如图 7-29(c)中所示的边(d,e)为原图分支横边(e,d)取反所得。当搜索到顶点 d 时,不能将边(d,e)作为树边进行处理,否则相应的深度优先生成树所得的子图不是强分量。为区分分支横边以及非分支横边,可在原图 7-29(a)中进行深度优先遍历,若 v 是 w 的父亲,则用 father[w] = v 表示。当搜索到一条分支横边(v,w)时,分别从顶点 v 和 w 出发,通过 father 数组寻找顶点 v 和 w 的公共祖先。若不存在公共祖先,则(v,w)是分支横边,否则不是分支横边。如图 7-29(b)中,边(v,w)=(d,c),顶点 d 和 c 存在共同祖先 a,则边(d,c)不是分支横边。

同时如上述所示,深度优先遍历、深度优先生成森林、深度优先编号和树的先根遍历、后根遍历等在求解时密切联系。

7.7 有向无环图的应用

一个无环的有向图称为有向无环图(directed acyclic graph),简称 DAG 图。DAG 图在工程计划和管理方面应用广泛。拓扑排序算法可以判断一个工程是否能顺利进行。关键路径算法可以计算出完成整个工程所必需的最短时间。

7.7.1 拓扑排序

拓扑排序(topological sort)问题可以描述为:给定一个有向无环图 G=<V,E>,各顶点的编号为 V={1,2,…,n}。使用 label[i]对每个顶点 i 重新编号,使得若顶点 i 是顶点 j 的前导顶点,则有 label[i]<label[j]。换句话说,就是按照有向图给出的次序关系将图中顶点排成一个**线性序列**,对于有向图中没有限定次序关系的顶点,则可以加上任意的次序关系。由此所得顶点的线性序列称为**拓扑有序序列**。

【例 7-5】 求下列有向图的拓扑序列。

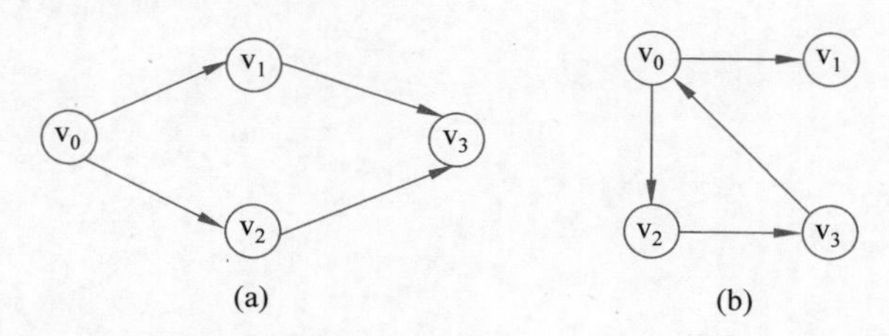

可求得有向图 a 的拓扑序列为 $v_0v_1v_2v_3$ 或者 $v_0v_2v_1v_3$，因为有向图 b 中存在一个回路 $\{v_0v_2v_3\}$，所以不能求得有向图 b 的拓扑序列。

计算机专业的学生学习的一系列课程存在先后顺序（如图 7-30 所示），学生必须先学习某些课程之后再学习其他后续课程，如何安排课程学习的先后次序是一个典型的拓扑排序问题。同时，为了更直观地表示先修课与后续课程的先后关系，可以使用有向图来描述课程之间的先后关系。

课程代号	课程名称	先修课代号
1	计算机组成原理	8
2	编译原理	4,5
3	操作系统	4,5
4	C语言程序设计	无
5	数据结构	4,6
6	离散数学	9
7	数理逻辑	6
8	数字逻辑设计	9
9	高等数学	无
10	计算机网络	1

图 7-30　课程的先后关系以及根据先后关系转换的有向图

在有向图中，将顶点表示活动，表示活动之间的关系的网称为**顶点活动网**（activity on vertex network），简称 **AOV 网**。有了 AOV 网的概念，可以继续定义**拓扑序列**的概念。把 AOV 网中的所有顶点排成一个**线性序列**，该序列满足如下条件：若 AOV 网中存在 v_i 到 v_j 的路径，则在序列中，v_i 必须位于 v_j 之前。像这样构造 AOV 网的拓扑序列的操作被称为**拓扑排序**。

根据定义可以总结出拓扑排序的特点：

（1）一个有向图的拓扑序列不一定唯一；

（2）有向无环图一定存在拓扑序列；

（3）有向有环图不存在拓扑序列；

（4）通过构造拓扑序列，可判定 AOV 网是否存在环。

拓扑排序算法的基本思想为：在有向图中选择一个入度为 0 的顶点输出，在图中删除该顶点以及它所有的出边，重复执行上述操作，直到全部顶点均已输出，或者图中剩余顶点的入度均不为 0。如果图中剩余顶点的入度均不为 0，则说明该有向图中存在回路，无法进行拓扑排序。下面给出利用栈进行拓扑排序的代码示例：

```
void FindInDegree(ALGrapg G, int indree[])    //对各顶点求入度
{
    int i;
    ArcNode *p;
```

```
    for(i=0;i<G.VExnum;i++)
    {
        P=G.Vertices[i].firstarc;
        while(p)
        {
            indegree[p->adjvex]++;
            p=p->next;
        }
    }
}
Status TopologicalSort(ALGraph G)
{
    SqStack S;
    int count,k,i;
    ArcNode * p;
    int indegree[Max_VERTEX_NUM];
    FindInDegree(G,indegree);                  //对各顶点求入度
    InitStack(S);
    for(i=0;i<G.Vexnum;++i)                    //建立 0 入度顶点栈 S
    {
         If(!indegree[i])  Push(S,i);          //入度为 0 的顶点进栈
    }
    count=0                                    //对输出顶点计数
    while(!StackEmpty(S))
    {
        Pop(S,i);
        printf(I,G.Vertices[i].data);
        ++count;                               //输出 i 号顶点并计数
        for(p=G.vertices[i].firstarc;p;p=p->nextarc)
        //对 i 号顶点的每个邻接点的入度减 1
        {
            k=p->adjvex;
            if(!(--indegree[k]))  Push(S,k); //入度为 0 的顶点入栈
        }//end for
    }//end while
    if(count<G.Vexnum)  return ERROR;          //该图有回路
    else  return OK;
}
```

分析上述算法,设 AOV 网有 n 个顶点、e 条边,对 e 条边求入度的时间复杂度为 O(e);第一次建立入度为 0 的顶点栈,需要检查所有顶点一次,执行时间为 O(n);拓扑排序过程中,若 AOV 网没有回路,则每个顶点入栈、出栈各一次,每个边表结点被检查一次,执行时间为 O(n+e);综上,拓扑排序算法的时间复杂度为 O(n+e)。

7.7.2 关键路径

在带权有向无环图中,顶点表示事件,边表示活动,边上的权值表示活动持续的时间,这样的有向图称为**关于边活动网**(activity on edge),简称 **AOE 网**。其中,表示实际工程的 AOE 网是无回路的,并且只能有一个入度为 0 的顶点,称作源点,表示整个活动开始;一个出度为 0 的点,称作汇点,表示整个活动结束。在 AOE 网中,最长的路径称为**关键路径**。关键路径上的活动都是**关键活动**(**关键工程**)。如果关键活动的权值增加,那么有向图上的最长路径的长度也会增加。

图 7-31 是一个表示实际工程的 AOE 网,其中顶点 a 为 AOE 网的源点,顶点 k 为 AOE

网的汇点。在实际工程中,人们更关注完成这个工程需要的最短时间以及哪些活动是影响整个工程进度的关键。在 AOE 网中,最短时间是从源点到汇点的最长路径的长度。最长路径上的活动是影响工程进度的关键。

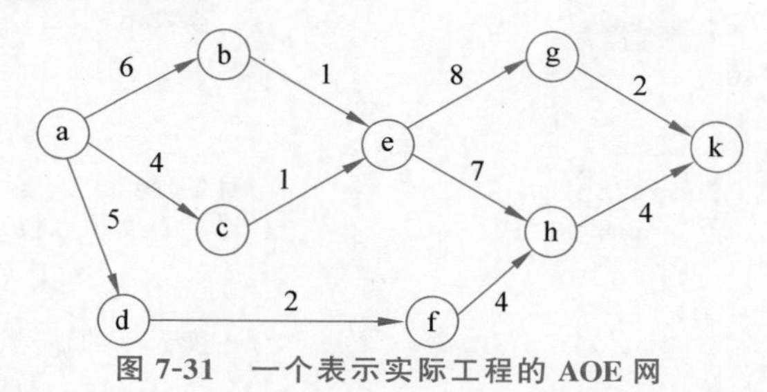

图 7-31　一个表示实际工程的 AOE 网

在 AOE 网中,事件 v_k 的最早发生时间是从源点 v_1 到 v_k 的最长路径长度,记作 ve(k),即 ve(k)等于从源点到顶点 k 的最长路径长度。事件 v_k 的最迟发生时间是指在不推迟整个工期的前提下,事件 v_k 允许的最晚发生时间,记作 vl(k)。计算 vl(k)需要从汇点开始,vl(k)= ve(n)−v_k 到 v_n 的最长路径长度,其中 v_n 为汇点,ve(n)为汇点 v_n 的最早发生时间。可以得出事件发生时间的计算公式为

$$ve(\text{源点}) = 0 \tag{7-1}$$

$$\text{若 } k \text{ 不是源点}, ve(k) = \max\{ve(j) + dut < j,k >\} \tag{7-2}$$

$$vl(\text{汇点}) = ve(\text{汇点}) \tag{7-3}$$

$$\text{若 } j \text{ 不是汇点}, vl(j) = \min\{vl(k) - dut < j,k >\} \tag{7-4}$$

其中,dut<j,k>表示事件 j 到事件 k 的持续时间。

活动 a_i 的最早开始时间为 e(i),若活动 a_i 由弧<v_k,v_j>表示,则活动 a_i 的最早开始时间应等于事件 v_k 的最早发生时间。因此,有 e(i)=ve(k)。活动 a_i 的最晚开始时间为 l(i),在不推迟整个工期的前提下,a_i 为必须开始的最晚时间。若 a_i 由弧<v_k,v_j>表示,则 a_i 的最晚开始时间要保证事件 v_j 的最迟发生时间不拖后。因此,有 e(i)=vl(j)-dut<j,k>,其中 dut<j,k>表示事件 j 到 k 的持续时间。推迟关键路径上的活动,整个工程的进度同样会推迟,所以对于所有关键活动,它们的最早开始时间=最晚开始时间。

由上述分析可知,求关键路径就是要找 e(i)=l(i)的活动。求关键活动的算法要点为:①求出每个事件 i 的最早发生时间 ve(i)和最晚发生时间 vl(i);②求出每个活动的最早开始时间 e(i)和最晚开始时间 l(i),e(i)=ve(j),l(i)=vl(k)-dut<j,k>;③比较 e(i)和 l(i),这两者相等的活动即为关键活动。

求事件的最早发生时间和最晚发生时间可分为两步。第一步为前进阶段:从 ve(源点)= 0 开始,沿着路径上每条边的方向,利用公式 ve(j)=$\max_i$\{ve(i)+dut<i,j>\}求出每个事件的最早发生时间。第二步为回退阶段:从已经求出的 vl(n)=ve(n)开始,沿着路径上每条边的相反方向,用公式 vl(i)=$\min_j$\{vl(j)−dut<i,j>\}求出每个事件的最迟发生时间。求 ve 的顺序按照拓扑序列的顺序,求 vl 的顺序按照拓扑序列的逆序列的顺序,求拓扑排序的逆顺序可以在原先拓扑排序算法的基础上增加一个栈来记录拓扑有序序列,最终的出栈顺序即为逆拓扑有序序列。

下面是关键路径算法的代码:

```
Status TopologicalOrder(ALGrapg G, Stack &T)
//有向图采用邻接表存储结构,将各顶点事件的最早发生时间存入全局变量 ve 中
```

```
//T为拓扑序列顶点栈,S为零入度顶点栈
//若G没有回路,则用栈T返回G的一个拓扑序列,函数返回值为OK,否则返回ERROR
{
    Stack S;
    int count=0,k;
    char indegree[40];
    ArcNode *p;
    InitStack(S);
    FindInDegree(G, indegree);                    //对各顶点求入度
    for(int j=0;j<G.vexnum;j++)                   //建零入度顶点栈S
    {
        if(indegree[j]==0)
            Push(S,j);                            //入度为0的顶点进栈
    }
    InitStack(T);                                 //建拓扑序列顶点栈T
    count=0;
    for(int i=0;i<G.vexnum;i++)
    {
        ve[i]=0;                                  //初始化
    }
    while(!StackEmpty(S))
    {
        Pop(S,j);
        Push(T,j);
        ++count;                                  //j号顶点入栈T并计数
        for(p=G.vertices[j].firstarc;p;p=p->nextarc)
        {
            k=p->adjvex;                          //对j号顶点的每个邻接点的入度减1
            if(--indegree[k]==0) Push(S,k);       //若入度减为0,则入栈
            if(ve[j]+p->info > ve[k]) ve[k]=ve[j]+p->info;
        }
    }
    if(count<G.vexnum)
        return ERROR;                             //有向图有回路
    else
        return OK;
}

Status CriticalPath(ALGraph G)
//G为有向图,输出G的各项关键活动
{
    Stack T;
    int a,j,k,el,ee,dut;
    char tag;
    ArcNode *p;
    if(!TopologicalOrder(G,T))
        return ERROR;
    for(a=0;a<G.vexnum;a++)                       //初始化顶点事件的最迟发生时间
    {
        vl[a] = ve[G.vexnum-1];
    }
    while(!StackEmpty(T))                         //按拓扑逆序求各顶点的vl值
    {
        for(Pop(T,j),p=G.vertices[j].firstarc;p;p=p->nextarc)
        {
            k=p->adjvex;
            dut=p->info;
```

```
            if(vl[k]-dut < vl[j])
                vl[j]=vl[k]-dut;
        }
        for(j=0;j<G.vexnum;++j)                //求 ee,el 和关键活动
            for(p=G.vertices[j].firstarc;p;p=p->nextarc)
            {
                k=p->adjvex;
                dut=p->info;
                ee=ve[j];
                el=vl[k]-dut;
                tag=(ee==el) ? '*' : ' ';
                printf(j,k,dut,ee,el,tag);     //输出关键活动
            }
    }
    return OK;
}
```

关键路径算法在利用拓扑排序算法求 ve[i]和逆拓扑排序求 vl[i]时，所需时间为 O(n+e)；求各个活动的 e[k]和 l[k]时所需时间为 O(e)，所以总共花费的时间仍然是 O(n+e)。

7.8 最短路径

在计算机科学和信息技术领域，寻找最短路径是一项常见而关键的任务。无论是导航应用中的路线规划、网络中的数据传输、社交网络中的信息传播，还是物流领域中的货物配送，找到最短路径都具有重要意义。本章将深入探讨最短路径问题及其解决方法。

7.8.1 单源最短路径

为了求出最短路径，Dijkstra 提出了以最短路径长度递增、逐次生成最短路径的算法。Dijkstra(迪杰斯特拉)算法是典型的单源最短路径算法，用于计算一个结点到其他所有结点的最短路径，主要特点是以起始点为中心向外层层扩展，直到扩展到终点为止。Dijkstra 算法是很有代表性的最短路径算法，在很多专业课程中都作为基本内容详细介绍，如“数据结构”“图论”“运筹学”等。注意，该算法要求图中不存在负权边(因为负权边会破坏 Dijkstra 的贪心假设，如果用 Bellman_ford 会有负权值回路)。

Dijkstra 算法基本思想如下：

(1) 集合 S 的初值为 S={1}；

(2) D 为各顶点当前最短路径；

(3) 从 V-S 中选择顶点 w，使 D[w]的值最小(选择权值最小的边加入)；

(4) 将 w 加入集合 S，则 w 的最短路径已求出；

(5) 调整其他各结点的当前最短路径；

(6) D[k]=min{D[k], D[w]+C[w][k]}；

(7) 直到 S 中包含所有顶点。

Dijkstra 算法的要点如下：

(1) 将 V(顶点集合)分成两个集合 S(开始只包含源点)和 V-S。

(2) 每一步从 V-S 中选择一结点 w 加入 S，使 S 中从源点到其余结点的路长最短，此过程进行到 V-S 变成空集为止。

Dijkstra 算法概要如下：

```
Void Dijkstra (C) {                                    //用邻接矩阵表示有向图 G
S={1};
for (i=2;i<=n; i++)
    D[i]=C[1][i];                                      //D 置初值
for (i=1;i<=n-1; i++){
    从 V-S 中选出一个顶点 w,使 D[w]的值最小;
    把 w 加入 S;
        for(V-S 中的每个顶点 v)
            D[v]=min(D[v], D[w]+C[w][v]);
    }
}
```

以图 7-32 为例，选取 4 为源点，D[ ]记录从源点 4 到其他各顶点当前的最短路径长度。它的初态为：若从源点到点 i 有弧，则 D[i－1]为弧上的权值；否则置 D[i－1]为∞。P[ ] 表示从源点到顶点 i 之间的最短路径的前驱结点。在算法结束时，可根据其值追溯得到源点到顶点 i 的最短路径。

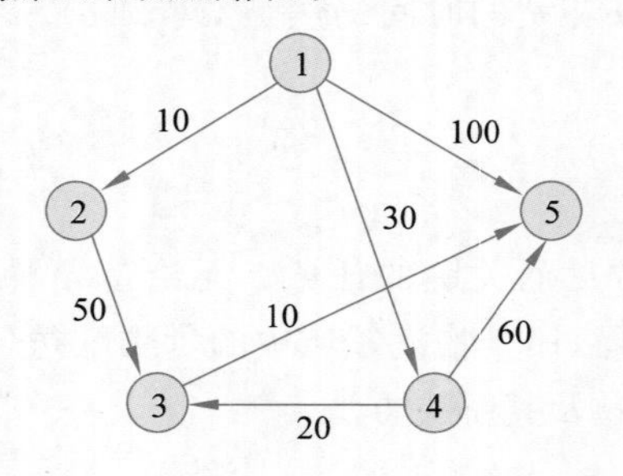

循环	源点集	k+1	D[0]...D[4]	P[0]...P[4]
初始化	{4}	—	∞ ∞ 20 0 60	0 0 4 0 4
1	{4,3}	3	∞ ∞ 20 0 30	0 0 4 0 3
2	{4,3,5}	5	∞ ∞ 20 0 30	0 0 4 0 3

图 7-32 Dijkstra 算法示例

源点集初始化为{4}，顶点 4 可达顶点 3、5，不可达顶点 1、2，因此 D[ ]数组各元素的初值依次设为 D[0]＝D[1]＝∞，D[2]＝20，D[4]＝60，同时更新 P[2]＝P[4]＝4。

循环的第一轮，选出最小值 D[2]，将其对应的顶点 3 并入源点集，即此时已找到顶点 4 到顶点 3 的最短路径。当顶点 3 加入源点集后，从顶点 4 到剩余顶点的最短路径长度可能会产生变化，因此需要更新 D[ ]数组。顶点 3 可达顶点 5，因 4→3→5 的距离为 30，更新 D[4]＝30，同时更新 P[4]＝3。

循环的第二轮，选出最小值 D[4]，将其对应的顶点 5 并入源点集，即此时已找到顶点 4 到顶点 5 的最短路径。因为顶点 5 没有出边，因此 D[ ]和 P[ ]不更新。

Dijkstra 算法参考代码如下：

```
Void ShortestPath_DIJ(Graph G,int v0)
    //求有向图 G 的 v0 顶点到其余顶点 v 的带权长度 D[v]
    //final[v]为 TRUE 当且仅当 v∈S,即已经求得 v0 到 v 的最短路径
for(v=0;v<G.vexnum;++v){
    final[v]=FALSE;
    D[v]=G.arcs[v0][v];
}                                                      //初始化
D[v0]=0;final[v0]=TRUE;
    //从顶点 v0 出发,首先将 v0 加入 S 集

//开始主循环,每次求得 v0 到某个顶点 v 的最短路径,并将 v 加入 S 集
for(i=1;i<G.vexnum;++i){                               //其余 G.vexnum-1 个顶点
    min=INFINITY;                                      //当前所知到顶点 v0 的最近距离
    for (w=0;w<G.vexnum;++w)
```

```
        if(!final[w])                       //顶点 w 在 V-S 中,即顶点 w 还没有加入
        if(D[w]<min){v=w;min=D[w];
                                            //顶点 w 离顶点 v0 更近
    }                                       //选择最小的 D[w]
    final[v]=TRUE;                          //将离顶点 v0 最近的 v 加入 S 集
    for (w=0;w<G.vexnum;++w)                //更新当前最短距离
        if(!final[w]&&(min+G.arcs[v][w]<D[w])){
            D[w]=min+G.arcs[v][w];
    }
```

7.8.2　每对顶点间的最短路径

通过依次把有向网络的每个顶点作为源点,重复执行 Dijkstra 算法 n 次,即可求得每对顶点之间的最短路径。更简洁的方法是使用 Floyd 算法。

Floyd 算法的基本想法是动态规划。动态规划是通过拆分问题定义问题状态和状态之间的关系,使得问题能够以递推(或者说分治)的方式去解决。如何拆分问题是动态规划的核心。而拆分问题靠的就是状态的定义和状态转移方程的定义。

Floyd 算法基本思想如下。

(1) 假设求顶点 v_i 到顶点 v_j 的最短路径。如果从 v_i 到 v_j 存在一条长度为 C[i][j]的路径,则该路径不一定是最短路径,尚需进行 n 次试探。

(2) 首先考虑路径(v_i,v_0,v_j)是否存在。如果存在,则比较(v_i,v_j)和(v_i,v_0,v_j)的路径长度,取长度较短者为从 v_i 到 v_j 的中间顶点的序号不大于 0 的最短路径。

(3) 假设在路径上再增加一个顶点 v_1,也就是说,如果(v_i,…,v_1)和(v_1,…,v_j)分别是当前找到的中间顶点的序号不大于 0 的最短路径,那么(v_i,…,v_1,…,v_j)就有可能是从 v_i 到 v_j 的中间顶点的序号不大于 1 的最短路径。将它和已经得到的从 v_i 到 v_j 中间顶点序号不大于 0 的最短路径相比较,从中选出中间顶点的序号不大于 1 的最短路径,再增加一个顶点 v_2,继续进行试探。

(4) 一般情况下,若(v_i,…,v_k)和(v_k,…,v_j)分别是从 v_i 到 v_k 和从 v_k 到 v_j 的中间顶点序号不大于 k－1 的最短路径,则将(v_i,…,v_k,…,v_j)和已经得到的从 v_i 到 v_j 且中间顶点序号不大于 k－1 的最短路径相比较,其长度较短者便是从 v_i 到 v_j 的中间顶点的序号不大于 k 的最短路径。

Floyd 算法的数据结构如下。

(1) 图的存储结构:带权的有向图采用邻接矩阵 C[n][n]存储。

(2) 数组 D[n][n]:存放在迭代过程中求得的最短路径长度,迭代公式为

$$\begin{cases} D_{-1}[i][j]=C[i][j] \\ D_k[i][j]=\min\{D_{k-1}[i][j],D_{k-1}[i][k]+D_{k-1}[k][j]\},0\leqslant k\leqslant n-1 \end{cases}$$

(3) 数组 P[n][n]:存放从 v_i 到 v_j 求得的最短路径。初始时,P[i][j]＝－1。

Floyd 算法首先对顶点进行编号,设顶点为 0,1,…,n－1,算法仍采用邻接矩阵 G.arcs[n][n]表示有向网络。基本操作为

```
if (D[i][k]+D[k][j] < D[i][j]){
    D[i][j] = D[i][k]+D[k][j];
}
```

其中,k 表示在路径中新增添的顶点号,i 为路径的起始顶点号,j 为路径的终止顶点号。

$D^{(-1)}$[n][n]表示中间不经过任何点的最短路径；它就是邻接矩阵 G.arcs[n][n]。

$D^{(0)}$[n][n]中间只允许经过 0 的最短路径。

$D^{(1)}$[n][n]中间只允许经过 0、1 的最短路径。

……

$D^{(n-1)}$[n][n]中间可经过所有顶点的最短路径。

以图 7-33 为例，初始化方阵 A_0 为邻接矩阵。第一轮循环将顶点 1 作为中间顶点，对于所有的顶点对{i, j}，如果有 $A_0[i][j] > A_0[i][0] + A_0[0][j]$，则将 A_0 更新为 $A_0[i][0] + A_0[0][j]$。由于图中顶点 1 只有出边，因此无更新。$A_1 = A_0$。

第二轮循环将顶点 2 作为中间顶点，继续检测全部的顶点对{i, j}。有 $A_1[0][2] > A_1[0][1] + A_1[1][2] = 60$，更新 $A_1[0][2] = 60$，将更新后的方阵标记为 A_2。

第三轮循环将顶点 3 作为中间顶点，继续检测全部的顶点对{i, j}。$A_2[0][4] > A_2[0][2] + A_2[2][4] = 70$，更新 $A_2[0][4] = 70$；$A_2[1][4] > A_2[1][2] + A_2[2][4] = 60$，更新 $A_2[1][4] = 60$；$A_2[3][4] > A_2[3][2] + A_2[2][4] = 30$，更新 $A_2[3][4] = 30$。将更新后的方阵标记为 A_3。

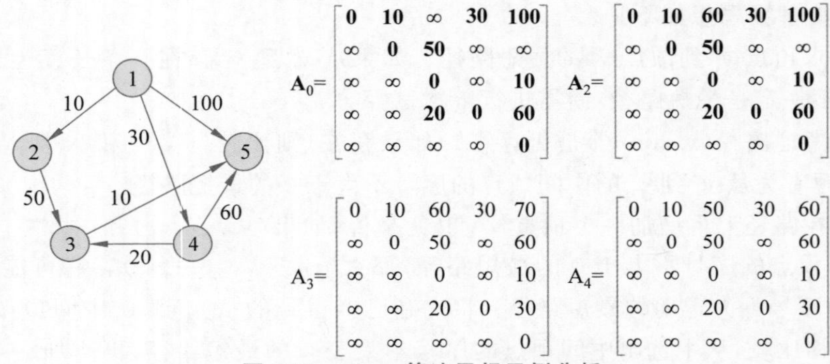

图 7-33　Floyd 算法思想示例分析

【例 7-6】　求下图各顶点之间的最短路径。

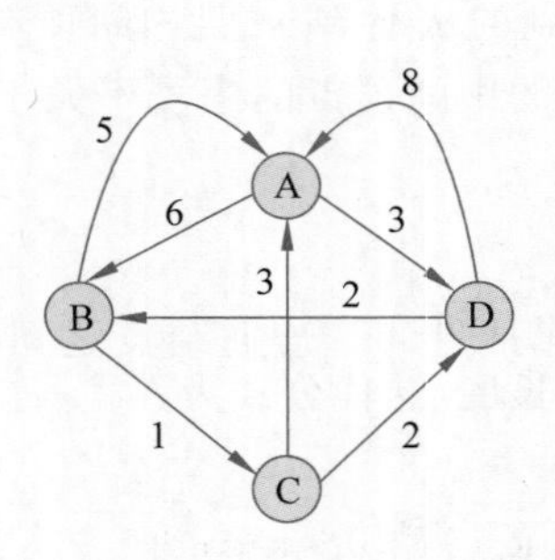

两点之间直达的距阵$D^{(-1)}$：

AA	AB	**AC**	AD
BA	BB	BC	**BD**
CA	**CB**	CC	CD
DA	DB	**DC**	**DD**

0	6	∞	3
5	0	1	∞
3	∞	0	2
8	2	∞	0

两点之间只允许经过A点的距阵$D^{(0)}$：

AA	AB	AC	AD
BA	BB	BC	BAD
CA	CAB	CC	CD
DA	DB	DC	DD

0	6	∞	3
5	0	1	8
3	9	0	2
8	2	∞	0

Floyd 算法伪代码如下：

```
Void Floyd(A,C,n){
for (i=1;i<=n;i++)
    for (j=1;j<=n; j++)
```

```
        A[i][j]=C [i][j];
        //A 初始化,A 表示任意两点之间最短路径的矩阵
        //C 是有向图 G 的邻接矩阵
    for (k=1;k<=n;k++)
        for (i=1;i<=n;i++)
            for (j=1;j<=n; j++)
                if(A[i][k]+ A[k][j]< A[i][j])       //时间复杂度为 O(n³)
                    //经过 k 点后路径长度是否变短
                    A[i][j]= A[i][k]+ A[k][j];
}
```

7.9 图的智能算法应用

7.9.1 图与复杂网络

网络(network)是一些通过链接(links)连接起来的对象集合,它包含以下成分：对象——结点(nodes) / 顶点(vertices),用 V 表示;交互——链接(links) / 边(edges),用 E 表示。对象和交互组成的系统称为网络(或图,graph),用 G (V, E)表示。一般而言,我们用术语"网络"来称呼一个真实的系统,如 Web、社交网络、代谢网络等,此时伴随着术语"结点"和"链接"进行使用;而相对应地,我们用术语"图"来称呼一个网络的数学表示,如 Web 图、社交图等,此时伴随着术语"顶点"和"边"来使用。当然,大多数情况下我们会互换使用这两个术语。

在刻画复杂网络结构的统计特性上,有三个基本的度量属性：平均路径长度(average path length)、聚类系数(clustering coefficient)和度分布(degree distribution)。

1. 平均路径长度

若图中有两个结点 i 和 j,它们之间的距离定义为这两个点最短路径中的边数(如果两个点没有连通,则距离通常定义为无穷大),记为 $d_{i,j}$。例如,对于图 7-34,结点 A、D 之间的距离 $d_{A,D}=2$,A、X 之间的距离 $d_{A,X}=\infty$。

此外,定义两个结点之间距离的最大值为图的直径(diameter),记为 $D=\max\{d_{i,j}\}$。需要注意的是,在有向图中,距离必须沿着边的方向,这导致有向图中的距离不具有对称性。

对于一个网络的平均路径长度 L,定义为

$$L=\frac{1}{\frac{1}{2}N(N-1)}\sum_{i<j}d_{i,j}$$

其中,N 为网络中的结点数。在计算平均路径长度时,我们通常只计算连通结点之间的距离(忽略长度为"无穷"的路径)。对于无权图,可以用广度优先遍历算法来搜索图的最短路径。而对于带权图,我们可以采用 Dijkstra、Floyd 等算法。图 7-35 是一个包含 5 个结点和 5 条边的网络,则有 D=3,L=1.6。近期研究发现,尽管许多实际的复杂网络的结点数巨大,但网络的平均路径长度却小得惊人。

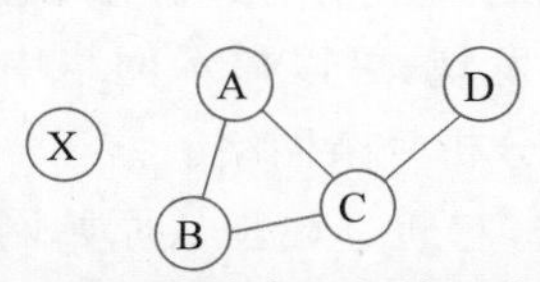

图 7-34 两个结点之间的距离示例

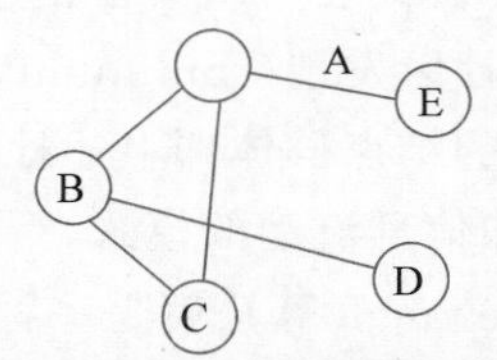

图 7-35 两个结点之间的距离示例

2. 聚类系数

结点 i 的聚类系数(clustering coefficient)可以直观地理解为结点 i 的邻居有多大比例是互相连接的。假设网络中的一个结点 i 有 k_i 条边将它和其他结点相连，这 k_i 个结点就称为结点 i 的邻居。显然，在这 k_i 个结点之间，最多可能有 $T_i=k_i(k_i-1)/2$ 条边。而这 k_i 个结点之间实际存在的边数 E_i 和总的可能的边数$T_i=k_i(k_i-1)/2$ 之比就定义为结点 i 的聚度系数 C_i，即

$$C_i=\frac{E_i}{T_i}=\frac{2E_i}{k_i(k_i-1)}$$

而整个网络的聚类系数 C 就是所有结点 i 的聚类系数 C_i 的平均值，定义为

$$C=\frac{1}{N}\sum_{i}^{N}C_i$$

很明显，$0\leqslant C\leqslant 1$。$C=0$ 当且仅当所有的结点均为孤立结点，即没有任何连接边；$C=1$ 当且仅当网络是全局耦合的，即网络中任意两个结点都直接相连。

如图 7-35 所示，结点 A 有 3 个邻居，这 3 个邻居之间实际存在的边数为 $E_A=1$，因此可以得出 $C_A=\frac{1}{3}$。整个网络的聚类系数 $C=\frac{1}{3}$。

3. 度分布

直观上看，一个结点的度越大，就意味着这个结点在某种意义上越“重要”。网络中所有结点 i 的度 k_i 的平均值称为网络的(结点)平均度，记为$\langle k\rangle$。网络中结点的度的分布情况可以用分布函数 P(k)来描述。P(k)表示一个随机选定的结点的度恰好为 k 的概率。近年来的大量研究表明，许多实际网络的度分布可以用幂律形式 $P(k)\propto k^{-\gamma}$ 来更好地描述。幂律分布也称为无标度(scale-free)分布，具有幂律度分布的网络也称为无标度网络。图 7-36 是 MSN 收发信息网络(有向)的度分布实例，其中图 7-36(b)的横纵坐标轴是对数刻度的。

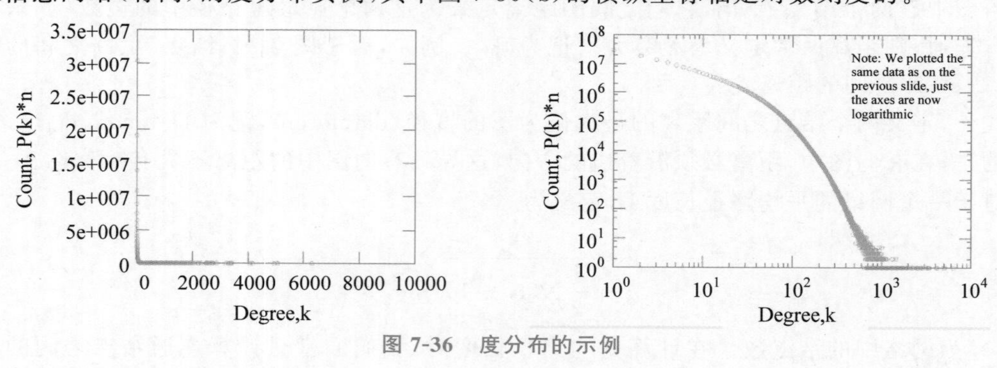

图 7-36 度分布的示例

7.9.2 图与社区发现(Girvan-Newman 算法)

社区(community)是指由一群具有共同特征、共同兴趣或相似关系的个体组成的群体。在图结构中，社区代表一组紧密相连、相互关联的结点，形成一种内部联系紧密而与外部联系稀疏的结构。社区发现(community detection)是指在给定网络中通过算法和分析方法，寻找相互关联紧密的结点群体即上述社区的过程。通过社区发现，可以揭示网络中隐藏的组织结构、社交群体和信息流动的模式，帮助我们更好地理解和分析复杂网络。

Girvan-Newman 算法就是一种经典的社区发现算法，它通过逐步从原始网络中删除边来检测社区，而剩余网络的连通部分便是社区。我们认为，在社交网络中，社区与社区之间的连

接比较少，从一个社区到另一个社区至少要通过这些连接中的一条。如果找到这些重要通道并将它们移除，则自然就分出了社区。为了定量地描述边的“重要”程度，提出了边介数(edge betweenness)的概念：网络中通过这条边的最短路径的数目。如图 7-37 所示。对于图和网络来说，最短路径是指任意两个结点之间距离最小的路径。

Girvan-Newman 算法的步骤为：

(1) 计算网络中所有边的介数；

(2) 移除其中介数最高的边；

(3) 重新计算受移除影响后的所有边的介数；

(4) 重复第(2)步和第(3)步，直到没有边留下。

Girvan-Newman 算法的过程对应着一棵自顶向下构建的层次树，在层次树中选择一个合适的层次分割即可。例如，对于图 7-38 这棵层次树，移除边介数最大的一条边的效果就像从虚线那一层分割，其他同理。

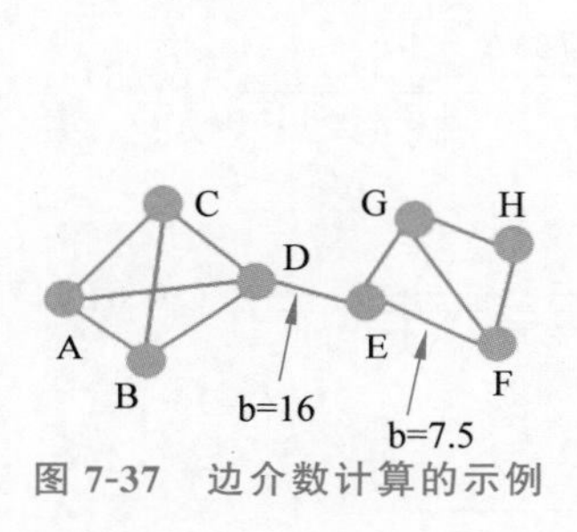

图 7-37　边介数计算的示例

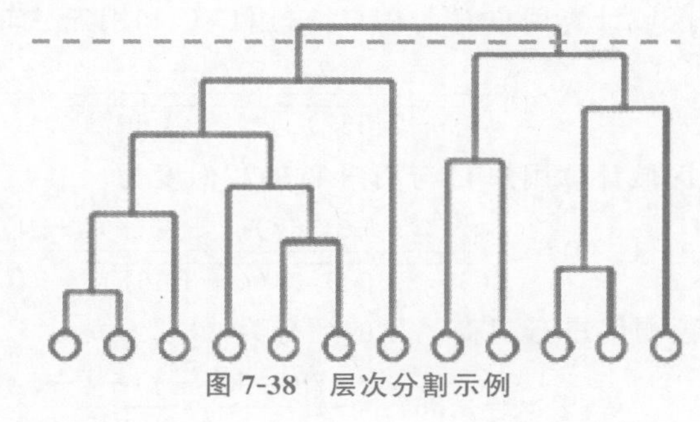

图 7-38　层次分割示例

7.9.3　图与推荐系统(协同过滤算法)

在协同过滤算法中，我们首先需要将每个用户和每个物品都表示为图中的一个结点。接下来，根据用户对物品的交互行为(如购买、评分、点击等)，在图中创建边来表示用户和物品之间的关系。如果用户与物品有交互行为，就会创建一条边连接用户结点和物品结点。我们用邻接矩阵来存储这种关系，矩阵的两个维度分别代表用户和物品结点。

对于协同过滤算法，关键是衡量用户之间或物品之间的相似性。因此可以分为基于用户的协同过滤算法(user-based)和基于项目的协同过滤算法(item-based)，这通常涉及计算用户或物品之间的相似性分数，这些分数可以通过不同的方法来计算，如余弦相似度、皮尔逊相关系数等。

最后，我们根据物品的相似度和用户的历史行为给用户生成推荐列表。

基于用户的协同过滤[①]

假设有如下电子商务评分数据集，需要预测用户 C 对商品 4 的评分(表 7-1)。

表 7-1　电子商务评分数据集

用户	商品1	商品2	商品3	商品4
用户A	4	?	3	5
用户B	?	5	4	?
用户C	5	4	2	?
用户D	2	4	?	3
用户E	3	4	5	?

① https://cloud.tencent.com/developer/article/1170685。

表 7-1 中“?”表示评分未知。根据基于用户的协同过滤算法步骤，计算用户 C 对商品 4 的评分，其步骤如下所示。

(1) 寻找用户 C 的邻居：从数据集中可以发现，只有用户 A 和用户 D 对商品 4 评过分，因此候选邻居只有 2 个，分别为用户 A 和用户 D。用户 A 的平均评分为 4，用户 C 的平均评分为 3.667，用户 D 的平均评分为 3。

(2) 根据皮尔逊相关系数公式：

$$s(u,v)=\frac{\sum_{i\in I_u\cap I_v}(r_{u,i}-\bar{r}_u)(r_{v,i}-\bar{r}_v)}{\sqrt{\sum_{i\in I_u\cap I_v}(r_{u,i}-\bar{r}_u)^2}\sqrt{\sum_{i\in I_u\cap I_v}(r_{v,i}-\bar{r}_v)^2}}$$

其中，i 表示项，如商品；I_u 表示用户 u 评价的项集；I_v 表示用户 v 评价的项集；$r_{u,i}$ 表示用户 u 对项 i 的评分；$r_{v,i}$ 表示用户 v 对项 i 的评分；$\bar{r}_u$ 表示用户 u 的平均评分；$\bar{r}_v$ 表示用户 v 的平均评分。

红色区域计算用户 C 与用户 A，用户 C 和用户 A 的相似度为

$$s(C,A)=\frac{(5-3.667)(4-4)+(2-3.667)(3-4)}{\sqrt{(5-3.667)^2+(2-3.667)^2}\times\sqrt{(4-4)^2+(3-4)^2}}=0.781$$

蓝色区域计算用户 C 与用户 D 的相似度为

$$s(C,D)=\frac{(5-3.667)(2-3)+(4-3.667)(4-3)}{\sqrt{(5-3.667)^2+(4-3.667)^2}\times\sqrt{(2-3)^2+(4-3)^2}}=-0.515$$

(3) 预测用户 C 对商品 4 的评分为

$$P_{C,4}=3.667+\frac{0.781\times(5-4)+(-0.515)\times(3-3)}{0.781+0.515}=4.270$$

以此类推，可以计算出其他未知的评分。

7.9.4 盖板瑕疵检测

在某盖板的制造过程中，需要通过工业相机拍摄的盖板图像自动检测出盖板上 LOGO 印刷的瑕疵，如图 7-39 所示。其中需要使用到目标检测、连通域分析、模板比对等方法。具体的算法流程如下：

图 7-39 基于视觉的盖板瑕疵检测示例图

(1) 根据像素点的值，确定 LOGO 区域；

(2) 对 LOGO 区域进行连通域分析；

(3) 将连通域分析的结果和真值模板的连通域分析结果做对比，从而确定这张图像属于哪个模板；

(4) 把这张图像和对应的真值模板的连通域分析结果做对比，从而确定这张图像是否有瑕疵。

算法的核心是图像的连通域分析。图像的连通域是指图像中具有相同像素值并且位置相邻的像素组成的区域，连通域分析是指在图像中寻找出彼此互相独立的连通域并将其标记出来。一般情况下，一个连通域内只包含一个像素值，因此为了防止像素值波动对提取不同连通域的影响，连通域分析常处理的是二值化后的图像。

在了解图像连通域分析方法之前，首先需要了解图像邻域的概念。图像中两个像素相邻有两种定义方式，分别是4-邻域和8-邻域，这两种邻域的定义方式在图7-40中给出。

(a) 4-邻域

0	0	0	0	0
0	0	1	0	0
0	1		1	0
0	0	1	0	0
0	0	0	0	0

(b) 8-邻域

0	0	0	0	0
0	1	1	1	0
0	1		1	0
0	1	1	1	0
0	0	0	0	0

图7-40 4-邻域和8-邻域的定义方式示意图

4-邻域的定义方式中，两个像素相邻必须在水平和垂直方向上相邻，相邻的两个像素坐标必须只有一位不同且只能相差1个像素。8-邻域的定义方式中，两个像素允许在对角线方向相邻，相邻的两个像素坐标在X方向和Y方向上的最大差值为1。根据两个像素相邻的定义方式不同，得到的连通域也不相同，因此在分析连通域的同时，一定要声明是在哪种邻域条件下分析得到的结果。

1. Two-Pass（两遍扫描法）

通过扫描两遍图像，就可以将图像中存在的所有连通区域找出并标记。

```
第一次扫描:
    访问当前像素 B(x,y),如果 B(x,y) == 1:
    (a) 如果 B(x,y)的领域中像素值都为 0,则赋予 B(x,y)一个新的 label:
        label += 1, B(x,y) = label;
    (b) 如果 B(x,y)的领域中有像素值> 1 的像素 Neighbors:
        (1) 将 Neighbors 中的最小值赋予 B(x,y):
            B(x,y) = min{Neighbors}
        (2) 记录 Neighbors 中各个值(label)之间的相等关系,即这些值(label)同属一个连通
            区域;
            labelSet[i] = { label_m, ..., label_n },labelSet[i]中的所有 label 都属于
            同一个连通区域。

第二次扫描:
    访问当前像素 B(x,y),如果 B(x,y) > 1:
        找到与 label = B(x,y)同属相等关系的一个最小 label 值,赋予 B(x,y);

完成扫描后,图像中具有相同 label 值的像素就组成了同一个连通区域。
```

两遍扫描法算法的动态演示可参考原文献①。

Connected Component Labeling
Two-Pass Algorithm Demo

Author: www.icvpr.com

① www.icvpr.com。

2. Seed Filling(种子填充法)

种子填充法来源于计算机图形学,常用于对某个图形进行填充。首先将所有非 0 像素放到一个集合中,之后在集合中随机选出一个像素作为种子像素,根据邻域关系不断扩充种子像素所在的连通域,并在集合中删除扩充的像素,直到种子像素所在的连通域无法扩充,之后再从集合中随机选取一个像素作为新的种子像素,重复上述过程,直到集合中没有像素(类似 DFS)。

```
(1) 扫描图像,直到当前像素点 B(x,y) == 1:
    a) 将 B(x,y)作为种子(像素位置),并赋予其一个 label,然后将与该种子相邻的所有前景像素
    都压入栈中;
    b) 弹出栈顶像素,赋予其相同的 label,然后再将与该栈顶像素相邻的所有前景像素都压入
    栈中;
    c) 重复步骤 b,直到栈为空;
    此时,便找到了图像 B 中的一个连通区域,该区域内的像素值被标记为 label;

(2) 重复第(1)步,直到扫描结束;
    扫描结束后,就可以得到图像 B 中所有的连通区域。
```

种子填充法算法的动态演示可参考原文献[①]。

Connected Component Labeling
Seed-Filling Algorithm Demo

Author: www.icvpr.com

7.10 图的知识点结构

图结构在实际应用中也非常广泛。本章主要介绍了图的逻辑结构、存储结构、遍历算法和应用等。图结构的知识点总结如图 7-41 所示。读者在掌握这些基础知识点及其联系的同时,还需要通过实际应用加深对图结构的理解。

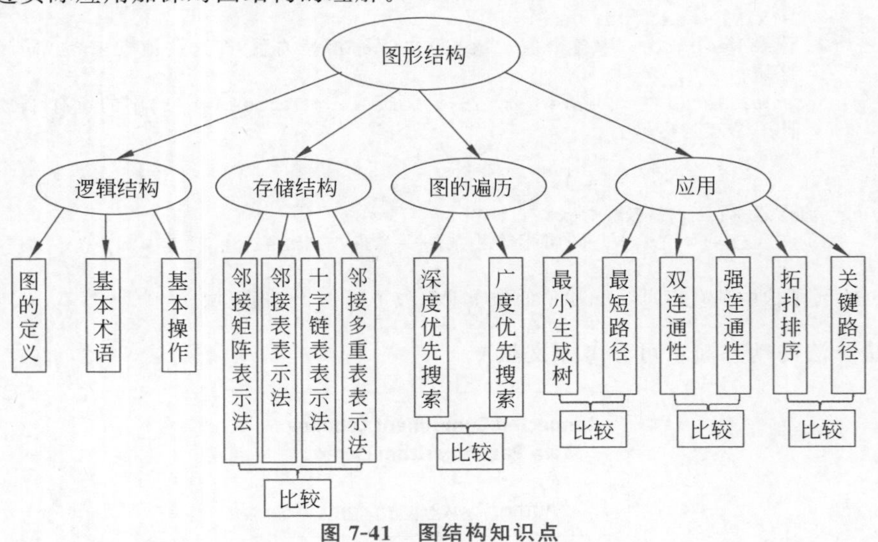

图 7-41 图结构知识点

① www.icvpr.com。

本章小结

在本章中,首先介绍了数据结构的概念以及常用的数据结构,如表结构、树形结构、图结构,然后通过几个典型的例子阐述了如何运用数据结构的知识去解决现实世界中的问题。接着,分析了算法和数据结构之间的关系,只有两者搭配得当,才能更好地解决问题,同时,我们对算法这一概念进行了简单的定义,给出了描述算法、分析算法的常用方式,并增加了一些程序设计的内容。最后,通过对数据结构和人工智能的历史进行回顾,介绍了这两门古老而又重要的学科的发展历程,两者相互促进,相得益彰。

习题

1.**【2009 统考真题】** 下列关于无向连通图特性的叙述中,正确的是(　　)。

Ⅰ. 所有顶点的度之和为偶数

Ⅱ. 边数大于顶点个数减1

Ⅲ. 至少有一个顶点的度为1

A. 只有Ⅰ　　B. 只有Ⅱ　　C. Ⅰ和Ⅱ　　D. Ⅰ和Ⅲ

2.**【2010 统考真题】** 若无向图 G=(V,E)中含有7个顶点,要保证图G在任何情况下都是连通的,则需要的边数最少是(　　)。

A. 6　　B. 15　　C. 16　　D. 21

3.**【2011 统考真题】** 下列关于图的叙述中,正确的是(　　)。

Ⅰ. 回路是简单路径

Ⅱ. 存储稀疏图,用邻接矩阵比邻接表更省空间

Ⅲ. 若有向图中存在拓扑序列,则该图不存在回路

A. 仅Ⅱ　　B. 仅Ⅰ、Ⅱ　　C. 仅Ⅲ　　D. 仅Ⅰ、Ⅲ

4.**【2013 统考真题】** 设图的邻接矩阵A如下所示,各顶点的度依次是(　　)。

$$A=\begin{bmatrix}0 & 1 & 0 & 1\\0 & 0 & 1 & 1\\0 & 1 & 0 & 0\\1 & 0 & 0 & 0\end{bmatrix}$$

A. 1,2,1,2　　B. 2,2,1,1　　C. 3,4,2,3　　D. 4,4,2,2

5.**【2017 统考真题】** 已知无向图G含有16条边,其中度为4的顶点个数为3,度为3的顶点个数为4,其他顶点的度均小于3。图G所含的顶点个数至少是(　　)。

A. 10　　B. 11　　C. 13　　D. 15

6.**【2015 统考真题】** 已知含有5个顶点的图G如下图所示。

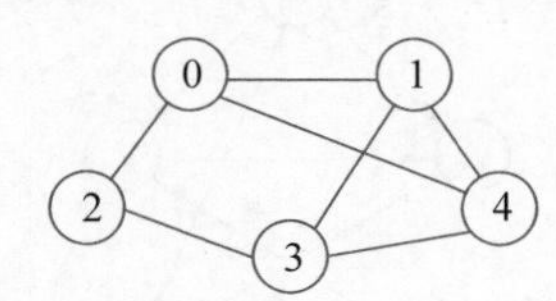

请回答下列问题:

(1) 写出图 G 的邻接矩阵 A(行、列下标从 0 开始)。

(2) 求 A^2,矩阵 A^2 中位于 0 行 3 列元素值的含义是什么?

(3) 若已知具有 n(n≥2)个顶点的图的邻接矩阵为 B,则 B^m(2≤m≤n)中非零元素的含义是什么?

7.【2021 统考真题】 已知无向连通图 G 由顶点集 V 和边集 E 组成,|E|>0,当 G 中度为奇数的顶点个数为不大于 2 的偶数时,G 存在包含所有边且长度为|E|的路径(称为 EL 路径)。设图 G 采用邻接矩阵存储,类型定义如下:

```
typedef struct{                                     //图的定义
    int numVertices, numEciges;                     //图中实际的顶点数和边数
    char VerticesList [MAXV];                       //顶点表。MAXV 为已定义常量
    int Edge [MAXV][MAXV];                          //邻接矩阵
}MGraph;
```

请设计算法 int IsExistEL(MGraph G),判断 G 是否存在 EL 路径,若存在,则返回 1;否则返回 0。要求:

(1) 给出算法的基本设计思想。

(2) 根据设计思想,采用 C 或 C++ 语言描述算法,关键之处给出注释。

(3) 说明所设计算法的时间复杂度和空间复杂度。

8.【2013 统考真题】 若对如下无向图进行遍历,则下列选项中,不是广度优先遍历序列的是(   )。

A. h,c,a,b,d,e,g,f　　　　B. e,a,f,g,b,h,c,d

C. d,b,c,a,h,e,f,g　　　　D. a,b,c,d,h,e,f,g

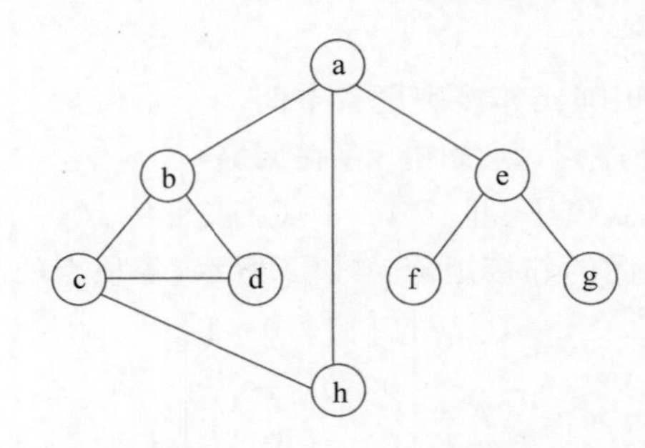

9.【2015 统考真题】 设有向图 G=(V,E),顶点集 $V=\{V_0,V_1,V_2,V_3\}$,边集 $E=\{<v_0,v_1>,<v_0,v_2>,<v_0,v_3>,<v_1,v_3>\}$。若从顶点 V_0 开始对图进行深度优先遍历,则可能得到的不同遍历序列个数是(   )。

A. 2　　　　B. 3　　　　C. 4　　　　D. 5

10.【2016 统考真题】 下列选项中,不是下图深度优先搜索序列的是(   )。

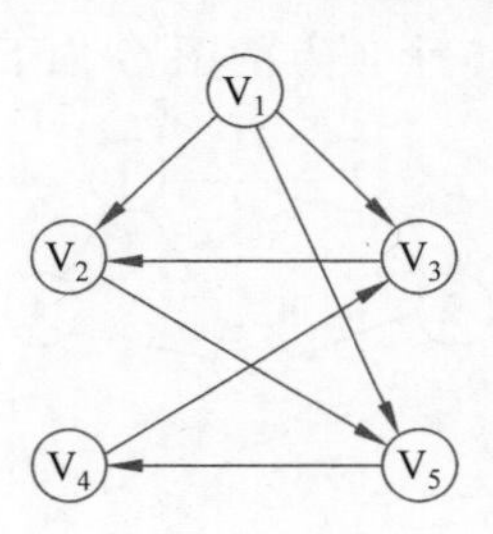

A. V_1, V_5, V_4, V_3, V_2　　B. V_1, V_3, V_2, V_5, V_4
C. V_1, V_2, V_5, V_4, V_3　　D. V_1, V_2, V_3, V_4, V_5

11.**【2010 统考真题】** 对下图进行拓扑排序，可得不同拓扑序列的个数是(　　)。

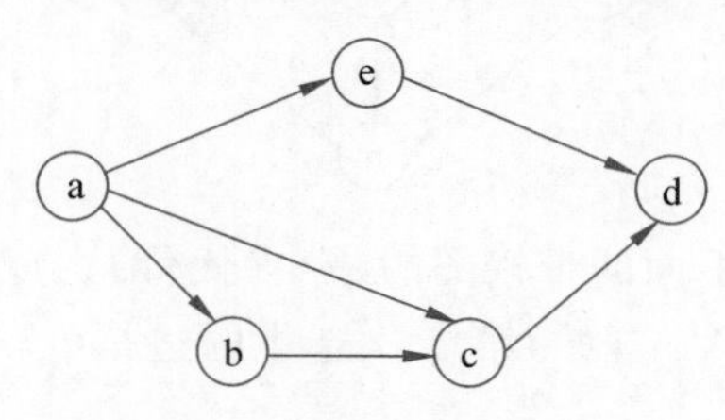

A. 4　　B. 3　　C. 2　　D. 1

12.**【2012 统考真题】** 下列关于最小生成树的叙述中，正确的是(　　)。

Ⅰ. 最小生成树的代价唯一
Ⅱ. 所有权值最小的边一定会出现在所有的最小生成树中
Ⅲ. 使用 Prim 算法从不同顶点开始得到的最小生成树一定相同
Ⅳ. 使用 Prim 算法和 Kruskal 算法得到的最小生成树总不相同

A. 仅Ⅰ　　B. 仅Ⅱ　　C. 仅Ⅰ、Ⅲ　　D. 仅Ⅱ、Ⅳ

13.**【2012 统考真题】** 对下图所示的有向带权图，若采用 Dijkstra 算法求从源点 a 到其他各顶点的最短路径，则得到的第一条最短路径的目标顶点是 b，第二条最短路径的目标顶点是 c，后续得到的其余各最短路径的目标顶点依次是(　　)。

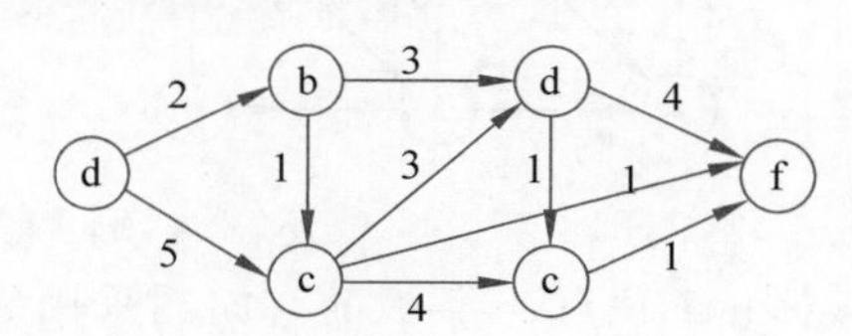

A. d,e,f　　B. e,d,f　　C. f,d,e　　D. f,e,d

14.**【2013 统考真题】** 下列 AOE 网表示一项包含 8 个活动的工程。通过同时加快若干活动的进度可以缩短整个工程的工期。下列选项中，加快其进度就可以缩短工程工期的是(　　)。

A. c 和 e　　B. d 和 c　　C. f 和 d　　D. f 和 h

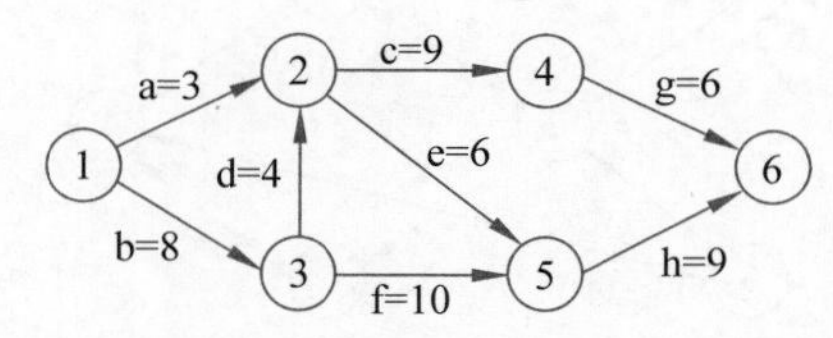

15.**【2012 统考真题】** 若用邻接矩阵存储有向图，矩阵中主对角线以下的元素均为零，则关于该图拓扑序列的结论是(　　)。

A. 存在，且唯一　　B. 存在，且不唯一
C. 存在，可能不唯一　　D. 无法确定是否存在

16.**【2014 统考真题】** 对下图所示的有向图进行拓扑排序，得到的拓扑序列可能是(　　)。

A. 3,1,2,4,5,6　　B. 3,1,2,4,6,5
C. 3,1,4,2,5,6　　D. 3,1,4,2,6,5

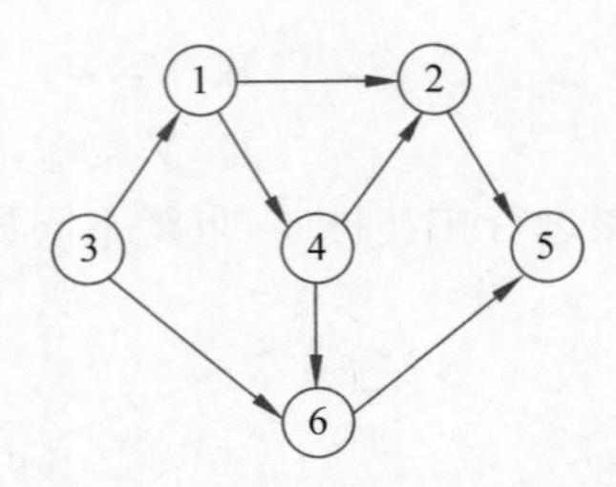

17.【2015 统考真题】 求下面的带权图的最小(代价)生成树时,可能是 Kruskal 算法第 2 次选中但不是 Prim 算法(从 V_4 开始)第 2 次选中的边是(　　)。

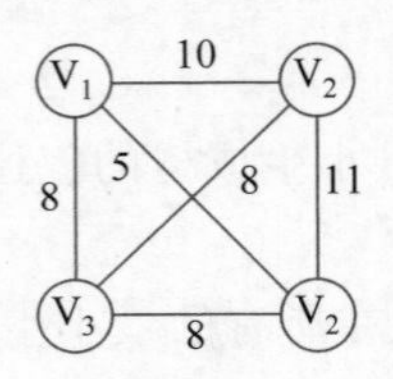

A. (V_1, V_3)　　B. (V_1, V_4)　　C. (V_2, V_3)　　D. (V_3, V_4)

18.【2016 统考真题】 使用 Dijkstra 算法求下图中从顶点 1 到其他各顶点的最短路径,依次得到的各最短路径的目标顶点是(　　)。

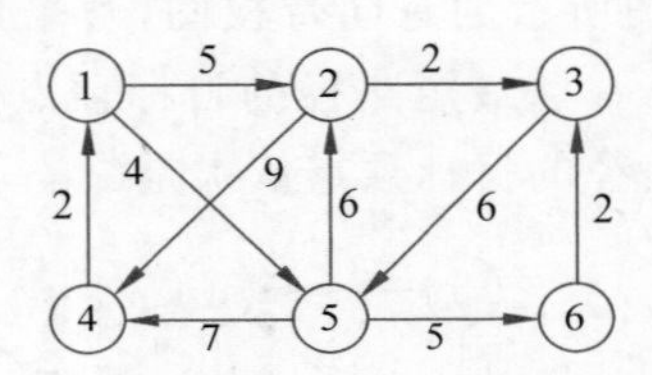

A. 5,2,3,4,6　　B. 5,2,3,6,4　　C. 5,2,4,3,6　　D. 5,2,6,3,4

19.【2016 统考真题】 若对 n 个顶点、e 条弧的有向图采用邻接表存储,则拓扑排序算法的时间复杂度是(　　)。

A. O(n)　　B. O(n + e)　　C. $O(n^2)$　　D. O(ne)

20.【2018 统考真题】 下列选项中,不是如下有向图的拓扑序列的是(　　)。

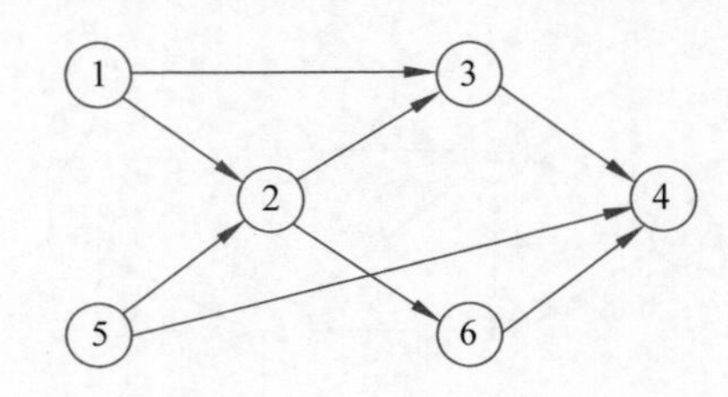

A. 1,5,2,3,6,4　　B. 5,1,2,6,3,4　　C. 5,1,2,3,6,4　　D. 5,2,1,6,3,4

21.【2019 统考真题】 下图所示的 AOE 网表示一项包含 8 个活动的工程。活动 d 的最早开始时间和最迟开始时间分别是(　　)。

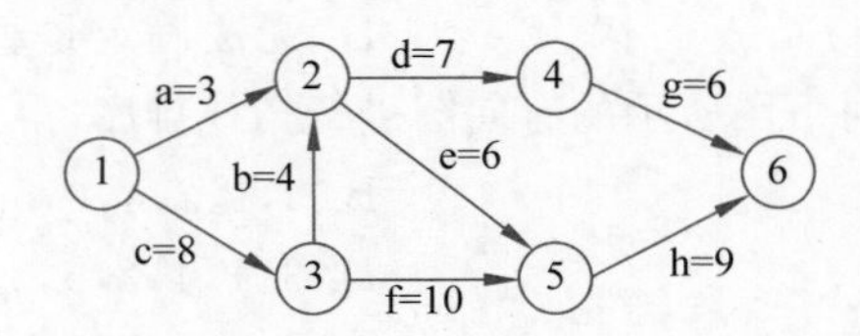

A. 3 和 7　　B. 12 和 12　　C. 12 和 14　　D. 15 和 15

22.【2019 统考真题】 用有向无环图描述表达式(x+y)((x+y)/x),需要的顶点个数至少是( )。

A. 5　　B. 6　　C. 8　　D. 9

23.【2020 统考真题】 已知无向图 G 如下所示,使用克鲁斯卡尔(Kruskal)算法求图 G 的最小生成树,加到最小生成树中的边依次是( )。

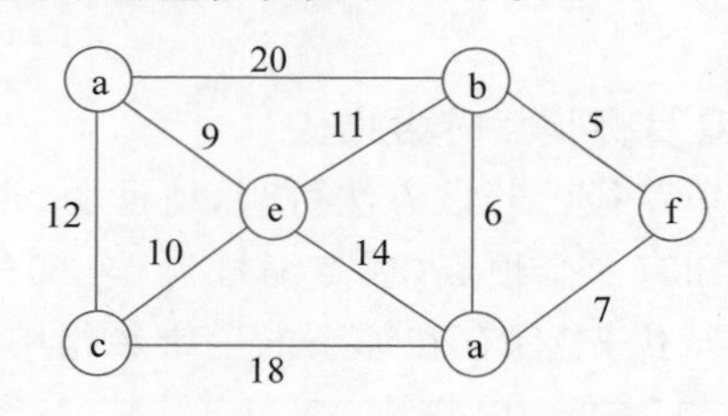

A. (b,f),(b,d),(a,e),(c,e),(b,e)　　B. (b,f),(b,d),(b,e),(a,e),(c,e)

C. (a,e),(b,e),(c,e),(b,d),(b,f)　　D. (a,e),(c,e),(b,e),(b,f),(b,d)

24.【2020 统考真题】 修改递归方式实现的图的深度优先搜索(DFS)算法,将输出(访问)顶点信息的语句移到退出递归前(执行输出语句后立刻退出递归)。采用修改后的算法遍历有向无环图 G,若输出结果中包含 G 中的全部顶点,则输出的顶点序列是 G 的( )。

A. 拓扑有序序列　　B. 逆拓扑有序序列

C. 广度优先搜索序列　　D. 深度优先搜索序列

25.【2020 统考真题】 若使用 AOE 网估算工程进度,则下列叙述中正确的是( )。

A. 关键路径是从源点到汇点边数最多的一条路径

B. 关键路径是从源点到汇点路径长度最长的路径

C. 增加任一关键活动的时间不会延长工程的工期

D. 缩短任一关键活动的时间将会缩短工程的工期

26.【2021 统考真题】 给定如下有向图,该图的拓扑有序序列的个数是( )。

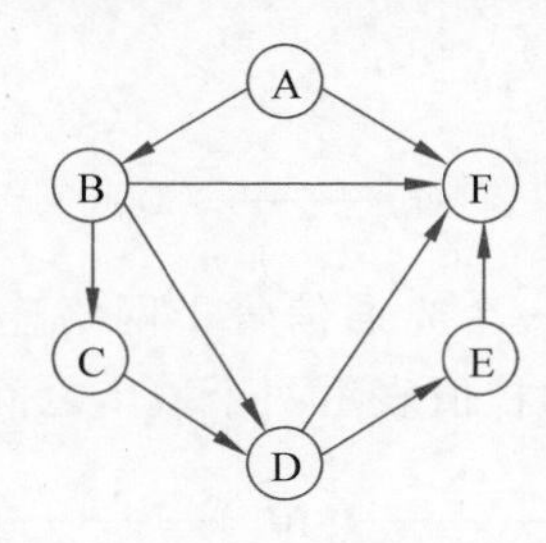

A. 1　　B. 2　　C. 3　　D. 4

27.【2021 统考真题】 使用 Dijkstra 算法求下图中从顶点 1 到其余各顶点的最短路径,将当前找到的从顶点 1 到顶点 2,3,4,5 的最短路径长度保存在数组 dist 中,求出第二条最短路径后,dist 中的内容更新为( )。

A. 26,3,14,6　　B. 25,3,14,6　　C. 21,3,14,6　　D. 15,3,14,6

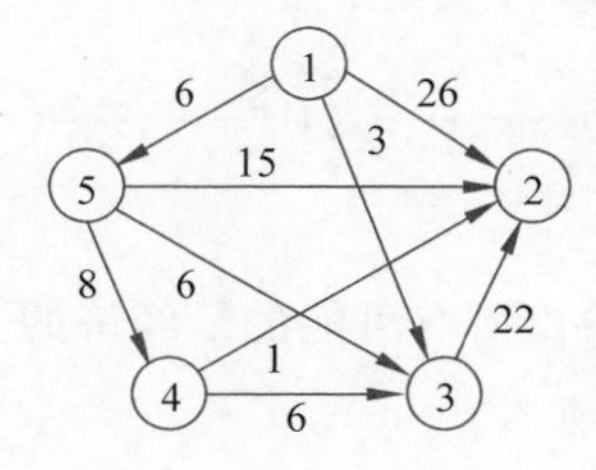

28.**【2009 统考真题】** 带权图(权值非负,表示边连接的两顶点之间的距离)的最短路径问题是找出从初始顶点到目标顶点之间的一条最短路径。假设从初始顶点到目标顶点之间存在路径,现有一种解决该问题的方法:

(1) 设最短路径初始时仅包含初始顶点,令当前顶点 u 为初始顶点;

(2) 选择离 u 最近且尚未在最短路径中的一个顶点 v,加入最短路径,修改当前顶点 u=v;

(3) 重复步骤(2),直到 u 是目标顶点时为止。

请问上述方法能否求得最短路径?若该方法可行,请证明;否则,请举例说明。

29.**【2011 统考真题】** 已知有 6 个顶点(顶点编号为 0~5)的有向带权图 G,其邻接矩阵 A 为上三角矩阵,按行为主序(行优先)保存在如下的一维数组中。

4	6	∞	∞	∞	5	∞	∞	∞	4	3	∞	∞	3	3

要求:

(1) 写出图 G 的邻接矩阵 A。

(2) 画出有向带权图 G。

(3) 求图 G 的关键路径,并计算该关键路径的长度。

30.**【2017 统考真题】** 使用 Prim 算法求带权连通图的最小(代价)生成树(MST)。请回答下列问题:

(1) 对下列图 G,从顶点 A 开始求 G 得 MST,依次给出按算法选出的边。

(2) 图 G 的 MST 是唯一的吗?

(3) 对任意的带权连通图,满足什么条件时其 MST 是唯一的?

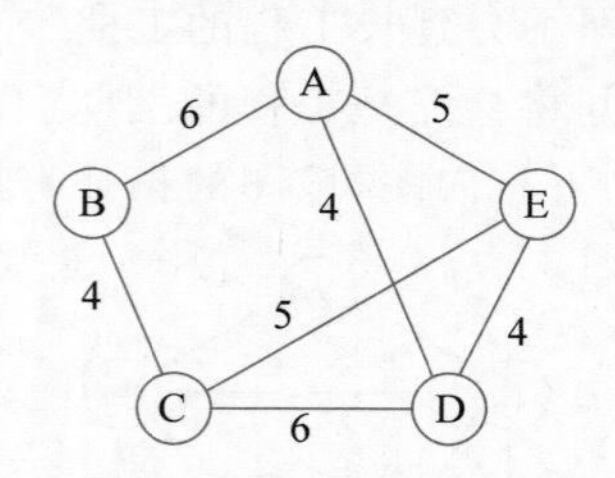

31.**【2018 统考真题】** 拟建设一个光通信骨干网络连通 BJ、CS、XA、QD、JN、NJ、TL 和 WH 这 8 个城市,下图中无向边上的权值表示两个城市之间备选光缆的铺设费用。

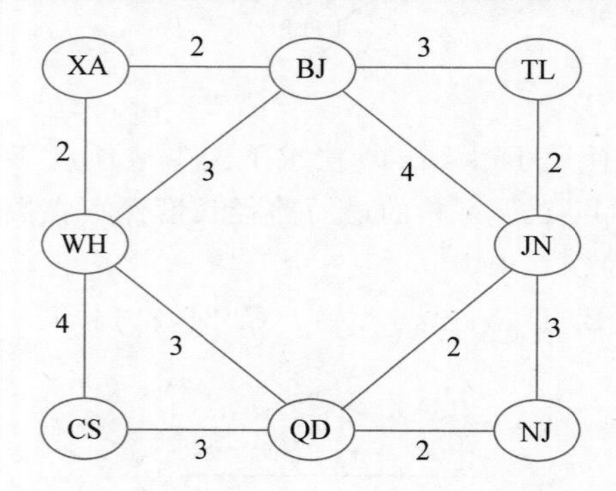

请回答下列问题:

(1) 仅从铺设费用角度出发,给出所有可能的最经济的光缆铺设方案(用带权图表示),并计算相应方案的总费用。

(2) 该图可采用图的哪种存储结构？给出求解问题(1)所用的算法名称。

(3) 假设每个城市采用一个路由器按(1)中得到的最经济方案组网，主机 H1 直接连接在 TL 的路由器上，主机 H2 直接连接在 BJ 的路由器上。若 H1 向 H2 发送一个 TTL＝5 的 IP 分组，则 H2 是否可以收到该 IP 分组？

与前沿技术链接

图神经网络(graph neural network，GNN)是一类用于处理图结构数据的深度学习模型。图结构数据中的实体以结点的形式表示，实体之间的关系以边的形式表示。GNN 的目标是从图结构数据中学习有用的表示，并利用这些表示进行各种任务，如结点分类、图分类、链接预测等。

图神经网络的核心思想是通过消息传递机制(message-passing mechanism)来聚合邻居结点的信息，并更新结点的特征表示(如图 7-42 所示)。这个过程通常会进行多轮迭代，以便捕获图中更远距离的信息。最终，每个结点的特征表示将包含其邻居结点和更远结点的信息。

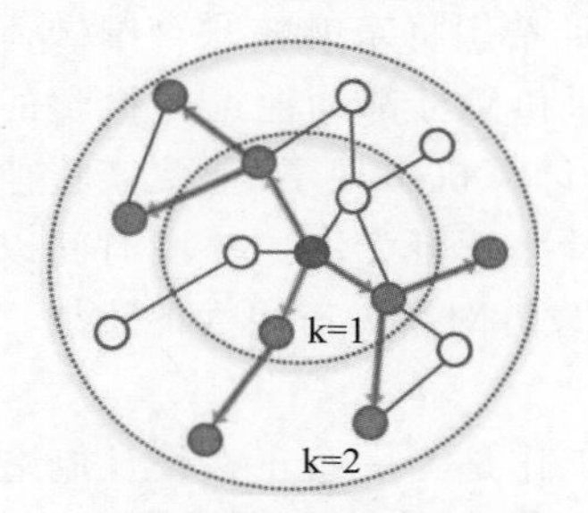

(a) Sample neighborhood

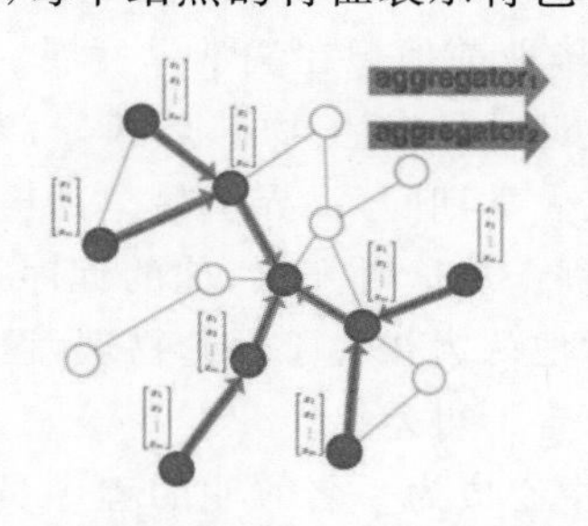

(b) Aggregate feature information from neighbors

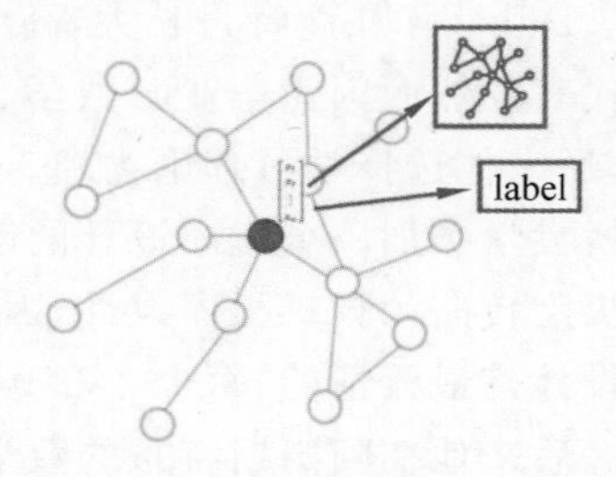

(c) Predict graph context and label using aggregated information

图 7-42 GNN 中消息传递聚合技术

图神经网络的基本组成包括以下部分。

(1) **结点特征矩阵**：用于表示图中每个结点的初始特征。

(2) **邻接矩阵**：用于表示图中结点的连接关系。

(3) **图卷积层**：用于聚合邻居结点的信息并更新结点特征。

(4) **输出层**：根据任务需求设计的输出层，用于输出预测结果。

以下列举了一些图神经网络任务类型以及示例。

(1) 图分类(graph classification)：用于将图分为不同的类别，其应用包括社交网络分析和文本分类。

(2) 结点分类(node classification)：此任务使用相邻结点的标签预测图中缺失的结点标签。

(3) 链接预测(link prediction)：预测图中一对结点之间的连接，尤其是在存在不完整的邻接矩阵时，通常用于社交网络。

(4) 社区检测(community detection)：根据边的结构将结点划分为不同的群集，它从边的权重、距离和图对象中学习类似的信息。

(5) 图嵌入(graph embedding)：将图映射到向量，以保留结点、边和结构的相关信息。

(6) 图生成(graph generation)：从示例图分布中学习，以生成一个新的但类似的图结构。

科学家精神

Dijkstra 的全名叫 Edsger Wybe Dijkstra(艾兹赫尔·韦伯·迪杰斯特拉)。大部分中国程序员如果能记住这个名字,一定是因为学过计算最短路径的 Dijkstra 算法,然而大部分人都难以记住正确的拼写,因为他是荷兰人,名字不符合英语的发音规则。

Dijkstra 是几位影响力极大的计算科学的奠基人之一,也是少数同时从工程和理论的角度塑造这个新学科的人。他的根本性贡献覆盖了很多领域,包括编译器、操作系统、分布式系统、程序设计、编程语言、程序验证、软件工程、图论等。他的很多论文为后人开拓了新的研究领域。我们现在熟悉的一些标准概念,如互斥、死锁、信号量等,都是 Dijkstra 发明和定义的。1994 年,有人对约 1000 名计算机科学家进行了问卷调查,选出了 38 篇最有影响力的论文,其中有 5 篇是 Dijkstra 写的。

Dijkstra 在鹿特丹长大,高中毕业前他想在法学界发展,并且希望将来能在联合国做荷兰的代表。然而因为毕业时数学、物理、化学、生物都是满分,老师和父母都劝他选择科学的道路,后来他选择学习理论物理。在大学期间,世界上最早的电子计算机出现了,他父亲让他到剑桥大学参加一个程序设计的课程。从这时开始,他的程序设计生涯开始了。一段时间以后他决定转向计算机程序设计,因为他认为相对于理论物理,程序设计对智力有更大的挑战。程序设计是最无情的,每个 1 和 0 都容不得差错。

后来他在阿姆斯特丹的数学中心成为一名兼职的程序员,工作是为一些正在设计制造的计算机编写程序,也就是说他要用纸和笔把程序写出来,验证它们的正确性,和负责硬件的同事确认需要的指令是可以被实现的,并写出计算机的规范说明。他为并不存在的机器写了 5 年程序,因此他习惯于不测试自己写的程序,这意味着他必须通过推理说服自己程序是正确的,这种习惯可能是他后来经常强调通过程序结构保证正确性易于推理的原因。他曾经被后来出现的实时中断困扰了一阵子,因为中断随时可能发生,这让证明程序的正确性变得复杂了很多。他的博士论文就是一个他写的实时中断处理程序。

在决定成为一个程序员后,Dijkstra 尽快完成了学业,因为以他的话说,他在大学里不再受欢迎了:物理学家觉得他是逃兵,而数学家也看不起他和他做的事,因为在当时的数学文化里,你的课题必须和“∞”有关才会受尊重。那个时候,程序设计没有成为一个职业,没有人能说出这个行业的基础知识体系是什么,而这些都将被 Dijkstra 改变。1957 年,他结婚的时候在职业一栏写上了“程序员”,结果被政府拒绝,因为当时荷兰没有这个职业。

在 ARMAC 计算机发布之前,Dijkstra 需要想出一个可以让不懂数学的媒体和公众理解的问题,以便向他们展示。有一天,他和未婚妻在阿姆斯特丹购物,他们停下来在一家咖啡店的阳台上喝咖啡休息,他开始思考这个问题。他觉得可以让计算机演示如何计算荷兰两个城市间的最短路径,这样问题和答案都容易被人理解,于是他在 20 分钟内想出了高效计算最短路径的方法。Dijkstra 自己也没有想到这个 20 分钟的发明会成为他最著名的成就之一,并且会被以他的名字命名为 Djikstra 算法。三年以后这个算法才首次发布,但当时的数学家们都不认为这能成为一个数学问题:两点之间的路径数量是有限的,其中必然有一条最短的,这算什么问题呢?在之后的几十年里,直到今天,这个算法被广泛应用在各个行业。Djikstra 的眼科医生一直不知道他是做什么的,有一天突然问他:“是你发明了 GPS 导航的算法吗?”一问之下,原来他读了 2000 年 11 月的《科学美国人》杂志,讲 GPS 的文章里说到了 Djikstra。

Dijkstra 后来在采访中说,他的最短路径算法之所以能如此简洁,是因为当时在咖啡店里没有纸和笔,这强迫他在思考时避免复杂度,尽可能追求简单。在他的访谈和文章中经常能发现一个主题,就是资源的匮乏往往最能激发创造性。

Dijkstra 的第一次美国之行给他留下了深刻印象。在 1963 年时他已经小有名气,ACM 邀请他参加了一次在普林斯顿的会议,这也是他第一次和 Donald Knuth 会面。第一个演讲者是一个来自 IBM 的人,Dijkstra 发现他完全听不懂这个人讲的内容,也不理解写满了整个黑板的公式,而很多其他听众都积极提出问题并参与讨论。在茶歇的时候他对其他人表达了担忧,认为自己可能不适合参加这个会议,美国的参会者告诉他:"不必担心,其实大家都听不懂他说什么。但是这次会议是 IBM 赞助的,所以得让他们先上台,而且不能冷场。"Dijkstra 后来似乎一直对 IBM 不太感冒。IBM 的 System/360 大型机发布后,他花了一些时间阅读 360 的手册,他把这段时间描述为"职业生涯中最黑暗的一周"。后来,苏联决定建造和 360 完全兼容的计算机,Dijkstra 在一次会议上说"这是美国在冷战中最大的胜利"。

之后,Dijkstra 进入了学术上最活跃的时期,他解决了多个图论算法问题,他发表的关于并发程序控制的论文开创了分布式计算和并发计算的先河,他也首先定义了互斥和死锁并提出了解法。他和 Jaap Zonneveld 一起写了第一个 ALGOL 60 的编译器,这是最早支持递归的编译器。他们约定项目结束前都不许刮胡子,Zonneveld 在结束后很快剃掉了胡子,而 Dijkstra 从此终身留着胡子。

20 世纪 60 年代后期,由于计算机变得越来越强大,程序设计和维护的方式跟不上软件复杂度的快速上升,世界进入了"软件危机"。Dijkstra 在 ACM 的月刊上发表了一篇名为 *GOTO Statement Considered Harmful* 的文章为全世界的程序员指明了方向,这就是"结构化程序设计运动"的开始。他和 Hoare、Dahl 合著的《结构化程序设计》成为这次软件史上第一次变革的纲领,影响了此后大部分的程序设计语言,包括 70、80 后程序员熟悉的 C 和 Pascal。很多大学的第一门程序设计课就是以这本书的名字作为课程名。

在分布式计算方面,除了定义前面提到的互斥、死锁等并发控制的基础概念和问题,他还开创了自稳定系统这个子领域,并且是最早对容错系统进行研究的人。分布式计算最权威的会议是 PODC,而 Leslie Lamport 曾经评价到,PODC 之所以存在就是因为 Dijkstra。"PODC 影响力论文奖"是分布式计算领域最高的荣誉,它认可的是经过时间考验的重要成就。2002 年,Dijkstra 去世,这一年的 PODC 奖颁给了他,获奖论文是他在 1974 年关于自稳定系统的论文。为了纪念他,PODC 决定从 2003 年把这个奖项改名为 Dijkstra 奖。所以,Dijkstra 是少数获得过以自己的名字命名奖项的人之一。

Dijkstra 在学术界有一些很知名的个性。读过硕士或者博士的人大多对论文的引用次数、影响因子之类的东西很敏感,而 Dijkstra 在他的书和文章里几乎从来不提供参考文献列表,很多人对此很不满,而他认为这样增强了他工作的独立性。他在德州大学奥斯汀分校的教学风格也很独特。在每个学期开始时,他会给每个学生拍一张照片以便记住他们的名字(这是在智能手机还没发明、使用老式相机的时代)。他的课程几乎都没有指定教科书,少数有教科书的时候也是他自己写的书。他通常用口试的方式进行期末考试,花一周的时间让学生逐个到他的办公室或家里考试,每个人要用两三小时。

尽管计算机软件技术有很大一部分是 Dijkstra 发明的,但他却很少使用计算机,或许这和他作为程序员时很多时间在为还没造出来的计算机开发程序有关。后来在德州大学同事的压力下，他购买了一台 Macintosh 电脑，但只用来回复电子邮件和浏览网页。和 Donald Knuth、Leslie Lamport 这样关注于论文的数字排版并发明了 TeX 和 LaTeX 来做这件事的计算机科学家不一样，Dijkstra 从不用计算机写论文，他认为应该不需要草稿和编辑就能写出一篇文章，所以他通常在脑中把整篇文章构思好，才把文字落到纸上。早期他用打字机，后来他一直只使用 Montblanc 的 Meisterstück 钢笔。这在计算机学界是很有名的习惯，很多人都收到过 Dijkstra 用 Montblanc 写的信。

Dijkstra 通常会用钢笔写好一篇文章，然后复印一些在同事中小范围散发，而这些同事又会复印更多，发布到更广的范围。他一生中写了 1300 多篇文章，他用自己姓名的首字母 EWD 给它们编号：EWD 1，EWD 2，…，EWD 1318。在计算机科学中，这些文章被统称为 EWD 报告。他的算法和文章大都让人感受到简洁、经济、优雅。他对简洁的热爱来自早年母亲的指导。他曾经问他的母亲“数学是不是一个很难的学科”，她回答说：“如果你需要超过五行文字来证明什么，那你的方向多半错了”。

最后，作为结语，送给大家一句 EWD 1213 里的名言：

“如果十年以后，你以快而脏的方式做什么事时，能想象我在你的肩后看着，然后对自己说‘Dijkstra 不会希望这样的’，那么对我来说，这就和永生一样了。”

—Edsger Wybe Dijkstra

来源：https://www.techug.com/post/edsger-wybe-dijkstra/

Chapter 8 第8章 查找

前面已经介绍了各种线性和非线性的数据结构，在这一章中，我们将讨论另一个实际应用中大量使用的数据结构——查找表。作为程序设计过程中频繁使用的查找（或搜索）操作，理解其原理并灵活掌握其应用是非常有必要的。本章首先介绍查找的相关概念，然后依次介绍静态查找、动态查找、哈希表等，最后介绍查找表的扩展和智能算法应用。

8.1 查找的相关概念

本节首先给出查找表的定义和术语，并和其他数据结构一样定义查找表的抽象数据类型，最后概述查找在不同情况下的各种分类。

8.1.1 查找表的定义和术语

在提出查找表的定义之前，首先要明确查找的概念。**查找是根据给定的值，在查找表中确定一个其关键字等于给定值的记录或数据元素的过程。**所以，查找表是查找操作的对象，定义是：**查找表是由同一类型的数据元素（或记录）构成的集合。**所以查找表中的元素相比于线性结构和非线性结构（如树、图），它们是一种松散的集合关系。

与查找、查找表相关的概念还有关键字、静态查找、动态查找。接下来对这些术语名词逐一阐述。

（1）**关键字**：数据元素中某一数据项的值，用来表示一个数据元素。

（2）**静态查找**：查找以及提取数据元素的属性信息。

（3）**动态查找**：查找（插入或删除元素）。

8.1.2 查找表的抽象数据类型

根据本书第1章关于抽象数据类型的定义，将查找表表示为一个三元组(D,S,P)，其中，D是数据对象，指查找表中存储的元素。每个元素由唯一的关键字和相应的数据值组成；S是D上的关系集，用于描述D中元素之间的关系；P是D的基本操作集，包含查找表若干操作的功能。

查找表的抽象数据类型的详细规范描述如下。

- 数据对象：查找表是一个元素的集合，每个元素由唯一的关键字和相应的数据值组成。
- 数据关系：查找表中的元素通过关键字之间建立关系。
- 基本操作：
  - 查询某个"特定的"数据元素是否在查找表中；
  - 检索（知道存在）某个"特定的"数据元素的各种属性；
  - 在查找表中插入一个数据元素；

◆ 从查找表中删去某个数据元素。

8.1.3 查找的分类

下面通过三种方式对查找进行分类。

根据查找方法取决于记录的键值还是记录的存储位置，可以分为：

- 基于关键字比较的查找，如顺序查找、折半查找、分块查找、BST&AVL、B树和B+树；
- 基于关键字存储位置的查找，如散列法。

根据被查找的数据集合的存储位置，可以分为：

- 内查找：整个查找过程都在内存进行；
- 外查找：查找过程中需要访问外存，如B树和B+树。

根据查找方法是否改变数据集合，可以分为：

- 静态查找：查找以及提取数据元素属性信息。被查找的数据集合经查找之后并不改变，也就是说，既不插入新的记录，也不删除原有记录。
- 动态查找：查找(插入或删除元素)。被查找的数据集合经查找之后可能改变，也就是说，既可以插入新的记录，也可以删除原有记录。

8.2 静态查找

在本节中，我们将以不同结构的静态查找表作为研究对象，探讨各种静态查找表下不同的查找操作。

8.2.1 顺序表的查找-线性查找

顺序表是一种线性表的存储结构，由一组连续的内存空间依次存储线性表中的元素，元素在内存中的物理地址是连续的。顺序表中的元素在逻辑上也是顺序排列的，即第一个元素存储在内存中的第一个位置，第二个元素存储在第二个位置，以此类推。

在顺序表中，每个元素占据固定大小的存储空间，这使得在顺序表中可以通过计算偏移量来快速访问任意位置的元素，使得查找操作非常高效。同时，顺序表还允许随机访问，即可以通过元素的下标直接访问特定位置的元素。

顺序表相对于链表等其他数据结构的优点在于其随机访问的高效性，缺点在于插入和删除操作的效率较低。当需要频繁进行插入和删除操作时，链表通常更加合适。而在需要频繁进行查找操作时，顺序表通常更加高效。

线性查找也称为**顺序查找**，是一种简单的查找算法，用于在一个无序或有序的列表中查找指定元素的位置或判断元素是否存在。该算法从列表的第一个元素开始逐个向后遍历，直到找到目标元素或遍历完整个列表为止。

顺序查找表的思想可以概括如下：

(1) 从查找表的第一个元素向后(或从最后一个元素向前)比较当前位置数据元素的关键字与查找关键字；

(2) 若相等，则输出当前位置，查找成功；若不相等，则走向下一个位置；

(3) 循环执行(1)、(2)步，直到查找成功或超出范围，表示查找失败。

假设我们有一个无序列表 [5, 2, 9, 1, 5, 6, 3]，现在要查找元素 6 是否存在于列表中，我们可以使用线性查找来进行查找操作。从列表的第一个元素5开始,与目标元素6进行比较,不相等,继续向后遍历。遍历到元素6时,与目标元素6相等,查找成功,返回元素6的位置(假设索引从0开始,则位置为5)。

在这个例子中,线性查找在遍历到第七个元素时找到了目标元素6,返回了其位置5。如果目标元素不在列表中,则算法将遍历完整个列表,最终返回查找失败的标识值。

虽然思路不变,但是对静态查找表采用不同的存储结构,线性查找操作的具体实现将会有所区别。

假如采用顺序存储结构,并且查找记录的结构体定义如下:

```
struct records {
                keytype key ;
                fields other ;
}
Typedef records LIST[maxsize] ;
LIST F ;
```

线性查找算法的参考代码如下:

```
int Search (keytype k, int last, LIST F)
/* 在F中查找关键字为k的记录,若找到,则返回该记录所在的下标,否则返回 0 */
{
    int i ;
    F[0].key = k ;
    i = last ;
    while(F[i].key != k)
    i = i - 1;
    return i;
}
```

假如采用链式存储结构,并且查找记录的结构体定义如下:

```
struct CellType {
    records data;
    CellType * next;
}
Typedef CellType * LIST;
```

线性查找算法的参考代码如下:

```
LIST Search(keytype k, LIST F)
{
    LIST p;
    p=F;
    while ( p! = NULL )
        if ( p->data.key == k )
            return p;
            else
                p = p->next;
    return p;
}
```

查找操作在实际应用中非常广泛,在进行查找操作前,一般首先要对所使用的查找算法进行性能分析。对于查找操作的性能分析,一般使用平均查找长度作为衡量标准。

为确定记录在查找表中的位置,需和给定值进行比较的关键字个数的期望值称为查找算法在查找成功时的**平均查找长度**(**average search length,ASL**)。

下面以线性查找为例,计算平均查找长度。

设:P_i 为查找表中查找第 i 个记录的概率,$\sum P_i = 1$,C_i 为比较次数,n 为表中元素的个数。

$$ASL = \sum_{i=1}^{n} P_i \cdot C_i$$

在等概率情况下 $P_i = 1/n$,且一般情况下 $C_i = n - i + 1$,即

$$\begin{aligned} ASL &= nP_1 + (n-1)P_2 + \cdots + 2P_{n-1} + P_n \\ &= 1/n \cdot \sum_{i=1}^{n}(n-i+1) \\ &= (n+1)/2 \end{aligned}$$

8.2.2 有序表的查找-折半查找

顺序查找表的查找算法比较简单,但平均查找长度较大,特别不适用于表长较大的查找表。因此,若以有序表表示静态查找表,则查找过程可以基于"折半"进行。

折半查找表的思想可以概括如下:

(1) 将要查找关键字与查找表的中间元素进行比较,若相等,则返回当前位值;

(2) 若查找关键字比当前位置的关键字大,则向前递归,否则向后递归。

假设我们有一个有序数组 arr,其中包含元素[2,5,8,12,16,23,38,45,56]。我们要查找元素 23 是否存在于数组中。首先,我们选择数组的中间元素 16(数组长度为偶数时,可以选择中间偏左或偏右的元素)。由于 23 大于 16,根据数组有序性,我们知道目标元素应该在数组的右半部分。接下来,我们将查找范围缩小为右半部分,即[23,38,45,56],再次选择其中间元素 45。由于 23 小于 45,我们再次缩小查找范围为左半部分,即[23,38]。继续选择其中间元素 23,此时我们找到了目标元素。因为 23 等于目标元素,所以查找成功,算法返回元素的位置(在本例中为索引 0)。假设我们要查找的目标元素是 30,经过折半查找后,我们将查找范围缩小为[23,38],然后选择其中间元素 38。由于 30 小于 38,所以目标元素应该在左半部分[23],但 23 不等于 30,表示目标元素不存在于数组中,查找失败,算法返回不存在的标识。

以有序的顺序存储作为存储结构,对其进行折半查找,代码表述如下:

```
int Binary-Search(keytype k, LIST F )
{
    int  low , up , mid ;
    low = 1 ;
    up = last ;
    while ( low <= up ){
        mid = ( low + up ) / 2 ;
    if ( F[mid].key = = k )
            return mid ;
        else if ( F[mid].key > k )
            up = mid - 1 ;
        else
            low = mid + 1 ;
    }
    return -1;
}
```

为了形象描述折半查找的查找过程以及分析折半查找算法,引入折半查找判定树的概念:

(1) 折半查找判定树是一棵二叉排序树，即每个结点的值均大于其左子树上所有结点的值，小于其右子树上所有结点的值；

(2) 折半查找判定树中的结点都是查找成功的情况，将每个结点的空指针指向一个实际上并不存在的结点，称为外结点，所有外结点即查找不成功的情况，如图 8-1 所示。如果有序表的长度为 n，则外结点一定有 n+1 个。

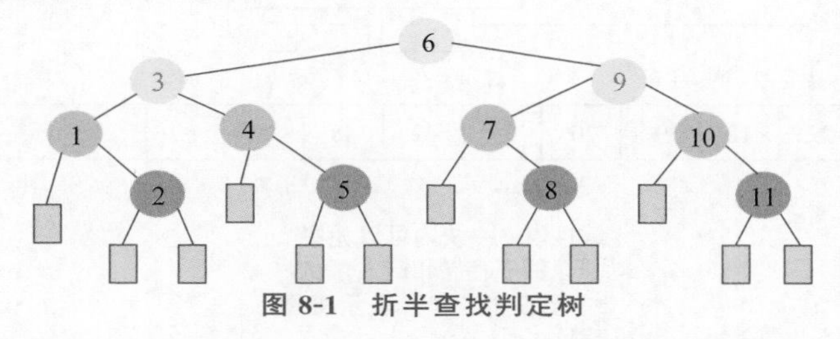

图 8-1　折半查找判定树

基于折半查找判定树，计算折半查找的平均查找长度：假设查找表长度满足 $n=2^h-1$ ($h=\log_2(n+1)$)，则平均查找长度等于每个元素为目标元素的概率乘以每个元素的查找长度，概率当然是 1/n。关于查找长度，可以这样考虑：对于所有待查找元素，我们想象分布在二叉查找树上第 1 层的元素查找长度都为 1 且个数为 1，第 2 层的元素查找长度都为 2 且个数为 2，第 3 层的元素查找长度都为 3 且个数为 4，以此类推，第 j 层元素的查找长度都为 2^{j-1}，于是问题得以求解，将每个元素和目标元素匹配的概率与查找长度相乘，公式推理如下：

$$\mathrm{ASL}=\sum_{i=1}^{n} P_i \cdot C_i = 1/n\sum_{j=1}^{h} j \cdot 2^{j-1} = (n+1)/n \cdot \log_2(n+1)-1$$

8.2.3　索引顺序表的查找-分块查找

前两节介绍了顺序表的线性查找算法以及有序表的折半查找算法，如表 8-1 所示，从多方面比较了顺序表与有序表。

表 8-1　顺序表与有序表的比较

	顺　序　表	有　序　表
表的特征	表中元素无序	表中元素有序
存储结构	顺序和链表结构	顺序结构
查找方法	顺序查找	折半查找
插删操作	方便	移动元素
ASL	大	小
适用范围	表长较短	表长较长，有序

从表中不难发现，顺序表和有序表实际上各有优劣，那么如何结合两者的优势呢？本节引出了索引顺序表，首先说明索引顺序表的前提要求：

(1) 查找表要求顺序存储；

(2) 查找表分成 n 块，当 $i>j$ 时，第 i 块中的最小元素大于第 j 块中的最大元素。

于是，基于索引顺序表进行查找操作的基本思想可以概括如下：

(1) 首先确定所要查找的关键字在哪一块中；

(2) 在所确定的块中顺序查找关键字。

例如，如图 8-2 所示，这是一个索引表，块间有序，块内无序，要查找 42 这个元素，首先查找索引表,42 大于 22,但是小于 48,因此确定只可能在 48 所在的块内,于是在 48 所在的块内,我们可以应用顺序查找方式查找,如果块内也是有序的,我们也可以采用折半查找的方式提高效率。

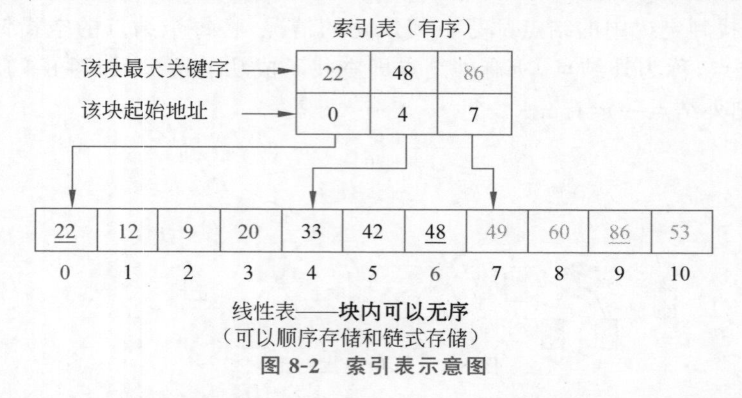

图 8-2　索引表示意图

在对索引顺序表的查找操作进行分析之前,首先给出索引顺序表下查找操作的代码表述:

```
Typedef keytype index[maxblock];
int index_search(keytype k, int last, int blocks, index ix, LIST F, int L)
{
    int i, j;
    i = 0;
    while (( k > ix[i])&&( i < blocks))
        i++;
    if( i<blocks ){
        j = i * L;
        while(( k != F[j].key )&&( j <= (i+1) * L-1 )&&( j < last ))
            j = j + 1 ;
        if ( k == F[ j ].key )
            return j ;
    }
    return -1 ;
}
```

明确了分块查找的核心思想后,可以分析出分块查找的平均查找长度应该等于查找“索引”的平均查找长度加上查找“顺序表”的平均查找长度。因此结合 8.1 节中线性查找的内容不难分析出,如果索引表长度为 b,每块平均长度为 L,平均查找长度应为$(b+1)/2+(L+1)/2$,同时依据这个分析结果可以得出长度为 n 的线性表分成 $\sqrt{n}$ 块时平均查找次数最少。另外,由于索引是有序的,因此可以结合有序表的折半查找算法进一步提升算法性能。

8.3　动态查找表

在本节中,我们将逐一探讨各种动态查找表的实现原理和性能分析,从而帮助读者深入理解和选择最适合实际应用的数据结构。首先,探讨二叉排序树的基本概念和相关操作。然后,引入平衡二叉树,探讨其如何解决二叉排序树在有序性较弱时的效率问题。接着,我们介绍 B－树和 B＋树,这些更加复杂的数据结构在处理大规模数据集合时表现更加出色。

8.3.1　二叉排序树

本节讲述二叉排序树的相关概念以及基本操作,**二叉排序树(binary search tree)**是一种特殊的二叉树，它的每个结点数据中都有一个关键值，并有如下性质：

(1) 对于每个结点，如果其左子树非空，则左子树的所有结点的关键值都小于该结点的关键值；

(2) 如果其右子树非空，则右子树的所有结点的关键值都大于该结点的关键值；

(3) 左、右子树本身又是一棵二叉排序树。

例如，如图 8-3 所示，这是一棵二叉排序树，中序遍历的结果是有序的；反之，如图 8-4 所示，中序遍历的结果是无序的，这不是一棵二叉排序树。

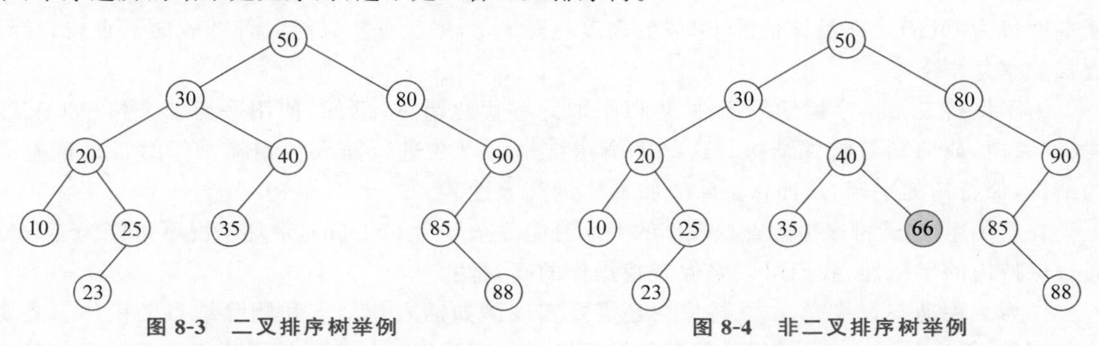

图 8-3　二叉排序树举例　　　图 8-4　非二叉排序树举例

在二叉排序树中，左子树的所有结点的关键值都小于根结点的关键值，而右子树的所有结点的关键值都大于根结点的关键值。这个有序性质使得在二叉排序树中进行查找操作时能够快速定位目标元素。

因此，二叉排序树的查找算法思想可以概括如下。

(1) 当二叉排序树不空时，先将给定值和根结点的关键字比较，若相等，则查找成功，否则按照如下步骤执行。

(2) 若给定值小于根结点的关键字，则在左子树上继续进行查找。

(3) 若给定值大于根结点的关键字，则在右子树上继续进行查找。

(4) 直到找到或查到空结点时为止。

在给出具体的伪代码算法描述前，定义二叉排序树中每个结点的结构如下所示：

```
struct CellType{
            records data ;
            CellType * lchild, * rchild ;
}
Typedef CellType * BST ;
```

结合二叉排序树的查找思想，给出查找操作的代码描述如下：

```
BST search( keytype k, BST F )
{
    p = F ;
    if ( p == NULL )
        return Null ;
    else if ( k == p->data.key )
        return p ;
    else if ( K < p->data.key )
        return ( search ( k,  p->lchild ) ) ;
    else if ( K > p->data.key )
        return ( search ( k,  p->rchild ) ) ;
}
```

在二叉排序树中进行查找操作的算法时间复杂度取决于树的平衡性。如果二叉排序树是平衡的(见 8.3.2 节),即树的高度接近 $\log_2 n$,其中 n 是树中结点的数量,那么查找操作的平均时间复杂度将为 O(logn)。

在平衡的二叉排序树中,每次查找都会将搜索区间缩小一半,因为每个结点都分成了左子树和右子树,这种二分查找的方式使得查找操作非常高效。对于一个包含 n 个结点的平衡二叉排序树,最多需要执行 $\log_2 n$ 次查找步骤,即可找到目标元素或确认目标元素不存在。

然而,如果二叉排序树是非平衡的,即退化成链表结构,那么查找操作的最坏情况下时间复杂度将为 O(n)。在最坏情况下,树的高度将达到 n,每次查找只能沿着链表向下查找,导致查找效率急剧下降。

为了保持二叉排序树的平衡性,可以采取一些优化措施,例如,使用平衡二叉树(如 AVL 树、红黑树)或 B 树等特殊结构。这些平衡树结构可以在进行插入和删除操作时自动调整树的结构,保持树的平衡,从而保证了查找操作的高效性。

综上所述,二叉排序树的查找操作的平均时间复杂度为 O(logn),最坏情况下可能为 O(n)。通过保持树的平衡性,我们可以确保查找操作的高效性。

作为一种动态查找表,二叉排序树还需要实现诸如插入新结点和删除结点的操作。需要注意的是,无论是插入还是删除,都需要保证经过动态操作后的二叉排序树仍然为一棵二叉排序树,需要维持二叉排序树的性质不变。

基于这种思想,插入操作的算法思想可描述如下:

(1) 若二叉树为空,则待插入结点 *s 作为根结点;

(2) 当二叉排序树非空时,将待插入结点关键字与根结点进行比较,若相等,则说明树中已有此结点,无须插入;若小于根结点,则插入左子树;若大于根结点,则插入右子树。

因此,参考代码描述如下:

```
void Insert (records R , BST &F )
{
    if ( F ==NULL ){
        F = new CellType ;
        F->data = R ;
        F->lchild = NULL ;
        F->rchild = NULL ;
    }else if ( R.key < F->data.key )
        Insert ( R , F->lchild )
    else if ( R.key >= F->data.key )
          Insert ( R , F->rchild )
}
```

从上面不难发现,插入操作和查找操作的步骤几乎是一样的,这就意味着与查找操作的性能分析结果一致,在平衡的二叉排序树中,插入操作的平均时间复杂度为 O(log n),最坏情况下可能为 O(n)。通过保持树的平衡性,我们可以确保插入操作的高效性。

二叉排序树的删除结点操作相对来说要稍微复杂一些,同样地,需要保持二叉排序树有序的性质,即对于每个结点,左子树中所有结点的关键值小于该结点的关键值,右子树中所有结点的关键值大于该结点的关键值。对于删除结点操作,需要分情况讨论。二叉排序树的删除操作主要涉及三种情况:删除叶子结点、删除只有一个子结点的结点和删除有两个子结点的结点。

(1) 删除叶子结点:如果要删除的结点是叶子结点(没有左、右子树),直接将其从树中移除即可,如图 8-5 所示,图中 p 为待删除结点,直接移除即可。

(2) 删除只有一个子结点的结点：如果要删除的结点只有一个子结点，将该子结点提升至被删除结点的位置，并与被删除结点的父结点连接，如图 8-5 所示，这里删除 f 结点，需要将 p 结点提升，也就是和 f 互换，然后删除 f 结点即可。

(3) 删除有两个子结点的结点：若要删除的结点有两个子结点，则需要找到其右子树中的最小值(或左子树中的最大值)，用该最小(或最大)值替代被删除结点的位置，然后再递归删除右子树中的最小(或左子树中的最大)值，如图 8-6 所示，要删除 p 结点，可以找到 p 结点的右子树最小值，即 f 结点，然后替换 p 和 f 的位置，再执行删除 p 的操作，根据三种情况一直递归下去即可。

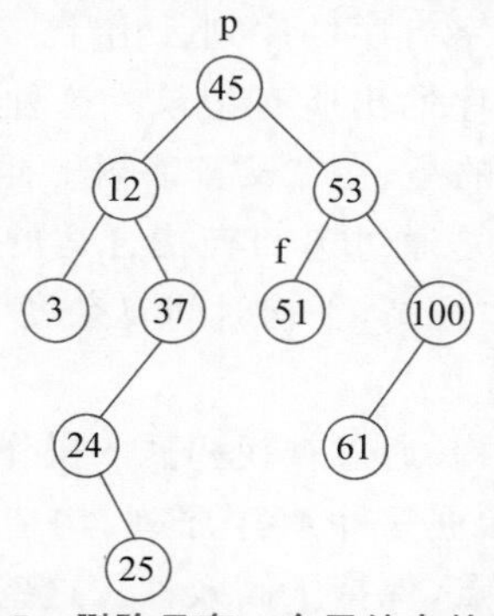

图 8-5　删除只有一个子结点的结点

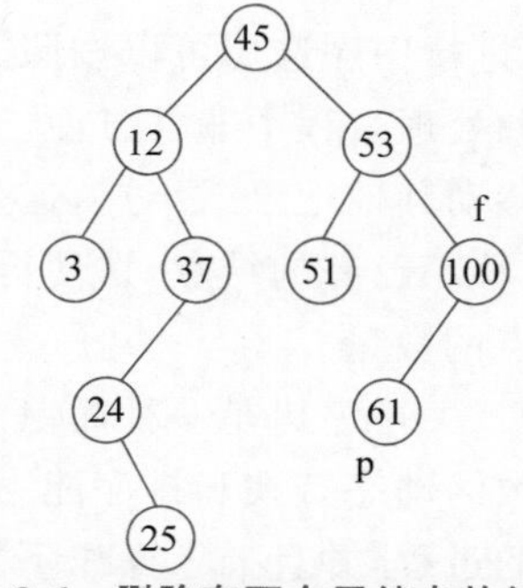

图 8-6　删除有两个子结点的结点

给出的算法代码描述如下：

```
records DeleteMin( F )
{
    records tmp ;
    BST p ;
    if ( F->lchild == NULL ){
        p = F ;
        tmp = F->data ;
    F = F->rchild ;
        Delete p ;
        return tmp ;
    }else
        return ( DeleteMin( F->lchild ) ;
}
void Delete ( keytype k ,BST &F )
{
    if ( F != NULL ){
        if ( k < F->data.key )
        Delete( k, f->lchild ) ;
        else if ( k > F->data.key )
        Delete( k, f->rchild );
        else{
        if ( F->rchild == NULL )
            F = F->lchild ;
        else if( F->lchild == NULL )
            F = F->rchild ;
            else
            F->data =DeleteMin(F->rchild)
        }
    }
}
```

二叉排序树删除算法的时间复杂度与查找算法的时间复杂度相同，最好情况是 O(logn)，最坏情况是 O(n)，平均情况是 O(logn)。

二叉排序树还有许多有趣的知识点留待大家发掘。首先，若从空树出发，经过一系列的查找、插入操作之后，可以生成一棵二叉排序树。二叉排序树是通过不断查找和插入操作形成的，每次插入都将新的元素放入合适的位置，保持树的有序性质。构造二叉排序树的过程就是一个对无序序列进行排序的过程。通过不断插入新的元素，构造的二叉排序树将无序的数据转换为有序的结构。这种排序过程相对高效，尤其对于频繁地插入新元素的情况，二叉排序树表现出色。其次，中序遍历二叉排序树可得到一个关键字有序的序列。由于二叉排序树的定义和性质，对其进行中序遍历可以按照关键字的大小顺序输出所有记录。这种有序性质使得在数据的检索和处理过程中非常方便。最后，值得注意的是，在二叉排序树上插入一个记录或结点时不需要移动其他记录或结点，这是因为插入操作是通过递归查找合适的位置进行插入实现的，而不是移动已有的结点，这使得插入操作的效率较高，平均时间复杂度为 O(logn)，其中 n 是树中结点的数量。

综上所述，二叉排序树是一种简单而有效的数据结构，通过查找和插入操作构建有序的二叉树提供了高效的动态查找和排序能力。中序遍历结果是一个有序序列，构造过程是对无序序列进行排序的过程，并且插入操作不需要移动其他结点，保持了高效性。这些特性使得二叉排序树在许多应用中都有广泛的应用。

8.3.2 平衡二叉树

8.3.1 节我们学习了二叉排序树，它是一种简单而高效的动态查找表，通过将数据组织成有序的二叉树，实现了类似有序表的查找性能。然而，二叉排序树并非没有缺陷。在特定情况下，当数据插入的顺序不合适时，二叉排序树可能会出现退化成链表的情况，导致查找、插入和删除操作的时间复杂度变为 O(n)，失去了高效查找的原有优势。为了解决这个问题，引入了平衡二叉树，本节将从平衡二叉树的定义和性质出发，先介绍相关的术语，然后探讨平衡二叉树的平衡化处理方法，最后介绍在平衡状态下插入结点和删除结点的操作。通过平衡化处理，平衡二叉树能够自动调整树的结构，保持树的平衡，从而维持良好的查找性能。接下来，我们将详细学习平衡二叉树的理论和操作，以进一步优化动态查找表的性能。

平衡二叉树又称为 **AVL 树**，是由阿德尔森-维尔斯和兰迪斯（Adelson-Velskii and Landis）于 1962 年首先提出的一种二叉排序树。

一棵 AVL 树要么是空树，要么具有下列性质：它的左子树和右子树都是 AVL 树，并且左子树和右子树的高度之差的绝对值不超过 1。

结点的**平衡因子**（**balanced factor，BF**）定义为结点左子树与右子树的高度之差，即 BF＝左子树高度－右子树高度。在 AVL 树中，任意结点的平衡因子只可能是－1、0 或＋1。

由此定义和性质可知，AVL 树中的任意结点的左、右子树高度之差都在平衡范围内，这样可以保证 AVL 树的平衡性。平衡性使得 AVL 树的高度保持在较小的范围内，从而实现了高效的查找、插入和删除操作。当插入或删除操作导致某个结点的平衡因子不满足平衡条件时，AVL 树会通过旋转和调整等平衡化处理来恢复平衡，以保持树的平衡性。

因此，在介绍具体的插入、删除等操作之前，先要探讨 AVL 树的平衡化处理方法。

AVL 树通过旋转操作来实现平衡化处理，主要包含 4 种情况，分别是右单旋转（LL 型）、左单旋转（RR 型）、先左后右双旋转（LR 型）和先右后左双旋转（RL 型）。

(1) **左单旋转**。新结点 Y 被插入 A 的左子树的左子树上(LL 型),进行左单旋转。左单旋转的目的是通过一次旋转调整结点和其左、右子树的位置,使得原来不平衡的子树恢复平衡。

(2) **右单旋转**。新结点 Y 被插入 A 的右子树的右子树上(RR 型),进行右单旋转。右单旋转通过一次旋转调整结点和其左、右子树的位置,使得原来不平衡的子树恢复平衡。

(3) **先左后右双旋转**。新结点 Y 被插入 A 的左子树的右子树上(LR 型),进行先左后右双旋转。先左后右双旋转通过两次旋转调整结点和其左、右子树的位置,使得原来不平衡的子树恢复平衡。

(4) **先右后左双旋转**。新结点 Y 被插入 A 的右子树的左子树上(RL 型),进行先右后左双旋转。先右后左双旋转通过两次旋转调整结点和其左、右子树的位置,使得原来不平衡的子树恢复平衡。

这 4 种旋转操作是 AVL 树平衡化处理的核心。在进行插入或删除操作后,如果发现某个结点的平衡因子不满足平衡条件(−1、0 或+1),就会根据情况选择适当的旋转操作,通过调整结点的位置来恢复树的平衡性。

下面针对这四种情况分别列出示例图像,并逐一说明讨论。

首先是 LL 型,新结点 Y 被插入 A 的左子树的左子树上导致不平衡时,将 A 顺时针旋转,成为 B 的右子树,而原来 B 的右子树则变成 A 的左子树,如图 8-7 所示。

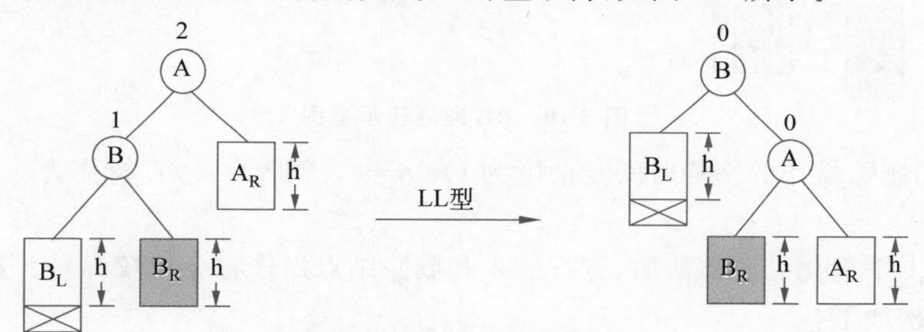

图 8-7　LL 型旋转示意图

第二种情况是 RR 型,新结点 Y 被插入 A 的右子树的右子树上时,将 A 逆时针旋转,成为 C 的左子树,而原来 C 的左子树则变成 A 的右子树,如图 8-8 所示。

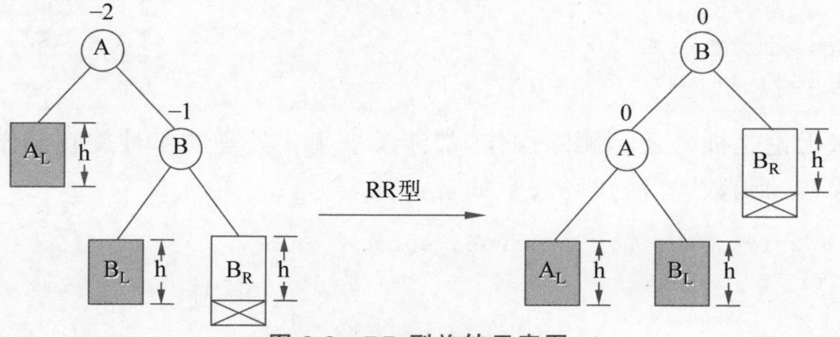

图 8-8　RR 型旋转示意图

第三种情况是 LR 型,新结点 Y 被插入 A 的左子树的右子树上时,先执行左单旋转,再执行右单旋转,如图 8-9 所示。

第四种情况是 RL 型,新结点 Y 被插入 A 的右子树的左子树上时,先执行右单旋转,再执行左单旋转,如图 8-10 所示。

通过平衡化处理,AVL 树能够保持高度平衡,使得树的高度保持在 O(logn)内,从而保证

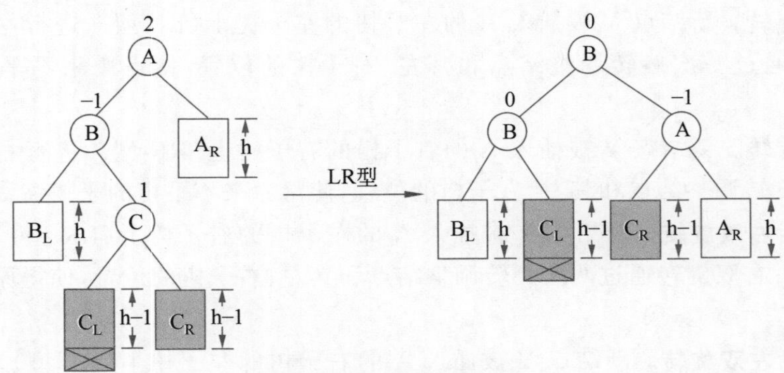

图 8-9 LR 型旋转示意图

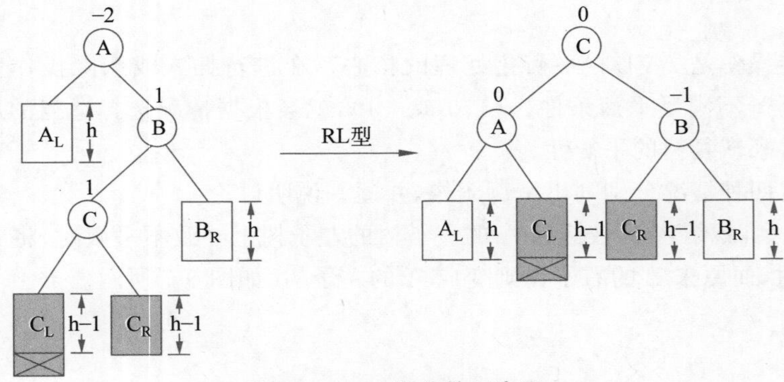

图 8-10 RL 型旋转示意图

了查找、插入和删除操作的平均时间复杂度为 O(logn)，维护了 AVL 树作为一种高效的动态查找表的特性。

理解了以上平衡化处理方法后，进行插入和删除结点操作将会比较容易。首先，定义平衡二叉树结点结构如下：

```
struct Node {
    ElementType data ;
    int bf ;
    struct Node * lchild, * rchild ;
}
Typedef Node * AVLT ;
int unbalanced = FALSE;
```

由于接下来无论是插入还是删除操作，都涉及平衡化处理的 4 种旋转操作，因此需要提前定义 4 种旋转操作的函数，算法代码表示如下：

```
void LeftRotation ( AVL &T , int &unbalanced )
{
    AVLT  gc , lc ;
    lc = T->lchild ;
    if ( lc->bf == 1 )                              //LL
    {
    T->lchild = lc->rchild ;
        lc->rchild = T ;
    T->bf = 0 ;
        T = lc;
    }else                                           //LR
```

```
    {
        gc = lc->rchild ;
    lc->rchild = gc->lchild ;
        gc->lchild = lc ;
        T->lchild = gc->rchild ;
        gc->rchild = T ;
        switch ( gc->bf ) {
            case 1: T->bf = -1 ; lc->bf = 0 ; break ;
        case 0: T->bf = lc->bf = 0 ; break ;
        case -1:T->bf = 0 ; lc->bf = 1 ;
        }
        T = gc ;
    }
    T->bf = 0 ;
    unbalanced = FALSE ;
}
void RightRotation(AVLT * &T)
{
    AVLT * gc, * rc ;
    rc=T->rchild ;
    if(rc->bf==-1)                                //RR 旋转
    {
        T->rchild=rc->lchild ;
    rc->lchild=T ;
    T->bf=0;
        T=rc;
    }else                                         //RL 旋转
    {
        gc=rc->lchild ;
    rc->lchild=gc->rchild ;
        gc->rchild=rc ;
    T->rchild=gc->lchild ;
        gc->lchild=T;
        switch(gc->bf){                           //调整平衡因子
        case -1: T->bf=-1; rc->bf=0 ; break ;
            case 0: T->bf=rc->bf=0 ; break ;
            case 1: T->bf =0; rc->bf=-1;
        }
        T=gc ;
    }
    T->bf=0 ;
    unbalanced=FALSE ;
}
```

结合不同情况下的平衡化处理操作，在平衡二叉树中插入结点的算法代码可表示如下：

```
unbalanced = TRUE;
void AVLInsert ( AVLT &T , ElementType R , int &unbalanced )
{
    if(!T)                                        //向空二叉树中插入元素
    {
        unbalanced = TRUE ;
        T = new Node ;
        T->data = R ;
        T->lchild = T->rchild = NULL ;
        T->bf  = 0;
    }else if ( R.key < T->data.key )              //在左子树上插入
```

```
    {
        AVLInser( T->lchild , R, unbalanced ) ;
        if ( unbalanced )
        switch ( T->bf ) {
            case -1: T->bf = 0 ;unbalanced = FALSE ;break ;
            case 0: T->bf = 1 ; break ;
                case 1: LeftRotation ( T, unbalanced ) ;
            }
    }
    else if ( R.key  > =T->data.key )          //在右子树上插入
    {
    AVLInsert ( T->rchild , R, unbalanced ) ;
        if ( unbalanced )
        switch ( T->bf ) {
            case 1: T->bf = 0 ; unbalanced = FALSE ; break ;
            case 0: T->bf = -1 ; break ;
            case -1: RightRotation ( T, unbalanced ) ;
        }
    }
    else
    unbalanced = FALSE ;
}                                              //AVLInsert
```

删除结点操作和插入结点操作在平衡二叉树中是类似的，都需要通过平衡检查和旋转操作来维持树的平衡性。但删除结点操作相对更复杂，需要特别注意各种情况下的平衡恢复策略，以确保树的平衡性和二叉搜索树的性质。平衡二叉树删除操作的实现留给读者思考，这里提供以下几个要点作为参考：

(1) 删除操作与插入操作是对称的(镜像)，但需要的平衡化次数可能更多；

(2) 平衡化不会增加子树的高度，但可能会减少子树的高度；

(3) 在有可能使树增高的插入操作中，一次平衡化能抵消树增高；

(4) 在有可能使树减低的删除操作中，平衡化可能会带来祖先结点的不平衡。

8.3.3 B－树和 B＋树

在计算机科学领域，针对机械磁盘的数据存储优化一直是重要而又复杂的课题。机械磁盘在读写数据时需要克服机械臂移动等带来的延迟，为了更有效地利用磁盘的读写操作，磁盘通常会一次性地存取多个数据项，将它们组织在一个称为“页”(page)的信息单元中。磁盘的读写操作时间主要受访问的页数影响，因此磁盘的访问时间可以近似地用读取或写入的页数来衡量。

为了降低访问磁盘的次数，B－树(B－ tree)这一数据结构得以引入。B－树的设计从磁盘预读取的角度出发，充分考虑了磁盘一次性读取多个页面的特性。一个 B－树的结点通常与磁盘上的一个完整页面(page)大小相当。这种设计有助于最大限度地利用磁盘的预读取机制，从而减少了机械磁盘访问的等待时间。为了适应不同的磁盘页大小和关键字大小，B－树的结点所能容纳的子结点数量，即分支因子(branching factor)，也需要进行相应的调整。

特别值得注意的是，在 B－树的一种改进结构中，即 B＋树(B＋ tree)，内部结点仅存储关键字和孩子结点的指针，而不保存其他附加信息，进一步增加了内部结点的分支因子，优化了数据的存储效率。

B－树的引入解决了数据量过大时无法一次性加载到内存中而必须多次访问磁盘的问题。通过以保持相对平衡的高度和相对平衡的宽度为特点，B－树及其衍生结构，如 B＋树，为应对大规模数据的高效组织和快速检索提供了有力支持，这些在实际中广泛应用的多路查找树结构为数据存储和处理带来了重要的优势。

下面给出B—树的定义。

一棵m阶B—树，它或者为空，或者是满足以下性质的m叉树：

(1) 树中每个结点最多有m棵子树；

(2) 若根结点不是叶子结点，则至少有2棵子树；

(3) 除根结点以外的所有非叶子结点至少有m/2棵子树；

(4) 所有的终端结点和叶子结点(失败结点)都位于同一层；

(5) 所有的非终端结点中包含信息数据$(n,A_0,K_1,A_1,K_2,\cdots,K_n,A_n)$。

其中，K_i为关键字且$K_i<K_{i+1}$，子树A_i中所有结点的关键字均小于K_{i+1}、大于K_i；A_n所指子树中所有结点的关键码均大于K_n，每棵子树A_i都是m路B—树，$0\leqslant i\leqslant n$。

B—树的查找过程可以总结为：从根结点出发，沿指针搜索结点和在结点内进行顺序(或折半)查找这两个过程交叉进行；若查找成功，则返回指向被查关键字所在结点的指针和关键字在结点中的位置；若查找不成功，则返回插入位置。图8-11所示是一棵四阶B—树，以这棵树为例，描述查找树中元素64的过程，从root出发，64比A结点内的元素35大，查找C结点，比C结点内的元素43大，但比78小，查找G结点，查找成功，为G结点中的第三个元素。

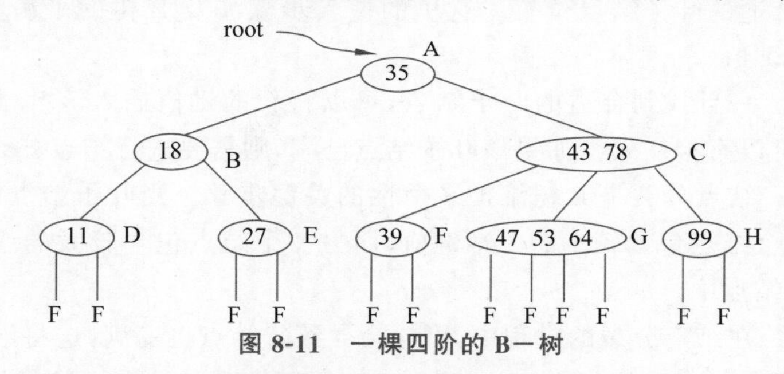

图8-11 一棵四阶的B—树

B—树的查找类似二叉排序树的查找，所不同的是，B—树每个结点上是多关键码的有序表，B—树上的查找过程是一个顺指针查找结点和在结点中查找关键码交叉进行的过程。在B—树中查找结点涉及读盘操作，属于外部查找；在结点内查找，该查找属于内部查找：

(1) 在到达某个结点时，先在(多关键字的)有序表中查找，若找到，则查找成功；

(2) 否则，到按照对应的指针信息指向的子树中去查找，当到达叶子结点时，说明树中没有对应的关键码，查找失败。

B—树的查找算法代码表示如下：

```
BTreeNode * SearchBTree(BTree T,KeyType K,int * pos)
{
    //在B-树T中查找关键字K,成功时返回找到的结点的地址及K在其中的位置 * pos
    //失败则返回NULL
    int i;
    T->key[0]=k;                          //设哨兵。下面顺序查找key[1..keynum]
    for(i=T->keynum;K<t->key[i];i--);     //从后向前找第1个小于或等于K的关键字
    if(i>0 && T->key[i]==1){              //查找成功,返回T及i
        * pos=i;
        return T;
    } //结点内查找失败,但T->key[i]<K<T->key[i+1],下一个查找的结点应为son[i]
    if(!T->son[i])                    //* T为叶子,在叶子中仍未找到K,则整个查找过程失败
```

```
        return NULL;
    //查找插入关键字的位置,则应令 * pos=i,并返回 T,见后面的插入操作
    DiskRead(T->son[i]);                    //在磁盘上读入下一个查找的树结点到内存中
    return SearchBTree(T->Son[i],k,pos); //递归地继续查找子树 T->son[i]
}
```

在 B－树中进行查找时,其查找时间主要花费在搜索结点(访问外存)上,即主要取决于 B－树的深度。外查找的读盘次数不超过树高 h,故其时间是 O(h);内查找中,每个结点内的关键字数目 keynum<m(m 是 B－树的阶数),故其时间为 O(nh)。

关于 B－树的查找,另外需要注意的两点是:

(1) 实际上外部查找时间可能远远大于内部查找时间;

(2) B－树作为数据库文件时,打开文件之后就必须将根结点读入内存,而直至文件关闭之前,此根一直驻留在内存中,故查找时可以不计读入根结点的时间。

既然 B－树是动态查找表,因此需要研究 B－树的插入结点操作和删除结点操作,同理,需要维护 B－树的结构不变。

首先给出 B 树插入结点的算法描述,为了便于理解,先给出一个比较概述性的步骤描述。

(1) 搜索合适的叶子结点位置。插入操作始于树的根结点,从根结点开始根据结点的键值进行搜索,找到合适的叶子结点位置。这里的搜索步骤涉及 B 树的平衡性质,以确保在叶子结点处插入新的键值。

(2) 插入键值。一旦找到合适的叶子结点,可以将新的键值插入该叶子结点中。如果该叶子结点未满,则可以直接插入。如果该叶子结点已满,则需要进行结点分裂。

(3) 结点分裂。结点分裂是 B 树维护平衡性的关键步骤。当叶子结点已满时,将其分成两个结点。其中一个结点包含较小的一半键值,而另一个结点包含较大的一半键值。中间的键值会被推送到父结点中。

(4) 递归更新。在结点分裂的过程中,可能会导致父结点也变满,这将触发类似的分裂操作,这种递归过程会一直向上执行,直到达到一个不需要分裂的结点,或者创建了新的根结点。

为了形象化地描述整个过程,这里带读者体会一个实际案例,以关键字序列(a,g,f,b,k,d,h,m,j,e,s,i,r,x,c,l,n,t,u,p)建立一棵 5 阶 B－树的生长过程,如图 8-12 至图 8-14 所示。

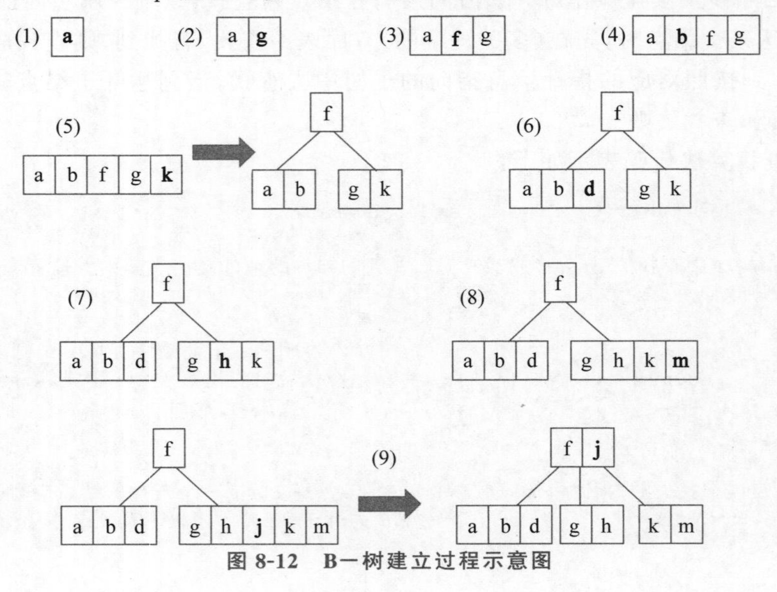

图 8-12 B－树建立过程示意图

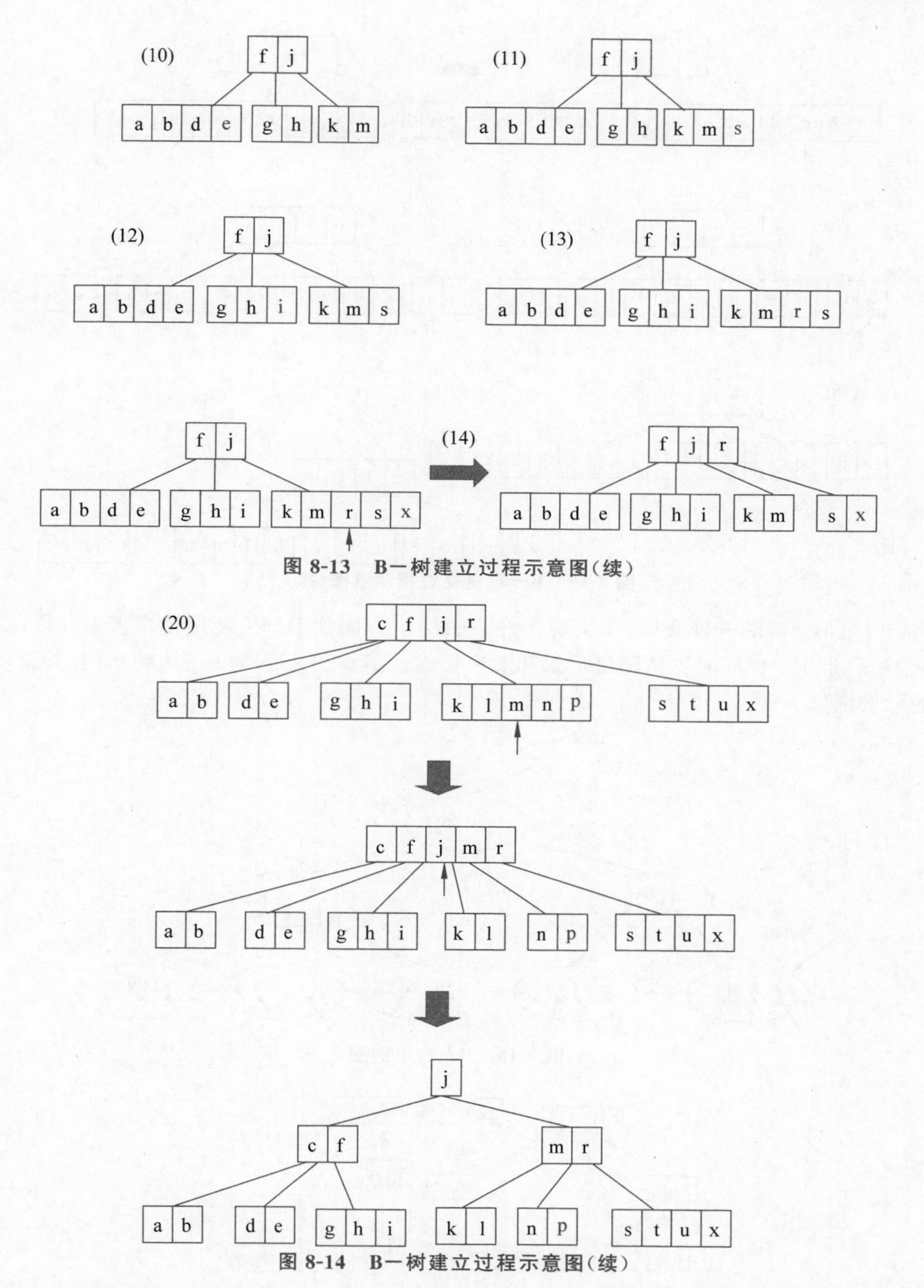

图 8-13　B－树建立过程示意图(续)

图 8-14　B－树建立过程示意图(续)

关于 B－树删除结点的操作，给出算法描述如下，读者可参考如下描述参照实例理解整个过程：

(1) 首先要找到要删除的关键字 x 所在的结点 z；

(2) 若 z 不是叶子结点，则用该 B－树中某个叶子结点中的关键字来代替结点 z 中的 x；

(3) 假定 x 是 z 中的第 i 个关键字($x=K_i$)，就可以用子树 A_i 中的最小关键字或者子树 A_{i-1} 中的最大关键字来替换 x，而这两个关键字均在叶子结点中。这样就把从非叶子结点中删除 x 的操作转换成了从叶子结点中删除 x 的操作。

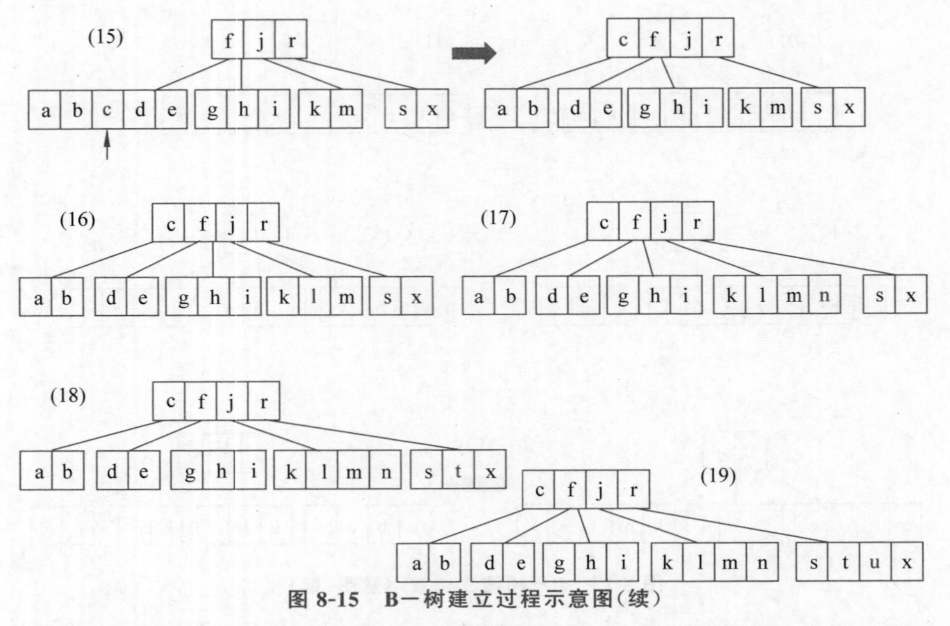

图 8-15　B－树建立过程示意图(续)

B＋树是 B－树的一种变形,在实现文件索引结构方面比 B－树使用得更普遍。B－树只适合随机检索,但 B＋树同时支持随机检索和顺序检索。图 8-16 所示为 B＋树的示例图,图 8-17 为 B 树的示例图。

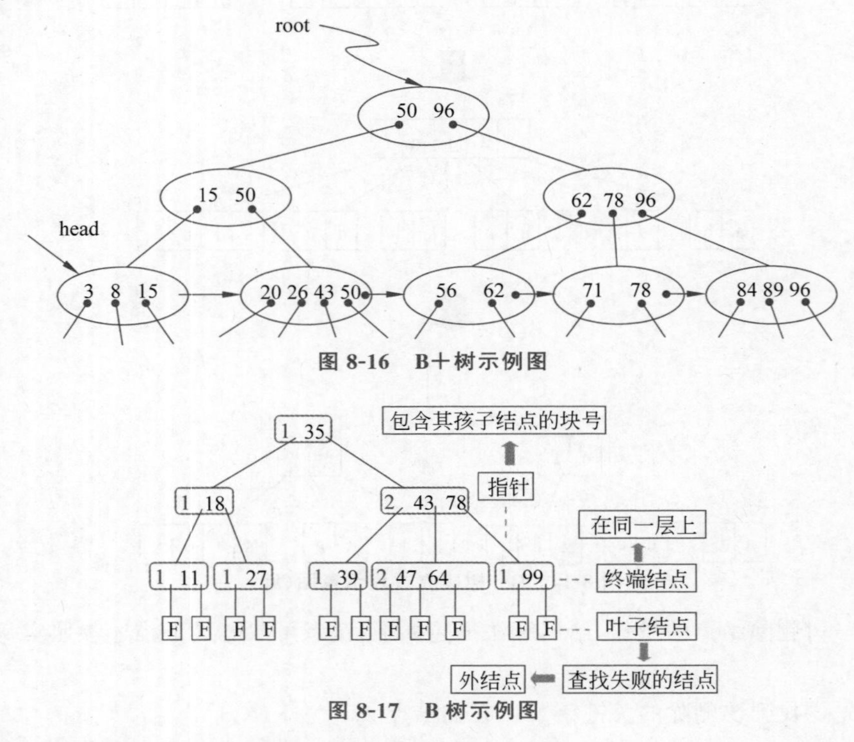

图 8-16　B＋树示例图

图 8-17　B 树示例图

根据图示不难看出,相对 B 树而言,B＋树的特点如下:

(1) 所有的叶子结点中都包含了全部关键字的信息,以及指向含有这些关键码记录的指针;

(2) 所有的非终端结点都可以看成索引；

(3) 结点中仅含有其子树根结点中的最大(或最小)关键码；

(4) 通常在B+树上有两个头指针，一个指向根结点，另一个指向关键码最小的叶子结点；

(5) 所有叶子结点都处在同一层次上并构成了一个有序链表；

(6) 头指针指向最小关键码的结点。

与B－树类似，在搜索过程中，B+树若非终端结点上的关键码等于给定值，则搜索并不停止，而是继续沿右指针向下，一直查到叶子结点上的这个关键码。在B+树中，不管查找成功与否，每次查找都是走了一条从根到叶子结点的路径。

在B+树中查找有如下特点：

(1) 在B+树上，既可以进行缩小范围的查找，也可以进行顺序查找；

(2) 在进行缩小范围的查找时，不管成功与否，都必须查到叶子结点才能结束；

(3) 若在结点内查找时给定值≤K_i，则应继续在A_i所指子树中进行查找。

B+树是B－树的一种变形，二者的区别在于：

(1) 有k个子结点的结点必然有k个关键码；

(2) 非叶子结点仅具有索引作用，与记录有关的信息均存放在叶子结点中。

B+树上的插入和删除操作类似B－树，必要时，也需要进行结点的“分裂”或“归并”。B+树上的插入操作插入在叶子上，分裂并改变上层的两个最大关键字。B+树上的删除结点操作删除在叶子结点上，上层关键码可以保留，删除后若关键字少于m/2，则与B－树同样处理。

8.4　哈希表

本节首先介绍一种将键值与存储地址建立直接映射的数据结构——哈希表及其有关概念，然后分别介绍哈希函数的构造方法及哈希表的冲突处理方法，最后运用实际案例介绍如何在构造好的哈希表中对特定元素进行查找，并对查找过程进行分析。

8.4.1　哈希表的有关概念

在前面几节学习的查找方法中，我们无法知道某个元素存储在哪个地址。因此，查找总是离不开比较：或是与所有元素进行大小对比，或是通过排序或特殊的数据结构减少可能需要的比较次数。有没有一种办法可以按照一定的规则确定数据存储的地址，如此在进行查找时便可以直接通过该规则计算出地址，从而省略依次比较的步骤？哈希表正是利用了这一思想。

对于任意键值为K的记录，利用一个映射关系将其映射到对应的地址H(K)，这个映射关系称为**哈希函数**。在理想情况下，当存储中存在键值为K的记录时，它必定被存储在H(K)中。

下面我们将以一个简单的例子进一步介绍哈希函数的思想和特点。我们要建立一张成绩统计表，用来记录每位同学各科的成绩。我们可以设计出多种哈希函数：①取他们的姓氏首字母在字母表中的序号作为哈希码。例如，对于李四，其姓氏的首字母是L，故其对应的哈希码为12。②取他们的姓名的第一个和最后一个字母的序号之和除以26的余数作为哈希码。例如，对于王五，他的姓名的第一个和最后一个字母分别是W和U，故其对应的哈希码为18。③取他们的姓名的所有字母序号之和除以26的余数作为哈希码。例如，对于张三，其对应的哈希码是12。通过上述不同的计算方法得到的部分学生对应的哈希码如表8-2所示。

表 8-2 哈希函数示例

Key	张三 Zhang San	李四 Li Si	王五 Wang Wu	赵六 Zhao Liu	李明 Li Ming	韩梅梅 Han Meimei
H_1(Key)	0	12	23	0	12	8
H_2(Key)	14	21	18	21	19	17
H_3(Key)	12	23	11	14	12	25

从上述例子中我们可以观察到以下现象。

(1) 哈希函数的设定十分灵活，对同一数据可以定义不同的哈希函数，所有使得结果落在表长范围内的映射都可以作为哈希函数。

(2) 不同的关键字可能对应相同的哈希地址，即 $Key_1 \neq Key_2$ 而 $H(Key_1)=H(Key_2)$，这种现象称为**冲突**(collision)，Key_1 和 Key_2 对该哈希函数称为**同义词**(synonym)。例如，对于 H_1，李四和李明的键值并不相同，但是它们拥有相同的哈希值 12。然而，编号为 12 的内存只能存储一个记录，那么另外一个记录要如何存储呢?

在理想情况下，尤其是在键值规模较小的情况下，可以通过对哈希函数进行精心设计以避免冲突的发生。例如，在 PASCAL 语言中，可以对其 26 个保留字设定如下无冲突的哈希函数：

$$H(Key)=L+g(key[1])+g(key([L])) \tag{8-1}$$

其中，L 为保留字长度，key[i]表示关键字的第 i 个字符，g(·)表示从字符到数字的转换函数(如 g(F)=15)。该方式可以得到一张长度为 37 的哈希表[①]。

然而，在更多的时候，冲突是难以避免的。例如，在 C 语言的编译程序中可以对源程序中的标识符建立一张哈希表。在设计哈希函数时考虑的关键字集合应当包含所有可能产生的关键字。假设标识符定义为以字母为首的 8 位字符(包含字母和数字)，则关键字的集合大小为 $C_5 2^1 \cdot C_6 2^7 \cdot 7!=1.288899\times10^{14}$，而在一个源程序中，实际出现的标识符是有限的，设表长为 1000 已经足够使用了。也就是说，在一般情况下，哈希函数是一个压缩映像，因此不可避免地会产生冲突。因此，在构造哈希函数时，不能仅仅寄希望于构造一个"足够好"的函数来避免冲突，也应当设计适当的冲突处理方法来解决发生冲突时的数据存储问题。

综上所述，可以对哈希表进行如下定义：根据设定的哈希函数 H(·)和处理冲突的方法将一组关键字映射到一个有限的连续的地址集上，并以关键字在地址集中的像作为其存储位置，这种表称为**哈希表(Hash table)**，这一过程称为**哈希造表**或**散列(hashing)**，所得到的存储位置称为**哈希地址**或**散列地址(Hash address)**。下面的章节将分别讨论哈希函数的构造以及发生冲突时的处理方法，并对不同哈希函数的性能进行分析。

8.4.2 哈希函数的构造方法

在介绍不同的哈希函数的构造方式之前，我们首先需要明确哈希函数的评价标准：什么样的哈希函数才是"好"的哈希函数?"好"的哈希函数应当使关键字能够均匀地分布在整个地址空间中，避免大量样本的存储空间集中于某几个地址中而引发大量冲突。换言之，对于关键字集合中的任何一个关键字，它经过哈希函数映像到地址集合中的任何一个地址的概率应当是相等的，这样的哈希函数称为**均匀的**(uniform)哈希函数。这类哈希函数可以使关键字通过

① Stubbs D F, Wibre N W. Data Structure with Abstract Data Types and Pascal. Brooks/Cole Publishing Company, 1985.

哈希函数得到一个“随机的地址”,从而减少冲突。

下面介绍几种常用的哈希函数。

1) 直接定址法

直接定址法直接取关键字或关键字的某个线性函数值作为哈希地址,即 Hash(Key)=Key 或 Hash(Key)=a·Key+b,其中 a 和 b 均为常数。

例如,要统计某城市从 0~100 岁的人口数量,并以年龄作为关键字,则哈希函数可以取关键字自身,如表 8-3 所示。

表 8-3 直接定址哈希函数示例一

地址	00	01	…	50	…	100
年龄	0	1	…	50	…	100
人数/万人	15.5	17	…	31	…	10

这样,想要知道 20 岁的人口数量,直接访问编号为 20 的地址即可。

又如,已知某单位的员工年龄分布是 22~60 岁,想要统计不同年龄的员工数量,可以使用哈希函数 Hash(Key)=Key-22,如表 8-4 所示。

表 8-4 直接定址哈希函数示例二

地址	00	01	…	08	…	38
年龄	22	23	…	30	…	60
人数/人	10	15	…	30	…	1

如此,想要知道 30 岁的人口数量,访问编号为 30-22=8 的地址即可。

直接定址法中,哈希函数是严格单调的,因此不会发生关键字冲突的问题。然而,直接定址法中的键值空间与地址空间的大小必须严格相等,因此现实中的问题往往不适用于该方法。

2) 质数除余法

质数除余法取某个不大于哈希表长 m 的数 p 除以关键字后所得的余数作为哈希地址,即 Hash(Key)=Key mod p,p≤m,p 一般取不大于 m 的最大质数。例如,随机抽取 7 个学生进行评估,以学号为键值,则可以利用质数除余法,并令 p=7。例如,对学号为 230110101 的同学,由于 230110101 mod 7=4,其测试成绩应当被存储到编号为 4 的存储空间。当关键字的长度差异较大时,往往适用于质数除余法。

3) 数字分析法

假如哈希表中可能出现的所有关键字都已知且进制相同,则可以提取关键字中的若干位组成哈希码,这种方法称为数字分析法。例如,某校的学号编排如图 8-18 所示,前 2 位表示学生入学时的年份,随后 3 位表示学生所在的学院及专业,最后 3 位是按照录取顺序生成的数字。对于同一学院同一年级的学生,学号的前 5 位数都是相同的,显然都不可作为哈希码使用。而最后 3 位数字对于每个人来说都是相对随机的,因此可以取最后 3 位作为哈希地址。当全体键值的分布频度可以被估计且某几位键值的分布较为均匀时,可以采用数字分析法。

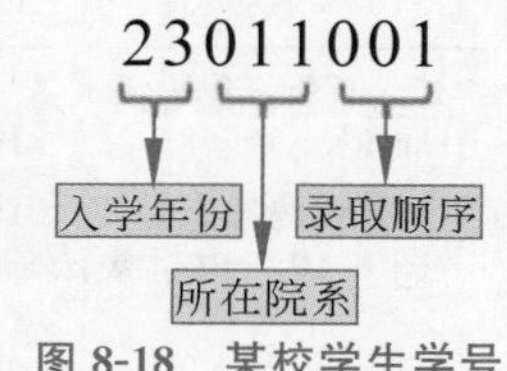

图 8-18 某校学生学号分配示例

4) 平方取中法

平方取中法取关键字平方后的中间几位作为哈希地址,具体的位数由表长决定。由于关键字平方后中间几位与关键字的每一位都有关,因此平方取中法保证了随机分布的关键字得到的哈希地址也是随机的。平方取中法适用于键值每一位都有某些数字重复出现且频率很高的情况。

例如，为某源程序中的标识符建立哈希表。该源程序允许的标识符为单个字母或一个字母及一个数字，在计算机内可用 2 位八进制数表示字母和数字，如表 8-5 所示。所有标识符均用 4 位八进制数表示，若标识符仅为 1 位字母，则在其对应八进制数后补 2 个 0，否则将字母和数字对应的八进制数拼接起来，取该八进制数作为标识符的关键字。假设表长为 512，则可以取关键字中间 9 位二进制数(3 位八进制数)。表 8-6 中列出了一些标识符对应的哈希码。

表 8-5　字符及其八进制对照表

字符	A	B	C	…	Z	0	1	2	…	9
八进制表示	01	02	03	…	32	60	61	62	…	71

表 8-6　部分标识符及其哈希地址

标识符	Key	Key^2	哈希地址
A	0100	00**010**000	010
B	0200	00**040**000	040
Z	3200	12**440**000	440
C0	0360	00**160**400	160
P1	2061	04**310**541	310
P2	2062	04**314**704	314
Q1	2161	04**734**741	734
Q2	2162	04**741**304	741
Z1	3261	17**460**045	460

5）折叠法

折叠法将关键字分割成长度为 x 位的几部分(最后一部分的位数可以小于 x)，然后将这些部分相加并保留后 x 位。当关键字位数较多且每一位上的数字分布大致均匀时，可以采用折叠法得到哈希地址。折叠法可以进一步分为移位叠加和间接叠加两种方法。移位叠加是指将分割后的每部分按照最低位对齐并相加；间接叠加是指让关键字按位数蛇形排布，并对齐相加。折叠法适用于键值长度较长的情况。

例如，国际标准图书编号(international standard book number，ISBN)由 13 位十进制数组成，当馆藏图书种类小于 100000 时，可以采用折叠法构造 5 位的哈希函数。图 8-19 展示了用两种折叠法求 ISBN 为 978-7-302-02368-5 的图书的哈希码的步骤。

```
        978            978
      73020          02037
+     23685    +     23685
-----------    -----------
      97683          26700
Hash(Key)=7683  Hash(Key)=6700
(a) 移位叠加法   (b) 间接叠加法
```

图 8-19　由折叠法求哈希码示例

6）随机数法

随机数法选择一个随机函数，取关键字的随机函数值作为其哈希地址，即 Hash(Key)＝random(Key)，其中 random 为随机函数。当关键字不等长时，随机数法往往较为适宜。

在实际工作中，我们常面临哈希函数的选择问题。通常，需要考虑的因素包括：

(1) 计算哈希函数所需要的时间(包括硬件指令的因素)；

(2) 关键字的长度；

(3) 哈希表的大小；

(4) 关键字的分布情况;

(5) 记录的查找频率。

8.4.3　处理冲突的方法

由于哈希表自身的属性,冲突往往是难以避免的,因此需要采用适当的方式对其进行处理,确保冲突发生时两个元素都能被合理地存储,并在后续查找过程中被快速找到。具体而言,假设哈希表地址的取值范围为$[0,n-1]$,对于某元素,其由哈希函数和关键字计算出的地址为 $i(0\leqslant i\leqslant n-1)$,因此应当被存储到地址为 i 的存储空间中。然而,在发生冲突时,该空间已经被其他元素占据了,此时需要按照某些规则生成一个地址序列 H_j,并尝试将该元素存储到 H_1,若 H_1 处已被其他元素占据,则依次尝试 $H_2,H_3,\cdots$,直到不发生冲突为止,并记录该地址为元素在表中的地址。

下面介绍几种常见的哈希表冲突处理方法。

1) 开放定址法

开放定址法首先确定一个增量序列,并在发生冲突时按照增量序列中的值依次移动存储地址,直到不发生冲突为止。开放定址法的表达式如下:

$$H_j=(H(key)+d_j) \bmod m, j=1,2,\cdots,k(k\leqslant m-1)$$

其中,H 是哈希函数,d_j 是增量序列,m 是表长。增量序列主要有以下 3 种构造方法。

(1) 线性探测再散列:$d_j=1,2,\cdots,m-1$。

(2) 二次探测再散列:$d_j=1^2,-1^2,2^2,-2^2,\cdots,p^2,-p^2(p\leqslant m/2)$。

(3) 随机探测再散列:d_j 是一个伪随机数序列。

下面介绍一个用开放定址法处理哈希表中冲突的案例。

如图 8-20 所示,某哈希表的表长为 11,哈希函数为 $H=H(key) \bmod 11$,哈希表中已有 3 个元素,其关键字分别为 49、28、40。现要插入关键字为 27 的第 4 个记录。通过哈希函数容易计算出该新插入的元素对应的地址为 5。然而,该位置已有元素,发生冲突。若采用线性探测再散列,下一个地址为 6,仍然冲突;再求下一个地址,地址为 7,仍然冲突;直到地址为 8 时不发生冲突,因此将该元素填入地址为 8 的位置。若使用二次探测,则该元素会被填入地址为 4 的位置。类似地,如果随机探测再散列中 $d_j=1,-3,4,8,2,10,\cdots$,该元素会被填入地址为 2 的位置。

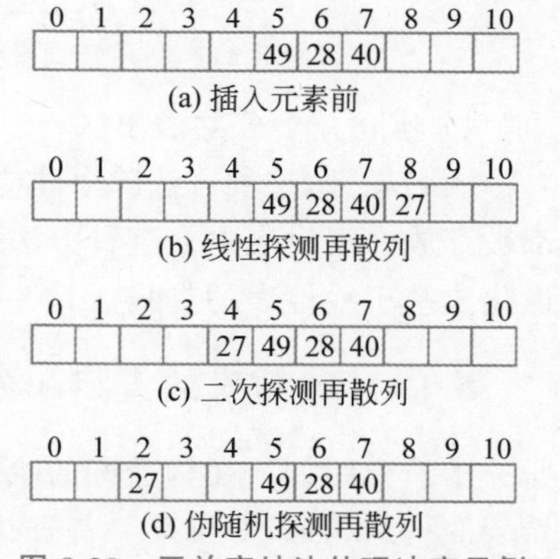

图 8-20　开放定址法处理冲突示例

值得注意的是,在上述线性探测再散列的过程中,当表中地址为 i、$i+1$、$i+2$ 的位置都被占据时,无论下一个元素对应的地址是 i、$i+1$、$i+2$ 还是 $i+3$,它都将被填入地址为 $i+3$ 的位置。也就是说,哪怕这几个元素并非同义词,它们仍然发生了冲突。这种在处理冲突的过程中发生的两个第一个哈希地址不同的记录争夺同一个后继哈希地址的现象称为二次聚集。这种现象显然不利于冲突的处理。另外,线性探测再散列可以保证只要哈希表未被填满,总能找到一个不发生冲突的地址 H_k:这并不是一件易事,在二次探测再散列中,只有当表长是除以 4 余 3 的素数时才能实现①;在随机探测再散列中,同样取决于伪随机数列的性质。

① Horowitz E, Sahni S. Fundamentals of Data Structures. Pitmen Publishing Limited, 1976.

2）再哈希法

再哈希法在发生冲突时采用一系列新的哈希函数重新计算新的哈希地址，直到不发生冲突为止。这种方法不易发生聚集，但不断计算哈希函数较为耗时。其表达式如下：

$$H_j = RH_j(key)$$

其中，$RH_j(\cdot)$是一系列不同的哈希函数。

3）链地址法

链地址法将所有关键字为同义词的记录存储在一个链表中。对于一个表长为 m 的哈希函数，链地址法创建一个指针数组 ChainHash[m]，其每个元素的初始状态都是一个空指针。所有哈希地址为 i 的元素都被加入头指针为 ChainHash[i]的链表中。元素的插入相对灵活，既可以被插入表头，也可以被插入表尾，还可以按某种设定好的规则进行插入，如按从小到大的顺序插入等。

【例 8-1】 图 8-21 展示了当哈希函数为 H(Key)＝Key mod 13 时利用链地址法处理关键字{32，14，49，1，29，20，58，40，16，11，10，53}得到的哈希表。

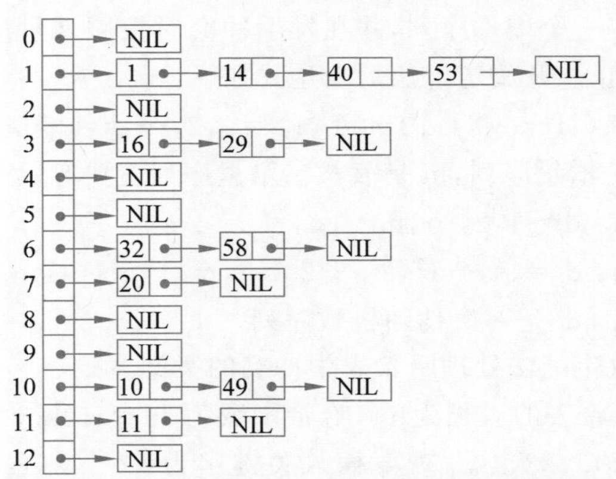

图 8-21 利用链地址法处理冲突示例（同一地址中关键字按大小顺序排序）

4）建立一个公共溢出区

顾名思义，这种方法除了建立一张哈希表外，还建立一张溢出表。所有发生了冲突的元素都被存放在溢出表中。这种方法适用于冲突不频繁的情况。当冲突十分频繁时，这种方法将退化成基于线性表的查找。

8.4.4 哈希表的查找和分析

本节介绍如何在构造好的哈希表中对特定元素进行查找，并对查找过程进行分析。与哈希表的构造相似，对于某一待查找键值 K，首先利用哈希函数计算其对应的地址，若表中此位置没有记录，则查找失败。若该位置有记录，且记录的键值与 K 相等，则查找成功，直接返回该位置的序号；否则，说明该记录在存储时可能发生了冲突，需要按照建表时采用的冲突处理方式依次查找下一地址，直到找到该元素或遇到没有存储内容的位置时结束查找。算法 8-1 实现了以开放定址法处理冲突的哈希表的查找过程，算法 8-2 以此为基础实现了开放定址哈希表的插入操作。

```
//开放定址哈希表的存储结构
int hashsize[]={997,...};                    //哈希表容量递增表,是一个素数序列
```

```
typedef struct {
    ElemType * elem;                          //数据元素存储基址
    int count;                                //当前数据元素个数
    int sizeidx;                              //hashsize[sizeidx]指示元素数量
}HashTable;

#define SUCCESS 1
#define UNSUCCESS 0
#define DUPLICATE -1

Status SearchHashTable(HashTable H, KeyType K, int &p, int &c){
    //H 表示待查找的哈希表,K 表示待查找元素的关键字,p 指示查找成功时的元素地址,c 存储查
    //找次数
    //若查找成功,则返回 SUCCESS,否则返回 UNSUCCESS
    p = Hash(K);                              //利用哈希函数 Hash()计算哈希地址 p
    while(H.elem[p].key != NULLKEY && !EQ(K, H.elem[p].key))
                                  //若地址 p 对应的位置不为空,且关键字与目标关键字不相等
        collision(p,++c);             //说明发生冲突,根据冲突处理方法求下一探查地址
    if EQ(K, H.elem[p].key)                   //若查找成功,则 p 表示目标元素位置
        return SUCCESS
    else return UNSUCCESS
}
```

算法 8-1　基于开放定址法的哈希表查找操作实现

```
Status InsertHash(HashTable &H, Elemetype e){
    //H 表示开放定址哈希表,e 表示待插入的元素
    //若插入成功,则返回 OK;若冲突次数过大,则重建哈希表并返回 UNSUCCESS
    c = 0;
    if SearchHashTable(H,e.key,p,c)           //若表中已有键值与 e 相同的元素
        return DUPLICATE
    else if c<hashsize[H.sizeidx]/2{          //若冲突次数未达上限
        H.elem[p]=e;                          //插入 e
        ++H.count;
        return OK;
    }else{
        RecreateHashTable(H);                 //否则重建哈希表
        return UNSUCCESS
    }
}
```

算法 8-2　基于开放定址法的哈希表插入操作实现

【例 8-2】　使用线性探测定址法处理例 8-1 中的关键字和哈希函数的冲突问题，得到如图 8-22 所示的结果。

0	1	2	3	4	5	6	7	8	9	10	11	12
	14	1	29	40	16	32	20	58	53	49	11	10

图 8-22　使用线性探测法处理冲突示例

查找键值为 58 的元素的步骤为：首先通过哈希函数计算出其对应的地址为 58 mod 13＝6。由于哈希表中 6 号地址存储的元素的键值不为 58，所以按线性探测法，查找(58＋1)mod 13＝7 号地址对应的元素，发现仍然不为 58，于是探测(58＋2) mod 13＝8 号地址对应的元素，查找成功，返回记录在表中的存储位置 8。

查找键值为 12 的元素的步骤为：首先通过哈希函数计算出其对应的地址为 12，发现 12 号地址存储的元素的键值不为 12，于是按照线性探测法，查找(12＋1) mod 13＝0 号地址对应的元素，发现该地址为空，于是探测结束，查找失败，键值为 12 的元素不在表中。

从以上哈希表的查找过程中可知：

(1) 虽然通过哈希函数可以直接计算出理想情况下某记录的存储位置，但由于冲突的存在，哈希表的查找过程中仍然无法完全规避对关键字的比较，因此，平均查找长度仍然是衡量哈希表查找效率的重要评价指标；

(2) 查找过程中设计比较步骤的关键字的个数取决于哈希函数、冲突处理方法以及哈希表“满”的程度（使用装填因子度量）。

哈希函数的好坏直接决定冲突的情况。但是，对于“均匀的”哈希函数，可以假定不同的哈希函数对同一组关键字产生冲突的可能性相同。由于我们通常使用的哈希函数都是均匀的，因此可以忽略其对平均查找长度的影响。

对于相同的关键字、相同的哈希函数，不同的冲突处理方式对平均查找长度有着重要的影响。对于例 8-1 和例 8-2 中的哈希表，其关键字和哈希函数都相同。假设每个记录被查找的概率相同，则链地址法的平均查找长度为

$$\mathrm{ASL}(12)=\frac{1}{12}(1\cdot 6+2\cdot 4+3+4)=1.75$$

线性探测再散列的平均查找长度为

$$\mathrm{ASL}(12)=\frac{1}{12}(1\cdot 6+2+3\cdot 3+4+9)=2$$

可以看出，该例中线性探测再散列的平均查找长度大于链地址法，这是由于前者在处理冲突的过程中容易产生二次聚集，使关键字非同义词的记录产生冲突，而后者则避免了这种情况。

此外，当哈希函数和冲突处理方法都相同时，哈希表“满”的程度将直接决定平均查找长度。这应当是相当合乎直觉的：哈希表越满，发生冲突的可能性越大，查找时需要比较的次数也就越多。定义**装填因子** $\alpha=\frac{n_R}{m}$ 衡量哈希表“满”的程度，其中 n_R 表示表中填入的记录树，m 表示哈希表的长度。α 越小，说明哈希表越空，发生冲突的可能性越小。

以下以开放定址法中的随机探测法为例推导其在查找成功和查找失败时的平均查找长度。不失一般性，假定哈希函数是均匀的，处理冲突时产生的地址是完全随机的，每个记录的查找概率是相等的。

用 p_i 表示前 i 个哈希地址均发生冲突的概率，q_i 表示恰好在第 i 次比较时找到空位（前 $i-1$ 个哈希地址发生冲突，第 i 个哈希地址不发生冲突）的概率。由概率论知识可以得到表 8-7 中 p_i 和 q_i 的值。

表 8-7 p_i 和 q_i 的值

i	p_i	q_i
1	$\frac{n}{m}$	$1-\frac{n}{m}$
2	$\frac{n}{m}\cdot\frac{n-1}{m-1}$	$\frac{n}{m}\cdot\left(1-\frac{n-1}{m-1}\right)$
…	…	…
i	$\frac{n}{m}\cdot\frac{n-1}{m-1}\cdots\frac{n-i+1}{m-i+1}$	$\frac{n}{m}\cdots\frac{n-i+2}{m-i+2}\cdot\left(1-\frac{n-i+1}{m-i+1}\right)$
…	…	…

续表

i	p_i	q_i
n	$\frac{n}{m}\cdot\frac{n-1}{m-1}\cdots\frac{1}{m-n+1}$	$\frac{n}{m}\cdots\frac{2}{m-n+2}\left(1-\frac{1}{m-n+1}\right)$
n+1	0	$\frac{n}{m}\cdot\frac{n-1}{m-1}\cdots\frac{1}{m-n+1}$

可见，p_i 和 q_i 之间存在如下关系：$q_i=p_{i-1}-p_i$。换言之，当前 $i-1$ 个哈希地址都发生冲突时（对应 p_{i-1}），可能出现两种情况：一种是第 i 次查找时找到空位（对应 q_i），另一种是第 i 次查找仍发生冲突（对应 p_i）。

由此可以计算当长度为 m 的哈希表中已有 n 个记录时，查找不成功的平均查找长度为

$$
\begin{aligned}
U_n &= \sum_{i=1}^{n+1} q_i C_i = \sum_{i=1}^{n+1}(p_{i-1}-p_i)i \\
&= 1+p_1+p_2+\cdots+p_n-(n+1)p_{n+1} \\
&= \frac{1}{1-\frac{n}{m+1}} \\
&\approx \frac{1}{1-\alpha}
\end{aligned}
$$

接下来计算当长度为 m 的哈希表中已有 n 个记录时查找成功的平均查找长度。由于哈希表中的元素是先后填入的，查找每个记录所需比较次数的期望值等价于插入此记录时进行比较的次数。因此，该情况下的平均查找长度为

$$
\begin{aligned}
S_n &= \sum_{i=0}^{n-1} p_i C_i = \sum_{i=0}^{n-1} p_i U_i \\
&= \frac{1}{n}\sum_{i=0}^{n-1}\frac{1}{1-\frac{i}{m}} \\
&\approx \int_0^{\alpha}\frac{dx}{1-x} \approx -\frac{1}{\alpha}\ln(1-\alpha)
\end{aligned}
$$

类似地，我们可以求出利用其他冲突处理方法得到的查找成功和查找失败时的平均查找长度，如表 8-8 所示。

表 8-8　几种冲突处理方法的平均查找长度

冲突处理方法	查找成功时 ASL	查找失败时 ASL
线性探测法	$\frac{1}{2}\left(1+\frac{1}{1-\alpha}\right)$	$\frac{1}{2}\left(1+\frac{1}{(1-\alpha)^2}\right)$
开放定址（随机探测法） 开放定址（二次探测法） 再散列法	$-\frac{1}{\alpha}\ln(1-\alpha)$	$\frac{1}{1-\alpha}$
链地址法	$1+\frac{\alpha}{2}$	$\alpha+e^{-\alpha}$

从上述分析中可以看出，在满足前述的假设条件时，哈希表的平均查找长度与装填因子 α 有关，而与哈希表的长度及已有记录的数目无关。因此，无论 n 多大，我们总是可以选择一个合适的 α，从而将平均查找长度限制在一个范围之内。

值得注意的是，在使用链地址法以外的冲突处理方法时，删除某记录后需要在该位置进行标记，提示这里曾经存在一个记录，避免在后续的查找中因为该位置为空停止查找而错过表中存在的记录。

8.5 查找的知识点结构及扩展

在前面章节中，我们介绍了多种查找方法以及用于查找的基础数据结构。然而，在实际的应用中，这些数据结构往往无法满足需求。因此，本节将对用于查找的数据结构进行拓展，介绍两种被广泛应用的数据结构：跳表和红黑树。

8.5.1 跳表

在 8.2 节中，我们介绍了顺序表上的折半查找算法。相比于链表上的线性查找，折半查找将时间复杂度从 O(n)降低到了 O(logn)，从而大幅提升了查找效率。然而，尽管在查找上具有相当的优势，但顺序表在维护上较为烦琐，每次插入或是删除一个元素都需要移动其后的所有元素，因此不适用于需要频繁进行元素增删的任务。是否可以发明一种新的数据结构，使得用户既能快速地进行查找，同时也能方便地进行增删操作？1990 年，威廉·普格（William Pugh）首次提出了一种多层链表结构解决了以上问题，并命名其为**跳表**（**skip list**），其示意图如图 8-23 所示。

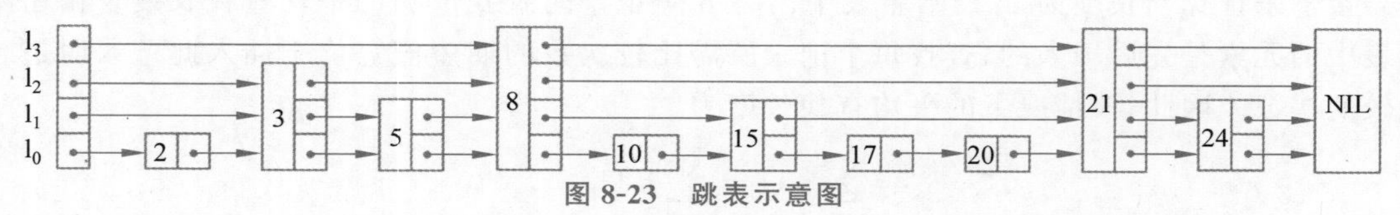

图 8-23 跳表示意图

跳表可以看作由多层链表组成，最底层的链表包含所有的结点，其余链表只包含部分结点，且链表的层次越高，包含的结点数目越少。在进行查找时，总是从上层链表开始，只有当下一个结点的值大于当前需要被查找的值时，才转向下一层，直到找到目标为止。相比于下层链表，在上层链表查找时略过了多个结点，从而缩短了查询的时间，这也正是跳表名称的由来。

从上述分析中可以看出，跳表的实际表现与其每层包含的元素紧密相关。在理想状态下，每层的元素数量都是上一层的一半，且均匀分布，如此，跳表中的查找与二分查找非常类似。然而，这一要求将导致在每次对元素进行插入或删除之后都需要重新进行调整，使得时间复杂度重新退化到 O(n)。因此，跳表采用了一种基于概率的方法，对于每个新插入的结点，按照算法 8-3 随机生成其层数。

```
//随机生成跳表中元素的层数
int randLevel(int MaxLevel, float p){
    //MaxLevel 表示跳表允许的最大层数, p 表示第 i 层存在时生成第 i+1 层的概率
    numLevel = 1;
    while (rand() < p && numLevel <= MaxLevel){
        numLevel ++;
    }
    return numLevel
}
```

算法 8-3 随机生成跳表层数

即对于每个新的结点，都以概率 p 为其增加一层，直到遇到第一次“不增加”的情景，或是层数达到最高层数的限制。

在确定了新结点的层数之后，在相应位置的每层对新结点实现插入操作，方法与链表的插入完全相同。同理，对于删除操作，与链表相似，在利用查找操作找到对应位置后删除即可。

对于跳表，其查询的平均时间复杂度是 O(logn)。由于其优秀的性能和简便的实现方式，跳表得到了广泛的应用。例如，Redis 中的数据结构 sorted set 便是用跳表实现的，谷歌实现的 LevelDB 中的 skip list 类也是跳表的实现。

8.5.2　红黑树

在 8.3 节中，我们学习了平衡二叉树以及基于平衡二叉树的查找算法。相比于普通的二叉树，平衡二叉树通过要求子树的高度差不大于 1 避免了在插入的数据不平衡的情况下二叉树退化成链表的问题。然而，这一严格的要求同时导致了每次插入新的数据时都可能需要通过旋转对二叉树进行调整，因此当需要进行大量增加和删除操作时不再高效。为了在避免过于频繁地调整二叉树结构的同时保证其性能，一种特殊的二叉查找树——红黑树被提出。

红黑树(**red-black tree**)是一种特殊的二叉树，其示意图如图 8-24 所示。顾名思义，它的每个结点除了存储相应信息外，还有一个颜色属性：每个结点要么是红色，要么是黑色。虽然不似平衡二叉树那般“绝对”平衡，但能够保证任何一个结点的左、右子树的高度之差不会超过二者中高度较低者的一倍，是一种近似平衡的二叉树。具体来说，红黑树是一棵满足如下条件的二叉树：

(1) 每个结点或者是黑色，或者是红色；

(2) 根结点是黑色；

(3) 每个叶子结点(NIL)是黑色；

(4) 红色结点的子结点一定是黑色的；

(5) 对于任意一个结点，该结点到其所有后代叶子结点的简单路径均包含相同数目的黑色结点，路径上黑色结点的数目称为该结点的黑高。

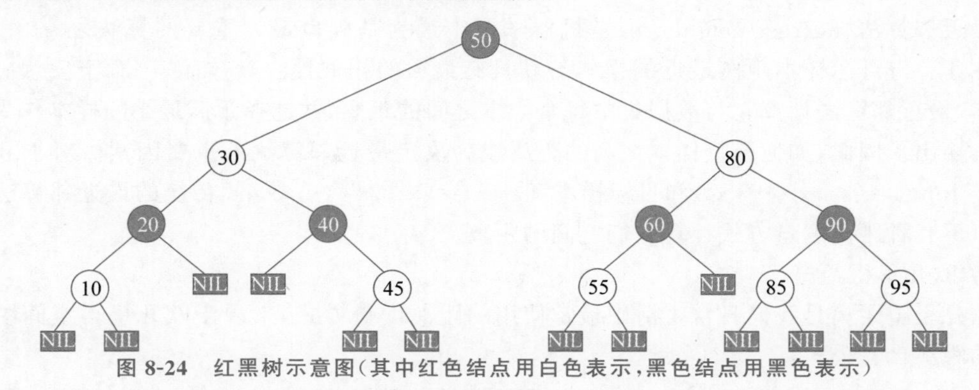

图 8-24　红黑树示意图(其中红色结点用白色表示，黑色结点用黑色表示)

满足以上条件的二叉树一定能保证良好的搜索性能吗？以下引理给出了证明。

引理：一棵有 n 个内部结点的红黑树的高度不超过 $2\log(n+1)$。

证明：

首先用归纳法证明以任意结点 x 为根的子树至少包含 $2^{bh(x)}-1$ 个内部结点，即 $n\geqslant 2^{bh(x)}-1$，其中 n 表示内部结点的个数，bh(x)表示结点 x 的黑高。

(1) 当 x 的高度为 0 时，x 为叶子结点，$bh(x)=0$，以 x 为根结点的子树没有内部结点，$0\geqslant 2^{bh(x)}-1=0$，假设成立。

(2) 假设当结点高度为 k 时假设成立。当结点 x 高度为 k+1 时，对于 x 的两个子结点 s_1 和 s_2，其黑高要么为 bh(x)(当该子结点是红色时)，要么为 bh(x)−1(当该子结点是黑色时)。由归纳假设，其两个子结点应分别至少有 $2^{bh(x)-1}-1$ 个内部结点。因此，以 x 为根的红黑树应当至少有 $2^{bh(x)-1}-1+2^{bh(x)-1}-1+1=2^{bh(x)}-1$ 个内部结点，即当树高为 k+1 时假设成立。

(3) 由数学归纳法，假设得证。

由性质(4)，在红黑树中，在任意一条从根结点到叶子结点的路径中不会有连续两个红色结点。因此，每条路径上至少有一半的结点是黑色结点，即 $bh(x)\geqslant h/2$。代入归纳假设，有 $n\geqslant 2^{h/2}-1$，从而可得 $h\leqslant 2\log(n+1)$，原命题得证。

由于二叉树中的增加、删除、查找、修改等操作的时间复杂度均为 O(h)，由引理 8-1 可知，红黑树的增加、删除、查找、修改等操作的时间复杂度为 O(logn)。

8.6 查找的智能算法应用

本章的前面几节介绍了如何根据给定的值在查找表中确定一个关键值等于给定值的元素。事实上，在实际应用中，我们不仅希望查找一个数值，还希望查找图像、文本等种类更为丰富的数据；不仅希望查找和输入内容一模一样的数据，也希望能找到与输入内容不完全相同但具有高度相似性的结果。例如，在“以图搜图”的功能中，我们希望通过输入一张图片查找到一系列与之相似的图片。更进一步，我们甚至不必要求输入的内容和查找的结果属于同一种形式的载体，我们可以输入一段文字，而查找与文字描述最为相关的图片。因此，在本节中，我们将首先介绍一种广泛应用于现代智能检索算法的思想——最近邻查找，然后介绍一种最近邻查找的具体应用——哈希查找，以及一种经典的哈希查找算法——LSH。

8.6.1 最近邻查找算法

最近邻算法(nearest neighbors)是机器学习中最为基础也最为重要的算法之一，其核心思想在于：与目标样本距离最近的样本与其具有最大的相似性。具体而言，对于任意一个输入样本，最近邻算法计算它与数据集中每个样本之间的距离，并选择距离最小的样本作为检索的样本输出。因此，如何衡量样本之间的距离成为决定最近邻算法的重要因素。对于 d 维输入样本 $Input=(x_1,x_2,\cdots,x_d)$ 和目标样本 $Target=(x'_1,x'_2,\cdots,x'_d)$，传统的最近邻算法主要采取以下几种距离度量方式计算它们之间的距离。

1) 欧几里得距离

欧几里得距离是我们日常生活中最常使用的距离度量方式，来源于欧几里得空间中两点之间的距离计算公式：

$$dist=\sqrt{\sum_{i=1}^{d}(x_i-x'_i)^2}$$

2) 曼哈顿距离

欧几里得距离计算的是两点之间直线段的距离，而有时这种距离度量方式并不总是准确。例如，在曼哈顿街区中，街道总是按照南北或东西的方式分布，因此要衡量从一个地点到另一个地点需要行走的距离，欧几里得距离并不合适。曼哈顿距离定义为两点之间每个维度上坐标之差的绝对值之和，其表达式如下：

$$\mathrm{dist}=\sum_{i=1}^{d}|x_i-x'_i|$$

曼哈顿距离常被应用于图像处理领域像素之间的距离比较。

3）闵可夫斯基距离

确切地说，闵可夫斯基距离不是一种特定的距离，而是一类距离度量方式的总称：

$$\mathrm{dist}=\left(\sum_{i=1}^{d}|x_i-x'_i|^p\right)^{\frac{1}{p}}$$

从上式中可以看出，上面介绍的欧几里得距离和曼哈顿距离可以看作 $p=2$ 和 $p=1$ 时闵可夫斯基距离的特例。

4）余弦距离

余弦距离通过衡量空间中两个向量之间夹角 θ 的大小衡量样本之间的距离。夹角越大，说明距离越大。其计算方式如下：

$$\mathrm{dist}=\cos\theta=\frac{x_1x'_1+x_2x'_2+\cdots+x_dx'_d}{\sqrt{x_1^2+x_2^2+\cdots+x_d^2}\sqrt{x'^2_1+x'^2_2+\cdots+x'^2_d}}$$

值得注意的是，原始的用于查找的输入可能是图像、文本等多种形式，它们是如何被转换成 d 维向量用于距离度量的呢？这就涉及机器学习中重要的特征提取和特征工程问题，即从原始数据中提取出具有区别性和代表性的特征用于后续的距离度量和学习步骤。早期的机器学习算法往往使用确定的特征提取方法，例如，针对图像的尺度不变特征变换（scale-invariant feature transform，SIFT）、局部二值模式（local binary patterns，LBP）、方向梯度直方图（histogram of oriented gradient，HOG）等、针对文本的词袋模型（bag of words，BOW）、词嵌入（word embedding）等。近年来，随着深度学习技术的不断发展，越来越多的算法不再采用确定的特征提取方法，而是采用卷积神经网络（convolutional neural network，CNN）、编码器-解码器结构（encoder-decoder）等方式进行特征提取。这类方法的好处是特征提取器的参数可以随训练进行更新，从而可以提取出更适合特定任务的特征。

8.6.2 哈希查找算法

通过上述叙述不难注意到，在最近邻查找算法中，对于任意一个有 n 个元素的数据集，要想进行一次查找，都需要计算待检索的样本与所有样本之间的相似度。因此，相似度计算的快慢直接决定了检索算法的性能。为了提升相似度计算的效率，现有方法往往对特征进行编码。在众多编码方法中，哈希算法是广受关注的一种。哈希算法将原始特征映射到 0-1 空间以得到二进制的哈希编码，再计算哈希编码之间的汉明距离，即两个编码之间对应位置不相同的字符数量，从而大大降低了距离计算的复杂度。例如，对于原有数据，“狗”和“猫”的哈希编码分别是 0001 和 1101，则对于哈希编码是 0011 的输入数据，“狗”将会被输出。

为了得到具有代表性和区分性的哈希编码，研究者提出了众多不同类别的哈希算法进行哈希函数的学习，按照其与训练数据的关系可以分为数据独立的哈希算法和数据依赖的哈希算法。顾名思义，数据独立的哈希算法无须利用数据进行训练，而是利用数学方法使得投影后的哈希编码满足某些条件。例如，在局部敏感哈希（locality sensitive hashing，LSH）中，样本被随机地投影到汉明空间，同时使得原始相似的样本在汉明空间中相似的概率大于某一阈值，且原始不相似的样本在汉明空间中不相似的概率大于某一阈值。然而，数据独立的哈希算法没有利用样本分布这一重要的信息，因此可能无法得到更具有区分能力的哈希函数。基于这一问题，一系列数据依赖的哈希算法被提出。这类哈希算法也被称为基于学习的哈希算法（learn to Hash），通过最小化损失函数来学习哈希函数中的各项参数，从而获得更优的训练结果。数据依赖的哈希算法可以按照是否使用标签信息分为有监督和无监督两类，也可以按照算法结构分为浅层哈希算法和深度哈希算法。

无论采取何种类别的哈希算法进行检索和查找，其流程总是类似的，可以用图 8-25 中的流程图表示。对于数据库中的样本和待查询样本，首先对其进行特征提取，随后将其分别输入哈希函数得到对应的哈希编码，最后对待查询样本的哈希编码与原始样本的哈希编码计算汉明距离，输出汉明距离最小的哈希码对应的样本作为检索结果。

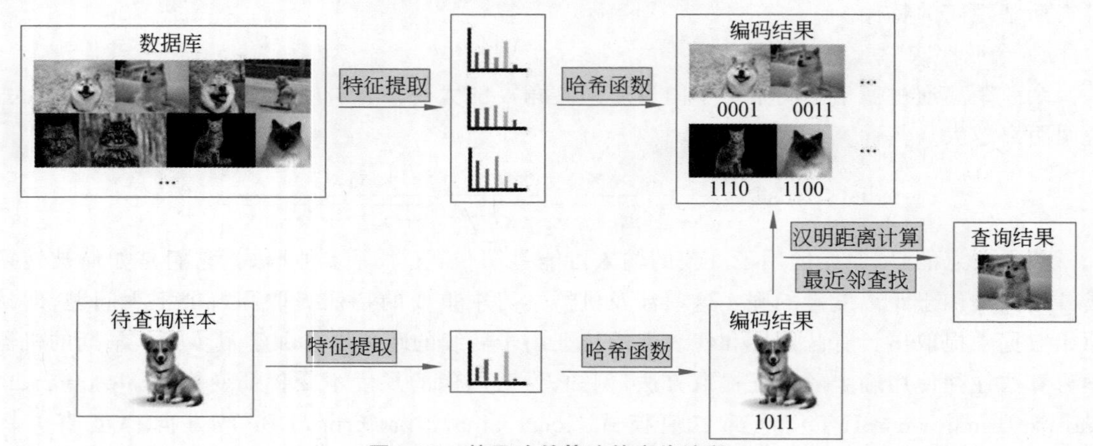

图 8-25 基于哈希算法的查找流程

8.6.3 LSH 算法

本节介绍一种经典的哈希算法：局部敏感哈希（locality sensitive hashing，LSH）算法。传统的 LSH 算法的输入是一系列字符串，主要可以分成 3 个步骤：shingling、MinHashing 和 banding。

shingling 步骤对输入的文本进行字典构造，同时进行 one-hot 编码。此步骤结束后对每个字符串输出一串稀疏的 0-1 编码。然而，这串 0-1 编码的长度等于字典的长度，不利于后续相似度的比较。因此，需对其通过 MinHashing 进行压缩，生成签名向量（signature），具体压缩方式如下：对于长度为 n 的 0-1 编码，随机生成 p 个 n 的排列，与 0-1 编码相对应。对每个排列，从 1 开始升序查找，直到找到第一个对应位置为 1 的数字，从而生成长度为 p 的签名向量，最后，在 banding 步骤中对两个文本对应的签名向量进行相似度对比，分别将两个签名向量划分成 q 部分，每部分利用一个哈希函数将其投入对应的桶中，若两个签名向量拥有相同的桶，则其有较大的概率相似。

以下利用一个例子对 LSH 算法的流程进行进一步阐述。

【例 8-3】 现有三个字符串：S1 ＝“a fat cat sits on the map”，S2 ＝“this is a fat cat”，S3＝“dog”。

使用 LSH 算法查找 S2 和 S3 中与 S1 更相近的字符串。

(1) 利用 k＝3 对三个字符串进行 shingling，得到如下的字典：

{‘afa’，‘tca’，‘tsi’，‘tso’，‘nth’，‘ema’，‘p’，‘thi’，‘sis’，‘t’，‘dog’}，同时得到

三个字符串的编码 o_1 = 11111110000，o_2 = 11000001110，o_3 = 00000000001。

(2) 对编码进行 MinHashing，随机生成 10 个排列，获取压缩后的签名，如表 8-9 所示。

表 8-9　对编码进行 MinHashing 示例

排　列	Sig1	Sig2	Sig3
1, 2, 3, 6, 10, 9, 4, 5, 7, 8, 11	1	1	11
2, 5, 4, 7, 6, 10, 8, 9, 11, 3, 1	2	2	1
6, 9, 1, 2, 10, 11, 5, 3, 7, 8, 4	1	4	4
9, 11, 3, 5, 10, 7, 6, 8, 1, 2, 4	3	1	4
7, 10, 8, 4, 2, 5, 3, 11, 9, 6, 1	2	6	1
7, 2, 1, 10, 3, 6, 5, 9, 8, 4, 11	1	2	11
9, 8, 2, 3, 4, 6, 7, 5, 11, 10, 1	2	5	1
8, 7, 3, 6, 9, 11, 5, 10, 4, 2, 1	3	2	1
5, 10, 2, 4, 6, 9, 7, 11, 1, 8, 3	2	1	3
2, 11, 3, 4, 8, 6, 5, 7, 1, 9, 10	2	1	10

得到的 3 个签名分别为 Sig_1 = [1, 2, 1, 3, 2, 1, 2, 3, 2, 2]，Sig_2 = [1, 2, 4, 1, 6, 2, 5, 2, 1, 1]，Sig_3 =[11, 4, 1, 4, 1, 11, 1, 3, 10, 1]。

(3) 将每个签名等分成 5 组，分别使用哈希函数 h(x)=x 将其映射到相应的桶中(注：此处对每组都使用相同的哈希函数，在实际应用中也可以使用不同的哈希函数)。B1 = {[1, 2], [1, 3], [2, 1], [2, 3], [2, 2]}，B2= {[1, 2], [4, 1], [6, 2], [5, 2], [1, 1]}，B3 = {[11, 4], [1, 4], [1, 11], [1, 3], [10, 1]}。

可以看出，B1 和 B2 共享[1,2]，而和 B3 没有共享的匹配项，因此可以认为 S1 和 S2 的相似度高于 S3 的相似度。

本章小结

本章首先介绍了查找的相关概念，然后介绍了静态查找表和动态查找表这两种常用于查找的数据结构。静态查找表一节首先介绍了顺序表和有序表的查找。由于顺序表中的元素是无序的，因此要查找某个元素需要对整张表进行遍历，而有序表则解决了这一问题，缩短了平均查找长度。动态查找表一节利用二叉树、平衡二叉树、B 树和 B+树四种树结构进行高效查找。相比静态查找表，动态查找表结构是在查找过程中动态生成的。接下来，本章介绍了哈希表这一可以通过键值直接计算出存储地址的查找方法，以及哈希函数的构造方式及冲突处理方式。最后，本章对查找的知识点进行了拓展，介绍了跳表和红黑树这两种具有广泛现实应用的数据结构，并介绍了查找在智能算法中的应用。

习题

1.【**2013 年考研 408 真题**】在一棵高度为 2 的 5 阶 B 树中，所含关键字的个数最少是________。

2.【**2014 年考研 408 真题**】在一棵具有 15 个关键字的 4 阶 B 树中，含关键字的结点个数最多的是________。

3. 将序列(13,15,22,8,34,19,21)插入一个空哈希表中,哈希函数采用 H(key)=1+(key mod 7)。

(1) 使用线性探测法解决冲突;

(2) 使用步长为 3 的线性探测法解决冲突;

(3) 使用再哈希法解决冲突,冲突时使用RH_i(key)=1+(x mod (7−i))。

4. 为序列(1, 9, 25, 11, 12, 35, 17, 29)构造哈希表。

(1) 采用质数除余法构造哈希函数,线性探测法处理冲突,要求新插入键值的平均探测次数不多于 2.5 次,请确定满足要求的哈希表的最小长度 m 及相应的哈希函数,并分别计算查找成功和查找失败的平均查找长度。

(2) 采用(1)中的哈希函数,采用链地址法处理冲突,构造哈希表,并分别计算查找成功和查找失败的平均查找长度。

5. 将序列(7, 8, 30, 11, 18, 9, 14)存储到哈希表中,该哈希表是一个下标从 0 开始的一维数组,哈希函数为 H(key)=(3·key)mod 7,采用线性探测再散列法处理冲突,要求装填因子为 0.7。

(1) 请画出所构造的哈希表。

(2) 分别计算等概率情况下查找成功和不成功的平均查找长度。

6. 句子是一串由空格分隔的单词。每个单词仅由小写字母组成。如果某个单词在其中一个句子中恰好出现一次,在另一个句子中却没有出现,那么这个单词就是不常见的。现有两个句子 s1 和 s2,返回所有不常用单词的列表。返回列表中的单词可以按任意顺序组织。

示例 1:

输入: s1 = "this apple is sweet", s2 = "this apple is sour"

输出: ["sweet","sour"]

示例 2:

输入: s1 = "apple apple", s2 = "banana"

输出: ["banana"]

与前沿技术链接

哈希算法与区块链技术

2008 年,随着比特币的横空出世,其基于的区块链技术也随之进入人们的视野。区块链是一种计算机网络结点之间的分布式数据库技术,可以记录并存储信息,同时还具有安全性高、可防篡改等特点。具体而言,以交易为例,传统的交易方式是高度中心化的,即所有人的交易记录、余额信息等都在一个中心结点中集中存储,这一中心结点一旦遭到攻击,其中的内容被攻击者改写,那么用户将很容易遭受经济损失。与之相反,区块链技术具有去中心化的特性,即同一内容的副本往往被存储在多个结点中,而这些结点往往被不同实体控制,因此数据一旦被存入区块链中,便再难以被修改。由于现实应用中的数据量是巨大的,将所有信息都保存在每个结点中是不经济同时不现实的,因此,在实际应用中,信息被划分成若干大小相同的块,并存储在区块中。每个区块中不仅存储了对应的信息,还存储了上一个块对应的“数据指纹”,从而与已存在的块建立索引,这与我们已经学习过的链表结构的思想十分相似。在比特币的语境下,每成功建立一个新的区块,建立者就能获得相应的奖励。

如此,一个问题自然地产生了:一个新的区块应该由谁建立?区块链技术采用了一种“竞争”的方法：上一个块对应的“数据指纹”是通过上一个块中的所有信息与一个随机数通过哈希函数共同生成的，最先找到这个随机数的结点的人即可获得新建区块的权利。可以说，哈希函数的选择是区块链技术中最核心的技术之一。一个适用于区块链的哈希函数应当具有以下良好的性质。

(1) 原像不可逆：对于任意给定的哈希函数，都无法依据函数自身的信息推导出原始数据。

(2) 难题友好性：要解决难题(例如上述例子中的随机数的值)，只能暴力枚举，而没有其他更好的方法。

(3) 发散性：对于任意的原始数据，哪怕仅对其稍作改动，也会得到完全不同的结果。

(4) 抗碰撞性：不同的原始数据将得到不同的哈希值。

在过去的数十年间，研究者提出了众多哈希算法，包括MD5、SHA系列算法、RIPEMD系列算法等。其中，MD5已被证明不具有抗碰撞性，SHA-1算法也被证明不具有强抗碰撞性。目前，SHA-256算法常被用于数据的签名和验证，RIPEMD-160则常被用于数据地址的计算。

科学家精神

哈希算法的发明者：汉斯·彼得·卢恩(Hans Peter Luhn)

当下，信息的检索在生活中是一个再简单不过的操作：在搜索引擎中，我们通过输入关键词查找需要的信息；在图书馆中，我们在专门的系统中输入书名或书的编号查找其位置；在社交媒体上，我们通过输入id查找并添加好友，这一切一方面得益于计算机算力的增长，另一方面也得益于各种高效查找算法的诞生。而在20世纪50年代，电子计算机尚是新生事物，对于“信息过载”(由于数据量过大而造成专业人员无法处理的窘境)的担忧萦绕在人们脑海。在这一背景下，汉斯·彼得·卢恩(Hans Peter Luhn)提出了一系列高效的数据处理和检索方法，其中的许多方法时至今日仍然发挥着重要的作用。

卢恩1896年出生于德国，他的父亲是一位印刷方面的专家。卢恩在幼年就显示出了出色的动手能力，并得到了家人的充分支持。有资料显示，卢恩在幼时曾和自己的弟弟、妹妹一起在家中的花园中修建“铁路”，其中70米都是熔化了父亲的印刷机中的铅铸成的。1924年，卢恩前往美国。此时，他的发明天赋已经初步展现。卢恩早年间的发明涉猎广泛，包括布料织数测量装置、雨衣、游戏桌、鸡尾酒调制说明卡片等。值得一提的是，他在1927年发明的一种名为Lunometer的测量布料织数的装置现在仍然在售。

当然，上述发明尚不足以使卢恩成为一位伟大的发明家。事实上，卢恩之所以被世人铭记，原因主要在于他在信息的存储、通信和检索领域的贡献。卢恩曾与两名麻省理工学院的化学家马尔科姆·戴森(Malcolm Dyson)和詹姆斯·佩里(James Perry)合作，发明了一种可以进行化合物搜索的装置：使用者利用穿孔卡片输入一系列搜索条件，机器利用这些条件对目标化合物进行分类和输出。到了1958年，原始的化合物检索装置已经发展成了通用卡片扫描仪和专业的索引分析仪，不仅仅可以分析化合物，还可以利用用户的输入对其他类别的打孔卡片进行分类。1954年，卢恩向美国国家专利局提交了一项“号码验证的计算装置”的专利申请(图8-26)，并于1960年正式发表。该专利提出了一种校验码计算方法和一种校验装置，旨在识别日常生活中的大量号码(如电话号码、信用卡号码等)是否出错。具体来说,对于任意一个号码,可以通过该装置计算得到一个校验码。在原始的装置中,校验码为0表明号码正确,而在后续的应用中,该方法也被改进为直接输出校验码并附在原始号码之后。这种算法便是广为流传的“卢恩算法”(也称为“模10算法”),至今仍在发卡行识别码(bank identification number,BIN)、国际移动设备辨识码(international mobile equipment identity, IMEI)、社会保险号码(social insurance number,SIN)等场景中使用。然而,需要注意的是,该算法不是一种安全的加密哈希函数,它只能防止意外出错,而不能防止恶意攻击。

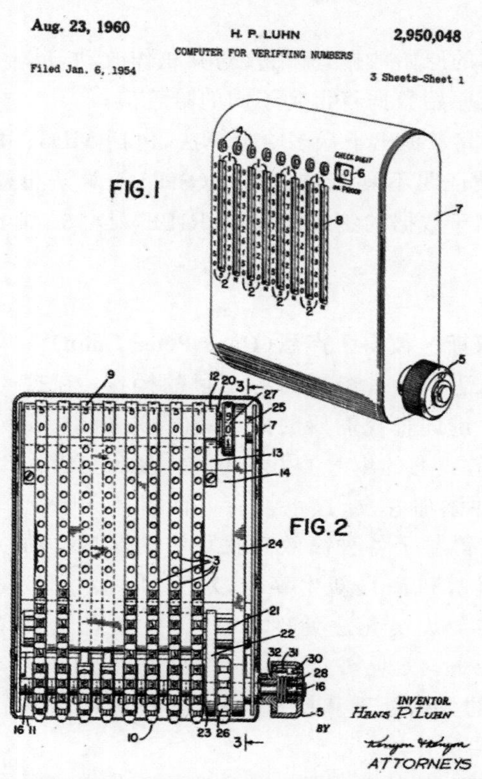

图 8-26 1954年卢恩提交的“号码验证的计算装置”专利申请中的装置示意图

此外,卢恩最为引起轰动的发明是用于构造关键词索引的上下文中关键词(keyword in context,KWIC)算法(图8-27)。所谓“关键词索引”,指的是将关键词在文章中出现的所有位置列出,并将关键词按字母顺序进行排列。不难想象,在KWIC算法提出之前,构造关键词索引是一项相当烦琐且艰巨的工作。KWIC算法则借用数据查找中“桶”的思想,通过对输入内容进行循环并对循环结果进行排序得到所有的输出,使得查找和检索可以被计算机程序实现。这一人们司空见惯的功能在卢恩的年代引起了巨大的轰动,一位化学家曾盛赞KWIC是“自试管之后最伟大的发明”,该算法现在已被集成到多个数据分析工具中,并被广泛应用于语言学、文学等研究领域。此外,在此基础上,卢恩对算法进一步进行了改进,通过统计词频的方式实现了长文摘要的生成。虽然这种基于统计学的方法不能对文意进行任何“理解”,在今天的我们看来也远远不够智能,但这一方法证明了计算机可以在一定程度上对文本进行组织,从而帮助人们更好地进行理解,这在那个计算机主要用于数据计算的年代是相当超前的。

此外,卢恩还首次提出了哈希算法的思想,并将其应用到了电话号码搜索的领域。具体而言,卢恩通过将电话号码每两位相加构成桶的编号,并将其放到对应的桶中。例如,电话号码

图 8-27　1968 年，世界科学信息大会(International Conference for Scientific Information)上，卢恩(右)展示利用 KWIC 算法生成文章索引

123-456-7890 经过操作将变成 3-7-11-15-9，由于其中含有两位数，再对其进行一次操作变成 3-7-2-6-9，故将其放入编号为 37269 的桶中。通过这一方法，操作者无须再像原来一样对上百万条电话号码进行对比，而是仅对同一个桶中的几千条号码进行对比，从而大幅提升了查找效率。

参考资料：

https://spectrum.ieee.org/hans-peter-luhn-and-the-birth-of-the-hashing-algorithm。

https://iq.opengenus.org/hans-peter-luhn/。

Chapter 9

第9章 内部排序

排序是计算机程序设计中的一种重要操作,它的功能是将一个数据元素(或记录)的任意序列重新排列成一个按关键字有序的序列。排序的重要性在计算机科学和信息技术领域是不可忽视的。通过第 8 章的学习后我们了解到,排序后的数据能够更快速地开展搜索和查找操作。例如,对一个已排序的列表进行二分查找的时间复杂度为 O(logn),而对于未排序的列表进行线性搜索的时间复杂度为 O(n)。排序可以大大提高搜索效率,节省时间和计算资源。对许多算法来说,输入数据的有序性也是决定其性能优劣的关键因素。在某些情况下,有序数据能够使得算法更快速地收敛或减少迭代次数,从而提高算法效率。数据结构排序对于提高搜索效率、优化插入和删除操作、优化内存访问以及提高算法效率都具有重要的作用。因此,学习和研究各种排序算法是计算机工作者的重要课题之一。

9.1 排序的相关概念

9.1.1 排序的定义和术语

在讨论各种排序算法之前,首先对排序下一个确切的定义。
假设含 n 个记录的序列为

$$\{R_1, R_2, \cdots, R_n\}$$

其相应的关键字序列为

$$\{K_1, K_2, \cdots, K_n\}$$

则排序便是确定 1,2,…,n 的一种排列 $P_1, P_2, \cdots, P_n$,使其相应的关键字满足非递减(或非递增)关系 $K_{P1} \leqslant K_{P2} \leqslant \cdots \leqslant K_{Pn}$,使$\{R_1, R_2, \cdots, R_n\}$序列成为一个按关键字有序的序列$(R_{P1}, R_{P2} \cdots, R_{Pn})$,这种操作称为排序。基本上,排序算法的输出必须遵守下列两个原则:①输出结果为递增(递减)序列;②输出结果是原输入的一种排列或是重组。排序的目的之一是方便查找数据。

排序可以分为**稳定**的排序和**不稳定**的排序。在排序过程中,有若干记录的关键字相等,即 $K_i = K_j (1 \leqslant i \leqslant n, 1 \leqslant j \leqslant n, i \neq j)$,在排序前后,含相等关键字的记录的相对位置保持不变,即排序前 R_i 在 R_j 之前,排序后 R_i 仍在 R_j 之前,称这种排序方法是稳定的;否则称这种排序方法是不稳定的。

而由于排序过程涉及的存储器不同,我们又可以将排序方法分为两大类:**内部排序**和**外部排序**。在排序过程中,只使用计算机的内存存放待排序记录,称这种排序为内部排序。排序期间,文件的全部记录不能同时存放在计算机的内存中,要借助计算机的外存才能完成排序,称之为“外部排序”。外部排序一般适用于待排序的文件无法一次装入内存的情况,需要在内存和外部存储器之间进行多次数据交换，以达到排序整个文件的目的。

9.1.2　内部排序

内部排序(internal sorting)是指在计算机内存中对一组数据进行排序的过程。与内部排序相对的是**外部排序**(external sorting)，后者是指因数据量太大而无法一次性加载到内存，因此需要利用外部存储设备(如硬盘)进行排序的情况。内部排序的特点是所有的数据项都能够一次性加载到内存中，因此排序过程只涉及内存的读取、写入和计算操作，速度相对较快。常见的内部排序算法有多种，每种算法在不同情况下都有其适用性和性能优劣，若按所用策略不同进行分类，大致可以分为五类。

(1) 插入排序：每趟排序将无序子序列中的一个或几个记录“插入”有序序列中，从而增加记录的有序子序列的长度。

(2) 交换排序：通过“交换”无序序列中的记录得到其中关键字最小或最大的记录，并将它加入有序子序列中，以此方法增加记录的有序子序列的长度。

(3) 选择排序：从记录的无序子序列中“选择”关键字最小或最大的记录，并将它加入有序子序列中，以此方法增加记录的有序子序列的长度。

(4) 归并排序：通过“归并”两个或两个以上的记录有序子序列，逐步增加记录有序序列的长度。

(5) 基数排序。

若按照分类过程中时间复杂度的大小来分类，可分为三类：①简单的排序方法，其时间复杂度为O(n)；②先进的排序方法，其时间复杂度为O(nlog)；③基数排序，其时间复杂度为O(dn)。内部排序效率用比较次数来衡量。在排序算法中，主要有以下两种操作。

(1) 比较：关键字之间的比较。

(2) 移动：将关键字从一个位置移动到另一个位置。

其中，比较操作对大多数排序方法是必要的，但是移动操作可以通过改变排序方法的存储方式简化或者避免。例如，对比顺序存储结构和链式存储结构这两种存储方式，其中顺序存储结构将待排序的一组记录存储在连续的内存地址上，这意味着进行移动操作时必须移动记录在内存中的位置，但是如果使用链式存储结构，排序过程中的移动操作则可以简单地通过修改链表指针来实现。

需要注意的是，基于比较的排序算法时间复杂度下界是O(nlogn)。

我们假设有三个待排序的记录(A,B,C)，它们对应的关键字分别是(a,b,c)，假设我们要对这三个记录进行升序排序，则这三个记录基于比较的排序可以表示为下述的一棵判定树。首先比较a、b的大小，若a>b，则交换A、B的次序得到序列(B,A,C)；否则次序不变。重复以上步骤，最终得到有序的序列，即可得到如图9-1所示的判定树。

我们可以发现一共有3！种可能的排序情况，对应判定树的3！个叶子结点，则判定树的最低高度是log(3!)。

推广到有n个记录的情况，判定树的最低高度是log(n!)。

我们可以证明时间复杂度 $O \geqslant \log(n!) = \log(n * (n-1) \cdots 1) = \log(n) + \log(n-1) + \cdots + \log(1) \geqslant \log(n) + \log(n-1) + \cdots + \log(n/2) \geqslant \log(n/2) + \log(n/2) + \cdots + \log(n/2) \geqslant (n/2)\log(n/2)$。

所以基于比较的排序的时间复杂度下界是nlog(n)。

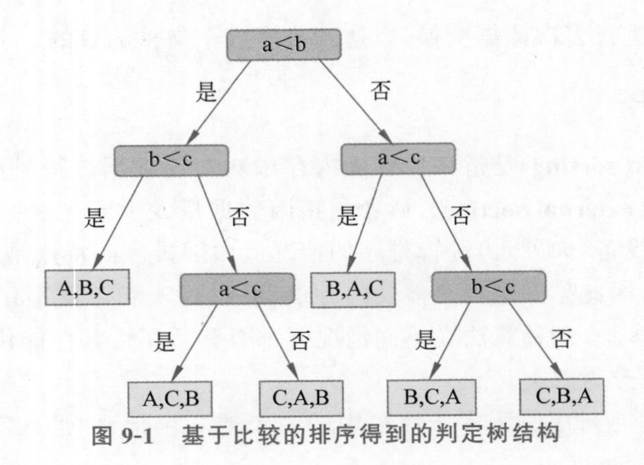

图 9-1 基于比较的排序得到的判定树结构

9.2 插入排序

本节首先讨论简单的直接插入排序算法，然后给出折半插入排序、表插入排序和希尔排序算法。

9.2.1 直接插入排序

内部排序的过程是一个逐步扩大记录的有序序列长度的过程。直接插入排序(**straight insertion sort**)是一种最简单的排序方法，其基本操作就是每趟排序在无序区取第一条记录插入已排好的有序区中，从而得到一个新的、记录数量增1的有序区。如图 9-2 所示。

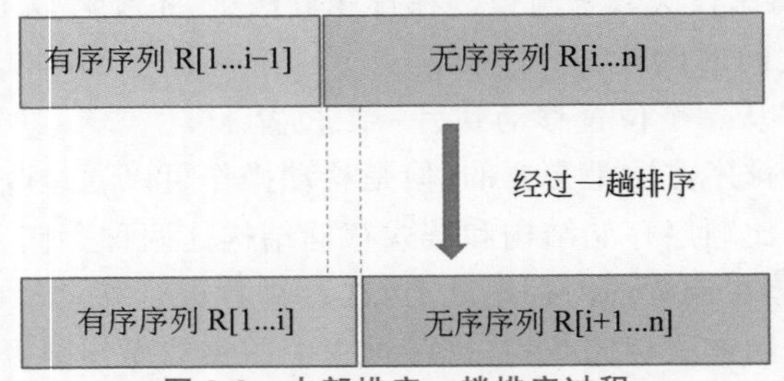

图 9-2 内部排序一趟排序过程

举个例子，若有一组待排序的初始序列如下：

(49) 38 65 97 76 13 27 49

初始有序序列则为 48，假设我们要对其进行升序排序，则第一趟排序将无序序列的第一个记录插入有序区中的合适位置，由于 38<49，故将 38 插入 49 前面，得到序列

(38 49) 65 97 76 13 27 49

此时，有序序列区长度扩增 1，为(38,49)。

同理，第二趟排序将 65 插入有序序列区中合适位置，由于 38<49<65，故将 65 插入 49 后面，得到第三趟排序结果

(38 49 65) 97 76 13 27 49

有序序列区为(38 49 65)。

此后的第 i 趟排序，都在含有 i 个记录的有序子序列 r[1...i]中插入一个记录 r[i]，变成含有 i 个记录的有序子序列 r[1 ... i+1]；并且，和顺序查找类似，为了在查找插入位置的过程中

避免数组下标出界，在 r[0]处设置监视哨。在自有序区最后一个元素起往前搜索应该插入的位置的过程中，可以同时后移记录。整个排序过程为进行 n－1 趟插入，即先将序列中的第 1 个记录看成一个有序的子序列，然后从第 2 个记录起逐个进行插入，直至整个序列变成按关键字非递减有序序列为止。最后，我们可以得到直接插入排序每趟排序后的结果：

i＝3：　(38　49　65　97)　76　13　27　49
i＝4：　(38　49　65　76　97)　13　27　49
i＝5：　(13　38　49　65　76　97)　27　49
i＝6：　(13　27　38　49　65　76　97)　49
i＝7：　(13　27　38　49　49　65　76　97)

最后经过 7(8－1)趟排序，我们可以完成这个长度为 8 的初始序列的排序。

总结起来，其算法步骤如下所示：

初始化：将第一个元素视为有序序列区，其余元素为无序序列区。

(1) 从无序序列区选择第一个元素；

(2) 在有序序列区从后往前逐个比较，找到合适的位置插入该元素。

重复以上步骤，直至所有元素有序。从选择第二个记录到第 n 个记录，一共需要重复以上步骤 n－1 趟。

代码实现：

```
void InsertionSort ( SqList &L ) {
    //对顺序表 L 作直接插入排序
    for ( i=2; i<=L.length; ++i )
        if (L.r[i].key < L.r[i-1].key) {
            L.r[0] = L.r[i];                        //复制为监视哨
            for ( j=i-1; L.r[0].key < L.r[j].key;  -- j )
                L.r[j+1] = L.r[j];                  //记录后移
                L.r[j+1] = L.r[0];                  //插到正确位置
        }
}
```

算法分析：

1) 时间复杂度

直接插入排序的时间复杂度取决于数据的初始顺序。在最好情况下，当数据已经有序(升序排列)，只需要比较 n－1 次，无须移动元素，时间复杂度为 O(n)。在最坏情况下，当数据完全逆序排列时，每个新元素都要与已排序的所有元素比较，并移动它们，时间复杂度为 $O(n^2)$。平均情况下，直接插入排序的时间复杂度为 $O(n^2)$。

2) 空间复杂度

直接插入排序是一种原地排序算法，它不需要额外的辅助空间，因此空间复杂度为 O(1)。在排序过程中，只需要常量级的额外空间用于存储少量临时变量。

3) 稳定性

直接插入排序是稳定的排序算法。在排序过程中，对于相等的元素，我们选择将后面出现的元素插入前面出现的元素之前，这样相等元素的相对顺序保持不变。

9.2.2　折半插入排序

通过 9.2.1 节的学习可以发现直接插入排序算法是很简单且易于实现的一种算法，在待排序的记录较少时是很好的一种算法，但是直接插入排序比较和移动记录的次数复杂度都是 $O(n^2)$，这在 n 很大时会导致算法性能很低。

由此提出了折半插入排序(binary insertion sort)，其是对插入排序算法的一种改进。在直接插入排序的基础上，从减少“比较”操作的次数入手。可以发现，插入排序基本操作是在有序序列区中不断进行查找和插入，这样我们不用按顺序依次寻找插入点，可以采用折半查找的方法来加快寻找插入点的速度。

算法步骤如下所示：

初始化：将第一个元素视为已排序部分，其余元素为未排序部分。

(1) 从未排序部分选择第一个元素。

(2) 通过二分查找法在已排序部分找到合适的插入位置：定义两个指针 low 和 high 分别指向已排序部分的第一个和最后一个元素。计算中间位置 mid = (low + high) / 2。比较待插入元素与中间元素的大小，如果待插入元素大于中间元素，则插入位置在 mid 的右侧，更新 low = mid + 1；否则插入位置在 mid 的左侧或等于 mid，更新 high = mid－1。将该元素插入已排序部分的正确位置。

重复上述步骤，直至所有元素有序。

可以看到其算法步骤与直接插入排序很相似，只是在搜寻插入位置时，查找操作由顺序查找变为折半查找。

【例 9-1】

初始关键字：[14，33，27，10，35，19，42，44]。

已排序部分：(14)，未排序部分：33，27，10，35，19，42，44。

从未排序部分选择第一个元素 33。

通过二分查找法在已排序部分找到合适的插入位置。在已排序部分[14]中，中间位置是 0，对应元素是 14。因为 33 大于 14，插入位置在中间位置的右侧，所以更新 low = mid + 1，即 low = 1。将元素 33 插入已排序部分的正确位置。在已排序部分[14]的插入位置(index=1)插入 33，同时将 14 后移一位。

则得到序列：

(14，33)　27，10，35，19，42，44

以此类推，选择关键字 33，由折半查找将其插入 14 与 33 之间，得到序列：

(14，27，33) [10，35，19，42，44]

此后重复以上步骤可以得到最后排序好的序列：

(10，14，27，33) [35，19，42，44]

(10，14，27，33，35) [19，42，44]

(10，14，19，27，33，35) [42，44]

(10，14，19，27，33，35，42) [44]

(10，14，19，27，33，35，42，44)

代码实现：

```
void BiInsertionSort ( SqList &L )
{
    for ( i=2; i<=L.length; ++i ) {
    L.r[0] = L.r[i];                            //将 L.r[i] 暂存到 L.r[0]
        在 L.r[1..i-1]中折半查找插入位置;       //见下一页
```

```
        for ( j=i-1;  j>=high+1;  --j )       //插入位置为 high+1
        L.r[j+1] = L.r[j];                    //记录后移
        L.r[high+1] = L.r[0];                 //插入
}
}
```

算法分析：

1）时间复杂度

从时间上比较，折半插入排序仅减少了关键字之间的比较次数，而记录的移动次数不变。而直接插入排序记录的移动复杂度是 $O(n^2)$，因此其时间复杂度也为 $O(n^2)$。

2）空间复杂度

折半插入排序是一种原地排序算法，它不需要额外的辅助空间，因此空间复杂度为 $O(1)$。在排序过程中，只需要常量级的额外空间用于存储少量临时变量。

3）稳定性

折半插入排序是一种稳定的排序算法。在排序过程中，对于相等的元素，我们选择将后面出现的元素插入前面出现的元素之前，这样相等元素的相对顺序保持不变。

9.2.3　表插入排序

折半插入排序在“比较”操作上对直接插入排序进行了改进，而表插入排序则是改进了排序的存储结构，从“移动”操作上对直接插入排序进行了改进。**表插入排序（linked insertion sort）**是一种基于静态链表数据结构的排序算法，它类似直接插入排序，但是不需要像数组那样频繁地移动元素。在每趟插入新的元素时，只修改每个结点的后继指针的指向，使顺着这个指针的指向的元素是有序的。在这个过程中，我们不移动或交换元素，只是修改指针的指向。在排序完成之后，一次性地顺着指针的指向调整元素的位置，使其在链表中真正做到物理有序。这种排序算法在某些情况下，尤其是当数据量较大时，比直接插入排序有更优越的性能。

首先介绍一下静态链表。

静态链表其实就是使用数组结构表示的链表，其与直接插入排序的存储结构相比多了一个指针域，其存储结构可表示为

```
#define SIZE 100
typedef struct {
    RcdType   rc;                               //记录项
    Int *   next;                               //指针项
}SLNode;                                        //表结点类型

typedef struct {
    SLNode    r[SIZE];                          //0 号单元为表头结点
    int length;                                 //链表当前长度
}SLinkListType;
```

为了插入方便，我们设定数组下标为 0 的结点作为链表的表头结点，并令其关键字取最大整数 MAXINT，则表插入排序的实现过程可以描述如下：首先将链表中数组下标为 1 的结点和表头结点构成一个循环链表，然后将后序数组下标由 2 到 n 的所有结点按照其存储的关键字的大小，非递减有序地依次插入循环链表中。

我们用一个示例来更好地展示表插入排序算法。

【例 9-2】　假设我们要将无序表{59,39,87,23,27,32}用表插入排序的方式进行升序排

序,其过程如下。

(1) 设定数组下标为 0 的结点作为链表的表头结点,并令其关键字取最大整数 MAXINT。

	0	1	2	3	4	5	6
关键字	MAX						
Next域	0						

MAXINT

(2) 将链表中数组下标为 1 的结点,即关键字 59 的结点和表头结点构成一个循环链表。

	0	1	2	3	4	5	6
关键字	MAX	59					
Next域	1	0					

MAXINT → 59

(3) 将链表中数组下标为 2 的结点,即关键字 39 的结点插入循环链表中,由于 39 小于 59,所以将其插入 MAXINT 与 39 之间,调整 MAXINT 指针域指向 39,39 指向 59,59 指向 MAXINT,得到循环链表。

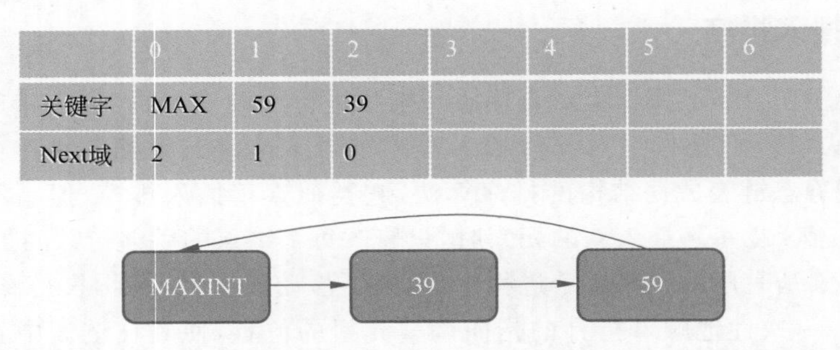

	0	1	2	3	4	5	6
关键字	MAX	59	39				
Next域	2	1	0				

(4) 将链表中数组下标为 3 的结点,即关键字 87 的结点插入循环链表中,与步骤(2)类似,由于 87>59>39,所以其需要插入结点 59 之后,故调整之后得到如下静态链表。

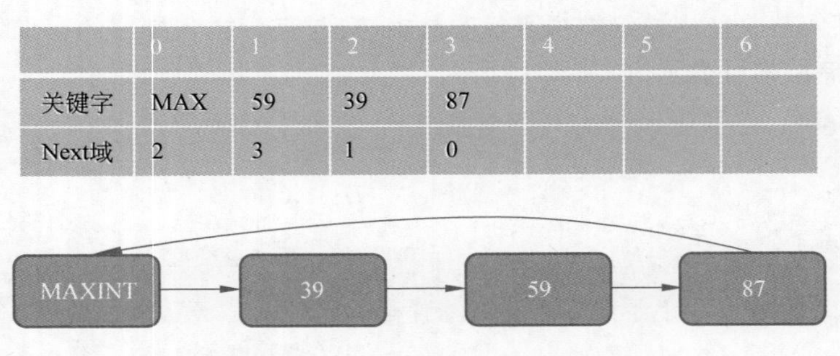

	0	1	2	3	4	5	6
关键字	MAX	59	39	87			
Next域	2	3	1	0			

(5) 同理,插入关键字 23 到循环链表 MAXINT 结点之后。

	0	1	2	3	4	5	6
关键字	MAX	59	39	87	23		
Next域	4	3	1	0	2		

（6）同理，插入关键字27到循环链表结点23与结点39之间。

	0	1	2	3	4	5	6
关键字	MAX	59	39	87	23	27	
Next域	4	3	1	0	5	2	

（7）同理，插入关键字32到循环链表结点39与结点27之间。

	0	1	2	3	4	5	6
关键字	MAX	59	39	87	23	27	32
Next域	4	3	1	0	5	6	2

得到上述的静态链表后，便可以对静态链表进行重排，使得其成为物理有序的链表。具体做法即遍历链表，在第i趟将链表中第i个结点移动至数组的第i个下标位置中。这个过程可以借助一个指针i来确定当前趟排序应该将关键字交换到数组的哪个位置。其代码实现如下所示：

```
void Arrange (SLinkListType   &SL) {
    p = SL.r[0].next;                           //p 指示第一个记录的当前位置
    for ( i=1; i<Sl.length; ++i ) {
        while (p<i)  p = SL.r[p].next;          //找到第 i 个记录,用 p 指示其当前位置
        q = SL.r[p].next;                       //q 指示尚未调整的表尾
        if ( p!= i ) {          //如果 p 与 i 相等,则表明已在正确的位置上,那就不需要调整了
            SL.r[p]←→SL.r[i];                   //交换记录,使第 i 个记录到位
            SL.r[i].next = p;                   //指向被移走的记录
        }
        p = q;                                  //p 指示尚未调整的表尾
                                                //为找第 i+1 个记录做准备
    }
} //Arrange
```

下面借助一个实例来理解这种重排的具体流程。

例如，经上述表插入排序后得到了有序链表SL，头结点中指针域指示链表的第一个结点，即关键字最小的结点是数组中下标为4的分量，其中记录应移至数组的第一个分量中，则将SL.r[1]和SL.r[4]互换，并且为了不中断静态链表中的"链"，即在继续顺链扫描时仍能找到互换之前在SL.r[4]中的结点，令互换之后的Sl.r[1]中指针域的值改为4。推广至一般情况，在第i趟交换中找出第i小的结点，设其数组下标为k，将其与SL.r[i]互换，并将SL.r[i]下标改为p。此时所有数组下标小于或等于i的位置都已经放入了正确的关键字，所以第i趟需要交换的结点应该在下标位置大于i的位置，故顺链查找直到p≥i为止。下面展示了这个有6个关键字的静态链表每趟重排后的结果。

初始状态：

	0	1	2	3	4	5	6
关键字	MAX	59	39	87	23	27	32
Next域	4	3	1	0	5	6	2

第1趟：

	0	1	2	3	4	5	6
关键字	MAX	23	39	87	59	27	32
Next域	4	4	1	0	3	6	2

第 2 趟：

	0	1	2	3	4	5	6
关键字	MAX	23	27	87	59	39	32
Next域	4	4	5	0	3	1	2

第 3 趟：

	0	1	2	3	4	5	6
关键字	MAX	23	27	32	59	39	87
Next域	4	4	5	6	3	1	0

第 4 趟：

	0	1	2	3	4	5	6
关键字	MAX	23	27	32	39	59	87
Next域	4	4	5	6	5	3	0

算法分析：

1）时间复杂度

最好情况下，如果链表已经有序，只需要比较每个结点的值和已排序部分的最后一个结点的值，因此比较次数为 n－1 次，每次比较都只需要 O(1)的时间，所以最好情况下的时间复杂度为 O(n)。最坏情况下，如果链表是逆序排列，对于每个未排序结点，需要在已排序部分中依次比较找到合适的插入位置。插入一个结点可能需要 O(n)次比较，因此总的时间复杂度为 $O(n^2)$。平均情况下的时间复杂度也为 $O(n^2)$。

2）空间复杂度

表插入排序是一种原地排序算法，它不需要额外的辅助空间，因此空间复杂度为 O(1)。在排序过程中，只需要常量级的额外空间用于存储少量临时变量。

3）稳定性

表插入排序是一种稳定的排序算法。在排序过程中，对于相等的元素，我们选择将后面出现的元素插入前面出现的元素之前，这样相等元素的相对顺序保持不变。

9.2.4 希尔排序

希尔排序(Shell's sort)又称为"缩小增量排序"(diminishing increment sort)。由插入排序的学习可以发现，当序列"基本有序"时，可以大大降低插入排序的时间复杂度，所谓基本有序，即序列有较小的逆序数数量。故其基本思想是：先将整个待排记录序列分割成为若干子序列，再分别对每个子序列进行直接插入排序，待整个序列中的记录"基本有序"时，再对全体记录进行一次直接插入排序。

例如，将记录序列分成若干子序列

{R[1],R[1+d],R[1+2d],…,R[1+kd]}

{R[2],R[2+d],R[2+2d],…,R[2+kd]}

…

{R[d],R[2d],R[3d],…,R[kd],R[(k+1)d]}

分别对每个子序列进行直接插入排序，得到 d 个有序的子序列。

其中，d 称为增量，它的值在排序过程中从大到小逐渐缩小，直至最后一趟排序 d 减为 1，则获得了完全有序的序列。

其代码实现可表示为

```
void ShellInsert ( SqList &L, int dk ) {
  for ( i=dk+1; i<=L.length; ++i )
     if (LT(L.r[i].key, L.r[i-dk].key)) {      //表示'<'
       L.r[0] = L.r[i];                         //暂存在 R[0]
       for (j=i-dk;  j>0&&LT(L.r[0].key,L.r[j].key);
                                                              j-=dk)
          L.r[j+dk] = L.r[j];                   //记录后移,查找插入位置
       L.r[j+dk] = L.r[0];                      //插入
     }
}
void ShellSort (SqList &L, int dlta[], int t)
{                                               //增量为 dlta[]的希尔排序
    for (k=0; k<t; ++k)
        ShellInsert(L, dlta[k]);
                                                //一趟增量为 dlta[k]的插入排序
}
```

假设我们使用{5,3,1}的增量序列，对关键字序列

{ 16 25 12 30 47 11 23 36 9 18 31}进行升序希尔排序。

第一趟排序，增量 d=5，则将关键字序列划分为了 5 个子序列，分别为

{16,11,31},{25,23},{12,36},{30,9},{47,18}

我们用不同颜色的字体代替。

16	25	**12**	**30**	**47**	**11**	23	**36**	**9**	**18**	**31**

对每个子序列进行直接插入排序即得到

11	23	**12**	**9**	**18**	**16**	25	**36**	**30**	**47**	**31**

第二趟排序，增量 d=3，则将关键字序列划分为 3 个子序列，分别为

{11,9,25,47},{23,18,36,31},{12,16,30}

11	**23**	12	**9**	**18**	16	**25**	**36**	30	**47**	**31**

则对每个子序列进行直接插入排序后得到

9	**18**	12	**11**	**23**	16	**25**	**31**	30	**47**	**36**

第三趟排序，增量 d=1，此时排序针对整个序列进行直接插入排序，排序完成后得到最终有序的关键字序列为

9	**11**	**12**	**16**	**18**	**23**	**25**	**30**	**31**	**36**	**47**

算法分析：

1）时间复杂度

希尔排序的时间复杂度取决于增量序列的选择，目前并没有一个最好的增量序列，因此希尔排序的时间复杂度并不是简单确定的。一般情况下，希尔排序的时间复杂度介于 O(nlogn)和 $O(n^2)$，更精确地，介于 $O(n^{1.3})$到 $O(n^{1.5})$。

2）空间复杂度

希尔排序是原地排序算法，它只需要常数级别的额外空间用于存储少量临时变量，因此空间复杂度为 O(1)。

3）稳定性

由于在排序过程中存在跨子序列的交换操作，故希尔排序是一种不稳定的排序算法。

9.3 冒泡排序和快速排序

9.2 节介绍的是基于“插入”操作进行的排序，本节讨论基于“交换”操作进行排序的方法，首先介绍其中最简单直接的冒泡排序算法。

9.3.1 冒泡排序

冒泡排序(bubble sort)是一种简单的排序算法，冒泡排序得名于在排序过程中较小(或较大)的元素会像气泡一样逐渐上浮到正确的位置，它重复地遍历待排序的序列。在第一趟排序中，从第一个记录开始两两记录比较，若两个记录的关键字大小次序不正确，如升序排序中 R[i].key>R[i+1].key，则将两个记录交换，第一趟排序会将序列中关键字最大的记录放置到最后一个位置；冒泡排序会重复这个步骤直至整个序列有序，推广至第 i 趟排序，则从第一个记录开始，比较相邻记录，直到将无序序列 R[1...n－i+1]中关键字最大的记录交换到 n－i+1 的位置上。对于 n 个记录的序列，最好情况下，若进行一次排序后整个序列有序，则只需要一趟排序，最坏情况下则总共需要进行 n－1 趟排序(图 9-3)。

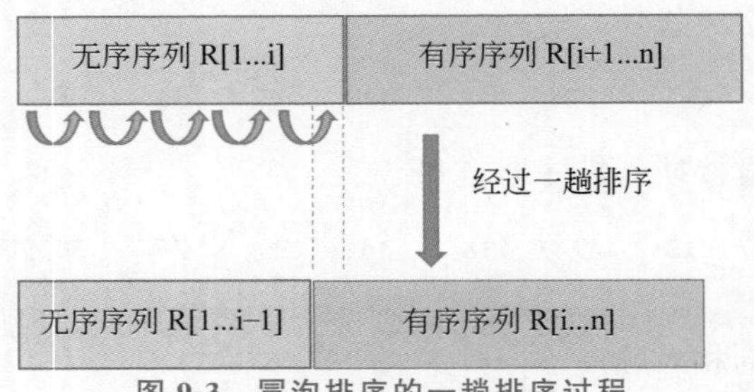

图 9-3 冒泡排序的一趟排序过程

由上述的排序过程可以发现，在冒泡排序过程中，每趟排序都会将一个记录移动到最终正确的位置上，并且有序序列中的关键字值都比无序序列中的大。其代码实现可以表示为：

```
void BubbleSort(SqList &L )
{int i,j,noswap; SqList  temp;
  for(i=1;i<=n-1;i++)
  {noswap=TRUE;
   for(j=1;j<=n-i;j++)
   if (L.r[j].key>L.r[j+1].key)
```

```
      {temp=L.r[j]; L.r[j]=L.r[j+1];
        L.r[j+1]=temp;
        noswap=FALSE;
      }
      if (noswap)  break;
    }
}
```

下面展示冒泡排序的一个实例。

【例 9-3】 我们使用冒泡排序对关键字序列{27,28,45,18,15,72,39}进行升序排序。

27	28	45	18	15	72	39
27	28	18	15	45	39	72
27	18	15	28	39	45	72
18	15	27	28	39	45	72
15	18	27	28	39	45	72

第一趟排序从第一个记录开始两两比较相邻记录，直到第 n 个记录，将最大关键字 72“上浮”到了最后一个位置。第二趟排序从第一个记录开始两两比较相邻记录，直到第 n－1 个记录，将最大关键字 72“上浮”到倒数第二个位置。以此类推，直到第 4 趟排序之后，我们发现整个关键字序列已经有序，则可以结束排列。

算法分析：

1）时间复杂度

最好情况下，当待排序的数组已经是有序的情况下，冒泡排序只需要遍历一次，但不需要进行交换操作，时间复杂度为 O(n)。最坏情况下，当待排序的数组是逆序排列时，冒泡排序需要进行 n－1 轮遍历，每轮需要比较和交换 n-i 次，其中 i 为当前遍历的轮数。总的时间复杂度为 $O(n^2)$。平均情况下，冒泡排序的时间复杂度也为 $O(n^2)$。

2）空间复杂度

冒泡排序是原地排序算法，只需要常数级别的额外空间来存储临时变量，因此空间复杂度为 O(1)。

3）稳定性

冒泡排序是一种稳定的排序算法。在排序过程中，只有相邻元素的值相等时才会交换它们的位置，因此相等元素的相对顺序不会改变。

9.3.2　快速排序

快速排序(quick sort)是一种高效的排序算法，它是由英国计算机科学家 Tony Hoare 于 1960 年提出的。快速排序属于交换排序的一种，通过采用分治的思想将待排序的序列不断地分割为较小的子序列，然后对子序列进行排序，最终合并得到有序的序列。由于其高效的性能和相对简单的实现，快速排序成为常用的排序算法之一。

快速排序的基本思想是选取一个元素作为枢纽元素(pivot)，通过一趟排序将待排序的序列分割成独立的两部分：以轴为分界点，从两侧相对往中间走；把比枢纽元素小的元素交换到左

侧;把比枢纽元素大的元素交换到右侧。最终一趟排序得到具有以下特点的一个关键字序列:

(1) 左侧子序列中所有对象的关键字都小于或等于枢纽元素的关键字;

(2) 右侧子序列中所有对象的关键字都大于或等于枢纽元素的关键字;

(3) 枢纽元素排在这两个子序列中间(并且枢纽元素处于其最终的位置)。

然后将枢纽元素左右两侧的序列分别视为子序列,对这两个子序列分别进行递归排序,直到将整个序列有序化。

具体做法是依靠两个指针 low 和 high 来实现的,其初值分别指向关键字序列的第一个元素和最后一个元素,设枢纽记录的关键字为 pivotkey(一般会选取关键字序列的第一个元素作为枢纽元素 pivotkey),首先从 high 指针所指位置起向前搜索找到第一个关键字小于 pivotkey 的记录并和枢纽元素互相交换,然后从 low 所指位置起向后搜索,找到第一个关键字大于 pivotkey 的记录并和枢纽元素互相交换,重复这两步直至 low=high 为止。其代码实现如下所示:

```
int Partition(SqList &L, int low, int high)
{   KeyType pivotkey;pivotkey = L.r[low].key;
    while (low<high) {
        while ((low<high)&& (L.r[high].key>=pivotkey))
        --high;
        L.r[low] ←→ L.r[high];
    while ((low<high)&& (L.r[low].key<=pivotkey))
        ++low;
        L.r[low] ←→ L.r[high];
    }
    return low;                              //返回枢纽位置
} //Partition

void QSort (ElemType R[],  int low,  int  high ) {
    //对记录序列 R[low..high]进行快速排序
    if (low <high-1) {                       //长度大于 1
        pivotloc = Partition(L, low, high);
                                             //将 R[low..high] 进行一次划分
        Qsort(R, low, pivotloc-1);
                                             //对低子序列递归排序,pivotloc 是枢纽位置
        Qsort(R, pivotloc+1,high);           //对高子序列递归排序
    }
} //QSort

void QuickSort( Elem R[],int n ){
    //对记录序列进行快速排序
        Qsort(R, 1, n);
} //QuickSort
//第一次调用函数 Qsort
```

下面借助一个例子来理解快速排序。

【例 9-4】 假设使用快速排序对关键字序列{63,28,45,18,98,72,15,27}进行升序排序,在第一趟排序中,我们选择枢纽元素为第一个元素 63(用“*”标记表示),并使指针 Low 和 High 分别指向第一个元素和最后一个元素。

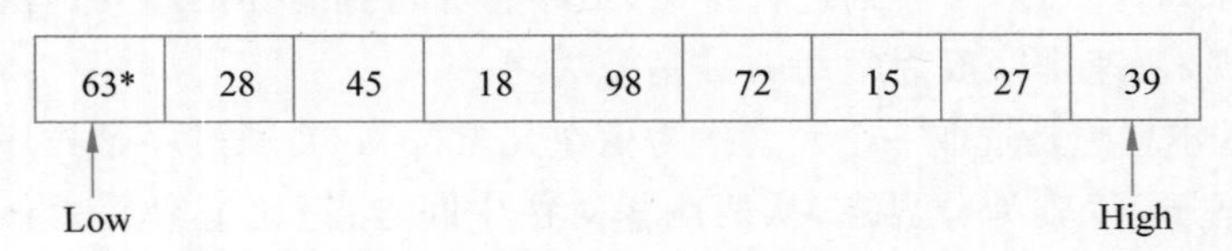

从 high 指针开始向前搜索，直到搜索到比枢纽元素 63 小的关键字 39，将其与 low 指针所指元素互换位置。

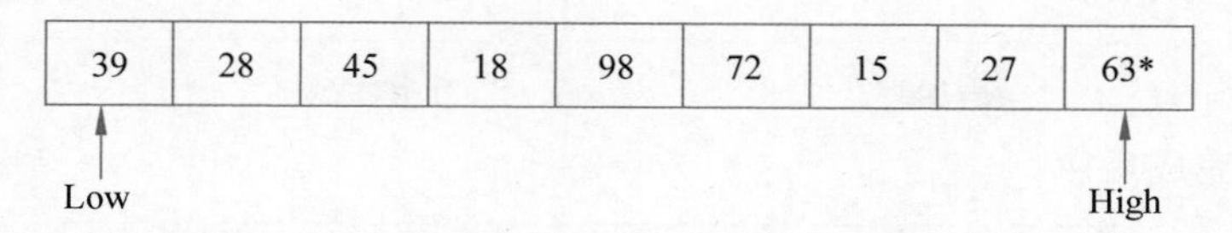

从 low 指针开始向后搜索，直到搜索到比枢纽元素 63 大的关键字 98，将其与 high 指针所指元素互换位置。

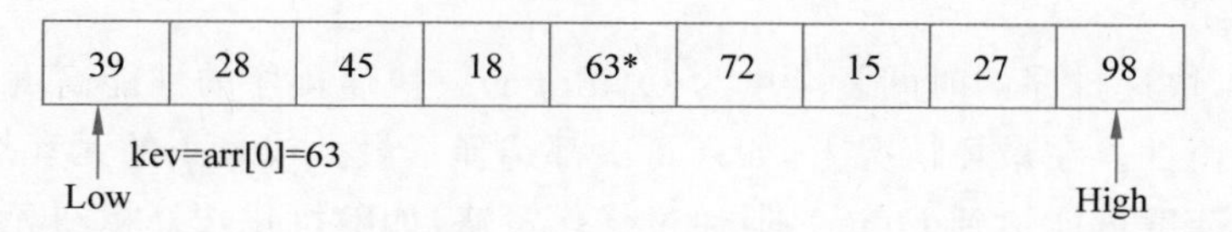

从 high 指针开始向前搜索，直到搜索到比枢纽元素 63 小的关键字 27，将其与 low 指针所指元素互换位置。

27	28	45	18	98	72	15	

39	28	45	18	63*	72	15	27	98

kev=arr[0]=63

Low　　High

从 low 指针开始向后搜索，直到搜索到比枢纽元素 63 大的关键字 72，将其与 high 指针所指元素互换位置。

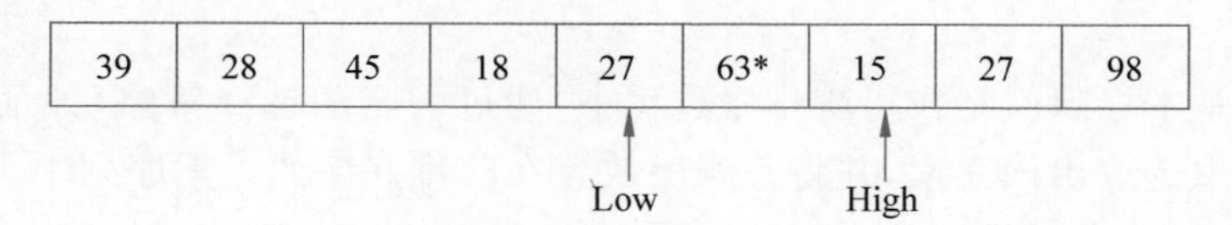

从 high 指针开始向前搜索，直到搜索到比枢纽元素 63 小的关键字 15，将其与 low 指针所指元素互换位置。

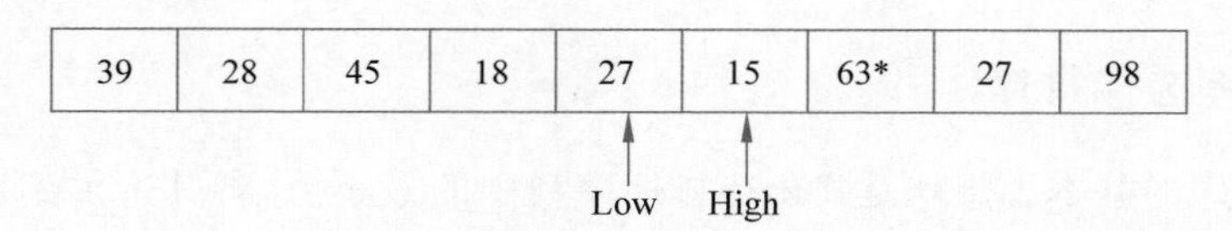

继续从 low 指针向后搜索，发现 low＝high，于是第一趟排序完成，我们可以发现第一趟排序完成后，枢纽元素 63 左侧子序列中所有对象的关键字都小于或等于 63；右侧子序列中所有对象的关键字都大于或等于 63，并且枢纽元素 63 已经处于其最终的位置上。

我们对左子序列{39，28，45，18，27，15}和右子序列{72，98}分别进行递归排序，直到整个序列有序为止。

每趟排序后，我们可以得到下述关键字序列（"＊"表示当前趟排序所选择的枢纽元素）。

第 1 趟排序完成后：

39	28	45	18	27	15	63*	72	98

第 2 趟排序完成后：

15	28	27	18	39*	45	63*	72*	98

第 3 趟排序完成后：

15*	28	27	18	39*	45	63*	72*	98

第 4 趟排序完成后：

15*	18	27	28*	39*	45	63*	72*	98

算法分析：

1）时间复杂度

平均情况下，快速排序的时间复杂度为 O(nlogn)。快速排序的性能高度依赖枢纽元素的选择和划分的平衡性。在最坏情况下，如果每次都选择了最大或最小的元素作为枢纽元素，快速排序的时间复杂度可能达到 $O(n^2)$，但通过优化策略（如随机化选择枢纽元素或使用三数取中法等）可以显著提高快速排序的性能。因此，在实际应用中，选择合适的优化策略对于快速排序的性能至关重要。

2）空间复杂度

快速排序是原地排序算法，不需要额外的辅助空间，因此空间复杂度为 O(1)。

3）稳定性

快速排序是一种不稳定的排序算法。在排序过程中，可能会交换相等元素的位置，导致相等元素的相对顺序改变。

9.4 选择排序

选择排序的基本思想就是在每趟排序过程中，通过一定的选择策略（如最大值或最小值）从待排序的元素中选取出该元素，并将其顺序放置在已排好序的元素序列中，以此方法不断增加有序子序列的长度，直至排序完成。

本节介绍五种基于选择操作的排序算法，包括简单选择排序、树形选择排序、堆排序、归并排序和基数排序。

9.4.1 简单选择排序

简单选择排序的基本思想就是找出待排序序列中的最小值，将其追加到已排好序的序列的末尾。

具体来说，假设我们有一个待排序的序列{3, 2, 5, 4, 1}，简单选择排序算法首先将整个序列当作待排序序列 P={3, 2, 5, 4, 1}，此时，已排好序的序列 Q 为一个空序列 Q={}。算法的第一趟排序过程是将待排序序列 P 中的最小值 1 追加到已排好序的序列 Q 中，该过程可以通过交换操作完成，也就是将最小元素 1 和第一个元素 3 交换位置，从而通过一趟排序，算法得到一个新序列{1, 2, 5, 4, 3}，其中，这个序列的前一个元素转为已排好序的序列 Q={1}，后 4 个元素为待排序序列 P={2, 5, 4, 3}，并且在无重复关键字的情况下，任何一个 P 中的元素均比 Q 中的所有元素大。第二趟，算法继续在 P 中寻找最小值，并通过交换将其追加到已排好序的序列 Q 中，重复该过程，直至所有元素有序，排序完成，算法结束。

简单选择排序算法流程如图 9-4 所示，其中每趟排序交换待排序序列的最小值（深色元素）和已排序序列的末尾的下一个元素（下画线元素）。每执行一趟排序过程，有序序列中的元素增加一个，因此 n 个元素需要执行 n－1 趟选择排序过程。

简单选择排序的算法如下：

```
void select_sort(list, length){
    //list: 是一个数组，典型地，每个元素为一个结构体，包含键 key 和值 value
    //length: 是数组的长度
    for(int i = 0; i < length - 1; i++){
        int idx = i;                              //记录最小元素的下标
        for(int j = i + 1; j < length; j++){
            if(list[j].key < list[idx].key){
                idx = j;                          //更新最小元素的下标
            }
        }
        swap(list[i], list[idx]);                 //交换数组元素
    }
}
```

算法复杂度分析。由于可以不借助辅助空间，算法原地执行排序，因此空间复杂度是 $O(1)$。此外，由于没有提前结束的条件，故算法需要执行 n－1 趟排序，在第 i 趟排序过程中，需要进行 n－1－(i＋1)＋1＝n－i－1 次关键字大小比较。因此，时间复杂度为 $O(n^2)$。另外，简单选择排序是不稳定的。例如，{3, 2, 3, 1}，第一趟排序之后，第一个 3 与最小元素 1 交换，得到{1, 2, 3, 3}，这导致两个 3 的相对位置发生变化，因此简单选择排序是不稳定的排序算法。

9.4.2　树形选择排序

简单选择排序算法由于其思想与实现难度上的简单性，导致了重复的比较次数，这增大了算法的时间复杂度。具体地，在 n 个关键字中选出最小值，至少要进行 n－1 次比较，然而，继续在剩余的 n－1 个关键字中选择次小值，并非一定像简单选择排序一样进行 n－2 次比较，如果能有效利用前 n－1 次比较所得到的信息，则可减少后续各趟选择排序中所用的比较次数。

为了减小时间复杂度，树形选择排序（又称锦标赛排序）通过锦标赛的思想，可以有效地减少比较的次数。

例如，假设我们有一个待排序的序列{10, 9, 20, 6, 8, 9, 90, 17}，树形选择排序首先按照锦标赛的思想，对 n 个元素的关键字进行两两比较，得到 n/2（向上取整）个较小值。然后在所有较小值中继续进行两两比较，得到新的较小值，重复此过程，直到得到最小值。该过程可以由一棵二叉树形象地描述，如图 9-5 所示。

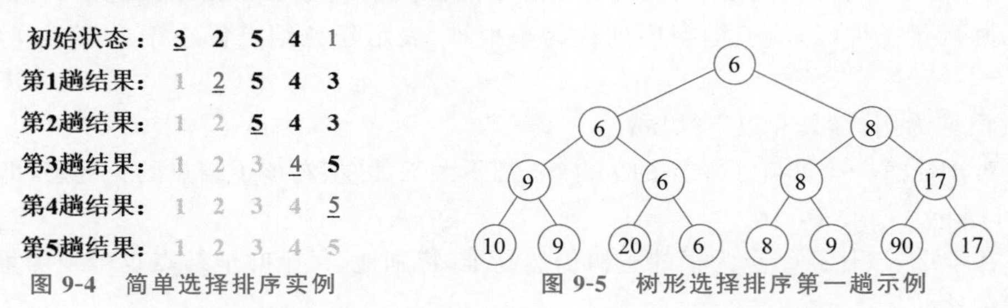

图 9-4　简单选择排序实例　　图 9-5　树形选择排序第一趟示例

当我们进行了第一趟排序，并且得到了这棵二叉树之后，我们就得到了前 n－1 次比较的结果记录，通过这棵二叉树，我们可以有效地减少后续的比较次数。

具体地，当我们得到最小值 6 之后，我们继续从 6 出发，将其设置为“无穷大”，根据这棵树

所维护的关键字大小消息，算法可以继续在这棵树上从这个最小值的位置出发，向着根结点的路径进行选择排序，即比较左右结点的关键字大小，并将较小者赋予父结点，便可以得到次小值，如图 9-6 所示。

可以发现，除了第一趟之外，后续的每趟只需要从叶子结点出发，朝着根结点的路径进行 h−1 次比较，h 是二叉树的高度，并且这棵树有 n 个叶子结点，因此算法的时间复杂度为 $O(n\log_2 n)$。此外，对于 n 个结点的序列，构造上述的二叉树需要引入 n−1 个辅助空间，因此算法的空间复杂度为 O(n)。

考虑具有两个相同关键字的情况，算法可以通过优先选择左子树中的关键值维持原有序列的相对位置，因此树形选择排序算法是稳定的。

然而，该算法存在浪费存储空间比较大、和“无穷大”进行多余的比较等缺点。

9.4.3 堆排序

堆排序属于一种树形选择排序算法，是对上述的树形选择排序的改进。堆排序是将一个关键字序列的顺序存储看作一棵完全二叉树，如图 9-7 所示。

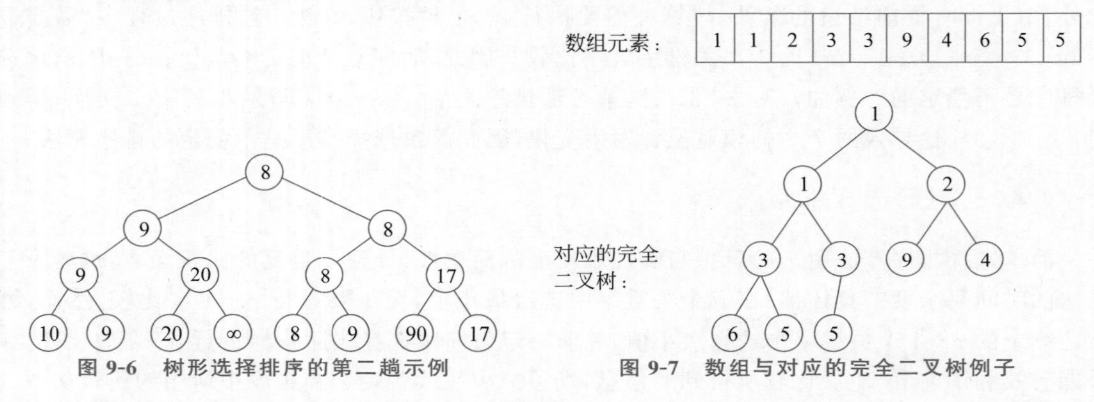

图 9-6　树形选择排序的第二趟示例

图 9-7　数组与对应的完全二叉树例子

值得注意的是，堆采用的是数组结构存储，并且下标 0 的位置在堆结构中不被使用，而是从下标 1 的位置开始与二叉树对应。根据上述数组对应的完全二叉树结构，我们可以定义堆(包括大根堆和小根堆)：

(1) A[i].key≥A[2＊i].key，并且 A[i].key≥A[2＊i+1].key；

(2) A[i].key≤A[2＊i].key，并且 A[i].key≤A[2＊i+1].key。

其中，满足条件(1)的称为大根堆，也就是任意结点都大于或等于其在二叉树中的所有孩子结点，相似地，满足条件(2)的关键字序列称为小根堆，表示任意结点都小于或等于其所有孩子结点。

以大根堆为例，堆具有以下性质：

(1) 对于任意一个非叶子结点的关键字，都不大于其左、右孩子结点的关键字，即 A[i/2].key≤A[i].key　s.t. 1≤i/2 < i≤n；

(2) 在堆中，以任意结点为根的子树仍然是堆，特别地，每个叶子结点也可视为堆，每个结点都代表一个堆；

(3) 在以任意结点为根表示的堆中，根结点的关键字是最小的，去掉堆中编号最大的叶子结点后，仍然是堆。

堆排序主要分为两个步骤，分别是①以堆(的数量)不断扩大的方式进行初始建堆；②以堆的规模逐渐缩小的方式进行堆排序。

首先介绍堆中两个关键的操作：上浮(move_up)和下沉(move_down)。上浮指的是将一个下标为 i 的元素不断上浮至合适位置，也就是 i.key 小于其父结点的 key 值。下沉指的是将一个下标为 i 的元素不断下沉至合适位置，即满足 i.key 大于其两个孩子结点的 key 值。具体算法如下：

```
void move_up(int i) {
    //如果能够上浮,则循环执行
    while (parent(i) >= 1) {
        //不需要上浮
        if (less(i, parent(i))) { //当前结点小于其父结点
            break;
        }
        else {
            swap(i, parent(i));                    //交换当前结点与父结点
            i = parent(i);
        }
    }
}

void move_down(int i) {
    //能够下沉
    while (LC(i) <= n) {                          //如果存在至少一个孩子
        //寻找较大者下标
        int index = LC(i);
        if (RC(i) <= n && less(index, RC(i))) {
            index = RC(i);
        }

        //如果比两个孩子大,则退出
        if (!less(i, index)) {
            break;
        }
        //否则和大的孩子交换
        else {
            swap(i, index);
            i = index;
        }
    }
}
```

堆排序的实现基于这两个核心操作。具体地，堆排序首先要建立初始堆，即先将 n/2 下标之后的所有叶子结点单独当作一个堆，然后从下标 n/2 开始至 1，将每个结点为根的堆结构进行调整，也就是不断将当前考虑的根结点下沉至合适位置。实现初始堆的建立，初始堆的建立保证了最大值一定在堆首。

第二步，堆排序基于初始堆，进行 n−1 趟的堆重建(堆排序)，对于每趟堆排序，算法将堆尾与堆首对调位置，删除位于堆尾的最大值，然后将堆首下沉(move_down)至合适位置，重新调整堆的结构，以维护堆的性质，再次保证剩余元素中的最大值位于堆首位置。

因此，堆排序算法实现如下：

```
void heap_sort(){
    //建立初始堆
    for(int i=n/2; i>=1; i--){
```

```
        move_down(i);
    }

    //n-1 趟堆排序
    for(int i=n; i>=2; i--){
        swap(1, i);
        delete(i);                          //从数组中删除位于堆尾的最大值
        move_down(1);                       //将堆首下沉
    }
}
```

每趟排序过程，需要将下标为 1 的堆首元素下沉(move_down)至合适位置，由于 n 个元素的完全二叉树的树高为 $\log_2 n$，所以一趟排序的时间复杂度为 $O(\log_2 n)$，因此，堆排序总的时间复杂度为$O(n\log_2 n)$。从堆排序的算法实现来看，可以发现堆排序无须像树形选择排序一样借助大量的辅助空间，仅使用常数个辅助内部变量，因此空间复杂度为 O(1)。在下沉(move_down)操作中，可能会导致相同关键字的两个元素的相对位置发生改变，因此堆排序是不稳定的排序算法。

从堆排序的过程可以发现，其每趟挑出一个待排序序列中的最大值，放在堆首并输出，考虑关键字大的元素优先级高，我们可以很容易地通过堆排序的思想得到一种新的数据结构"优先级队列"，具体地：优先级队列是一种用来维护一组元素构成的集合的数据结构，不同于普通队列的"先进先出"的准则，优先级队列强调"优先"，也就是当前队列中，根据元素的属性选择某一项值最优的、优先级最高的元素先出队(如排序中的最大值优先出列)。通过该数据结构的定义，我们可以发现使用优先级队列可以很好地实现排序，使用堆排序的思想也可以高效地实现优先级队列。

优先队列作为一种数据结构，最重要的操作便是元素的插入和删除。和堆一样，我们可以采用下标从 1 开始的数组进行表示与实现，以便更加容易地推导出父结点和孩子结点。

优先队列可以通过堆排序的方式建立初始堆，也可以采用向空堆不断插入元素的方式建立初始堆。对于插入操作，我们只需要在原有的堆尾插入待插入的元素，然后通过上浮(move_up)操作移动至合适位置即可。对于删除操作，也就是"最大值元素出队"，我们采取和堆排序一样的操作，即将堆尾与堆首对调，删除堆尾，然后将堆首下沉(move_down)至合适位置。

9.4.4 归并排序

归并排序的基本思想是通过"合并"两个或者两个以上的有序子序列，从而逐步增加有序序列的长度。

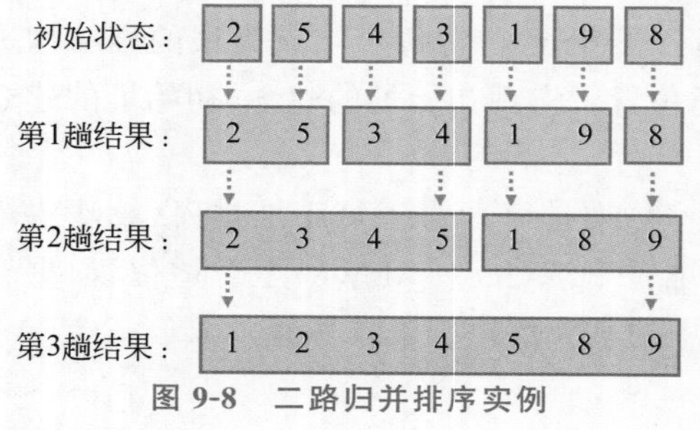

图 9-8　二路归并排序实例

直观地，最简单的归并排序是每次合并两个有序子序列，也就是二路归并排序。归并的过程可以看作二叉树不断分叉为子树的逆过程，考虑一个 7 个元素的序列排序过程，归并排序首先将 n 个元素看成 n 个长度为 1 的有序子序列，然后通过不断归并相邻的两个有序子序列实现排序，归并的过程如图 9-8 所示。

图中的每个长方体代表一个有序的子序列，可以看出，通过不断地合并，最大有序子序列的长度在不断增大，最终实现排序。

通过图 9-8 可以发现，一个有 n 个元素的序列共需要执行 $\log_2 n$ 趟合并过程，每趟合并共需要将 m 个有序子序列进行两两归并排序，其中 m 对应图 9-8 中每行的长方体个数，m 个子序列共包含 n 个元素，因此一趟归并的时间复杂度为 O(n)。所以，归并排序总的时间复杂度为 $O(n\log_2 n)$。

具体地，两个相邻的有序子序列的合并算法如下。

```
//合并两个有序子序列,i ~ mid 为第一段有序子序列,mid + 1 ~ j 为第二段有序子序列
void merge(int *p, int i, int j, int mid){
    int *tmp = (int *)malloc(sizeof(int) * (j - i + 1));  //动态申请辅助空间

    int idxi = i;
    int idxj = mid + 1;
    int k = 0;

    while(idxi <= mid && idxj <= j){
        if(p[idxi] > p[idxj]){              //这里保证了相同关键字元素的相对顺序不会改变
            tmp[k] = p[idxj];
            k++;
            idxj++;
        }
        else{
            tmp[k] = p[idxi];
            k++;
            idxi++;
        }
    }

    //摆放第一段的剩余元素
    while(idxi <= mid){
        tmp[k] = p[idxi];
        k++;
        idxi++;
    }

    //摆放第二段的剩余元素
    while(idxj <= j){
        tmp[k] = p[idxj];
        k++;
        idxj++;
    }

    //将排好序的序列复制回原来的数组中
    for(int ki = 0; ki < (j - i + 1); ki++){
        p[i + ki] = tmp[ki];
    }
}
```

从上述代码中可以发现，归并排序需要借助一个和两两有序子序列的长度和大小一样的辅助空间变量名 tmp，最后一趟合并时，该辅助空间的大小等于原始序列的长度，因此其空间复杂度为 O(n)。

按照图 9-8 自底向上的合并方式，二路归并的算法如下：

```
//自底向上的方式
//一趟归并排序,合并 M 个有序子序列,共 length 个元素,每个有序子序列长度为 sub_length(最
//后一个子序列可能不足)
```

```
void mergepass(int a[], int sub_length, int length){
    int i;                                          //下标
    for (i = 0; i + 2 * sub_length - 1 < length; i = i + 2 * sub_length){
        //i + 2 * sub_length - 1 表示两个相邻有序子表(长度均为 sub_length)的最后一个元
        //素的下标
        //如果小于 length,则说明存在这样的两个相邻有序子表(长度均为 sub_length),反之表
        //示不存在
        merge(a, i, i + sub_length - 1, i + 2 * sub_length - 1);
    }

    //i + sub_length - 1 >= n - 1 意味着只存在一个子表,则直接跳过
    //如果存在不等长的两个子表(第二个子表的长度大于或等于 1),则执行:
    if (i + sub_length - 1 < n - 1){
        merge(a, i, i + sub_length - 1, n - 1);
    }
}


void mergesort(int a[], int length){
    int sub_length;
    for (sub_length = 1; sub_length < n; sub_length = 2 * sub_length){ //log2N 趟
        mergepass(a, sub_length, length);
    }
}
```

二路归并排序除了可以采用上述非递归的算法实现之外,还可以采用自顶向下的递归做法,其基本思想是"子问题划分"的思想,即通过不断地将长的无序序列划分为两个无序子序列,并将这两个无序子序列分别排序并合并。该自顶向下的过程可以通过如下递归算法实现:

```
//自顶向下递归方式
void mergesort(int a[], int i, int j){
    if(i == j) return;

    int mid = (i + j) / 2;
    mergesort(a, i, mid);
    mergesort(a, mid + 1, j);
    merge(a, i, j, m);                              //O(n)
}

//调用排序算法
//mergesort(a, 0, length-1)
```

对于归并排序,我们可以发现它是稳定的,因为在两两有序子序列合并的过程中,如果有两个关键字相同,归并排序总是按照其原有相对顺序摆放这两个元素,相对位置不会改变,所以其是稳定的排序算法。

9.4.5 基数排序

基数排序是一种多关键字排序算法,在于利用多关键字排序的思想实现单关键字排序,从而在某些场景中实现高效的排序,如身份证号排序。

基数排序的思想是根据不断地选择符合某些条件的"特殊元素",如以 0 结尾的元素,对其进行"分配"与"回收"以实现排序。

考虑一般情况,关键字取值范围由 d 位数组成,每位数的取值范围为 r,r 也称作基,例如,

r=2 时表示二进制数 0011,r=10 时表示十进制数 3。

基数排序主要是将一个关键字的排序考虑为 d 个关键字的排序,通常可以采用低位优先的基数排序,也就是先按最低位(如个位)的值对元素进行排序,在此基础上继续排次低位,直至最高位。因此,低位优先的基数排序共进行 d 趟排序。一个基数排序的过程如图 9-9 所示。

初始序列	个位有序后	十位有序后	百位有序后
321	890	901	012
986	210	109	018
123	321	210	098
432	901	012	109
543	432	018	123
018	012	321	310
765	123	123	321
678	543	432	432
987	765	543	543
789	986	765	678
098	987	678	765
890	018	986	789
109	678	987	890
901	098	789	901
210	789	890	986
012	109	098	987

图 9-9 基数排序的例子

以 r=10 的十进制关键字排序为例,在基数排序中,我们需要维护 10 个队列 Q,并将元素分配至这些队列中,并进行回收。

对于每趟基数排序,根据这一趟要排序的位数(如 10 位),算法首先将所有元素按照该位的值"分配"给 10 个队列,其后,将这 10 个队列重组(回收)成一个新的数组,完成一趟排序过程。该过程如图 9-10 所示。

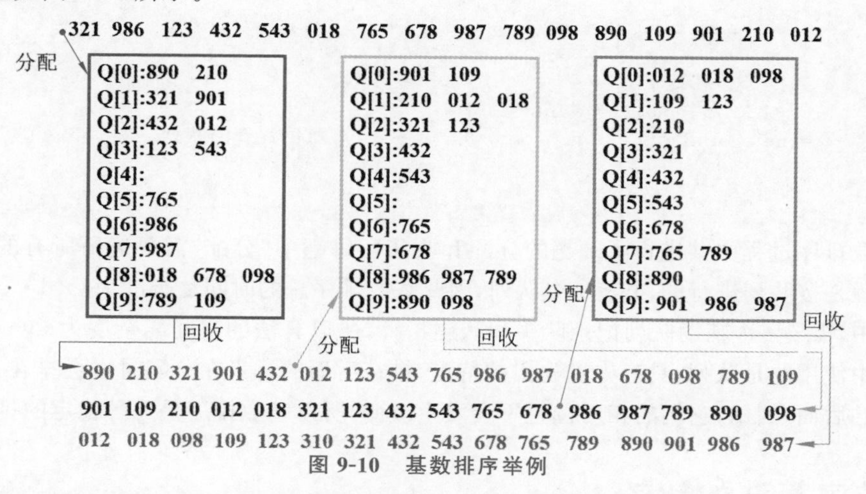

图 9-10 基数排序举例

为了便于实现,我们考虑链式存储的数组和队列,基数排序的算法如下:

```
void radix_sort(Datatype * &p, int r, int d){
    Queue Q[r];                          //r 个队列
```

```
    Datatype * head[r];                                //队列头指针
    Datatype * tail[r];                                //队列尾指针
    Datatype * new_tail_p = NULL;
    Datatype * new_head_p = NULL;

    for(int i=0; i <= d-1; i++){
        //置为空队列
        for(int j=0; j <r; j++){
            head[i] = tail[i] = NULL;
        }

        //分配
        while(p != NULL){
            k = RADIX(data.key(), j);     //取值,根据 key 值的第 j 位,决定进入第几个队列
            //插入第 k 队列
            if(head[k] != NULL){
                tail[k]->next = p;
                tail[k] = p;
            }
            else{
                head[k] = tail[k] = p;
            }
            p = p->next;
        }

        //回收,将 r 个队列拼接
        for(int j=0;j<r;j++){
            //如果是非空队列
            if(head[j] != NULL){
                if(new_head_p == NULL){
                    //第一个非空队列
                    new_head_p = head[j];
                }
                else{
                    new_tail_p->next = head[j];
                }
                new_tail_p = tail[j];              //记录队列的尾巴
            }
        }
        new_tail_p->next = NULL;
        p = new_head_p;                            //赋值为新的队列
    }
}
```

在基数排序过程中共进行了 d 趟的分配和收集。每趟中“分配”需要遍历所有的 n 个结点，而收集过程是按队列进行的，共有 r 个队列，因此基数排序总的时间复杂度为 O(d・(n+r))。在基数排序中，需要 r 个辅助队列记录队头和队尾指针，所以算法的空间复杂度为 O(r)。另外，在基数排序中使用的是队列，具有先进先出的特点，排在后面的元素在分配时也会排在前面相同关键字元素的后面，因此，它们的相对位置不会发生改变，所以基数排序是一种稳定的排序方法。

9.5 排序算法的比较

为了更清楚地了解各个排序算法，本章介绍的排序算法比较总结如表 9-1 所示。

表 9-1 排序算法比较

序号	排序方法	平均时间	最好情况	最坏情况	辅助空间	稳定性
1	简单选择排序	$O(n^2)$	$O(n)$	$O(n^2)$	$O(1)$	稳定
2	直接插入排序	$O(n^2)$	$O(n)$	$O(n^2)$	$O(1)$	稳定
3	折半插入排序	$O(n^2)$	$O(n \cdot \log_2 n)$	$O(n^2)$	$O(1)$	不稳定
4	冒泡排序	$O(n^2)$	$O(n^2)$	$O(n^2)$	$O(1)$	稳定
5	希尔排序	$O(n^{1.3})$	$O(n)$	$O(n^2)$	$O(1)$	不稳定
6	堆排序	$O(n \cdot \log_2 n)$	$O(n \cdot \log_2 n)$	$O(n\log_2 n)$	$O(1)$	不稳定
7	归并排序	$O(n \cdot \log_2 n)$	$O(n \cdot \log_2 n)$	$O(n^2)$	$O(n)$	稳定
8	快速排序	$O(n \cdot \log_2 n)$	$O(n \cdot \log_2 n)$	$O(n^2)$	$O(\log_2 n)$	不稳定
9	基数排序	$O(d \cdot (n+r))$	$O(d \cdot (n+r \cdot d))$	$O(d \cdot (n+r))$	$O(r)$	稳定

实际应用中,对排序算法应该从以下几方面综合考虑:时间复杂度、空间复杂度、算法稳定性、算法简单性、待排序记录个数 n 的大小,等等。不同条件下,排序方法的选择可以不同。

(1) 若 n 较小(如 $n \leqslant 50$),可采用直接插入或直接选择排序。当记录规模较小时,直接插入排序较好;否则因为直接选择移动的记录数少于直接插入,应采用直接选择排序为宜。

(2) 若文件初始状态基本有序,则应选用直接插入、冒泡或随机的快速排序为宜;且以直接插入排序最佳。

(3) 若 n 较大,则应采用时间复杂度为 $O(n\log_2 n)$的排序方法,如快速排序、堆排序或归并排序。

(4) 快速排序是目前基于比较的内部排序中最好的方法,当待排序的关键字是随机分布时,快速排序的平均时间最短。

(5) 堆排序所需的辅助空间少于快速排序,并且不会出现快速排序可能出现的最坏情况,这两种排序都是不稳定的。

(6) 基数排序适用于 n 值很大而关键字取值范围较小的序列。

(7) 若要求排序的稳定性,则可选用归并排序,基数排序稳定性最佳。

9.6 排序的智能算法应用

本章的前面部分介绍了如何对一个元素序列进行关键字排序的算法,包括基于“插入”“交换”和“选择”的排序算法,分别适用于不同的实际场景。实际上,不仅可用于常规的数值排序,排序算法对于任何应用场景几乎都是不可或缺的。对各式各样事物进行排序的前提是将数据转换为代表它的一个关键字或者一组关键字,再按单关键字或者多关键字进行排序。因此,在本节中,我们具体介绍两个智能排序算法的实际应用,分别是检索模型和推荐系统。

9.6.1 检索模型

本节重点介绍检索模型(retrieval models)的相关内容,包括对各种不同的数据类型进行智能排序并检索的实际应用场景,如图片、文本和多媒体数据。检索模型的核心就是要从包含大量数据的数据库中找出和用户所给出的“查询”最相关的实例,并展现给用户。

信息检索技术根据不同的检索方式,可以分为三大类,分别是单模态检索(uni-modal retrieval)、多模态检索(multi-modal retrieval)和跨模态检索(cross-modal retrieval)。如

图 9-11 所示，单模态检索指的是采用同一模态的查询项(query)执行模态内的数据检索，例如，浏览器的"以图搜图"功能便是单模态检索的一个实例。多模态检索则是将多个模态的查询项融合之后再进行信息检索，多个模态的查询项可以提供互补的信息，但这需要用户一次性给出多个模态查询项的具体描述。跨模态检索指的是采用一个模态(如文本)的查询项来检索另一个模态(如图像)的数据，例如"以文搜图"。

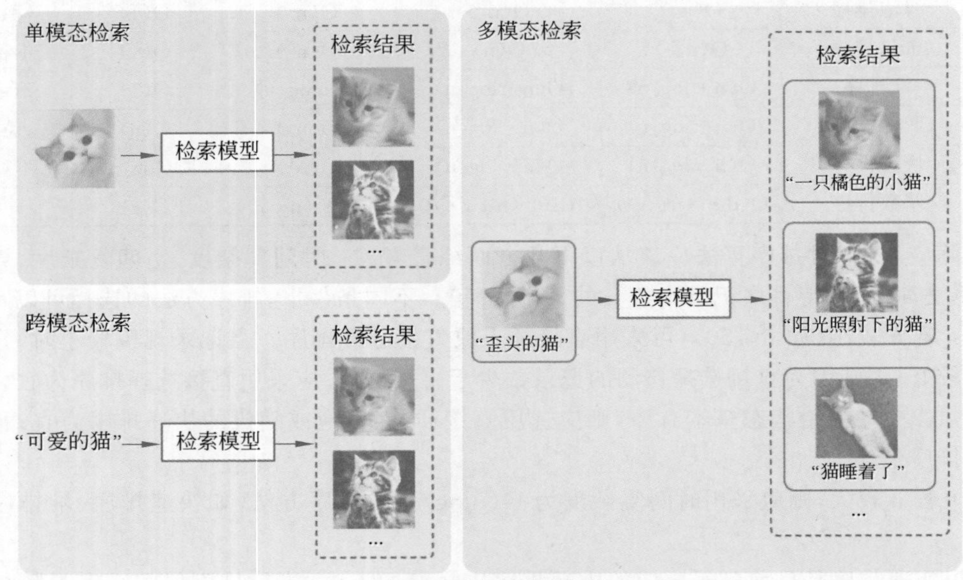

图 9-11　检索模型分类

跨模态检索作为一种灵活的信息检索方式，可以充分挖掘不同模态数据之间的语义相关性，实现任意两个模态数据之间的相互检索。具体地，以图像和文本两个模态为例，跨模态检索包括两个子任务，即"以图搜文"和"以文搜图"。例如，用户给出了一个文本描述的查询项"猫的图片"，那么，模型首先应当理解用户的文本输入，将其编码为特征表示，在这之后，检索模型需要根据查询项与数据库数据之间的内容相似度，智能地将数据库中的样本按特征相似度排序，从而在数据库中找到并返回一组与文本"猫的图片"最相近的图片给用户，这就是"跨模态检索"的经典任务之一，即"以文搜图"，图 9-12 详细地描述了该算法流程。

在"以文搜图"任务中，假设用户输入的文本内容为 x，模型首先需要对 x 进行特征提取：

$$q=f(x)$$

其中，f 为文本特征提取网络，用于提取文本输入的特征描述，q 为所得的文本特征表示。对于数据库中的 n 项离线图片数据 $\{y_i|i=1:n\}$，模型首先计算好这些图片数据的特征表示，这通过另一个图像特征提取网络 g 实现：

$$r_i=g(y_i)$$

基于这些数据的特征表示，以特征表示为关键字，我们需要应用智能排序算法对数据库中的数据按照用户给定的条件进行排序。值得注意的是，这里的排序条件不再是传统的数值大小关系，而是以与用户给出"查询项"的"相似度"为排序条件。因此，模型首先需要计算查询项特征 q 与每个数据库数据特征 r_i 之间的相似度，以余弦相似度为例，我们可以计算特征之间的夹角：

$$\cos(\theta)=\frac{q \cdot r_i}{||q|| \cdot ||r_i||}$$

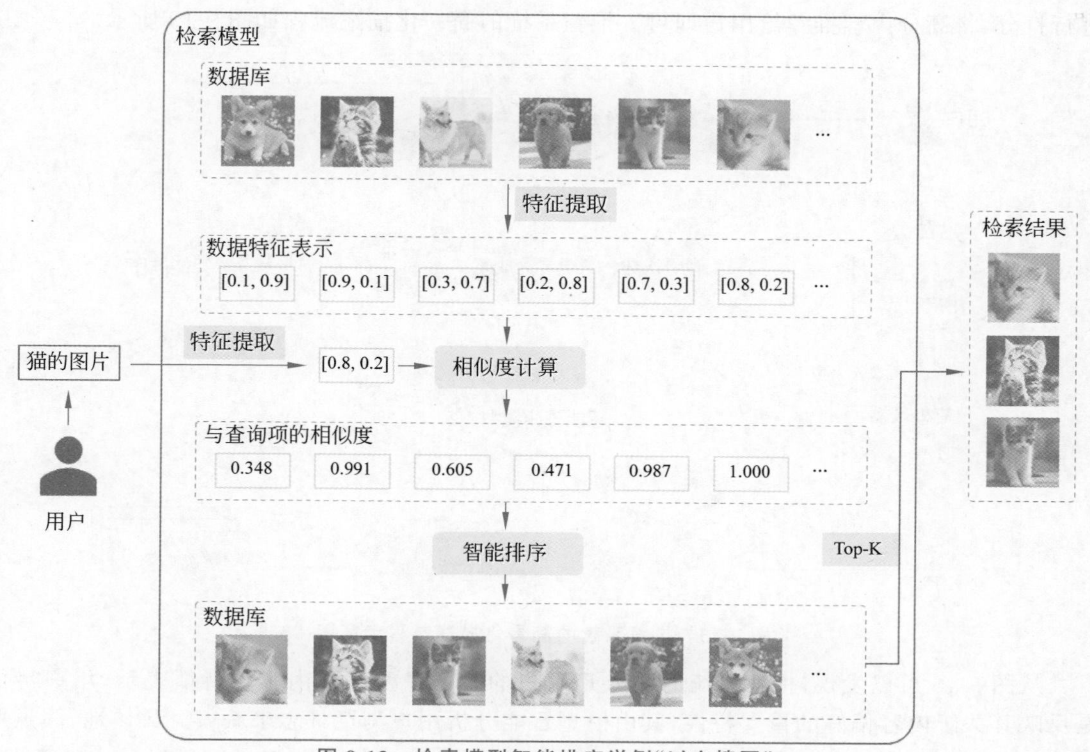

图 9-12 检索模型智能排序举例"以文搜图"

其中，两个向量的夹角 θ 越小，即 $\cos(\theta)$ 越大，就表示两个向量的相似度越大。得到相似度之后，我们可以通过任何一种排序算法，例如，选择排序、堆排序、快速排序等经典数值排序算法对数据库中的实例按相似度排序，从而得到对数据库中的图片数据按查询项智能排序的结果。模型进一步根据排序结果返回相似度最大的一个或者前 K 个最相似的图片给用户。

根据排序的结果，我们可以根据这个有序的序列依次将结果返回给用户。但在实际应用场景中，我们通常只关心系统返回的前一个或者前 K 个样本，因此，这时并不需要进行 n 趟排序，使得所有样本按相似度值递减有序，而可以只采用 K 趟排序，返回相似度最大的前 Top-K 个样本即可，这可以大大降低时间复杂度，因为往往 K 远小于 n，例如，数据库中有一万张图片，而我们只关心前十个返回的结果。因此，这表明我们可以采用合适的排序算法，如"简单选择排序""堆排序"等，在每趟排序之后都能确定一个最终的最值，以此大大降低检索系统中的时间复杂度。从本节的内容可以发现，排序的目的有时是便于"查找"。

9.6.2 推荐系统

推荐系统(recommendation system)指的是通过一定的算法智能地预测出用户可能感兴趣的内容的平台系统，通常指的是个性化推荐系统。例如，抖音 App 通过用户的浏览历史，智能地判断出用户感兴趣的视频，并将之呈现给用户，与之类似的还有"淘宝""腾讯视频"Bilibili 等应用平台。在推荐系统中，对平台内容按照用户感兴趣与否进行智能排序是问题的关键所在。在推荐系统中，用户可以不给出明确的查询或排序条件，系统只需要通过智能地分析用户的浏览历史，即可了解用户的喜好，进而根据用户喜好，对平台的所有内容按用户感兴趣程度进行打分，将高分内容推荐给用户即可。推荐系统的简易化描述流程如图 9-13 所示。

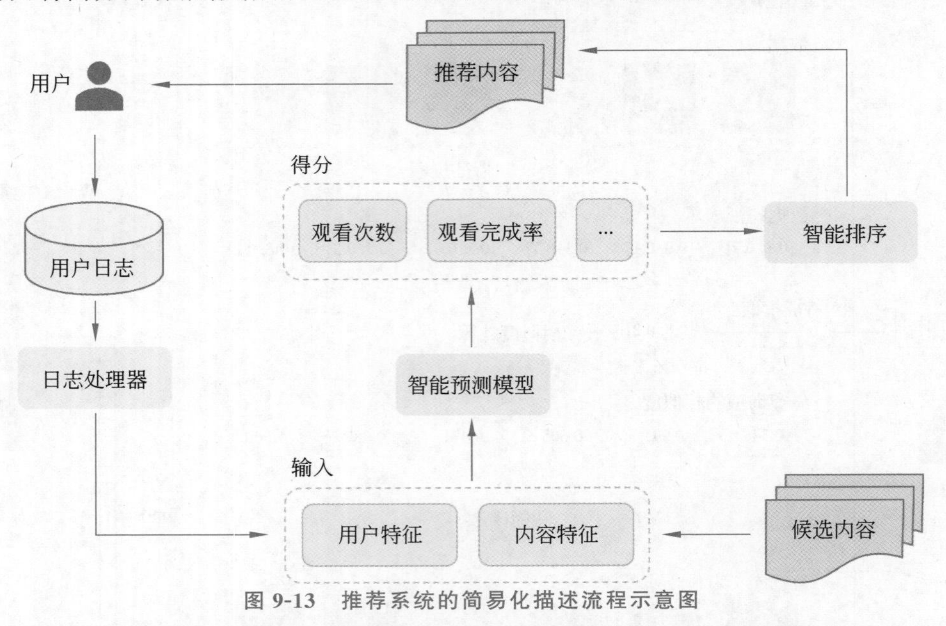

图 9-13　推荐系统的简易化描述流程示意图

从图 9-13 可以发现，推荐系统的输入是用户的特征以及候选内容的特征表示，用户特征是反映其关于内容偏好的重要特性，其由模型智能分析用户浏览日志来获得。具体地，假设用户日志包括长度为 n 的浏览记录序列 $X=\{x_i|i=1:n\}$，那么用户特征 u 可通过日志处理器 f 智能地获得：

$$u=f(X)$$

与此同时，假设 $Y=\{y_i|i=1:m\}$表示 m 项候选内容集合，每项候选内容的特征需要通过一个深度网络模型 g 获得：

$$r_i=g(y_i)$$

最后，推荐模型将用户的喜好特征 u 和候选内容的特征 $R=\{r_i|i=1:m\}$联合输入给智能预测模型，该预测模型可以根据用户的喜好特征完成对候选内容的评分，从而得到多重任务、多个视角下的所有评分，其后综合所有得分项对平台候选内容按照得分进行智能化排序。最后，模型将排序靠前的内容，即系统判定用户最有可能感兴趣的内容推送给用户，完成内容的智能化、个性化推荐。

本章小结

在本章中，我们首先介绍了排序的概念以及其常规分类，并重点定义了内部分类。接着，根据内部分类机制的不同给出了各个排序的算法，如插入排序、快速排序和选择排序等，并进行了各个算法的比较。最后，结合现代实际系统给出了排序的智能算法应用，包括检索模型、推荐系统。实际中，排序的应用非常广泛，读者需要在了解基本排序算法机制的基础上，通过实际应用系统对性能的需求深刻掌握各类排序算法的精髓。

习题

1.**【2023 年 408 考研真题】** 使用快速排序算法对数据进行升序排序，若经过一次划分后得到的数据序列是 68，11，70，23，80，77，48，81，93，88，则该次划分的轴枢是________。

2.**【2023 年 408 考研真题】** 对含 600 个元素的有序顺序表进行折半查找，关键字间的比较次数最多是________。

3. 分别使用折半插入排序和直接插入排序对关键字序列{35,46,72,18,45,39,27,66}进行升序排序，并观察使用这两种插入排序方法分别进行了多少次关键字的比较。

4. 对关键字序列{55,36,72,18,46,39,27,66}使用快速排序算法进行升序排序，写出其排序过程。尝试使用非递归方法实现快速排序，这通常需要使用一个栈来辅助实现，并思考若使用队列来辅助实现会有什么不同。

5. 设计一个双向冒泡算法，给出其算法原理与代码实现。

6. 给定整数数组 nums 和整数 k，请返回数组中第 k 个最大的元素。请注意，这里需要找的是数组排序后的第 k 个最大的元素，而不是第 k 个不同的元素。设计并实现时间复杂度为 O(n)的算法来解决此问题。

示例 1：

```
输入: [3,2,1,5,6,4], k = 2
输出: 5
```

示例 2：

```
输入: [3,2,3,1,2,4,5,5,6], k = 4
输出: 4
```

7. 给定一个整数数组 nums，使用堆排序算法将该数组升序排列。

示例 1：

```
输入:nums = [5,2,3,1]
输出:[1,2,3,5]
```

示例 2：

```
输入:nums = [5,1,1,2,0,0]
输出:[0,0,1,1,2,5]
```

8. 给定两个按非递减顺序排列的整数数组 nums1 和 nums2，另有两个整数 m 和 n，分别表示 nums1 和 nums2 中的元素数目。合并 nums2 到 nums1 中，使合并后的数组同样按非递减顺序排列。

示例 1：

```
输入:nums1 = [1,2,3,0,0,0], m = 3, nums2 = [2,5,6], n = 3
输出:[1,2,2,3,5,6]
```

示例 2：

```
输入:nums1 = [1], m = 1, nums2 = [], n = 0
输出:[1]
```

示例 3：

```
输入:nums1 = [0], m = 0, nums2 = [1], n = 1
输出:[1]
```

与前沿技术链接

搜索引擎的排序算法在整个搜索引擎系统中具有极其重要的作用，它决定了搜索结果的呈现顺序，直接影响用户体验和搜索引擎的实用性。搜索引擎涉及的排序算法有很多种，这些算法用于对搜索结果进行排序，以便呈现给用户最相关和有用的信息。

PageRank（页面排名）算法是由谷歌的创始人拉里·佩奇（Larry Page）和谢尔盖·布林（Sergey Brin）在 1996 年提出的，这是一种用于评估网页在互联网上的重要性和影响力的算法。尽管在现代搜索引擎的排序算法中已经有更复杂的方法，但 PageRank 算法仍然是搜索引擎排序算法的基础算法之一，具有重要的历史和理论意义。

PageRank 算法的核心思想是，一个网页的重要性可以通过其被其他重要网页链接的数量和质量衡量，这个思想基于以下两个假设。

(1) 链接投票模型：如果一个网页 A 被许多其他网页链接，那么这些链接就可以被视为对网页 A 的"投票"。投票越多，网页 A 的重要性越高。

(2) 链接质量：如果投票者的重要性更高，它们的链接就具有更高的权重。也就是说，来自更重要的网页的链接比来自不太重要的网页的链接更有价值。

在这里我们介绍一个简易的 PageRank 算法模型。我们用一个有向图来表示一个建议互联网模型。假设 A、B、C、D 都表示互联网上的一个网页，若网页 A 有一个指向网页 B 的超链接，则结点 A 到 B 有一条有向边。如图 9-14 所示，A 网页有指向 B、C、D 网页的超链接，B 网页有指向 A、D 网页的超链接，C 网页有指向 A 网页的超链接，D 网页有指向 B、C 网页的超链接。

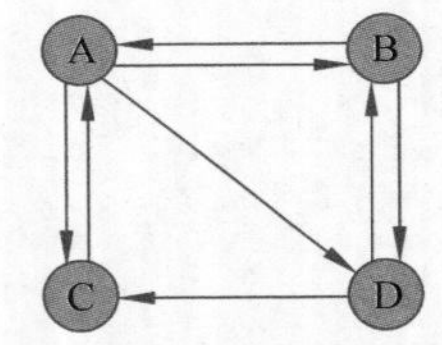

图 9-14　一个简单的互联网示例

在介绍这个简易的 PageRank 算法模型之前，首先介绍随机游走模型。

随机游走模型（random walk model）是一种在不同领域中广泛应用的数学和统计模型，用于描述一系列随机变量在离散时间步内的演化过程，它可以用来模拟或分析各种现象，如金融市场价格变动、分子扩散、社交网络传播等。

在一维随机游走模型中，我们有一个随机变量表示位置或状态，通常用符号 X_t 表示，其中 t 是离散的时间步。X_0 代表初始位置。随机变量 X_t 在每个时间步骤内按照一定的概率分布进行移动。通常，我们假设移动的步长是固定的，记作 p，并且每次移动的方向（正向或负向）是根据一定的概率确定的。在每个时间步骤 t，随机变量 X_t 可能向正向移动 p 的距离，也可能向负向移动 p 的距离。

同理地，若在一个有 n 个结点的有向图上定义一个随机游走模型，则每个结点代表一个可能的位置，有向边代表每个时间步骤可能的位置移动，基于此，我们可以定义一个 n 阶位置（状态）转移矩阵

$$M = [m_{ij}]_{n\times n}$$

则图 9-14 所示的互联网例子中的转移矩阵可以表示为

$$P=\begin{bmatrix}0 & 1/2 & 1 & 0\\1/3 & 0 & 0 & 1/2\\1/3 & 0 & 0 & 1/2\\1/3 & 1/2 & 0 & 0\end{bmatrix}$$

其中,第 i 列第 j 行的元素 m_{ij} 可以表示为处于 $X_t=i$ 时 $X_{t+1}=j$ 的概率,并且其取值为 1/k,k 表示结点 i 的出度。

初始位置(状态)X_0 则定义为一个 n 维的向量,其中第 i 个值代表初始处于结点 i 的概率。

随机游走每经一个单位时间转移一个状态,我们发现随机游走在下个单位时间所处的位置只与当前位置有关,而与之前所处的所有位置都无关,具有马尔可夫性。因此有向图的随机游走形成了马尔可夫链。

我们在图 9-14 所示的互联网例子中进行随机游走,设初始状态 X_0 为

$$X_0=\begin{bmatrix}1/4\\1/4\\1/4\\1/4\end{bmatrix}$$

则有

$$X_t=\begin{bmatrix}0 & 1/2 & 1 & 0\\1/3 & 0 & 0 & 1/2\\1/3 & 0 & 0 & 1/2\\1/3 & 1/2 & 0 & 0\end{bmatrix}^{t-1}\begin{bmatrix}1/4\\1/4\\1/4\\1/4\end{bmatrix}$$

经过计算后可以得到 X_t 收敛于$[0.333, 0.222, 0.222, 0.222]^T$。故 A 网页的影响力比 B、C、D 网页更高。

以上只是一个简化版的 PageRank 模型,我们并没有考虑到现实网页中更为复杂的会导致上述算法无法顺利实现的各种因素,如某个网页并没有超链接指向其他网页,或者只有一个指向自己的超链接等问题。

科学家精神

PageRank 算法是由拉里·佩奇(Larry Page)和谢尔盖·布林(Sergey Brin)所提出并不断优化的,这两位也是 Google 的创始人,Google 今日的辉煌也归功于他们。

拉里·佩奇的全名为劳伦斯·埃德华·佩奇(Lawrence Edward Page),于 1973 年 3 月 26 日出生在美国密苏里州的伦纳德伍德,2020 年在全球百强企业家中排名第 13 位。他毕业于密歇根州安娜堡大学,拥有理学学士学位。受其担任计算机系教授的父亲启蒙,佩奇早在 1979 年就开始使用计算机,在学术领域秉承了其父亲的传统,成为密歇根州安娜堡大学的荣誉毕业生,获得工程专业的理学学士学位(主修计算机工程)。在大学期间,他用乐高积木制成了一台喷墨打印机,随后佩奇进入斯坦福大学攻读博士学位,期间遇到了谢尔盖·布林,而这也促使了谷歌搜索引擎算法 PageRank 的出现。

谢尔盖·布林的全名为谢尔盖·米哈伊洛维奇·布林(Sergey Mihailovich Brin),于 1973 年 8 月 21 日出生在苏联的莫斯科,父亲和母亲都毕业于莫斯科国立大学,父亲当时在莫斯科的一个学校当老师。谢尔盖 6 岁的时候,全家移民到美国,他的父亲成为马里兰大学的一名数学教授,而母亲则在美国航空航天局工作。受父亲影响,中学毕业之后,谢尔盖进入马里兰大

学攻读数学专业，随后进入斯坦福大学，斯坦福大学校方允许他免读硕士学位，直接攻读计算机博士学位。

拉里·佩奇和谢尔盖·布林于1998年共同创办了谷歌公司。他们的创新思想、技术洞察力和使命感推动谷歌成为全球最大的互联网公司之一，并且影响了整个科技行业和现代社会的发展。他们的工作不仅在搜索领域取得了巨大成功，还拓展到了其他领域，如云计算、移动技术、人工智能等。谢尔盖在谷歌的角色包括管理和战略决策，以及在各种研究领域的投资，如人工智能和生物技术。拉里·佩奇在创建谷歌的过程中则负责技术方面的工作，如架构设计和算法开发，他还在谷歌推动了许多创新项目，包括Google X实验室（现在的Alphabet子公司X公司）以及自动驾驶汽车项目。

PageRank算法的合作开始于一个简单的想法：通过分析网页之间的链接关系，可以评估网页的重要性。这个想法最终演变成了PageRank算法的核心概念。最初，他们在斯坦福大学的宿舍里开始了这个项目。1996年，拉里·佩奇和谢尔盖·布林发布了一篇名为"解析Web链接结构"（*Anatomy of a Large-Scale Hypertextual Web Search Engine*）的论文，详细介绍了PageRank算法的原理和应用。该论文为他们的研究工作提供了理论基础，并为谷歌搜索引擎的发展提供了重要指导，其间还得到了一位天使投资人的支持。他们致力于提供高质量的搜索结果，从而改善用户的搜索体验，慢慢获得了广泛的关注和用户认可，其不仅帮助用户找到了更相关和有质量的搜索结果，同时广告商也开始认识到谷歌的潜力，其可以将广告与相关性更高的搜索结果相结合。这个算法的成功为谷歌的崛起奠定了基础，并逐步推出了许多其他产品和服务，如谷歌地图、Gmail、谷歌云平台等。随着时间的推移，Google逐渐发展成为全球最大的互联网公司之一。

Chapter 10 第10章 文件与外部排序

第 9 章重点介绍了内部排序及其各类算法。内部排序是在计算机内存中进行的。而有时由于物理内存的限制，排序需要在外存设备上进行，如文件的组织和查询等。本章主要介绍文件及文件操作，以及文件的各种组织方式，接着介绍磁盘、磁带文件的归并分类，最后介绍一些与外部排序相关的智能算法应用举例。

10.1 文件及文件操作

在深入理解文件与外部排序之前，本节首先给出文件的相关概念，然后对文件相关的操作进行介绍，最后简要阐述了文件的分类方式，使读者对文件有一个初步的认识。

10.1.1 文件的相关概念

在大多数应用程序中，文件都是其中的核心组成之一。一般地，实际应用的输入/输出一般都以文件的形式进行表示，以便长期存储和重复使用。

具体来说，文件是用于表示长期存储在外部存储器（如磁盘）中的数据，是同性质记录的有序集合。例如，为了记录所有学生的考试成绩，我们会将表 10-1 中的成绩信息以文件的方式永久地存储在外部存储器中。

表 10-1 文件内容示例

记录	学号	姓名	性别	年龄	数学	语文	物理	…
A	003	孙喆	女	19	98	78	90	…
B	008	陈益	女	22	95	85	78	…
C	009	史硕刚	男	19	89	65	76	…
D	010	许艺洪	男	18	76	88	69	…
E	011	张爽	女	19	90	69	97	…
F	012	沈键	男	21	99	76	96	…
…	…	…	…	…	…	…	…	…

在表 10-1 中，每个数据项称为一个域（field），如记录 A 的学号“003”，记录 F 的姓名“沈键”。另外，每行的内容称为一个记录（record），记录表示的是若干相关的数据项（域）的集合。对于每条记录而言，我们希望可以唯一地表示它，因此，用于唯一标识记录的域称为关键字。最后，记录的集合组成的便是文件，它被用户和应用程序看作一个实体，可以通过文件名进行访问。

文件可以从两个不同角度来看待，分别是逻辑结构和物理结构。逻辑结构指的是呈现给用户的表现形式，通常由程序员定义，主要用于描述记录之间的逻辑关系，如表 10-1 所表示的即文件的逻辑结构。此外，文件必须存储在存储器中的存储单元内，其物理结构指的是文件的物理存储结构，即记录在存储器中是如何组织的，如连续或链式的方式。以上述成绩表为例，对于呈现给用户的逻辑结构，该表格的内容可能随时会发生变化，以满足用户的实际需求。相反，物理结构或者是存储结构则一般不会发生改变。

10.1.2 文件操作

在实际系统中，我们希望能够对文件进行相应的操作以满足实际需求，具体而言，文件操作可以分为两类，一是对整个文件本身的操作，二是对文件内容的操作。对于文件本身，我们通常希望可以执行创建文件、删除文件、打开/关闭文件、按名查找文件，以及修改文件路径等。对于以文件形式存储的内容，用户还希望可以通过访问文件内容以维护其内容的完整性。为了实现这个目标，计算机系统需要提供相应对文件内容访问的操作支持。具体地，这些操作应当包括：

(1) INSERT，在文件中插入记录；

(2) DELETE，从文件中删除记录；

(3) MODIFY，修改满足条件的记录；

(4) RETRIEVE，检索满足条件的记录。

这些操作中，前三类属于对文件内容的更新，属于"写"操作，需要对存储在磁盘中的文件内容进行修改。而最后一类属于文件内容的查找，属于"读"操作，不需要对文件内容进行修改。对于文件内容的读写操作，共有两种方式，一种是实时操作，即在用户操作的同时执行文件内容的实时更新；另一种是成批操作，因为文件的读写通常是非常耗时的，如果应用程序对实时性要求不高，系统可以成批地进行内容的读写，从而节省系统开销。

为了实现文件的相关操作，在计算机编程语言中，需要将文件这一数据结构类型进行结构化的描述，以便于对文件本身以及文件内容的系列化操作。文件结构类型在C语言中用系统定义的名为FILE的结构体进行描述，位于系统头文件Stdio.h中。具体地，文件结构体FILE的定义如下：

```
//FILE类型变量的声明
typedef struct
{ int _fd;                                         //文件号
  int _cleft;                                      //缓冲区中剩下的字符数
  int _mode;                                       //文件操作方式
  char * _next;                                    //文件当前读写位置
  char * _buff;                                    //文件缓冲区位置
}FILE;
//FILE类型变量的定义
FILE * 变量名;
```

根据文件信息结构体FILE中的内容，系统便可以找到文件在磁盘中的位置，从而进一步地进行文件内容的查询与更新。一般而言，计算机系统均会提供以下应用程序编程接口(API)，以便于应用程序对文件进行访问，这些操作包括：

```
FILE * fopen(char  * name,char * mode)            //打开文件
Int fclose(FILE  * fp)                            //关闭文件
fread(buffer,size,count,fp);                      //读文件
fwrite(buffer,size,count,fp);                     //写文件
int fgetc(FILE * fp)                              //读取文件的一个字符
int fputc( int ch, FILE * fp);                    //输出文件的一个字符
```

我们可以利用所提供的简易 API 函数便捷地实现文件操作。具体地，下述 C 语言代码实现了文件内容的读写操作，即将一个文件的内容读出，并写入另一个文件中：

```
#include "stdio.h "
main( int argc,char * argv[] )
{   FILE * in, * out;
    if(argc!=3)
    {   printf("You forgot to enter a filename\n");
        exit(0);   }
    if((in = fopen(argv[1],"r")) = = NULL)
    {   printf("Cannot open infile!\n");
        exit(0); }
    if((out = fopen(argv[2],"w")) = = NULL)
    {   printf("Cannot open outfile!\n");
        exit(0); }
    while(!feof(in)) fputc(fgetc(in),out);
    fclose(in);
    fclose(out);
}
```

可以发现，上述程序在运行过程中，用户并没有在终端中进行输入，也没有在终端设备得到输出，这是因为输入/输出流包括两种形式，分别是标准输入/输出流和文件输入/输出流。上述代码采用的是文件流的方式，文件输入/输出流的输入/输出都以文件的方式进行，不需要用户在终端设备显式地进行输入，同样地，输出流同样采用的是输出到文件的方式。相反，通过终端设备进行输入/输出的方式称为标准输入/输出流，其中，标准的输入设备为键盘，在编程语言中使用 stdin 表示，标准的输出设备是显示器，表示为 stdout。

10.1.3　查询方式

大部分应用程序都需要从文件中找出特定的文件内容供程序使用，查询指的是对这部分文件内容的查找，即查找出满足用户给出的条件的记录。文件内容的查找与“数据库”这门课程具有紧密的联系，因此，本节对查询方式进行简单的介绍。

具体来说，文件内容的查找可以分为两大类别，分别是按记录逻辑位置的查找和按记录内容的查找。按文件中记录逻辑位置进行查找的方式简单明了，通过记录的序号，系统判断相应的逻辑位置，即可实现对第 i 个位置的记录的查找，或者对当前记录下一条记录的查找。而按内容的查询方式相对复杂一些，其分为以下四类。

(1) 简单查询：查询某个域的值等于给定条件值的记录，例如：“性别＝男”的条件可以筛选出所有男性的记录。

(2) 范围查询：查询某个域的值满足指定范围的记录，例如：“数学＞80”。

(3) 函数查询：查询与统计函数值之间满足一定条件的记录，例如：“物理＞平均分”，其中，统计函数指的是数据的统计规律，通常表示一组数据的最值和平均值等。

(4) 布尔查询：对(1)(2)(3)进行组合的条件查询，查询满足布尔表达式的记录，例如：“(性别＝男) and (年龄＞18)”。布尔运算包括与(and)、或(or)、非(not)三种常见的操作。

通过上述的查询方式，应用程序可以实现对文件中指定内容进行查询，以满足实际需求。

10.1.4　文件分类

文件从物理结构来看，就是存储在某种长期存储设备中的一段有价值的数据流，并且归属于计算机文件系统的管理之下。为了便于管理和控制文件，系统需要将文件分成若干种不同的类型。从不同的角度来看，文件可以划分为不同的类别。具体地，我们可以按表10-2所示的方式对文件进行多角度的分类。

表10-2 文件分类

按用途	系统文件、库文件、用户文件
按保护级别	可执行文件、只读文件、读写文件
按信息流向	输入文件、输出文件、输入/输出文件
按存放时限	临时文件、永久文件
按文件组织结构	逻辑文件（流式文件、记录式文件）、物理文件（顺序文件、索引文件、链接文件）

表10-2显示了文件不同角度的分类方式，例如，按照文件的性质和用途的不同，文件被分为系统文件、库文件和用户文件。系统文件指的是系统软件所构成的文件，大多数系统文件是不允许用户进行读写的，甚至对用户是不可见的，从而预防用户误操作而导致的系统崩塌。库文件指的是包含一些预定义功能的文件，可供用户程序调用，但不允许修改。用户文件指的是由用户创建的数据所构成的文件，用户将这些文件交由系统保管，便于文件的维护。同样地，还可以按其他方面对文件进行分类，按照系统分配的权限，根据文件不同的保护级别可以分为不允许修改的可执行文件、只读文件和读写文件。按文件的组织结构可以分为逻辑文件和物理文件，10.2节将对文件的组织方式进行详细描述。

10.2 文件组织

本节主要讨论文件的组织，包括顺序方式、索引方式、散列方式、链接方式、ISAM文件、VSAM文件和UNIX文件等。

10.2.1 顺序方式

顺序文件的各个记录按逻辑顺序存放在外存的连续区内。若次序相继的两个物理记录在存储介质上的存储位置是相邻的顺序文件，则称之为连续文件。若物理记录之间的次序是由指针相连接表示的顺序文件，则称之为串联文件。

顺序文件是根据记录的序号或记录的相对位置来进行存取的文件组织方式，其有以下特点：

(1) 存取第i个记录，必须先搜索在它之前的i－1个记录；

(2) 插入记录时要批量移动记录，或加在文件末尾的溢出区；

(3) 删除记录时要批量移动记录，或标记记录；

(4) 若要更新文件中某个记录，则必须将整个文件复制。

磁带是一种典型的顺序存取设备，因此存储在磁带上的文件只能是顺序文件。

顺序文件批处理的过程可表示如下。待修改的文件称为主文件，所有的修改请求集中构成一个事务文件。首先对事务文件进行排序，使得其与主文件有相同的顺序关系。之后对主文件和顺序文件进行归并，归并过程可表示为：顺序读出主文件与事务文件中的记录，比较它们之间关键字的异同并进行处理。通过插入、删除、更改等操作将事务文件与主文件关键字不匹配的记录写入主文件的相关位置。具体的流程可见图10-1。

假设有一个银行系统，主文件中存储了6个账户内的余额，记录关键字从小到大排序，现

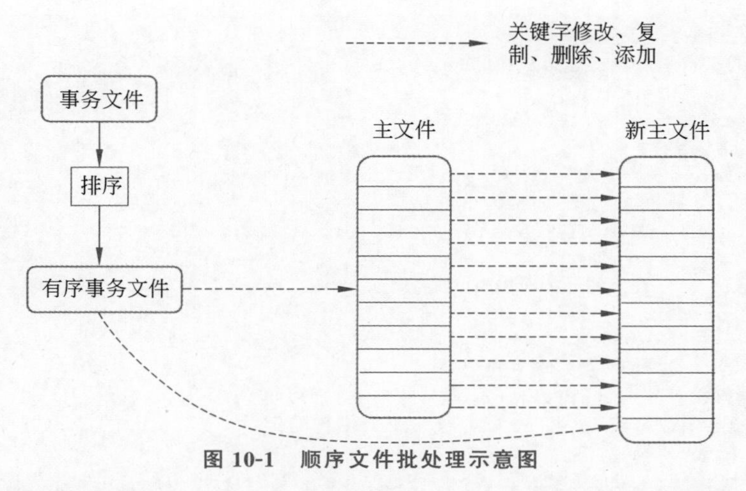

图 10-1　顺序文件批处理示意图

在有 4 个事务，分别是账户 1 要存款 10，账号 3 要取款 10，账号 5 要进行销号，并新建账号 7，首先我们对事务按照关键字从小到大进行排序，得到有序的事务文件，再将其与主文件进行归并，其过程如图 10-2 所示。

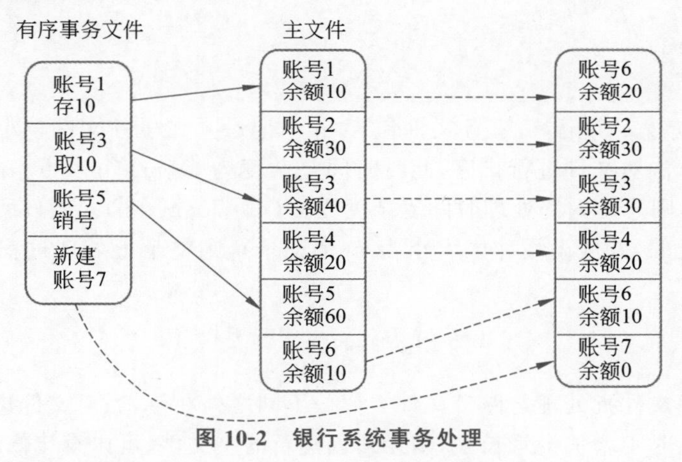

图 10-2　银行系统事务处理

这种批处理的方法如下所示：

算法中，我们用字母 f 表示主文件，用字母 g 表示事务文件，用字母 h 表示新主文件，并且假设以上的文件都按关键字递增排序。此外，我们用字母 I 表示插入操作，用字母 D 表示删除操作，用字母 U 表示更改操作。

```
void MergeFile (FILE * f, FILE * g, FILE * h) {
    fread ( * fr, sizeof(RcdType), 1, f);
    fread ( * gr, sizeof(RcdType), 1, g);
    while (!feof (f) | | !feof (g)) {
        switch {
    case fr.key < gr.key:
            //复制"旧"主文件中的记录
            fwrite ( * fr, sizeof(RcdType), 1, h );
            if (!feof (f))
        fread ( * fr, sizeof(RcdType), 1, f );
            break;
    case gr.code = = 'D' && fr.key = = gr.key:
        //删除"旧"主文件中的记录,不复制
```

```
            if (!feof (f))
        fread ( * fr, sizeof(RcdType), 1, f );
            if (!feof (g))
        fread ( * gr, sizeof(RcdType), 1, g );
            break;
    case gr.code = = 'I' && fr.key > gr.key:
        //插入,函数 P 把 gr 加工为 h 的结构
            fwrite ( P(gr), sizeof(RcdType), 1, h );
            if (!feof (g))
        fread ( * gr, sizeof(RcdType), 1, g );
            break;
            case gr.code = = 'U' && fr.key = = gr.key:
            //更改"旧"主文件中的记录
        fwrite ( Q(fr, gr), sizeof(RcdType), 1, h );
            //函数 Q 将 fr 和 gr 归并成一个 h 结构的记录
        if (!feof (f))
                fread ( * fr, sizeof(RcdType), 1, f );
        if (!feof (g))
                fread ( * gr, sizeof(RcdType), 1, g );
        break;
            default  ERROR();                        //其他均为出错情况
    } //switch
        } //while
} //MergeFile
```

假设主文件包含 n 个记录,事务文件包含 m 个记录。在事务文件较小的情况下,可以直接使用内部排序算法对文件进行排序,此时时间复杂度为 $O(m\times \log m)$。内部归并的时间复杂度为 $O(n+m)$,则总的内部处理时间复杂度为 $O(m\times \log m+n)$。假设所有的输入/输出都是通过缓冲区进行的,并假设缓冲区大小为 s(个记录),则整个批处理过程中读/写外存的次数为

$$2\times\left\lceil\frac{m}{s}\right\rceil+2\times\left\lceil\frac{m+n}{s}\right\rceil$$

磁盘上的顺序文件批处理与磁带文件类似。不同之处在于,当对文件进行修改时,若无须插入新记录且更新时不增加记录长度,则无须创建新的主文件,可以直接修改原始主文件。显然,磁盘文件的批处理可以在单个磁盘上进行。

10.2.2 索引方式

索引表是除了文件本身(数据区)之外另外建立的一张表,用于记录逻辑记录和物理记录之间的一一对应关系,其每个条目称为索引项,通常按照关键字(或逻辑记录号)的顺序排列。将文件数据区和索引表合并在一起的文件称为索引文件。

索引表通常在建立文件(数据区)时同时创建,按照记录输入的顺序进行排序。在所有记录输入完成后,可以基于关键字对索引表进行排序。如果数据文件中的记录没有按照关键字顺序排列,就需要为每个记录创建一个索引项,这样创建的索引表称为稠密索引,对应的数据区称为索引顺序文件。另外,如果数据文件中的记录按照关键字顺序有序,就可以为一组记录创建一个索引项,这种索引表称为非稠密索引,对应的数据区称为索引非顺序文件。

图 10-3 是索引表的一个示例,图 10-3(b)的索引表即在建立文件时建立的按照输入次序排序的索引表,在所有记录都输入完成后将索引表按照关键字次序排序,即得到了图 10-3(c)所示的索引表。

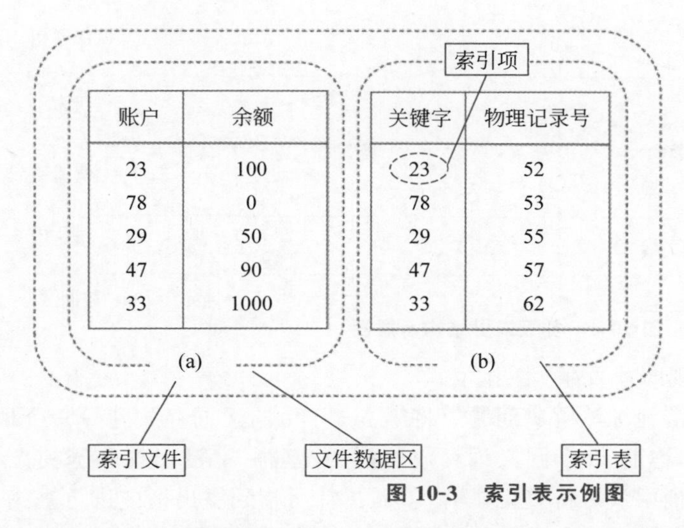

(a)

账户	余额
23	100
78	0
29	50
47	90
33	1000

(b)

关键字	物理记录号
23	52
78	53
29	55
47	57
33	62

(c)

关键字	物理记录号
23	52
29	55
33	62
47	57
78	63

图 10-3　索引表示例图

索引文件的检索方式为直接存取或按关键字(进行简单询问)存取,检索过程分两步进行:首先查找索引表,若索引表上存在该记录,则根据索引项的指示读取外存上的该记录;否则说明外存上不存在该记录,也就不需要访问外存。由于索引项的长度比记录小得多,因此通常可将索引表一次读入内存,由此在索引文件中进行检索只访问外存两次,即一次读索引,一次读记录。由于索引表是有序的,因此查找索引表时可用折半查找法。

索引文件的修改一般分为三种操作,分别是删除操作、插入操作和更新操作。删除一个记录时,仅需删去相应的索引项;插入一个记录时,应将记录置于数据区的末尾,同时在索引表中插入索引项;更新记录时,应将更新后的记录置于数据区末尾,同时修改索引表中相应的索引项。

若记录的数目很大,索引表也会很大,可能会出现一个物理块无法容纳索引表的情况,这时通常会建立多级索引,通常来说最高有四级索引,即数据文件→索引表→查找表→第二查找表→第三查找表,这种情况下,检索过程从第三查找表开始查找,一次查询到数据文件需要访问 5 次外存。

上述的多级索引是一种静态索引,索引均为顺序表结构,其结构简单,但修改很不方便,每次修改都要重组索引。当记录变动较多时,应采用动态索引。

一般来说,二叉排序树(或二叉平衡树)、B－树以及键树等都可以作为动态索引的数据结构,而由于其是层次结构,也无须另外建立多级索引。

举一个多级索引结构形成三叉树的例子,如图 10-4 所示。每个分支结点表示一个索引块,最多存放 3 个索引项,每个索引项给出各子树结点（较低一级索引块）的最大关键码和结点地址。叶子结点中各索引项给出在数据表中存放的记录的关键码和存放地址。这种三叉树用来作为多级索引就是 3 路搜索树。

10.2.3　散列方式

散列文件就是用散列(Hash)法组织的文件,与哈希表类似,设计一个散列函数和解决冲突的方法,将关键字映射为记录的地址,并将关键字存储到相应的地址上。但与哈希表不同,磁盘上的文件记录通常是成组存放的。若干记录组成一个存储单位,在散列文件中,这个存储单位叫作桶(bucket)。假若一个桶能存放 m 个记录,m 个同义词的记录可以存放在同一地址

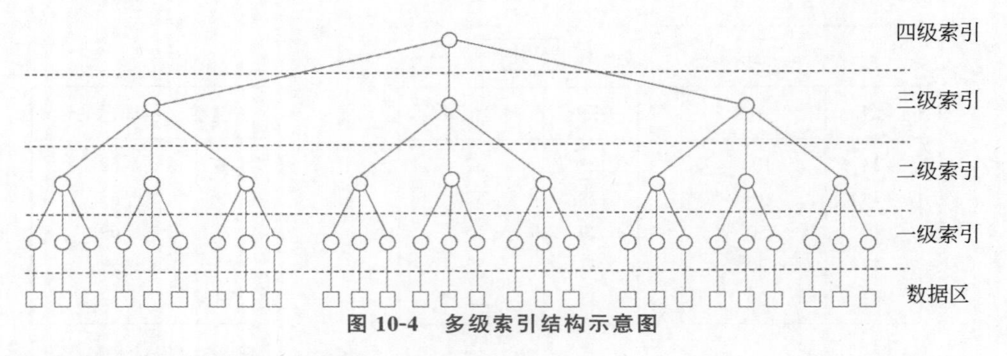

图 10-4　多级索引结构示意图

的桶中，当第 m+1 个同义词出现时才发生“溢出”。

当发生“溢出”时，通常使用链地址法解决问题。将第 m+1 个同义词存放到另一个桶中，通常称此桶为“溢出桶”；相对地，称前 m 个同义词存放的桶为“基桶”。溢出桶和基桶大小相同，相互用指针相连接。当在基桶中没有待查记录时，就顺指针所指到溢出桶中进行查找。因此，希望同一散列地址的溢出桶和基桶在磁盘上的物理位置不要相距太远，最好在同一柱面上。

举个例子，一个文件包含个记录，其关键字分别为 112，72，89，23，67，41，90，53，8，104，102。桶的容量为 m=3，桶数 b=5。用除留余数法作哈希函数 H(key)=key MOD 5。可以发现，在存储 102 时会导致溢出，故将 102 存储到由链表指向的溢出桶中，由此得到的直接存取文件如图 10-5 所示。

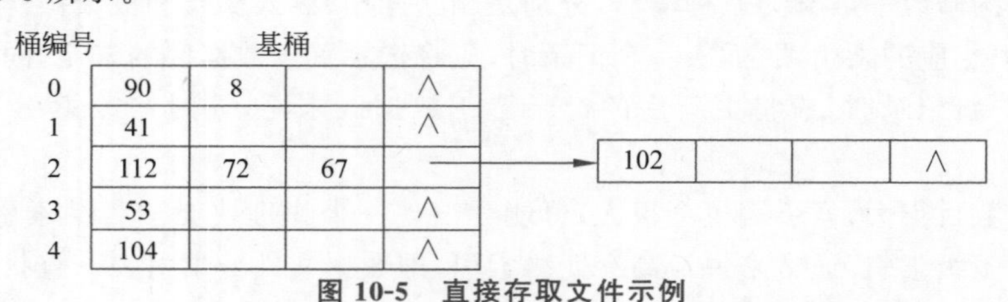

图 10-5　直接存取文件示例

若要对散列文件进行查找，则首先根据给定值求得哈希地址(基桶号)，将基桶的记录读入内存进行顺序查找，若找到的关键字等于给定值的记录，则检索成功；若基桶内没有填满记录或其指针域为空，则文件内不含有待查记录；否则根据指针域的值的指示将溢出桶的记录读入内存，继续进行顺序查找，直至检索成功或不成功。如上述例子，若要查找关键字 132，则计算 102 MOD 5 得到其基桶号 2，从 2 开始进行顺序查找，直到查找到溢出桶的最后位置，若仍未发现关键字 132，则查找失败。因此，总的查找时间为 $T=a(t_e+t_i)$，其中 t_e 为存取一个桶所需的时间；t_i 为在内存中顺序查找一个记录所需的时间；a 为存取桶数的期望值(相当于哈希表中的平均查找长度)，对链地址处理溢出来说，$a = 1 + \alpha/2$，其中 α 为装载因子。

在散列文件中删除记录时，则仅需对被删记录作一被删除标记即可。

散列文件有以下优势。随机存放和无序记录：文件中的记录不需要按特定顺序存放，也无须进行排序；便捷的插入和删除：可以方便快捷地插入和删除记录，不会破坏文件的整体结构；高效的存储和查找：数据的存储和查找操作需要较低的时间消耗；无须索引区：不需要额外的索引区，节省存储空间；基于关键字的随机存取：查询操作限于通过关键字进行随机访问，无法按顺序存取。同时也存在一些问题，如潜在的性能问题：使用不合适的散列函数可能导致性能问题，如冲突频繁发生、数据分布不均匀和存储空间浪费；可能的文件结构问题：经过多次插入、删除操作后可能导致文件结构不合理，如溢出桶过多、基桶内多数为被删除的记录；文件重组需求：时而需要对文件进行重组，以解决性能问题和文件结构不合理的情况。

10.2.4 链接方式文件和多重链表文件

文件组织的链接方式是利用链表的思想将文件中的关键字按照主关键字的某种次序用链接字连接起来，整个文件对应一个链表。回顾前面章节中所学的链表的相关知识可知，若要在链表中进行查找，则需要依次对链表的每个结点进行访问，因此查找速度较慢。可否针对这一问题进行改进呢？我们可以对链接文件再进行一次索引，将链表拆分成多个更小的链表，从而提升查找速度。例如，对于表 10-3 中所示的文件，可以分别利用链接方式和多重链表方式构造索引，如图 10-6 所示。

表 10-3 文件示例

记　录	学　号	专　业	宿　舍
A	01	计算机科学与技术	101
B	02	软件工程	103
C	03	软件工程	101
D	04	信息安全	103
E	05	计算机科学与技术	101
F	06	信息安全	105

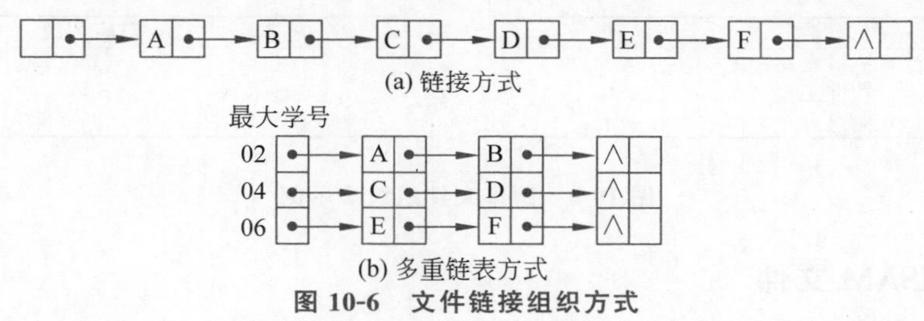

(a) 链接方式

(b) 多重链表方式

图 10-6 文件链接组织方式

此外，在对文件进行检索操作时，不仅需要对主关键字进行简单询问，还经常需要对关键字进行其他类型的询问检索。例如，在对学生进行查询时，不仅需要对主关键字学号进行查询，还需要对学生按成绩、专业等进行查询。这类有多个关键字的文件称为**多关键字文件**。下面介绍两种常见的多关键字文件组织方式：**多重表文件组织**(multilist file organization)和**倒排文件组织**(inverted file organization)。

多重表文件组织是最基础的多关键字文件组织方式之一，其核心思想在于对于每个次关键字都维护一个索引，称为次索引。值得注意的是，对于每个次关键字，多重表文件组织并不列出其所有对应的记录，而是指向该次关键字对应的第一条记录，这条记录则将指向下一条相应的记录。这些记录可以按照主关键字的次序进行链接。这种做法相当于对每个次关键字都建立一条链表，其优点在于可以方便地进行记录的增删操作，但当需要查找某次关键字是否包含某条记录时，则需要遍历整个链表，成本相对较高。因此，对于多重表文件组织方式，其主索引是非稠密的(只有某些记录对应索引值)，而这次索引是稠密的(每条记录都对应一个索引值)。例如，对于表 10-3 中的文件示例，可以用多重表文件组织法建立如图 10-7 所示的索引。

与多重表文件组织方式相似，倒排文件组织方式同样维护次关键字与其对应记录之间的关系。但与多重表文件组织方式不同的是，倒排文件组织方式中，次关键字索引为倒排

记录	学号	专业	指针	宿舍	指针
A	01	计算机科学与技术	E	101	C
B	02	软件工程	C	103	D
C	03	软件工程	NIL	101	E
D	04	信息安全	F	103	NIL
E	05	计算机科学与技术	NIL	101	NIL
F	06	信息安全	NIL	105	NIL

(a) 文件结构

次关键字	长度	指针
计算机科学与技术	2	A
软件工程	2	B
信息安全	2	D

(b) 专业索引

次关键字	长度	指针
101	3	A
103	2	B
105	1	F

(c) 宿舍索引

图 10-7 多重表文件组织法示例

表,具有相同次关键字的记录之间不设指针链接,而是直接在倒排表的该次关键字的一项中存放这些记录的物理记录号。倒排表作索引的好处在于检索记录较快,特别是对某些查询,不用读取记录,就可得到答案。例如,想要查询软件工程专业的学生中是否有住在101宿舍的学生,只要对"软件工程"索引中的记录号和"101"索引中的记录号求交集即可。在插入和删除记录时,倒排表也要作相应的修改,值得注意的是,倒排表中具有同一次关键字的记录号是有序排列的,修改时要作相应移动。在同一索引表中,不同的关键字的记录数不同,各倒排表的长度不相等,同一倒排表中各项的长度也不相等。因此,倒排文件组织方式的维护相对比较困难。同样,对于表10-3中的文件示例,可以用倒排文件组织方式建立如图10-8所示的倒排表。

次关键字	对应记录
计算机科学与技术	A,E
软件工程	B,C
信息安全	D,F

(a) 专业倒排表

次关键字	对应记录
101	A,C,E
103	B,D
105	F

(b) 宿舍倒排表

图 10-8 倒排文件组织法示例

10.2.5 ISAM 文件

索引顺序存取方法(indexed sequential access method,ISAM)是一种专门为磁盘设计的文件组织方式,采用静态索引方式,同时考虑了顺序访问和索引访问。磁盘的结构将会在后续章节进一步介绍,在这里,我们只需要知道磁盘是由盘组、柱面、磁道三级地址构成的存储设备即可。对于磁盘上的文件组织,依据磁盘结构对文件建立盘组、柱面、磁道三级索引[①],并将统一盘组上的文件优先放在同一个柱面上,当同一柱面放不下时,则存储在相邻的柱面上。对同一个柱面,则按盘面的次序顺序存放。柱面被划分为基本区和溢出区,分别利用顺序存储和链式存储的方式,对应磁道索引中的基本索引项和溢出索引项,如图10-9所示。基本索引项的关键字对应该磁道中最大的关键字,指针指向磁道中第一个记录的位置;溢出索引项的关键字对应该磁道溢出的记录的最大关键字,指针指向溢出区的第一个记录。溢出区通常有三种组织方式:①集中存放,即整个文件只设置一个溢出区;②分散存放,即每个柱面设置一个溢出区;③集中与分散相结合,即在每个柱面设置一个溢出区的同时设置一个公共溢出区,溢出时先将文件

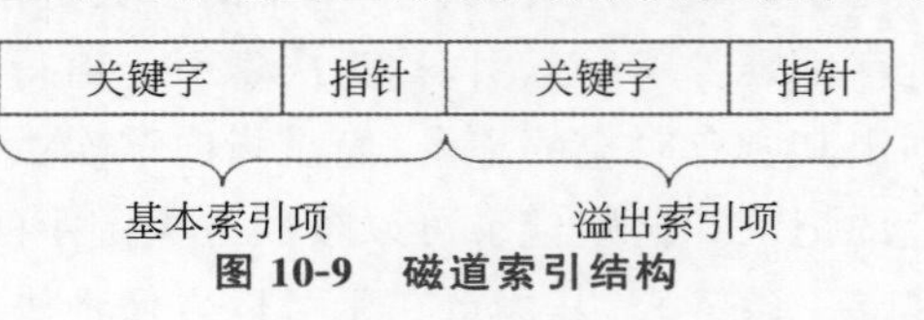

图 10-9 磁道索引结构

① 磁道索引实际为盘面索引,遵循习惯仍称之为磁道索引。

存放在各柱面的溢出区，当该溢出区满后，再存放至公共溢出区。本书采用第二种方式进行溢出区的组织。

图 10-10 展示了存放在磁盘组上的 ISAM 文件的结构。如图所示，每个柱面索引对应一个磁道索引，每个磁道索引对应一组基础索引，每个基础索引则对应相应的文件。磁道索引通常存储在每个柱面的第一道上，柱面索引则存储在某个柱面上，若柱面索引较大，需占用多个磁道，则可以对柱面索引建立索引，即主索引。每个非基础索引的结构都是相似的，由关键字和指针组成。其中关键字指示其对应的下一级索引中最大的关键字，指针指向其对应下一级索引所在的位置。

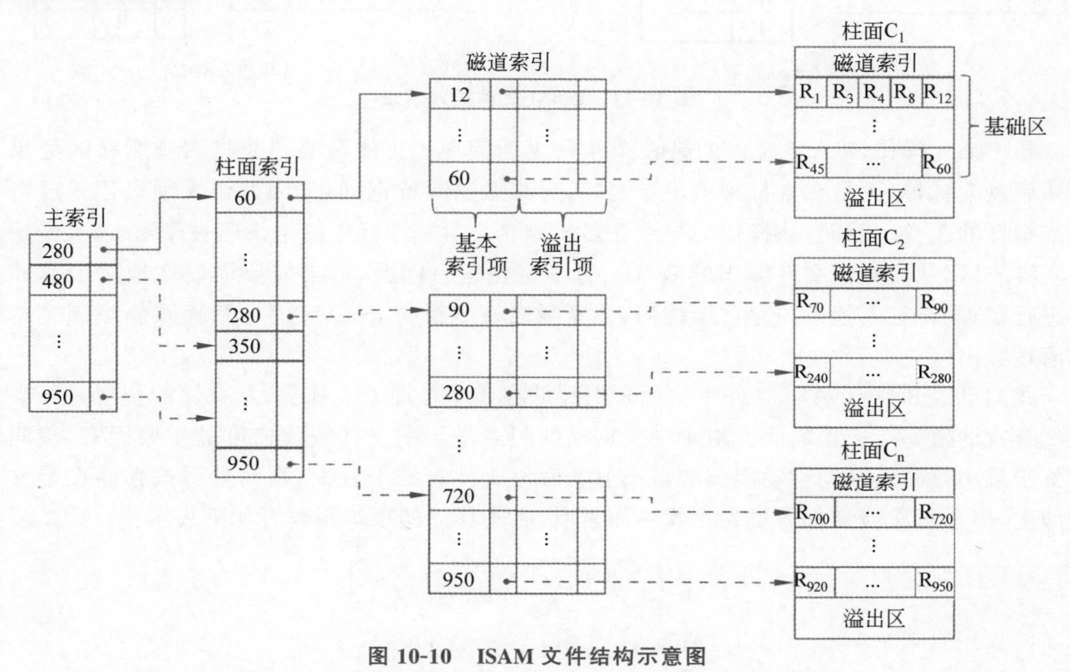

图 10-10　ISAM 文件结构示意图

ISAM 文件上的检索从主索引出发，按柱面索引—磁道索引的顺序进行查找，找到记录所在磁道的第一个记录的位置，从该位置出发进行顺序查找，直到找到目标文件为止。如果遍历该磁道仍不能找到该文件，则说明该文件不存在，查找失败。图 10-10 中的实线箭头展示了查找关键字为 8 的记录时的查找路径。

在对 ISAM 文件进行插入操作时，首先按照与检索相似的方式找到待插入文件的位置，并将该位置及其后的文件依次后移，同时相应修改磁道索引。由于基本区的顺序存储结构，在插入后，每个磁道的最后一个记录都将会发生溢出。将该文件移动至溢出区，并相应修改溢出索引。图 10-11 展示了 ISAM 文件插入过程。如图 10-11(a)所示，初始状态下溢出区为空。如图 10-11(b)所示，插入 R_{20} 时，依次向后移动过 R_{28}、R_{32} 和 R_{36}。在移动 R_{36} 时发生溢出，将其移动至缓冲区。由于 R_{36} 是 T_2 磁道上唯一一个被放入溢出区的记录，其后没有其他记录，因此其指针指向空。T_2 磁道对应的基本区和缓冲区的最大索引分别为 32 和 36，以此更新基本索引和溢出索引的键值。同理可以得到如图 10-11(c)所示的插入 R_{56} 后的结果。如图 10-11(d)所示，当插入 R_{33} 时，由于 $32<33<36$，该记录应当被直接插入缓冲区，并作为 T_2 磁道上对应缓冲区中的第一个记录。因此，其指针指向 R_{36}，同时使相应溢出索引项中的指针指向该记录。

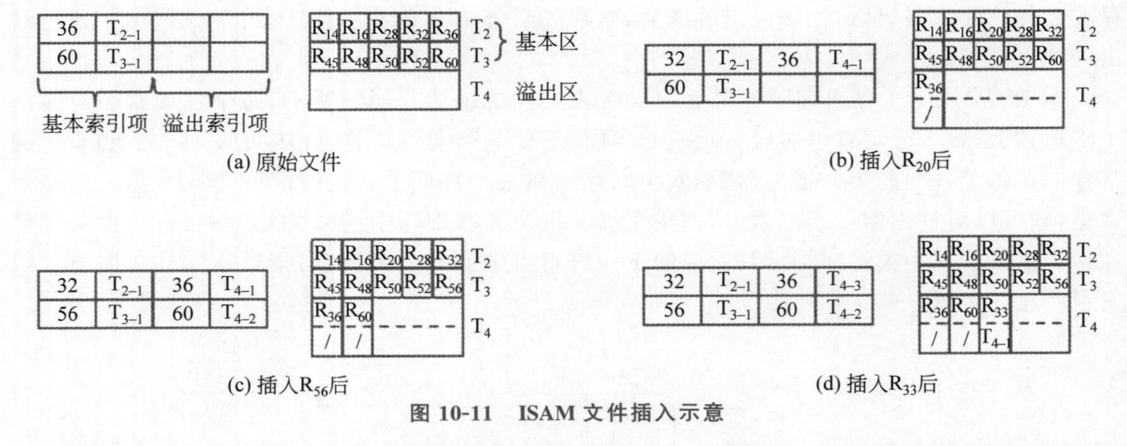

图 10-11　ISAM 文件插入示意

相比插入操作,ISAM 文件的删除操作则更为简单:文件系统并非将该待删除的记录直接从磁盘上抹掉,而是在查找到该记录之后,对其做删除标记即可,因此也无须对记录进行移动或指针的改变。然而,该操作会导致在多次增删之后基本区中的记录已被删除,而大量记录进入溢出区,从而降低文件操作的效率。为了避免这一问题,通常需要周期性地对 ISAM 文件进行整理,将记录读入内存重新排列,并复制成一个新的 ISAM 文件,从而重新填满基本区而清理溢出区。

我们已经知道,ISAM 文件中柱面索引存储在某个柱面上。那么,其存储的位置是否会对文件查找的效率造成影响呢?由于磁头移动的距离是影响文件查找速度的主要因素,该问题等价于最小化磁头平均移动距离的最小值。假设文件有 n 个柱面,柱面索引被存储在第 x 个柱面上,由于每次检索都需要先查找柱面索引,磁头移动的平均距离有如下表示:

$$\bar{s}=\frac{1}{n}\left[\sum_{i=1}^{x}(x-i)+\sum_{i=x+1}^{n}(i-x)\right]$$
$$=\frac{1}{n}\left[x^2-(n+1)x+\frac{n(n+1)}{2}\right]$$

令$\frac{d\bar{s}}{dx}=0$,可得 $x=\frac{n+1}{2}$,即柱面索引应当被存放在中间的柱面上。

10.2.6　VSAM 文件

虚拟存储存取方法(virtual storage access method, VSAM)不再直接依赖硬件,而是采用了操作系统的虚拟存储器功能实现文件管理。文件管理面向的是控制区间、控制区域等逻辑存储单位,而非外存储器中柱面、磁道等具体存储单位。用户在对文件中的记录进行存取时,无须考虑该记录的当前位置是否在内存中,也无须考虑何时对外存进行读写。

如图 10-12 所示,VSAM 文件系统由索引集、顺序集和数据集组成。数据集存放文件的记录,它的每个结点称为一个控制区间(control interval),由一组连续的存储单元组成,含有一个或多个按关键字递增的排列记录,是 I/O 操作的基本单位。不同文件的控制区间大小可能不同,但同一文件拥有相同的控制区间大小。顺序集存放每个控制区间的索引项。与 ISAM 文件类似,VSAM 文件中的索引项同样由关键字和指针两部分组成,关键字表示其对应控制区间中最大的关键字,指针指向控制区间的起始位置。顺序集中的一个索引项及其对应的所有控制区间构成控制区域(control range)。每个控制区间可以看作一个逻辑磁道,而每个控制区域则可以看作一个逻辑柱面。多个相邻控制区间的索引项构成一个结点，并且在更高一层的结构中建立索引。这些索引同样由最大关键字和指针组成，逐层向上，形成了索引集。索引集和顺序集一起构成了一棵 B+树，这种结构使文件的查找、插入和删除操作更加高效。因此，VSAM 文件可以通过顺序集进行存取，也可以通过高层索引进行关键字存取，这使得它非常适合用于各种文件操作需求。

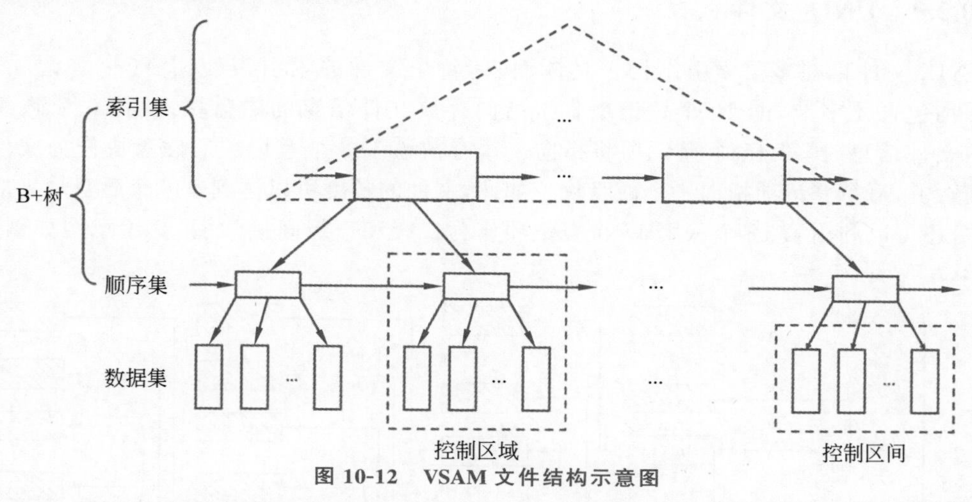

图 10-12　VSAM 文件结构示意图

VSAM 文件中，记录可以是不等长的。因此，为了方便读取，控制区间中除了存放记录本身，还需要存放记录的长度等每个记录的控制信息以及区中记录数目等整个区间的控制信息，如图 10-13 所示。为正确地对记录进行读取，在控制区间上存取记录时，需要从两端出发同时向中间扫描。

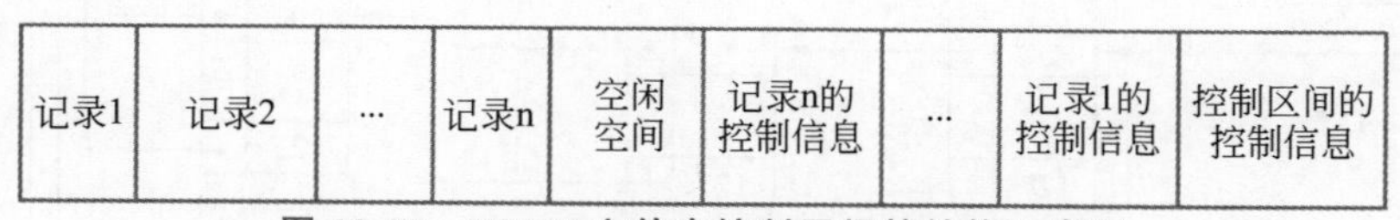

图 10-13　VSAM 文件中控制区间的结构示意图

对于插入操作，在 ISAM 文件中设置了溢出区，从而解决了在对元素进行插入操作时可能出现的溢出问题。而 VSAM 文件中则没有设置缓冲区，而是通过在初始建立文件时预留一定的空间来解决插入问题。一方面，每个控制区间中的记录不是完全填满的，在最后一个记录与控制信息之间存在着一定的空闲空间，如图 10-13 所示。另一方面，每个控制区域中有一些完全空的控制空间，并且在顺序集的索引中进行指明。在这种情况下，当插入记录时，大部分新的记录都能被插入相应的区间内。需要注意的是，为了保证区间内的关键字是按照从小到大的顺序排序的，在插入记录时需要将关键字大于待插入记录的样本向后移动。如果在若干次插入操作后控制区间已满，则需要在插入下一条记录时对控制区间进行分裂，将近乎一半的记录移动到同一个控制区域中全空的控制区间中，并对顺序集中的相应索引进行修改。更进一步，如果控制区域中没有全空的控制区间，则需要进行控制区域的分裂，此时顺序集中的结点也需要被分裂，同时需要修改索引集中的结点信息。在实际操作中，由于控制区域往往较大，因此很少发生需要进行分裂的情况。

当需要对 VSAM 文件进行删除操作时，会将同一控制区间中在待删除记录之后的记录(关键字比待删除关键字大的记录)向前移动，从而为后续插入新记录留出空间。若出现整个控制区间变空的情况，则还需要修改顺序集中相对应的索引项。

从上述分析中可以看出，VSAM 文件可以动态地分配和释放存储空间，而无须对文件进行重组，并且可以较快地对插入的记录进行查找。查找一个后续插入的记录所需的时间与查找一个原有记录的时间是相同的。但是，由于 VSAM 文件中预留空间的存在，其空间利用率不高，一般只能保持在 75%左右，因此会占用较多的存储空间。

10.2.7 UNIX 文件

UNIX 文件存在多重索引结构。具体而言，每个文件的索引表使用 13 个登记项，每个登记项均包含 4 字节，前 10 个登记项直接指向存放文件信息的磁盘块。当 10 个磁盘块不够容纳文件信息时，第 11 个登记项将指向一个存放着 128 个登记项的磁盘块作为文件的一级间接索引，每个登记项指向一个磁盘块。如此，文件的长度可以达到 138 个磁盘块。对于大型文件，还可以利用第 12 个和第 13 个登记项作为二级和三级间接索引，其示意图如图 10-14 所示。

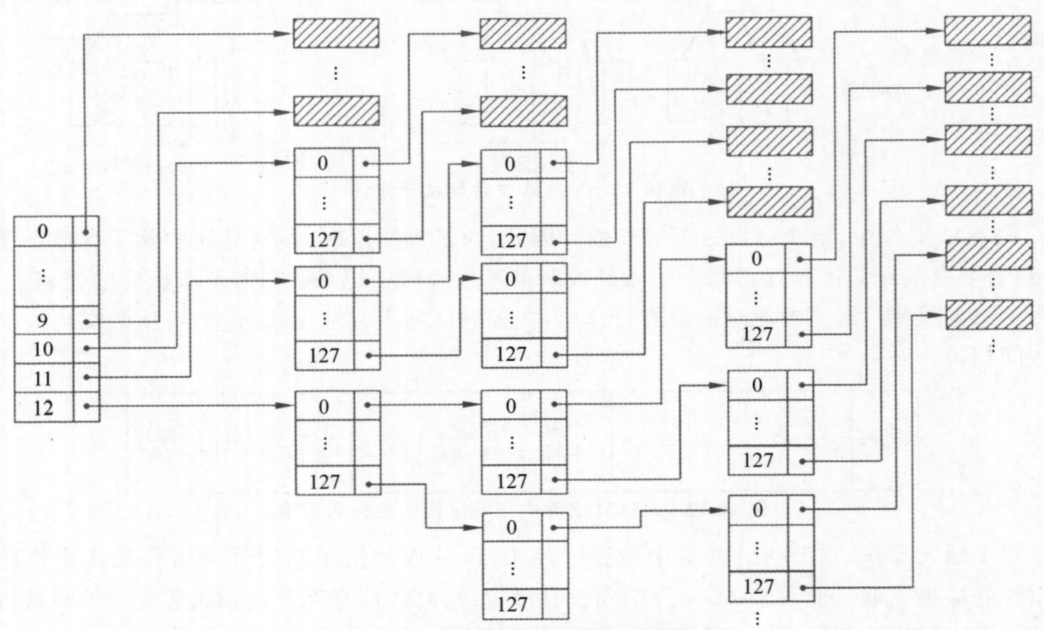

图 10-14 UNIX 文件系统示意图

由于磁盘块的大小是预先固定的，且往往与逻辑记录不同(磁盘块往往大于逻辑记录)，因此一个磁盘块中往往会存放多个逻辑记录。将若干逻辑记录合成一组存入一个磁盘块的工作称为**记录的成组**，每个块中的逻辑记录的个数称为**块因子**。在将逻辑记录保存到磁盘时，出于对效率的考量，并非对每条记录都进行一次磁盘的读写，而是将该记录先存入主存缓冲区(缓冲区的大小与块的大小相同)。只有当缓冲区满时才将缓冲区内的元素一次性写入磁盘，从而提高存储空间的利用率，减少启动外设的次数，提高了系统的工作效率。

记录的分解是记录成组的逆过程。具体而言，如果用户需要的记录已在缓冲区中，则可以直接获取，无须启动外设读取信息；否则，先从磁盘中找到记录所在的块，将该块读入存储缓冲区，再从缓冲区中取出相应的记录送到用户工作区(图 10-15)。

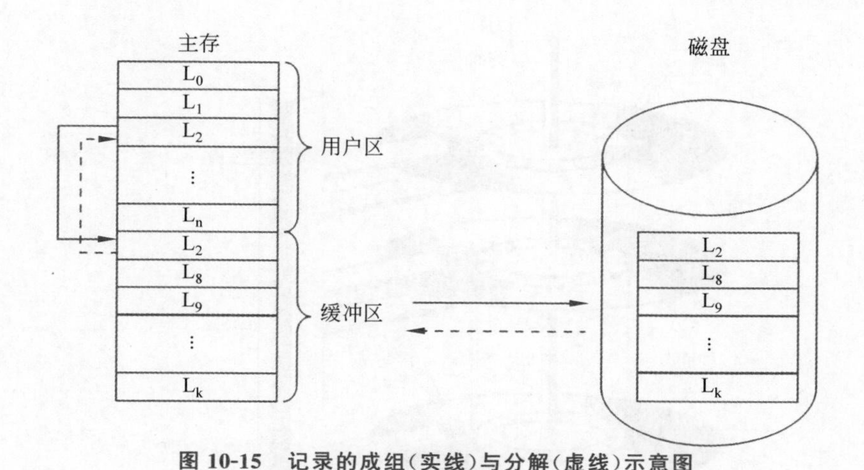

图 10-15 记录的成组(实线)与分解(虚线)示意图

10.3 磁盘文件的归并分类

在计算机文件系统中,磁盘是一项至关重要的存储设备,它的工作原理和结构在现代数据管理中具有突出的地位。磁盘的物理结构呈现扁平的圆盘形态,盘面上划分出许多同心圆,这些圆称为磁道,它们是数据存储的基本单元。通过在这些磁道上记录数据,计算机系统实现了信息的可靠存储与检索。磁盘作为一种直接存取存储设备(DASD),为系统提供了高效的数据读写能力,为用户和应用程序的数据处理需求提供支持。

磁盘的工作原理构建在一个复杂而精密的系统之上。盘片被安装在主轴上高速旋转,而读/写头则在盘片上移动。当磁道位于读/写头的位置时,就可以进行数据的读取或写入操作。这一读写过程由磁盘驱动器负责控制,它确保了盘片的旋转速度和读/写头的移动轨迹的精准协调。

在磁盘的分类中,固定头盘和活动头盘呈现不同的架构。固定头盘的每个磁道都配备了独立的磁头,这些磁头位于固定位置,负责特定磁道上数据的读写操作,使得访问特定数据变得更加迅速。另外,活动头盘的磁头是可以移动的,一个盘面上只有一个磁头,它通过动臂的协助,能够在磁道之间进行快速移动,从而实现对不同磁道上数据的读写。

为了在磁盘上准确定位信息,系统需要使用三维地址:柱面号用于确定读/写头在径向上的位置,盘面号用于确定磁头所在的具体盘面,而块号则用于确定数据在磁道上的位置,如图 10-16 所示。这一地址系统为数据的精确定位和高效访问提供了基础。

磁盘的结构由多个关键组件构成,包括磁盘驱动器、读头、写头、活动臂、盘片(包括磁道和扇区)以及旋转主轴,如图 10-17 所示。这些组件紧密合作,使得磁盘具备了出色的读写速度、巨大的数据容量,以及直接存取数据的能力。总体而言,磁盘在计算机系统中的作用无法低估,它为数据存储与管理提供了强大的支持。

那么,如何准确高效地定位到磁盘中具体的一块呢?具体的寻址过程如何进行?通过上面对磁盘结构的描述,可以充分利用其结构上的层次关系,这个访问块的过程可以概括为如下步骤:

(1) 找柱面,移动臂使磁头移动到所需柱面上(称为定位或寻查);

(2) 等待要访问的信息转动磁头之下;

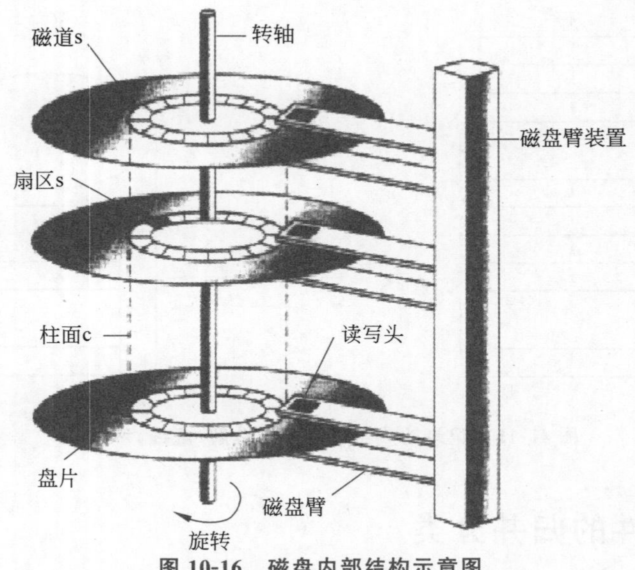

图 10-16　磁盘内部结构示意图

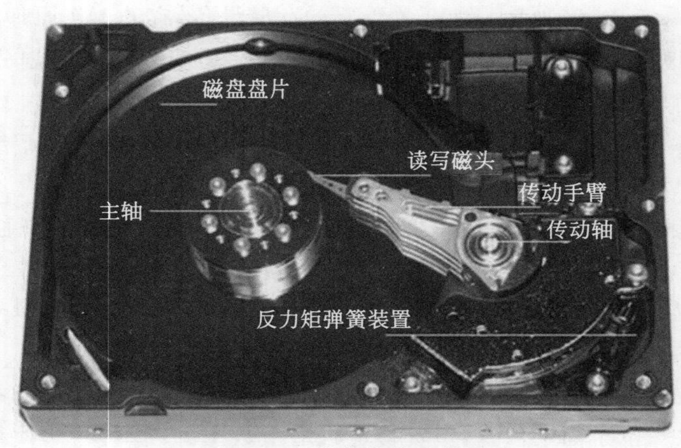

图 10-17　磁盘结构示意图

(3) 读/写所需信息。

因此，在磁盘上读写一块所需的时间为

$$T_{I/O}=t_{seek}+t_{la}+n\times t_{wm}$$

其中，t_{seek}为寻查时间(seek time)，即读/写头定位的时间；t_{la}为等待时间(latency time)，即等待信息块的初始位置旋到读/写头下的时间；t_{wm}为传输时间(transmission time)。

外部排序是一种处理大量数据的排序方法，它的核心思想是将数据分为适当大小的块，然后对这些块进行排序，最终合并这些块以得到完整有序的结果。外部排序通常在内存无法容纳整个数据集的情况下使用，因此它需要借助磁盘或其他外部存储介质处理数据。

外部排序的过程可以概括为以下几个关键步骤。

(1) 数据划分与初始排序：将待排序的大数据集划分为多个块，每个块的大小适应内存的容量。然后，将每个块加载到内存中，并在内存中进行初始排序。这可以使用常见的排序算法，如快速排序、归并排序等。

(2) 归并排序：在初始排序完成后，我们会得到多个有序的块。接下来，使用归并排序的思想将这些块逐一合并成更大的有序块。这一步通常涉及多路归并，即同时处理多个有序块的合并过程，图 10-18 所示为 K 路归并的过程。

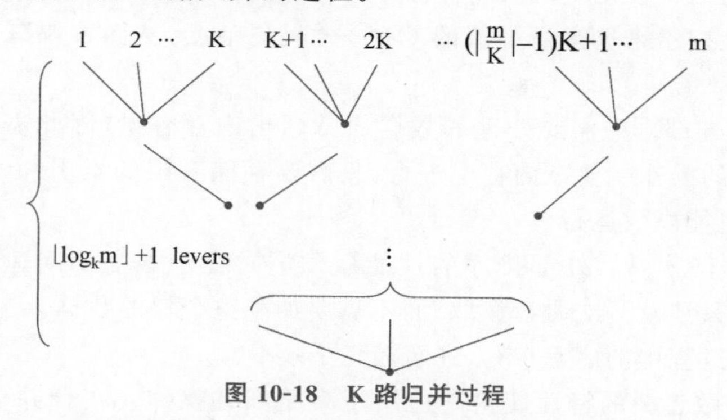

图 10-18　K 路归并过程

(3) 多次归并：如果数据集过大，无法同时将所有块加载到内存中合并，那么多次归并可能是必要的。在这种情况下，将块逐步合并，直到得到一个完整的有序数据集。

(4) 输出结果：经过多次归并，最终得到一个完整有序的数据集。根据具体需求，可以将这个有序数据集输出到磁盘或其他存储介质中，或者直接对其进行进一步的处理。

关于如何提高外排序的效率，这里提出两个途径供读者开拓思路：

(1) 扩大初始归并段长度，从而减少初始归并段个数 m；

(2) 进行多路(k 路)归并减少合并趟数 s，以减少 I/O 次数，$s=\lceil \log_k m \rceil$。

另外，不局限于采用二路归并，就像上文提到的，可以采用多路归并的方式减少归并次数。m 个初始段进行 2 路归并，需要 $\log_2 m$ 遍归并；m 个初始段，采用 k 路归并，需要 $\log_k m$ 遍归并。显然，k 越大，归并遍数越少，可提高归并的效率。在 k 路归并时，从 k 个关键字中选择最小记录时，要比较 k－1 次。若记录总数为 n，每遍要比较的次数为 $n(k-1)[\log_2 m/\log_2 k]$，可以看出，随着 k 增大，$(k-1)/\log_2 k$ 也增大，当归并路数较多时，CPU 处理的时间也随之增多。为此要选择好的分类方法，以减少分类中的比较次数。

选择树也称为败者树(tree of loser)，是一种数据结构，主要用于在一组元素中进行快速选择最小(或最大)值。它通常用于外部排序等需要大量元素排序和选择的场景，其中元素数量超过内存容量，需要借助外部存储介质来处理。

败者树的主要优点在于它可以在 O(logn)的时间内完成每一次选择操作，其中 n 是元素的数量，这使得它在大数据集合上的排序和选择操作变得高效。

败者树的基本思想是将所有要进行选择的元素构建成一棵树形结构，使得树的每个结点存储一个元素，并且满足树的结点值总是大于或等于其子结点的值。这样，树的根结点就是当前所有元素中的最小(或最大)值，而叶子结点存储具体的元素值。

在选择过程中，首先将每个叶子结点的值与其父结点进行比较，将较小(或较大)值作为胜者，而另一个值作为败者。然后，胜者继续与胜者结点的父结点比较，胜者不断向上移动，直到根结点。这样，根结点中存储的元素就是当前的胜者，即最小(或最大)值。当某个叶子结点的值被更新时，败者树会自动调整，以确保树的性质保持不变。

在进行一次选择操作后，可以将胜者结点(最小或最大值)从树中移除，然后将新的元素插入叶子结点，并重新调整败者树，这样可以在连续的选择操作中高效地找到排序后的元素序列。

利用败者树可以显著提高外部排序的效率，以下是一些利用败者树提高外部排序效率的方式。

(1) 高效的选择操作：在外部排序中，需要反复从多个有序的块中选择最小（或最大）值来进行合并。败者树的特性使得每次选择操作的时间复杂度为 O(logn)，其中 n 是块的数量。这远远优于通过线性搜索来选择最小值的 O(n)时间复杂度，从而大幅减少了排序操作所需的时间。

(2) 内存友好：外部排序需要处理的数据通常超出内存容量，因此需要使用外部存储介质，如磁盘。败者树的操作主要在内存中进行，只需要存储有限的索引和一些元数据，因此在内存有限的情况下也能高效运行。

(3) 减少磁盘访问次数：外部排序的性能瓶颈通常在于磁盘访问速度较慢。利用败者树，每次选择操作都只涉及一次磁盘读取，而不需要加载整个块的数据。这降低了磁盘访问次数，从而减少了排序过程中的磁盘 I/O，进而提高了效率。

(4) 批量合并：败者树的特性使得它适用于多路归并操作。在合并多个有序块时，败者树可以在每个结点中维护一个胜者和若干败者，使得每次选择最小值的操作都只需 O(logn) 的时间。这使得合并过程更加高效。

(5) 自动调整：在外部排序过程中，新的数据块会不断被读取和插入，而败者树能够自动调整结点的值，确保每次选择操作的正确性。这简化了排序过程，减少了手动调整的工作量。

最佳归并树(optimal merge tree)也称为最优归并树，是一种与外部排序相关的数据结构，用于优化多路归并操作的顺序，以降低合并操作的总成本。

将哈夫曼树进行拓展，不仅对二叉树，同样可形成三叉、四叉、…、k 叉树，亦称为哈夫曼树，同样可求得带权路径长度最小。

对长度不等的 m 个初始归并段，构造哈夫曼树作为归并树，可使在进行外部归并时所需对外存进行的读写次数达到最小。

最佳归并树中，并不只有度为 k 和 0 的结点，还会有缺额。当初始归并段的数目不足时，需要附加长度为 0 的虚段，按照哈夫曼树的构造原则，权为 0 的叶子结点应离树根最远。

除了通过上述两种多路归并的方式，减少归并遍数可以提升外部排序的效率。另外，通过并行操作的缓冲区处理方式也可以显著提高外部排序的效率。这种方法的核心思想是将输入、输出和 CPU 处理操作尽可能地重叠，从而减少空闲时间，提高整体处理速度。例如，我们可以使用合适的缓冲区管理策略将读取的数据暂时存储在缓冲区中，然后按照内存容量适当地进行排序和处理。同时，另一个缓冲区可以用于写入操作，将排好序的数据块写回磁盘。这种方式确保了在读取和写入之间能够充分利用 CPU 的处理能力，减少了磁盘等待时间。在这个过程中可以利用多线程或多进程的特性，可以令排序和合并操作与数据读取、写入操作并行进行。这样，计算和 I/O 操作可以在不同的线程或进程中同时进行，从而更好地利用计算资源；又或者可以采取流水线处理的方式，将外部排序过程划分为不同的阶段，每个阶段都可以并行进行。通过流水线方式，数据可以在不同阶段之间流动，使得整个过程更加连续且高效。

除了上述两种方式外，我们还可以在初始归并段的生成方面下功夫，提高外部排序效率。在外部排序中，初始归并段的生成对于整个排序效率至关重要。初始归并段的合理生成可以有效减少后续归并操作的次数，从而提高外部排序的效率。例如，我们可以在初始归并段的生成过程中，根据当前可用内存和磁盘带宽动态调整块的大小，这可以避免内存或磁盘资源的浪费，从而更好地适应不同的运行环境；或者在将数据划分为块后，可以在内存中对每个块进行预排序，这可以帮助将相近的数据归并到同一个归并段中，减少后续归并操作的次数，可以改进的类似措施还有负载均衡、合理划分块的大小等。

10.4 磁带文件的归并分类

计算机领域的发展与创新伴随着存储设备的不断演进。我们已经探讨了磁盘文件的归并分类,现在我们将关注另一个重要领域——磁带文件的归并分类。磁带作为一种数字信息存储媒介,曾在数据存储领域占据重要地位,其引领的数据存储潮流在过去的发展中产生了深远影响。

在深入研究磁带文件的归并分类之前,我们回顾一下存储设备的历史演变。从最早的纸带,经过磁鼓和磁带等介质,一直到如今的高性能磁盘,每一步的进化都为数据存储与处理能力带来了显著提升。纸带作为一种原始的数据存储形式,见证了计算机与人类之间信息交流的初始尝试。磁鼓则通过旋转的方式将数据编码存储,为数据访问引入了更具规律的机制。而磁盘则在高速旋转的同时存储着大量信息,成为当代计算机的核心组件之一。

现在,让我们将焦点投向磁带文件。磁带作为一种线性存储介质,通过编码磁性信号来存储数据。与磁盘不同,磁带不需要持续高速旋转,而是以平稳的节奏滚动,存储着海量数据。这些数据可能包含历史片段、科学研究成果,甚至是人类的创意和想象。在企业级数据存储中,磁带依然扮演着关键角色,作为一种可靠的长期存储方案。

磁带文件的归并分类旨在高效处理磁带上的数据,这个过程涉及将不同数据段有序地合并,形成更大的、有组织的数据块,以便后续处理。特别是在处理大规模数据时,有效地归并分类策略可以极大地提升数据处理效率,减少资源浪费。

核心思想是将数据段有序地合并为更大的归并段,这要求选择合适的合并顺序和高效的合并算法。在此过程中,我们需要综合考虑内存限制、磁带读写速度和数据特性。通过合理的划分和合并策略,我们可以将大量分散的数据有机地组织在一起,为后续的数据分析和查询等操作提供支持。

磁带是一种线性存储媒介,如图10-19所示,其信息表示是通过磁性信号的变化实现的。磁带上的数据被编码成磁性区域的序列,这些磁性区域的变化被磁头读取并解释为数字信息。磁带信息的表示方式主要涉及磁性区域的排列和磁性信号的变化。

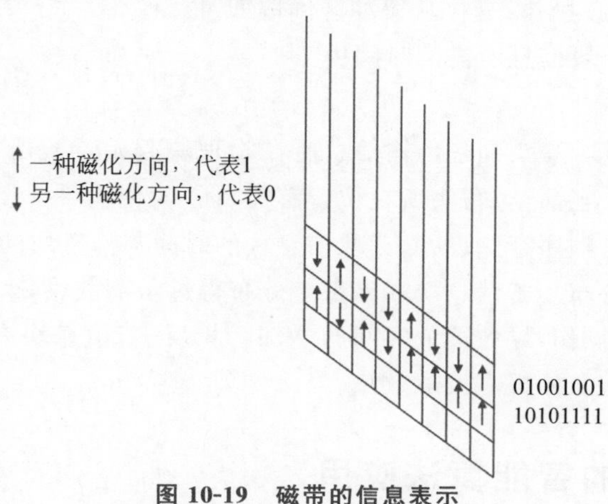

图10-19 磁带的信息表示

磁带作为一种顺序存取的存储设备,是一条薄薄的带子,其表面涂覆着一层磁性材料。现代磁带通常有1/2英寸的宽度,长度可达3600英尺,绕在一个卷盘上,其工作原理是通过将磁带放置在磁带机上，由驱动器控制磁带盘旋转并推动磁带向前移动。通过读/写头，可以读取磁带上的信息或将信息写入磁带中。

磁带记录的信息可以使用不同的编码格式，其中 7 道带和 9 道带是比较常见的。7 道带指的是在 1/2 英寸宽的带面上记录 7 位二进制信息的磁带，而 9 道带在同样宽度的带面上记录 9 位二进制信息。在 9 道带中，每个字符由 8 位表示，剩下的一位则用于奇偶校验。信息密度指的是每英寸的二进制字符数，通常为每英寸 800 位、1600 位或 6250 位。磁带的移动速度通常为每秒 200 英寸。

在磁带的物理结构中，存在间隙 IRG（inter record gap）和块间间隙 IBG（inter block gap）。IRG 是相邻两组字符组（记录）之间的空白区，其长度通常为 1/4～3/4 英寸，以满足启停时间的需求。例如，对于每个字符组长度为 80 字符，IRG 为 3/4 英寸的情况，对于每英寸 1600 个字符的磁带，其利用率仅为 1/16，其余 15/16 的带用于 IRG，如图 10-20 所示。IBG 则是将多个字符组合并成块后，字符组之间没有 IRG 形成的间隙，这种物理结构在磁带上存放多个字符组时显得尤为重要。如图 10-21 所示，表示将 20 个长度为 80 字符的字符组存放在磁带上的一个物理块中的情况。

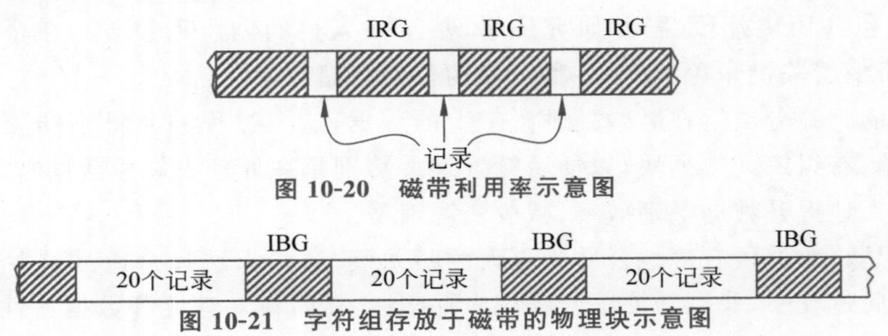

图 10-20 磁带利用率示意图

图 10-21 字符组存放于磁带的物理块示意图

成块的优点可以概括如下：

（1）可以减少 IRG 的数目，从而提高磁带的利用率，块的长度大于 IBG 的长度；

（2）可以减少 I/O 操作，因为一次 I/O 操作可把整个物理块都读到内存缓冲区中，然后从缓冲区中取出所需要的信息（一个字符组）；每当要读一个字符组时，首先要查缓冲区中是否已有，若有，则不必执行 I/O 操作，直接从缓冲区读取即可。

显然，磁带上读写一块信息所需的时间为

$$T_{I/O} = t_a + nt_w$$

其中，t_a 为延迟时间，即读/写头到达传输信息所在物理块起始位置所需时间（显然，延迟时间和信息在磁带上的位置、当前读/写头所在位置有关）；t_w 为传输一个字符的时间。

与磁盘不同，磁带是顺序存储设备，读取信息块的时间与信息块的位置有关。研究磁带分类，需要了解信息块的分布。若信息块在磁带上分布得过于离散，那么每次读取信息块都需要进行磁带的寻道和旋转操作，导致读取时间的增加。相反，若信息块在磁带上紧密排列，将能够减少寻道和旋转时间，从而提高读取效率。

10.5 外部排序的智能算法应用

当我们将数据结构与人工智能的领域相交融时，便在计算机科学的交汇点开辟了一片新的探索区域。在我们已经研究了外部排序的基本概念后，现在让我们将目光投向人工智能领域。

在当今的信息时代，我们面临着海量数据的挑战，尤其是在人工智能和大数据领域，处理如此庞大的数据集需要创新的方法和工具。大型分布式学习可以解决数据处理的复杂性和效率问题。

首先，让我们回顾一下外部排序的基本原理。外部排序是一种用于处理大于计算机内存容量的数据集的排序算法。这种情况下，数据需要分割成小块，每个块可以适应内存，然后对每个块进行排序，最终将它们合并成一个有序的数据集。外部排序需要频繁地读取和写入文件，因此文件系统的性能对其效率至关重要。

现在，让我们将大型分布式学习与外部排序联系起来。大型分布式学习是一种机器学习和深度学习的方法，通过利用分布式计算资源来训练复杂的模型。这种方法允许我们处理超大规模的数据集，但也带来了数据分布和协调的挑战，这些正是外部排序算法所擅长的领域。

大型分布式学习算法通常需要训练深度神经网络，处理海量数据，如图像、文本或其他形式的数据。在这个过程中，数据通常被分布在多个计算结点或存储结点上。每个结点负责处理本地数据块、执行梯度下降和模型更新等操作。这些结点需要相互协作，以达到全局模型的一致性。下面举几个大型分布式学习算法的案例供读者参考。

10.5.1　分布式随机梯度下降

在介绍分布式随机梯度下降前，应当简要了解一下梯度下降的原理。梯度下降法也称为最陡下降法，是一种一阶最优化算法。为了寻找函数的局部极小值，必须按照规定步长沿着当前点对应梯度（或者是近似梯度）的反方向进行迭代搜索。若朝着梯度正方向进行搜索，则会接近函数的局部极大值点，这一过程称为梯度上升法。如图 10-22 所示，环形线为函数的等高线，箭头所指为该点梯度的反方向，即梯度下降方向，沿着梯度下降方向前进将会到达这个碗形曲线的底部，也就是函数的局部极小值点。

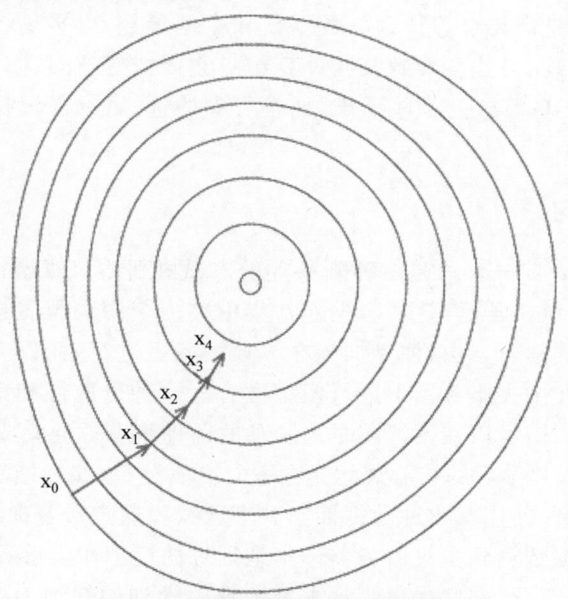

图 10-22　梯度下降方向前进示意图

分布式随机梯度下降(distributed stochastic gradient descent，DSGD)是一种广泛应用于

大型分布式学习的算法，它允许多个结点分布式计算梯度并更新模型参数。DSGD 可以看作在分布式环境下执行模型训练的一种外部排序方式，其中不同结点负责不同数据块的计算。

DSGD 算法的基本思想是将数据集和模型参数划分为多个块，然后在每个计算结点上分别进行 SGD 更新。为了保证更新的一致性，DSGD 算法采用了一种锁定机制，使得每个计算结点只能访问和更新自己所拥有的数据块和参数块，这样可以避免多个计算结点同时修改同一个参数块而导致的冲突和不一致。

DSGD 的具体步骤描述如下。

首先，原始数据集被分布到多个计算结点或设备上，这些结点可以是不同的计算机、服务器或处理器。每个结点都拥有数据的一部分，通常称为一个数据分区。

在每个结点上，使用本地数据分区计算局部模型的梯度，这是通过计算每个数据点的损失函数的梯度来实现的。通常使用随机梯度下降或其变种来计算梯度。

每个结点将本地计算的梯度传输到中央服务器或协调结点。这是 DSGD 的关键步骤，因为它将各个结点的局部梯度收集起来，以形成全局模型的更新。

在中央服务器或协调结点上，接收到来自不同结点的梯度更新。这些梯度更新会被加权平均，以生成全局模型的新参数。通常，这个过程包括学习率的调整，以确保模型的收敛性。

更新后的全局模型参数被发送回各个结点，以替代其本地模型参数。这确保了各个结点都在使用最新的全局模型。

上述步骤从第二步开始循环迭代多次，通常在每个迭代中，结点会使用最新的全局模型计算本地梯度，并更新全局模型参数。这一过程通常会在一定数量的迭代或者当模型满足某个停止条件时结束。

DSGD 算法的优点是可以充分利用多核或分布式系统的并行计算能力加速模型的训练过程。它还可以减少通信开销，因为每次只有一个参数子块被传输，并且不需要等待其他计算结点的同步。此外，DSGD 算法可以保持 SGD 算法的优良性质，如收敛性、鲁棒性和泛化能力。

DSGD 算法的缺点是需要合理地划分数据集和模型参数，以平衡各个计算结点的负载和通信量。如果划分不合理，可能会导致某些计算结点空闲或等待过久，降低并行效率。另外，DSGD 算法也会遇到 SGD 算法的一些困难，如学习率的选择、局部最优解的陷入和梯度消失或爆炸等。

10.5.2 联邦学习

联邦学习(federated learning)是一种新兴的分布式机器学习方法，旨在解决隐私保护和数据分散的挑战。在传统机器学习中，数据通常集中在一个中央位置进行模型训练。相比之下，联邦学习采用分布式学习方法，模型训练在本地设备上进行，而仅有模型参数的更新会传输到中央服务器，然后在中央服务器上进行模型融合。这种分散性和本地性的特点使得联邦学习成为一种强大的工具，可以在不泄露个人隐私的前提下有效地集成分散的数据。

如图 10-23 所示，联邦学习的核心思想是：每个本地设备(如智能手机、传感器、边缘设备等)都在本地上训练模型，使用其本地数据而不共享数据。这意味着训练过程发生在数据所在的设备上，而不是将数据传输到中央服务器。本地训练的模型产生参数更新，这些参数更新是模型在训练期间的微小变化，它们代表了从本地数据中学到的知识。由中央服务器收集各个设备的参数更新，并将它们合并成一个全局模型。这个全局模型反映了所有参与设备的数据特征。

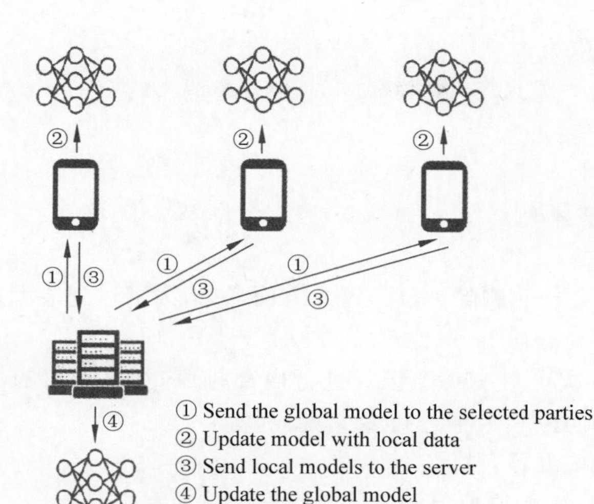

(a) FedAvg　　(b) SimFL

图 10-23　联邦学习示意图

我们考虑一个医疗图像分类应用，医院和医疗机构收集了大量的患者 X 光片图像，用于癌症检测。然而，由于隐私法规和伦理要求，这些图像不能离开医院。联邦学习可用于训练一个全局的深度学习模型，该模型可以识别不同类型的癌症病变。

在这种情况下，每家医院都可以在本地训练模型，使用其本地患者数据，而不共享患者的图像。然后，医院将本地训练的模型参数更新传输到中央服务器，该服务器会合并这些参数更新，形成一个全局模型。这个全局模型反映了不同医院的数据特征，同时确保了患者隐私的保护。最终，这一全局模型可以在各个医院的 X 光片图像中识别病变，提高癌症检测的准确性，同时遵守隐私法规。

通过联邦学习，医疗机构可以充分利用分布在不同地点的数据，同时维护患者数据的隐私，这是联邦学习在医疗领域的一个重要应用案例。这种方法也可用于其他领域，如金融、智能交通和智能制造，以处理分布式数据并保护用户隐私。

本章小结

在本章中，我们首先介绍了文件及文件操作，包括文件查询方式和文件分类等。接着，阐述了文件的组织，包括顺序方式、索引方式、散列方式、链接方式、ISAM 文件、VSAM 文件和 UNIX 文件，并给出了磁盘文件和磁带文件的归并分类算法。最后，介绍了分布式随机梯度和联邦学习等与外部排序相关的智能应用，以延伸读者对文件及外部排序的理解。

习题

1.**【2020 年考研 408 真题】**　下列选项中支持文件长度可变、随机访问的磁盘存储空间分配方式的是________。

A. 索引分配　　B. 链接分配　　C. 连续分配　　D. 动态分区分配

2.**【2020 年考研 408 真题】**　某文件系统的目录由文件名和索引结点号构成。若每个目录项长度为 64 字节，其中 4 字节存放索引结点号，60 字节存放文件名。文件名由小写英文字母构成,则该文件系统能创建的文件数量的上限为________。

A. 2^26　　B. 2^32　　C. 2^60　　D. 2^64

3. 当数据:

a. 很少修改并且以随机顺序频繁地访问时

b. 频繁地修改并且相对频繁地访问文件整体时

c. 频繁地修改并以随机顺序频繁地访问时

从访问速度、存储空间的使用和易于更新(添加/删除/修改)这几方面考虑,为了达到最大效率,你将选择哪种文件组织?

4. 假设一次 I/O 的物理块大小为 150,每次可对 750 个记录进行内部排序,那么对含有 150000 个记录的磁盘文件进行 4 路平衡归并排序时,共需进行多少次 I/O?

5. 若某个文件经内部排序得到 80 个初始归并段,试问:

(1) 若使用多路平衡归并执行 3 趟完成排序,则应取得的归并路数至少应为多少?

(2) 若操作系统要求一个程序同时可用的输入/输出文件的总数不超过 15 个,则按多路归并至少需要几趟可以完成排序?若限定这个趟数,可取的最低路数是多少?

6. 假设文件有 4500 个记录,在磁盘上每个块可放 75 个记录,计算机中用于排序的内存区可容纳 450 个记录,试问:

(1) 可以建立多少个初始归并段?每个初始归并段有多少记录?存放于多少个块中?

(2) 应采用几路归并?请写出归并过程及每趟需要读写磁盘的块数。

7. 设初始归并段为(10,15,31),(9,20),(22,34,37),(6,15,42),(12,37),(84,95)。试利用败者树进行 m 路归并,手工执行选择最小的 5 个关键字的过程。

8. 给出 12 个初始归并段,其长度分别为 30,44,8,6,3,20,60,18,9,62,68,85。现要做 4 路外归并排序,试画出表示归并过程的最佳归并树,并计算该归并树的带权路径长度。

9. 某文件系统采用索引结点存放文件的属性和地址信息,簇大小为 4KB。每个文件索引结点占 64B,有 11 个地址项,其中直接地址项 8 个,一级、二级和三级间接地址项各 1 个,每个地址项长度为 4B。请回答下列问题。

(1) 该文件系统能支持的最大文件长度是多少?

(2) 文件系统用 1M(1M$=2^{20}$)个簇存放文件索引结点,用 512M 个簇存放文件数据。若一个图像文件的大小为 5600B,则该文件系统最多能存放多少个图像文件?

(3) 若文件 F1 的大小为 6KB,文件 F2 的大小为 40KB,则该文件系统获取 F1 和 F2 最后一个簇的簇号需要的时间是否相同?为什么?

与前沿技术链接

物联网数据的分布式计算

物联网(internet of things,IoT)已经引领了数字时代的浪潮,将各种传感器、设备和系统连接在一起,实时产生海量数据。这些数据的高效处理、分析和存储对于实时决策、趋势分析和事件检测至关重要。为了应对这一挑战,分布式计算成为解决物联网数据处理问题的关键技术之一。本文将深入探讨物联网数据的分布式计算,强调其重要性、应用领域以及各种分布式计算技术的专业细节。

物联网的核心特点之一是可以产生大规模且异构的数据。成千上万的传感器和设备散布在不同地点,实时生成海量数据。传统的集中式计算模型已不再适用,因为它难以有效处理如此庞大和多样化的数据集。物联网数据量庞大，传统计算方法无法有效处理如此庞大的数据集；物联网数据通常需要实时分析和响应。例如，在智能交通系统中，需要实时调整交通信号以缓解交通拥堵。分布式计算可以加速数据处理，满足实时性要求；传感器和设备分布在不同的地理位置，数据需要从多个地点协同处理。分布式计算可以协调这些分布式数据源，实现数据的集中处理和分析。因此，分布式计算至关重要。

分布式计算依赖特定的计算框架，例如 MapReduce，这是一种编程模型和计算框架，最初由 Google 开发，用于处理大规模数据，它适用于物联网数据处理，因为它允许用户定义映射(map)和归约(reduce)操作来处理数据。映射操作用于将数据分割为键值对，而归约操作用于将相同键的值进行合并和计算。这个过程可以在多台计算机上并行执行，适用于分布式计算。在 MapReduce 中，数据首先被切分成输入切片，然后由映射操作处理生成中间键值对。最后，中间数据经过归约操作合并，生成最终结果。这个框架适用于大规模数据处理和分布式计算。

另一种主要的计算框架是 Apache Spark。Spark 是一个基于内存的通用性分布式计算框架，适用于处理大规模数据和流数据。与 MapReduce 不同，Spark 将数据保留在内存中，因此速度更快，适用于需要快速实时处理的物联网应用，它支持批处理、流处理和机器学习等多种任务。Spark 的核心概念是弹性分布式数据集(resilient distributed dataset，RDD)。RDD 是一个分布在集群结点上的数据对象，它可以在内存中缓存，从而提供高性能的数据处理。Spark 提供了广泛的 API，包括用于映射、归约、过滤、转换和动作的操作，以支持各种数据处理需求。

物联网数据的分布式计算在各种物联网应用中发挥着关键作用，例如，在智能城市领域，可以用于实时监测交通流量、环境污染、能源消耗和城市设施的使用情况，分布式计算用于协助智能城市系统做出实时决策，如优化交通信号以减少交通拥堵；在工业物联网中，分布式计算用于监测和控制生产线、设备状态和生产效率，它可以通过分布式传感器收集的数据来进行实时调整和优化；在医疗物联网中，分布式计算用于监测病人的生理参数、远程诊断和病人监护，可以帮助医生在紧急情况下做出及时决策。

尽管分布式计算在物联网数据处理中发挥着关键作用，但它也面临着一些挑战，包括数据隐私、安全性、网络带宽和存储需求。为了应对这些挑战，研究人员正在不断改进和创新分布式计算技术，以提高效率和可靠性。

未来，我们可以期待更多的研究和发展，以克服这些挑战，推动分布式计算在物联网应用中的进一步发展。随着物联网的不断演进，分布式计算将继续在物联网应用中发挥至关重要的作用，为实时、智能的决策和应用提供强大支持。

科学家精神

中国计算机之母：夏培肃

你知道中国第一台小型通用电子计算机是怎么来的吗？你知道中国人什么时候开始拥有自己的计算机吗？

提到中国人自己的计算机，总也绕不开的先驱人物之中，夏培肃院士必然会占据一席之位。无论在科研成就方面还是人才培养方面，夏培肃院士都可以称得上在中国计算机发展史上留下了一个永恒的传奇。

1958 年，中国第一台电子计算机 103 机横空出世，也叫八一型。它是仿制苏联的 M-3 机，使用了电子管和半导体二极管作为元件，运算速度每秒1500次。它的体积很大,占地40平方米,有几个大型的机柜。

1958年5月,我国开始了第一台大型通用电子计算机(104机)的研制,在苏联专家的指导帮助下,中国科学院计算所、四机部、七机部和部队的科研人员与738厂密切配合,于1959年国庆前完成了研制任务。

而在研制104机的同时,夏培肃院士领导的科研小组首次自行设计,于1960年4月成功研制了一台小型通用电子计算机——107机。这是中国第一台自行研制的通用电子数字计算机,用事实和行动证明了当时中国人有能力、有志气设计和研制自己的计算机。

夏培肃院士的工作是中国计算机事业发展史上的一个里程碑,为后来一系列的计算机研制奠定了基础,后来的119机、150机,乃至我国第一部每秒运算亿次级的计算机"银河一号"都是在103机、104机、107机的基础上一步一个脚印地研制成功的,而"银河一号"更是将我国带入了研制巨型机国家的行列。

除此之外,夏培肃院士还成功研制了高速阵列处理机150-AP,150计算机的运算速度是100万次/秒,而150-AP的运算速度达到了1400万次/秒,用低成本实现运算速度高于美国当时对中国禁运的同类产品的运算速度,在国际上受到了巨大关注,为中国石油勘探作出了重大贡献。她主持功能分布式计算机系统工作,领导团队研制成功了GF10系列计算机,使该方向后来成为计算所一段时间内的研究重点。

从20世纪90年代开始,夏培肃院士的得意门生李国杰院士、唐志敏研究员、胡伟武研究员等已挑起设计研制通用CPU芯片的重担,并取得可喜的成果,逐步向国际先进水平逼近。其中,李国杰院士领导的曙光系列高性能计算机的研制为打破国外垄断、促进中国高端计算机产业发展作出了重要贡献;胡伟武领导的龙芯团队曾经研制出中国第一枚高性能CPU芯片,"龙芯"芯片系列为提升中国信息产业的核心技术、保护国家的信息安全作出了重要贡献。

还不止于此,中国首台自行设计的通用电子数字计算机107机、《计算机学报》、《计算机科学技术学报》、中科院计算技术研究所、中国科学技术大学计算机专业……每个成就的诞生,都有夏培肃院士的身影。

2011年,中国计算机学会颁给夏培肃首届终身成就奖,肯定了她为中国计算机事业贡献的一切。为了纪念她从事计算机事业50周年,首款龙芯处理器芯片被命名为"夏50"。

夏培肃院士是中国计算机科学的先行者和奠基人之一,她用自己的智慧、坚韧和恬淡书写了一个永恒的传奇,她严谨的治学态度和一丝不苟的工作作风值得我们每一位中国计算机行业工作者学习,激励着我们要不断提高自己的专业素养和人格修养,为祖国和人民服务。